Yes! I can do!

멜섹(MELSEC) PLC 프로그램 기초와 응용

김학철 · 손덕수 공저

光文閣
www.kwangmoonkag.co.kr

머리말

어느덧 시간이 흘러 2017년 가을이 되었다.

처음 출판사에 원고를 넘기고 만들어진 책을 보면서 스스로 대견하다는 생각을 했던 때가 엊그제 같이 느껴지는데 그동안 출간된 책의 수량이 7권이 되었다. 출간된 책의 판매량이 어느 유명한 작가의 소설이나 수필처럼 몇만 권 단위가 아니기 때문에 출판사에 원고를 건네주면서 저조한 판매 부수에 대한 염려스러움에 항상 미안한 생각이 들었다. 물론 전문서적이라고 해야 하는지는 모르겠지만, 일반인들이 보는 내용이 아니라서 출판사의 이해 덕분에 '다작'을 한 건 아닌지 모르겠다. 그 때문에 서두에 감사의 뜻을 표해야 할 것 같은 의무감이 들어 몇 자 적어 본다.

원고를 시작한 계기는 지식의 공유 차원에서 시작한 것도 있지만 옛말에 "호랑이는 죽어서 가죽을 남기고 사람은 죽어서 이름을 남긴다(豹死留皮人死留名)."라는 속담과 같이 이 세상에 나의 흔적을 남기고 싶어서도 하나의 이유라고 할 수 있다. 과거를 보고 벼슬자리에 오르면 입신양명(立身揚名)이라 하여 이름 하나는 남길 수 있겠지만 지금 세상에서는 윗분(?)들의 행태를 보면 그러한 물에 있기가 거부감이 들뿐만 아니라 능력도 되지 않는다는 것을 잘 알고 있으므로 책이라는 쉬운 방법을 찾은 것이다. 첫 번째 책이 완성되고 의외로 독자분들의 좋은 반응에 두 번째, 세 번째 원고를 만들게 되었다. 지금 돌이켜 봐도 참 잘한 결정이라고 생각한다.

생산자동화와 관련된 첫 직장의 업무가 25년이 넘도록 분야는 조금 달라졌지만 같은 성격의 일을 하고 있는 것도 흔한 것은 아닐 것이다. 항상 느끼는 것이지만 '기술'이라는 말에는 '폐쇄성'과 '숨겨야 하는 비밀스러움'이 포함되어 있는 것 같다. 즉 공유에 대한 인식을 갖기가 무엇보다도 어렵다는 한계가 있다. 여기에는 '견제'와 '1등'이라는 조급함이 있어서라고 생각된다. 이러한 의식이 우리 삶의 진화 과정을 더디게 만드는 주범이 된다. 공유된 지식과 기술은 세상을 풍요롭고 편리하게 만들 수 있는 지름길이 될 수 있다는 것을 모두 알고 있는데도 실현되지 못하는 숙제가 아닐까 한다. 우리 주변에서 조금만 찾아보면 알 수 있는 특수한 기술이 아닌 것은 항상 공유할 대상이라고 생각하고, 그 실천의 증거물로 지금 원고를 만들고 있다고 말하고 싶다.

어느 텔레비전의 공익광고가 생각난다. 가수, 탤런트가 되고 싶다는 어린이들이 많아지는 것을 우려하여 과학자들도 많이 필요하다는 내용이었다. 세상을 편리하고 풍족하게 만드는 것은 바로 기술자가 할 커다란 의무이다. 하지만 우리나라의 미래가 밝지만은 않은 것은 공익광고에서 전달하려는 의미가 대신 설명해 주는 것 같다. 어린 시절 과학자가 되겠다는 장래 희망이 계속 이어져 세상의 선두에서 리딩하는 엔지니어가 많아지기를 바란다.

"제조업이 살아야 경제가 산다."라는 말이 뜻하듯 제조업은 한 나라의 경제를 좌우하는 핵심 산업이다. 한때는 국내의 우수한 기술력을 보유하고 있는 기업들이 노동력이 풍부하고 세금 부담이 적은 중국으로 제조시설을 이전하는 붐이 있었다. 그 결과 국내 산업 구조가 왜곡되는 현상이 발생하고 비정상적인 방향으로 교육, 취업, 사회제도가 국가 경쟁력을 위협할 수준으로 변해가기 시작했다. 학교 교육을 이수하고 사회 진출하기에는 일자리가 턱없이 부족한 상황에서 기업들은 제조시설이 줄어들어 사회 초년생에게 일할 수 있는 기회를 충분히 제공할 수 없는 상태가 되어 갔다.

미국이나 일본의 경우 제조시설을 중국에 많이 이전하였지만 최근 들어 '차이나 엑소더스(China Exodus)'로 다시 자국 내 산업시설 투자에 나라의 힘을 집중하고 있다. 이는 나라의 지도자들의 제조산업에 대한 인식이 국가의 미래와 직결된다는 것임을 말해 주고 있다. 제조업 강국인 독일에서 차세대 기술 전략 '하이테크 비전 2020'의 액션 플랜 중 하나로 추진하고 있는 대규모 국가 프로젝트 중 하나인 '인더스트리 4.0' _스마트 팩토리도 동일한 맥락을 갖고 있다.

산업구조의 균형적인 발전이 중요하지만 우리나라와 같이 제조산업이 국가 경쟁력의 중심이 되고 있는 나라에서는 기술력이 곧 제조산업의 핵심이라는 생각을 잊지 말아야 한다. 우리 사회가 엔지니어에 대한 새로운 가치판단을 하기를 기대한다.

끝으로 이 책이 발간될 수 있도록 힘써 주신 광문각출판사 박정태 회장님을 비롯하여 임직원 여러분께 감사의 인사를 드린다.

차례

CHAPTER 1 PLC와 시퀀스 9

1.1 PLC의 역사와 발전 11
1.2 디바이스(device) 48
1.3 PLC에서 처리하는 수치 데이터 59
1.4 시퀀스(sequence) 제어 69
1.5 논리회로 73

CHAPTER 2 GX Works2 운용 81

2.1 PLC 프로그램을 위한 소프트웨어 GX Works2 83
2.2 내비게이션 윈도우 122
2.3 프로그램 실행 타입 144
2.4 PLC CPU 에러의 종류와 조치 방법 147

CHAPTER 3 명령어의 종류 157

3.1 시퀀스 명령어 160

3.2 기본 명령어 188

3.3 데이터 전송 명령어 205

CHAPTER 4 실린더 동작 실습 219

4.1 실린더 동작 실습 221

4.2 GOT와 PLC 프로그램의 연동 245

CHAPTER 5 Pick & Place 프로그램 299

5.1 Pick & Place 실습 1 301

5.2 Pick & Place 실습 2 330

CHAPTER 6 프로젝트 보안 설정 353

6.1 프로젝트 보안 설정 355

6.2 프로젝트에 로그인 364

6.3 액세스 레벨별 액세스 제한 변경 365

CHAPTER 7 실전 연습문제 367

연습문제 1. 선입선출 ··· 369
연습문제 2. FIFW 명령을 사용한 입력 순서대로 출력하기 ··· 374
연습문제 3. PLC에 내장되어 있는 시계 데이터 조작하기 ··· 378
연습문제 4. 포장라인 제어하기 ··· 395
연습문제 5. Drilling Machine Control ··· 397
연습문제 6. 간단한 대차(Motor Car) 시퀀스 컨트롤 ··· 401
연습문제 7. 창고문 자동 컨트롤 ··· 402
연습문제 8. Tank의 Filling/Draining 제어 ··· 404
연습문제 9. 비밀번호 입력 ··· 406
연습문제 10. 최댓값 순으로 데이터 정렬하기 ··· 411

01

MELSEC PLC Program

PLC와 시퀀스

CHAPTER 01

MELSEC PLC Program Foundation & Application

PLC와 시퀀스

1.1 PLC의 역사와 발전

1.1.1 최초의 PLC

PLC가 개발되기 전에는 자동제어라고 하면 주로 타이머(Timer)와 릴레이(Relay) 및 카운터(Counter)가 전부였다. 산업 설비가 대단위화되어 가면서 이들 타이머와 릴레이만으로 공정에 따른 장비의 가동을 감당하기에는 너무 벅차고 또한 제어 패널(Control Panel) 크기만 커지고 효율이 떨어지게 되었다.

초창기 모터 구동형 타이머

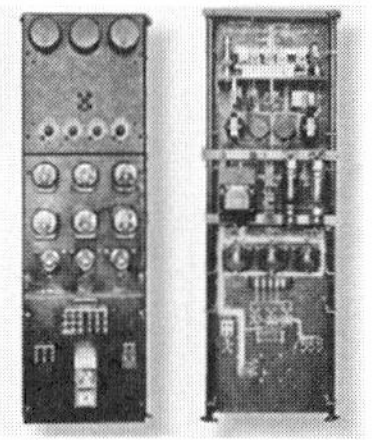

Electronic Pilot Relay (1927년)

An old steam engine rev counter

디지털 타이머

릴레이

디지털 카운터

자동제어의 초기 형태는 전자 릴레이를 조합하여 시퀀스 회로를 제어하였으며 이를 유접점 시퀀스라고 말하며 시퀀스 제어라 하면 일반적으로 유접점 시퀀스를 의미했었다. 이러한 전자 릴레이를 사용하는 유접점 제어 방식은 비교적 단순하고 저렴하다는 장점이 있지만 다음과 같은 문제점을 안고 있다.

- 실제로 장치에 연결하여 그 동작을 실행해 보기 전에는 프로그램을 확정시킬 수 없고, 현장에서의 수정 · 변경이 많아지게 된다.
- 릴레이 회로의 변경을 위해서는 납땜이나 결선 작업 등의 특수 기능을 필요로 하므로 전기 기술자가 아니면 작업 변경이 곤란하다.
- 최근의 자동화 시스템들은 매우 복잡하다. 따라서 시퀀스 제어에 사용되는 릴레이의 개수도 극히 많아지고, 릴레이의 접촉 신뢰성의 한계 때문에 몇 개의 릴레이가 고장을 일으켜도 전체 시스템이 정지되는 사태가 발생한다.
- 다품종 소량 생산 방식에서는 프로그램을 자주 변경해야 하고, 이때는 제어장치의 배선도 변경해야 하는데 그 작업이 간단하지는 않다.

이상의 문제점 때문에 새로운 제어장치의 출현이 요구되었고, 1969년에 미국의 GM사가 자동차 조립 라인에 사용할 새로운 장치를 구매하기 위하여 제어장치가 구비해야 할 요구사항을 시방서에 명시한 것이 PLC의 출현 동기가 되었다.

그 시방서는 다음과 같다.

- 새로운 컨트롤러는 프로그램이 가능하고, 그 내용의 변경이 용이하여 현장에서도 쉽게 동작 시퀀스를 작성, 변경할 수 있을 것
- 새로운 컨트롤러는 보수가 용이하고 수리가 가능할 것. 가능하면 완전한 플러그인(Plug-In) 타입을 기본으로 할 것
- 유니트는 릴레이 제어반에 비해 현장의 주위 환경에 대해 신뢰성이 높을 것
- Panel 내의 부착 면적을 줄이기 위해 릴레이 제어반보다 크기가 작을 것
- 유니트는 생산관제실(PCMC : Product Control Monitoring Center)에 데이터 전송이 가능할 것
- 유니트는 현재 실용되고 있는 릴레이식 또는 반도체식 제어반과 가격에서 경쟁할 수 있을 것

- 전 입력은 115V 교류를 표준으로 할 것
- 전 출력은 115V 교류에서 최저 2A의 용량으로 솔레노이드 밸브, 모터 스타터 등이 그대로 조작 가능할 것
- 시스템을 대폭적으로 변경하지 않고도 기본 유닛은 확장 가능할 것
- 각 유닛은 최저 4000 Word까지 확장 가능한 프로그램 메모리를 가지고 있을 것

미국의 컴퓨터 회사들은 이와 같은 요구 조건을 만족시키기 위해서 IC와 반도체 소자를 이용한 마이크로프로세서 기능을 갖는 새로운 형태의 컨트롤러를 개발하기에 이르렀다. 반도체 기술의 발전에 따라 마이크로프로세서의 개발로 이들 수백 개의 타이머와 릴레이 기능을 손바닥만 한 회로 기판에 프로그램을 할 수 있는 마이컴을 탑재한 PLC가 탄생한 것이다. 그 결과 미국의 알렌 브레들리(Allen-Bradley)나 모디콘(Modicon) 등에서 Programmable Logic Controller라고 부르는 최초의 제품이 나왔고, 1970년대에는 일본, 유럽 등지에서도 출현하였으며, 1980년대부터는 전 산업 분야에 일반화되어 대형 · 고기능의 시스템 제어장치로 이용되기에 이르렀다.

1960년대 말 GM(General Motor)사는 자동차 조립 라인에서 복잡한 릴레이 제어반 시스템을 교체할 때 발생하는 비용을 줄이고자 Sequence 전자 제어장치의 10대 조건을 발표했다. 이것이 PLC의 개발 동기가 되었다.

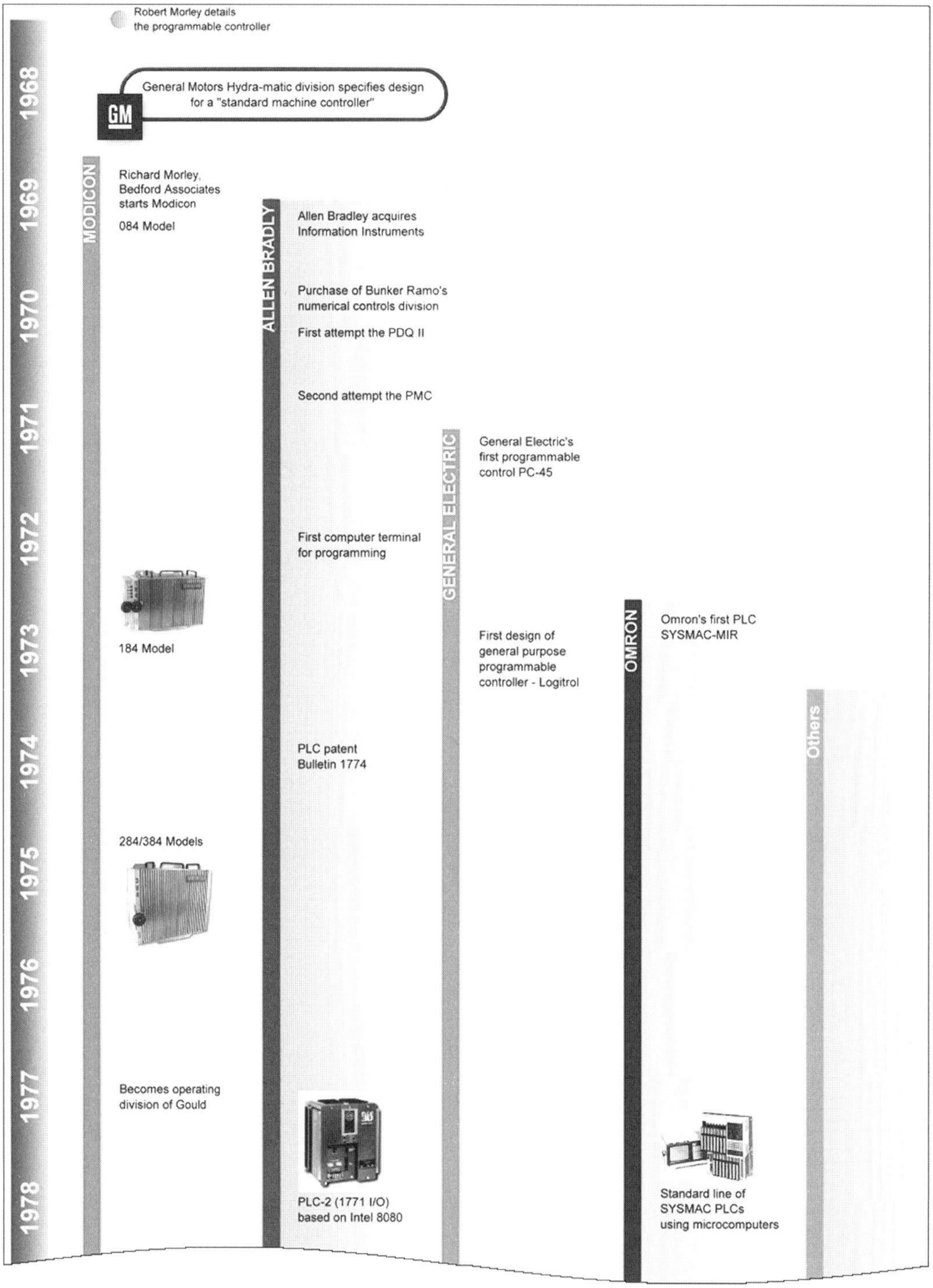

[그림 1-1] 각 개발사별 PLC의 시작 시기

(1) 알렌 브레들리(AB)나 모디콘(MODICON)사가 1968년 개발

Modular Digital Controller (MODICON)라는 이름으로 Bedford사가 제안하고 여타 회사들도 PDP-8에 근거한 시스템들을 제안하였다. MODICON 084는 그렇게 하여 탄생한 세계 최초의 PLC가 되었다. 기존의 산업 시스템에서 모든 시스템의 동작을 수동으로 제어하기 위해 갖추고 있었던 무겁고 복잡하게 얽혀 있는 전선에서 탈피한 경제성, 신뢰성, 편의성을 갖춘 자동화 제어장치이다.

Modicon 184
Programmable Controller Mainframe

PLC의 아버지 Richard (Dick) Morley

Dick Morley, Tom Boissevain, MODICON 084, George Schwenk, Jonas Landau

MODICON 084는 MODICON 184의 프로토 타입의 PLC 시제품이다. 이를 더 발전시켜 최초의 PLC라고 불리우는 MODICON 184가 만들어지게 된다.

PLC-5

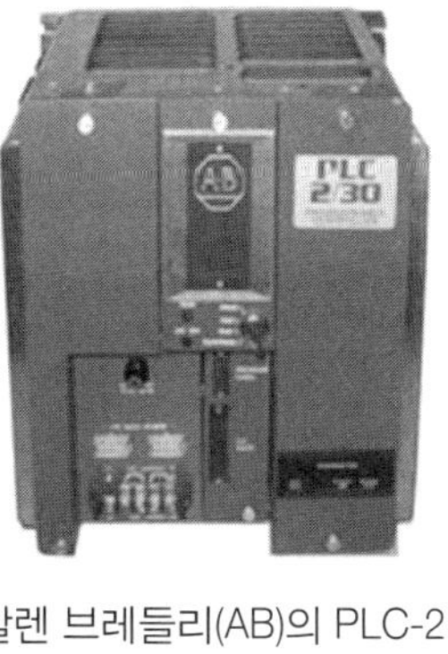

알렌 브레들리(AB)의 PLC-2

1970년대 초 마이크로프로세서의 출현과 함께 새로운 전자제품의 개발로 기존 제어장치의 기능을 향상시켰고 이를 기초로 릴레이 제어반에 비해 경제성, 신뢰성, 편의성 등 여러 가지 장점을 가지게 되어 자동차, 철강, 화학 등의 대형 공장에서 소규모 사업장까지 급격하게 보급되었다. 단순 Sequence 제어장치에서 출발하여 연산, 계수 기능, 통신 등 컴퓨터의 기능까지 이르렀다. 당초 GM이 발표한 시방에 맞는 제품을 여러 업체들이 개발, 발표하였는데 이 새로운 제품을 PLC(Programmable Logic Controller)라 하였다. 이유는 이 제품이 주로 로직 연산을 하는 것이었기 때문이다. 그 후 일반 마이크로프로세스를 도입한 컨트롤러가 발표되면서 고급 기능인 연산 기능이 추가되어 PLC에서 PC(Programmable Controller)로 개칭되었으나 오늘날 개인용 PC(Personal Computer)와 구별하기 위해 PLC라는 명칭이 일반화된 것이다. 1970년대 중반 여러 개의 프로세서를 장착한 PLC가 등장하고 1970년대 후반 16비트 마이크로프로세서를 CPU로 채택되었다.

1970년대 초기 프로토-타입 PLC의 탄생은 자동차 생산라인의 반복 작업을 기계화하기 위한 목적으로 개발하였기 때문에 글자 그대로 타이머와 릴레이의 대치 기능밖에 없었고 점차 그 크기(용량) 또한 대형화하였으며 수십 년간 엄청난 발전을 하여왔다.

이 시대에 지배적인 PLC 기술은 순차제어와 비트 단위의 처리였다. AMD 2901, 2903는 Modicon과 A-B PLC에서 많이 적용하였다. 오늘날도 2903에 근거한 제품이 존재하며 Modicon의 경우 2901에 근거하여 그들이 제작한 984A/B/X보다 빠른 PLC를 만들지 못하고 있다. 1973년에 통신 기능에 대한 요구가 나타났고 최초의 시스템은 Modicon's Modbus였다. 오늘날 PLC는 통신 기능이 기본으로 여겨진다. 하지만 지속적으로 변화하는 기술에 부합하는 표준화의 부재는 PLC 통신이 물리적 네트워크와 프로토콜 간에 부합하지 않는 경우를 야기시켰다.

1980년대 전 산업 분야에서 일반화, 지능형 I/O 모듈과 고기능 통신장치가 개발되어 상위 컴퓨터와 통신이 원활하게 되었고 다양한 소프트웨어와 컴퓨터를 통한 프로그램 작성이 가능하게 되었다.

1980년대 중반에는 PLC, Computer, CNC, Robot 등을 통합한 CIM(Computer Intergrated Manufacturing : 총합화 생산 시스템)의 개념으로 발전하게 되었다. 1980년대는 GM 사의 Manufacturing Automation Protocol(MAP)에 준한 통신 규약 표준화

가 시도 되었다. 그것은 또한 기존 전용 프로그래밍 터미널을 PC에서 대체하여 프로그램할 수 있는 소프트웨어의 탄생과 PLC 자체의 크기를 줄이는 계기가 되었다.

1990년대에 이르러 퍼지 이론을 도입한 퍼지 모듈과 전용 퍼지 제어기가 등장하게 되었다. 또한, 작업의 지시나 작업 정보를 컴퓨터로부터 수신하고 전송하여 고생산성이 가능하게 되었다. 이 시대에는 새로운 프로토콜의 등장은 줄어들었다. IEC 1131-3는 이 규약 아래 PLC프로그래밍 언어를 표준화하려고 노력하고 있다.

function block, instruction lists, C, structured text 등이 동시에 가능한 PLC를 접하게 되었다. 어떤 분야에서는 PC가 PLC를 대체하고 있다. (주차관리, 엘리베이터 등)

PC based control system은 다음 세기의 주요 흐름이 되지 않을까 생각한다.

※ PC 기반 솔루션의 발전 배경

· PC의 놀라운 발전 및 신뢰성 향상
· Maker 고유의 통신 Network에서 개방형 Network으로 변화
· 사용자가 시스템의 개방성 및 확장성 요구
· Maker 고유의 Ladder Logic 방식에서 국제 표준 프로그램언어의 (IEC 1131-3) 표준화

※ PLC의 문제점

· 폐쇄적이다. (Processor, Operating System, I/O, Network 등)
· 프로그램 및 SCADA를 위해, 별도의 PC를 필요로 한다.
· 업체 및 종류마다 별도의 교육 및 지식이 필요하다.
· 타 업체의 I/O와 연결되지 않는다.
· 표준의 Hardware와 Software를 사용하지 않는다.
· 초기 비용이 비교적 높으며, 간단한 Upgrade에도 비용이 든다.
· 변화에 대한 두려움으로 새로운 기술 적용이 늦다.

※ PC BASED CONTROL의 장점과 해결 과제

· 개방 분산형 구조와 산업표준(IEC1131-3) 채택
· 사용의 편이성 뛰어난 유연성과 확장성
· 저렴한 설치 비용(예비품 확보가 쉬움)
· 엔지니어링 시간과 유지 보수 시간의 절감
· 향상된 진단 기능과 성능

· 필드버스 채용으로 많은 이득이 생김(케이블 및 설치 공사비 절감)
· 시스템 및 Software의 표준화로 개발 요원 및 유지 보수 요원의 최소화
· 숙련된 엔지니어 및 정비 요원 불필요

※ 향후 해결 과제는 PC의 안정성 확보와 시스템의 이중화 지원 여부

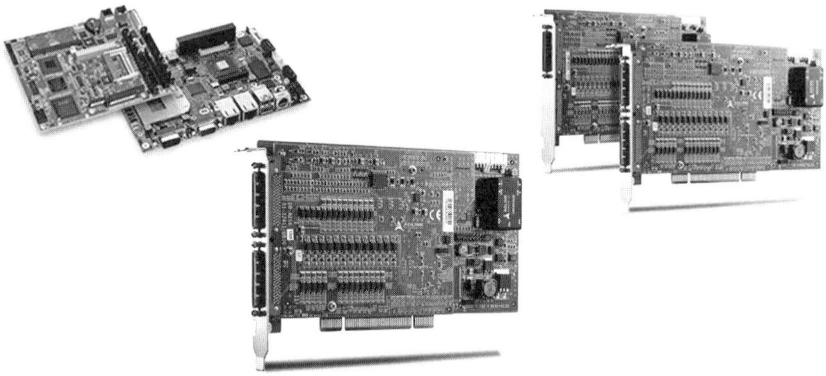

I/O 카드 또는 Motion Control 카드를 PC에 설치하여 제어한다.
프로그램의 개발은 C++ 또는 C#을 이용한다.

※ DCS ((Distributed Control System)란?

자동제어 프로그램이 내장된 여러 개의 제어용 컴퓨터를 기능별로 분산시켜 위험을 최소화시키고 전체 관리는 중앙에서 집중 감시 및 제어할 수 있도록 한 자동제어 시스템으로써 수처리, 발전, 보일러, 제철, 석유화학 등 산업 전반에 걸친 각종 공정의 제어 및 감시에 사용되는 핵심 설비이다.

① PLC의 변형 DCS 탄생

초기 PLC는 모터나 밸브 등 전기 기기의 가동 순서와 조건 등을 배열시키고 이들 순서 및 배열을 필요에 따라 간단한 조작 키나 버튼으로 변경할 수 있도록 만든 일종의 산업용 컴퓨터였다. 따라서 대형 산업설비 및 엔지니어링 회사들도 이들 PLC를 활용하기 시작하였고 여기에 프로세스 제어에 필요한 아날로그 제어 기능을 보강하여 DCS라는 보다 향상된 PLC를 개발하여 사용하기 시작하였다.

② DCS의 용도와 특징

그 용도는 PLC로써 처리할 수 없는 영역이나 프로세스 Knowhow를 보존하고자 하는 특수한 플랜드 공정의 경우에는 DCS를 채택함으로써 기술을 보호할 수 있다.

· Process 제어 전용 시스템으로 안정적이며 신뢰성 있는 시스템
· 편리한 플랜트 운전을 위하여 각종 표준 화면이 준비되어 있다
· 표준화된 하드웨어 및 모듈화 된 소프트웨어를 쉽게 시스템 구성이 가능
· 복잡한 아날로그 제어 및 Closed Loop 제어 위주의 플랜트 제어에 적합
· 전문 지식이 없는 운전자라도 기초 교육만으로 시스템의 유지 보수가 가능하며, 기조교육만으로 시스템의 유지 보수가 가능하며 간단한 프로그램 수정이 가능

- 발전소 · 댐 · 교량 · 터널 감시제어
- 상하수도 · 폐수 공급 광역 사업 설비
- 중 · 화학 플랜트

③ DCS의 향후 추세

날로 발전을 거듭하는 PLC에 위협을 느낀 업체들은 일부 기능을 개방하여 업체 간의 정보 교환 등을 꾀하고 있다. 통신 Protocol을 개방하는가 하면 Web을 기반으로 하여 상위 · 하위 레벨의 기기들과 통신으로 데이터를 개방하고 있다. 이는 살기 위한 DCS의 방향 전환이라고 볼 수도 있다.

④ PLC의 변형 DDC의 탄생

1980년대 들어와서 대형 빌딩들이 건설되면서 PLC를 채택하기 시작하였고 이들 빌딩 자동화 전문업체들은 PLC가 고가(高價)인 데다가 이미 대형화되어 있어 빌딩 특성상 층별로 구분되어 설치할 목적으로 소형화하면서 일부 아날로그 제어 기능을 추가하고 성능을 다소 낮추면서 저가형 PLC를 만들어 중앙 감시제어 프로그램과 접목시킨 전용 PLC로 DDC라 부르기 시작하였다.

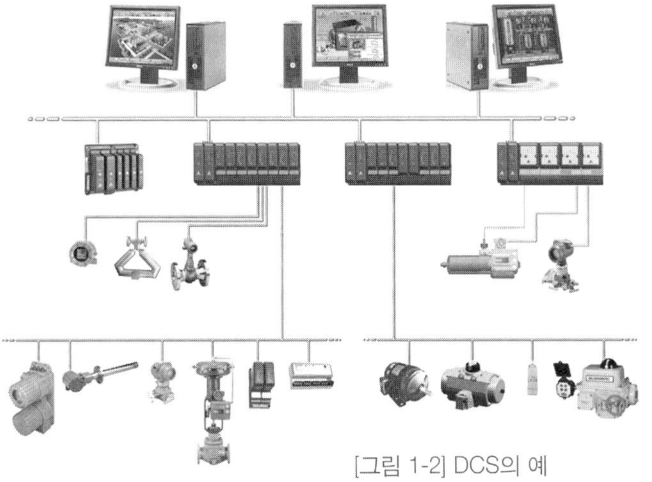

[그림 1-2] DCS의 예

1.1.2 PLC와 다른 산업 장비와의 다른 점

PLC의 기능이 날로 발전함에 따라 산업용 컴퓨터와 기능적인 측면에서 차별성이 줄어 들고 있다. 그러나 다음과 같은 특성이 있다.

- 메모리에 있는 프로그램의 시작점부터 끝점까지 반복하여 Logic을 수행한다. 즉 Power가 On되면서 1 스캔(Scan) 과정이 끝나면 다시 같은 프로그램을 반복 수행한다. 따라서 수행되는 과정이 '시퀀스적이다'는 것이다.
- PLC는 Logic을 표현할 때보다 직관적인 래더 다이어그램을 많이 사용한다.
- PLC는 상대적으로 더 열악한 산업용 환경에도 잘 적용될 수 있도록 설계되어 있다.

1.1.3 PLC의 발전 추세

DCS · DDC 등 일부 분야 전용 제어 기기는 고기능 PLC로 대체되고 있으며 그 기능이 UDC(Universal Digital Controller)화하고 있다. 일부에서는 SoftPLC가 개발되어 특정 용도로 사용이 되고 있으며 이에 대응하는 I/O 모듈도 많이 선을 보이고 있으나 이들 SoftPLC가 PLC의 앞날에 일부 영향을 줄지 아니면 SoftPLC도 역시 I/O 모듈이 필요한 것이므로 상호 보전적 관계를 갖게 될 것 같다.

※ SoftPLC란?

PC의 개방된 환경에서, 보다 편리하고 국제 표준화된 프로그래밍 언어를 사용하여 기존의 PLC 기능을 대체할 수 있는 Software Package이다. 기능은 Runtime PID, Sequence Control, I/O Processing, Network, HMI, Development Tool이 있다.

- 단순 반복적인 분야에서 정밀한 제어 분야로 응용 분야가 광범위해 지고 있다.
- Sequence적인 기능은 물론 일반 컴퓨터가 가질 수 있는 특성을 가지고 있다.
- 고속화되고 있다.
- 반도체 제조 기술의 발달 수요자의 다양한 요구로 인해 기종이 다양화되고 있다.
- 시리즈화 : 언어의 통일 , I/O 모듈 및 주변기기의 공용화
- 고기능화 : 데이터 처리 형태의 증가, 외부 통신기기 강화
- 구조 형상의 다양화 : 일체형, Rack 마운트형

- VLSI 채용, 저전력 소비형 소자 채용으로 소형화, 박형화(고밀도 실장 기술)되고 있다.
- 소재 기술 및 제작 기술의 발달
- 지원 기능 다양화 : 소프트웨어 지원, 시험 · 유지 · 보수, 디버깅, 시뮬레이션 기능 등이 발전 중이다.
- 반도체 제조 기술의 발달로 가격이 낮아지고 있다.

1.1.4 PLC의 주요 용도

그 용도는 다 기술할 수 없을 정도로 넓다. 빌딩 자동화에서 상업용, 산업용, 육해공 운송 수단에서 항공 우주 인공위성까지 광범위하게 채택된다.

- 빌딩 자동화, 전기 조명설비 · 승강기 설비
- 기계 자동화 공작 기계, 조립 라인
- 각종 로봇(Robot) 제어
- 발전소 · 댐 · 교량 · 터널 감시제어
- 선박 항공기 고속 전철
- 상하수도 · 폐수 공급 광역 사업 설비
- 환경 · 기상 관측 설비 자동화

1.1.5 PLC의 구성 요소

PLC는 시퀀스 제어를 소프트웨어로 처리하기 위한 장치를 컴퓨터와 비슷한 구조로 만들었으나, 외부의 입출력 장치를 용이하게 연결하여 제어할 수 있고, 래더 다이어그램에 의한 시퀀스 제어를 할 수 있도록 설계되어 있다.

그 구성을 살펴보면 시퀀스 프로그램을 보관하고 처리할 수 있는 프로세서(메모리) + 중앙 연산 처리장치(CPU), 입출력장치, 전원 공급장치, 외부 기기(주변 장치) 또는 다른 PLC나 컴퓨터 등과 데이터를 전송할 수 있는 통신 장치, 그리고 이 모든 동작을 제어하는 내부 실행 소프트웨어로 구성되어 있다.

(1) 프로세서

프로세서(Processor)는 PLC의 핵심으로써 PLC 모든 동작을 제어하기 위한 중앙연산 장치(CPU)부와 실행 프로그램 사용자 프로그램 및 데이터 저장을 위한 메모리부, 외부 입출력 장치를 스캐닝(Scanning)하기 위한 입출력 인터페이스 회로부, 외부 장치들과 통신하기 위한 통신 회로부가 있고 이외에 Watch dog timer, Real time clock 프로세서 상태 표시 회로부 메모리 에러 Check하는 회로부 등의 부수적 회로들이 있다.

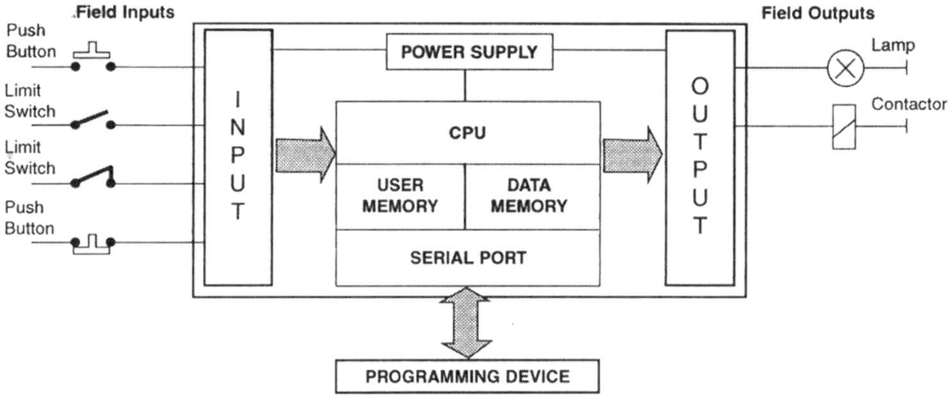

[그림 1-3] PLC 프로세서의 구조

① 중앙연산 처리장치 (CPU부)

보통 마이크로프로세서로 사용한다. 마이크로프로세서는 Program 및 입출력 모듈로부터 입력을 받아들이고, 입력에 들어 있는 데이터를 조작하고, 출력을 만들어 그 결과를 내보내는 기능을 가지고 있다.

② 메모리부 (Momery부)

메모리부는 PLC 자체의 동작을 제어하기 위한 실행 프로그램과 필요한 데이터를 저장하기 위한 시스템 메모리와 사용자 프로그램과 데이터를 저장하기 위한 사용자 메모리로 구성된다.

메모리 중 실행 프로그램을 저장하는 실행 프로그램 메모리는 보통 EPROM을 사용하며 입출력 스캔, 명령 실행, 통신 등의 소프트웨어가 저장된다.

시스템 데이터 메모리는 실행 프로그램이 동작하기 위해서 필요한 영역으로 실시간 데이터, 스택 영역, 통신버퍼 등이 있는데 보통 RAM을 사용한다. 사용자 메모리는 크게 사용자 프로그램 작성한 래더 다이어그램 프로그램이 저장되는 메모리로써 RAM, EPROM, EEPROM 등이 사용되고, 보통 팩(PACK)으로 만들어 교환할 수 있도록 되어 있다. 사용자 데이터 메모리는 각 입출력 상태, 타이머 · 카운터 등의 설정치(PRESET VALUE) 및 현재치(ACCUMULATE VALUE), 출력 상태 또는 각종 데이터치를 저장하기 위한 메모리로써 일반적으로 RAM이 사용된다. 사용자 데이터 및 프로그램 메모리는 전원 차단 시에도 데이터를 유지하기 위해서 BATTERY BACK-UP을 하여 사용한다.

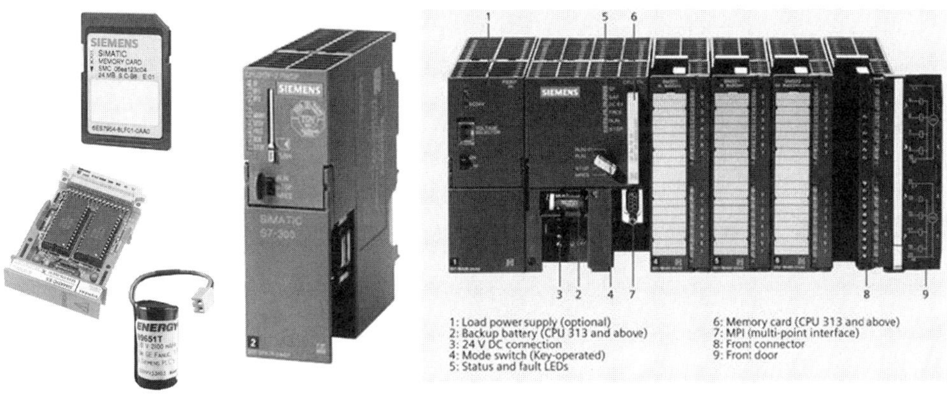

[그림 1-4] Siemens PLC CPU의 메모리 카드, EEPROM, 백업용 배터리

③ 입출력 인테페이스 회로부

입출력 인터페이스 회로는 각 입출력 장치 상태를 CPU가 입출력하기 위해서 필요한 번지 DECODE 회로와 데이터 버스버퍼로 구성되어 있다. 이 인터페이스 회로에 따라 입출력 장치의 번지 지정 방법이 결정된다.

④ 통신회로부

통신회로부는 외부 프로그래밍 장치와 리모트 입출력, 데이터 하이웨이 등이 구거리 통신망(LAN: Local Area Network), 컴퓨터 등을 연결하기 위한 회로이다. 리모트 입출력과 데이터 하이웨이 등의 LAN 인터페이스는 PLC 공급자에 따라 다른 사양을 사용하며 프로그램 장치와 컴퓨터 인터페이스 등은 RS-232C, RS-422 RS-485 등의 EIA(Electronic Industries Association) 표준을 일반적으로 사용한다.

(2) 입출력 장치

입출력 장치는 입력 기기에서 취급하는 다양한 입력신호(ON/OFF, Analog 등)를 프로세서가 처리할 수 있는 신호로 변환하여 전송하는 것이고 출력 장치는 사용자 프로그램의 지시에 의하여 저어 대상물(모터, 전자밸브 등)을 동작시킨다.

현장에서의 신호가 PLC 내부의 신호로 바로 사용될 수 없으므로 입출력 장치는 신호 변환회로, 잡음 제거회로, 현장 신호와 PLC 내부 신호와 절연회로 등을 포함하고 있다.

입출력 장치는 크게 디지털 입출력, 아날로그 입출력, 특수 기능(INTELLIGENT) 입출력 장치로 구분된다. 디지털 입력 장치는 TTL, DC24V SINK, DC24V SOURCE, AC110V, AC220V 입력자 장치가 있고 디지털 출력 장치는 RELAY, TRANSISTOR, SSR, TTL 출력 장치가 있다. 아날로그 입출력 장치는 아날로그 입력, 아날로그 출력, 측온저항체 입력, 열전대 입력 등으로 구분된다. 특수기능 입출력 장치는 입출력 장치 내에 프로세서를 포함하여 다기능을 처리할 수 있는 장치로써 엔코더의 출력 등을 제수하기 위한 고속 카운터 장치, DC 서보 모터나 스텝 모터 등을 제어하기 위한 위치 제어장치, 프로세서를 제어하기 위한 PID 제어장치, BASIC 프로그램을 처리할 수 있는 BASIC 장치 등 여러 가지 기능의 특수 기능 장치들이 있다.

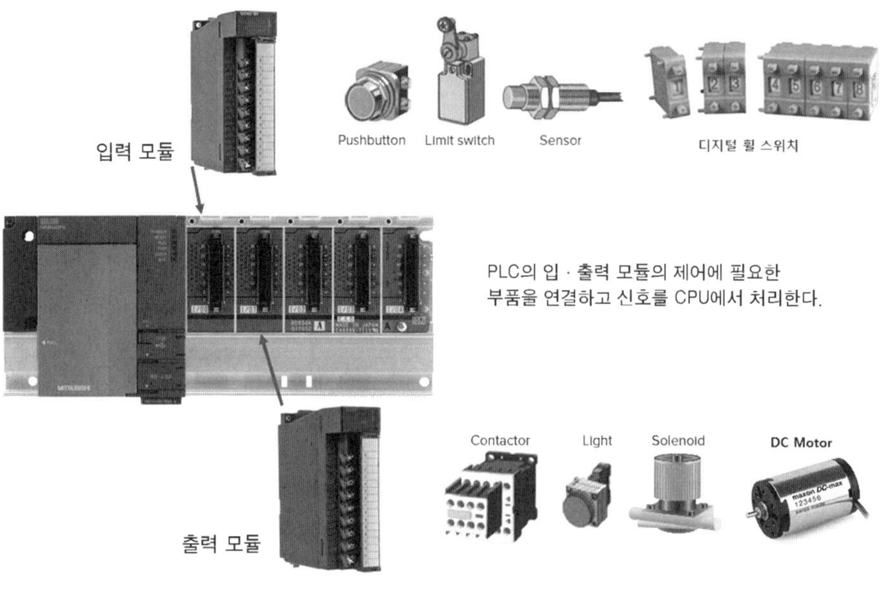

[그림 1-5] 입출력 장치의 예

(3) 전원 공급 장치

전원 공급 장치는 프로세서와 각 입출력 장치들에 전원을 공급하기 위한 장치로 입출력 샷시 내장형, 입출력 샷시의 슬롯에 장착하는 슬롯형과 별도로 설치하는 별도 장치형이 있다.

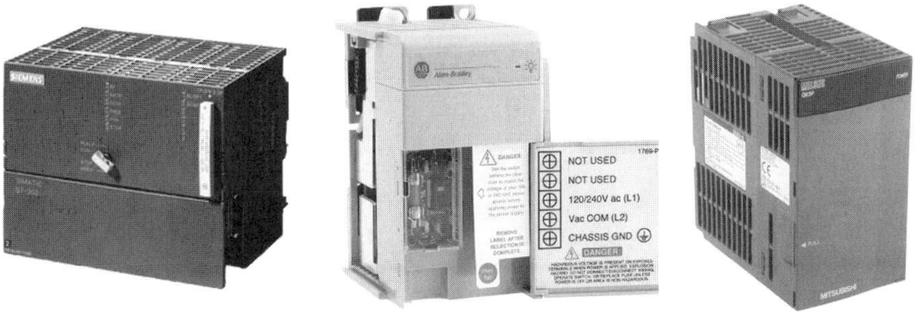

Siemens　　Allen Brandley　　Mitsubishi

[그림 1-6] 메이커별 PLC 전원공급 장치

(4) 통신 장치

통신 기능은 프로세서에 내장되는 경우와 별도의 장치로써 설계되는 경우가 있다. 별도 장치로 설계되는 경우도 통신회로부에서 설명한 통신회로 기능과 동일하다. 즉 리모트 입출력, 데이터 하이웨이 등과 같이 LAN 인터페이스 장치, 컴퓨터 인터페이스 장치 등이 있다.

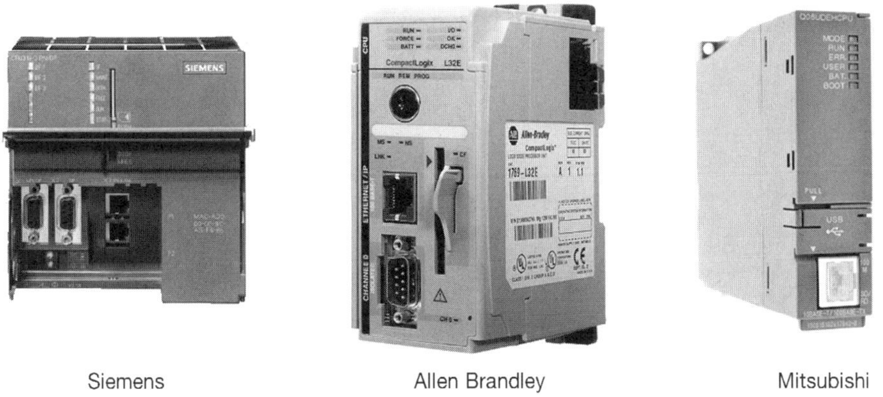

Siemens　　Allen Brandley　　Mitsubishi

[그림 1-7] 메이커별 통신 포트

(5) 입출력 샷시

입출력 샷시는 프로세서와 입출력 장치, 전원 공급 장치 등이 함께 되어 있는 일체형인 경우에는 필요가 없으나, 프로세서, 입출력장치, 전원 공급 장치, 통신 장치 등 모듈화한 모듈형인 경우에는 각종 모듈을 설치하기 위하여 필요하다.

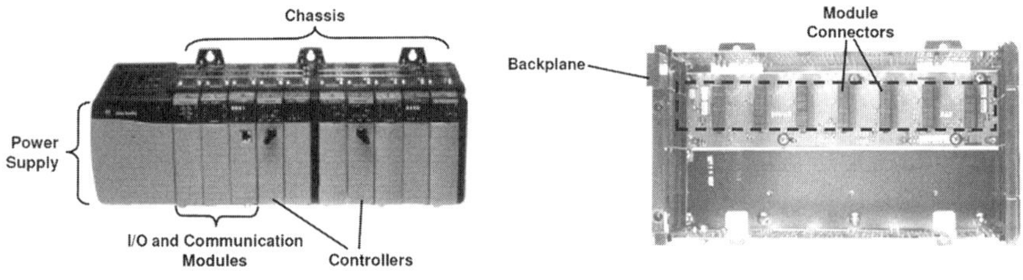

[그림 1-8] 입출력 샷시

AB PLC의 모듈형 PLC는 대표적인 샷시(Chassis) 설치형이다.

(6) 프로그래밍 장치와 기타 주변 기기

프로그래밍 장치는 PLC의 보수, 프로그램 작성 및 디버깅, 모니터링 등에 사용되는 MMI(Man Machine Interface) 장치 등 롬라이터, 프린터 등이 있다.

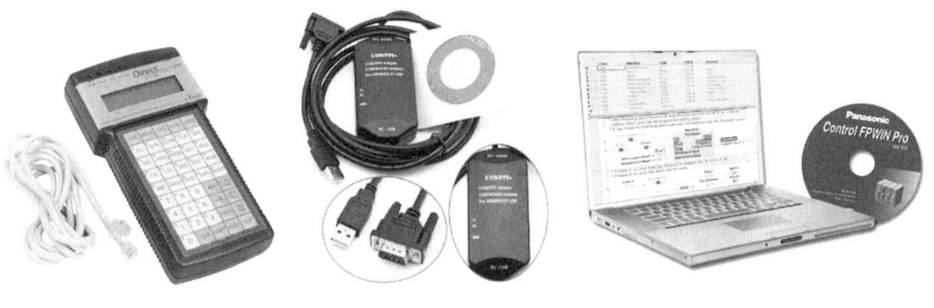

[그림 1-9] 프로그래밍 장치와 기타 주변 기기

1.1.6 PLC의 정의 및 분류

PLC란 기존에 사용하던 제어반 내의 릴레이, 타이머, 카운터 등의 기능을 LSI, 트랜지스터 등의 반도체 소자로 대체시키고 기본적인 시퀀스 제어 기능에 추가된 수치 연산 기능을 통해 프로그램 제어를 지원하는 제어 장치이다.

NEMA(National Electrical Manufacturers Association, 미국 전기 공업회 규격)는 PLC를 "디지털 또는 아날로그 입출력 모듈로 로직, 시퀀싱, 타이밍, 카운팅, 연산과 같은 특수한 기능을 수행하기 위해 프로그램이 가능한 메모리를 사용하고 여러 종류의 기계나 프로세서를 제어하는 디지털 동작 수행 전자 장치"라고 정의한 바 있다.

한편, PLC는 크기와 형태에 따라 일체형(블록 유형)과 모듈형으로 분류되는데, 대체로 일체형은 소형 PLC로, 모듈형은 대형 PLC로 불리고 있다.

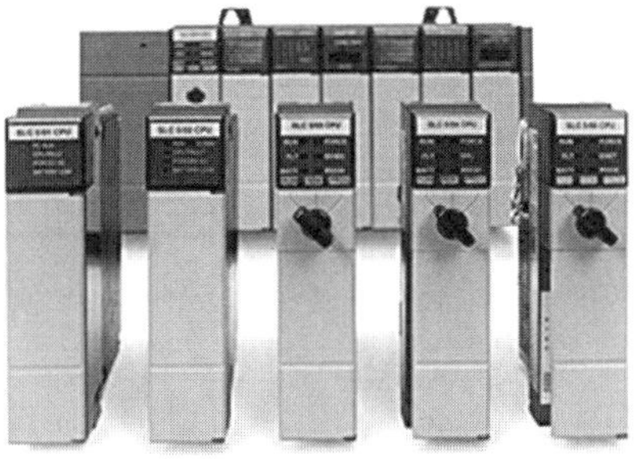

모듈형 PLC (필요한 기능에 대한 모듈을 구성하여 사용할 수 있다.)

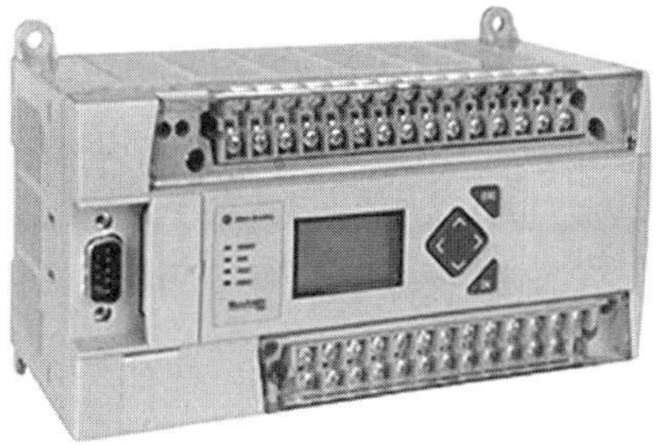

일체형 PLC (또는 '블록타입'이라고 한다.)

일체형 PLC는 비교적 소형의 자동화 시스템에 활용되는 PLC로, 전원 장치, CPU, 메모리, 입력 및 출력의 모든 기능이 하나의 케이스 안에 설치되어 있다. 일체형 PLC는 취급이 간단하다는 점과 저가라는 장점과 함께 확장 유닛 장착 시 입출력 점수에서 한계를 갖게 된다는 단점도 가지고 있다.

또한, 일체형 PLC는 PLC 간의 통신, 아날로그 신호 처리, 위치 결정과 같은 고도의 기능을 수행하기 어려우며, 프로그램 스텝 수도 제한적일 뿐만 아니라 상위 컴퓨터와의 작업 정보 전송 및 작업 지시 정보 교환 등에서 한계를 보인다.

이와 같은 일체형 PLC는 간단한 설비 자동화나 단독 제어 설비의 자동화에 활용되는데, 사용자는 장래의 확장성이 요구되는 설비에서는 입출력 점수 및 기타 기능을 고려해 적절한 모듈형 PLC를 선정해야 한다.

한편, 또 다른 PLC인 모듈형 PLC는 기본 유닛에 파워 유닛과 CPU 유닛을 기본적으로 설치하는 것이 가능하며, 자동화 대상의 기능에 따라 여러 종류의 입출력 장치를 추가 사용하는 것 또한 가능하다.

이에 더해 모듈형 PLC는 일체형에 비해 향상된 CPU 기능을 보유하고 있으며, 고속 처리 및 대용량 데이터 처리 역시 수행 가능하다. 이 때문에 PLC 간의 통신이나 상위 컴퓨터와의 빠르고 다양한 통신 지원이 가능해졌다.

사용자는 이 같은 기능을 활용해 PLC를 CNC, 로봇, 상위 컴퓨터에 연결할 수 있어 대단위의 자동화를 수행 가능하다. 더 나아가 사용자는 모듈형 PLC의 컴퓨터 통신을 활용해 수주에서 생산 판매에 이르는 전 과정을 자동화하는 총합화 생산 시스템을 구성할 수 있으며, 생산 활동이 기계에 의해 진행되는 무인 공장화 역시 설계할 수 있다.

1.1.7 하드 와이어드 로직과 소프트 와이어드 로직

(1) 하드 와이어드 로직(Hard wired Logic)

① 종래의 릴레이 제어 방식은 일의 순서를 회로도에 전개하여 그곳에 필요한 제어 기기를 결합하여 리드선으로 배선 작업을 하여 요구하는 동작을 실현하였는데 이러한 방식을 말한다.

② 하드(기계 장치)와 소프트가 함께 연계되어 있어서 제어계의 구조가 변경되면 하드와 소프트를 모두 변경하여야 하므로 여러 가지의 문제가 발생되는 원인이 된다.

(2) 소프트 와이어드 로직(Soft wired Logic)

① 컴퓨터는 하드웨어(Hardware)만으로는 동작할 수 없으므로 하드웨어 안에 설치되어 있는 기억 장치에 일의 순서를 저장하여 요구하는 일을 실현할 수가 있다.

② 이러한 일의 순서를 프로그램이라 하며 기억 매체의 저장 장소에 일의 순서를 저장하는 작업을 프로그래밍이라 하고 배선 작업과 의미가 같다고 할 수 있다.

③ PLC는 소프트 와이어드 로직(Soft wired Logic) 방식에 의하여 작업을 수행한다.

1.1.8 Ladder 다이어그램의 작동 원리

Ladder 다이어그램은 제2차 세계대전 중 개발된 자동 제어 다이어그램 언어의 한 종류이다. 처음에 이 언어는 단순히 A 접점(일반적으로 open), B 접점(일반적으로 close), 출력 코일, 타이머, 카운터 그리고 기타(파워 패널은 이 기초 부품들로 구성된다.)와 같은 기초 부품들만 가지고 있었다. 다른 접점, 래치 코일(latched coil) 그리고 어플리케이션 명령, 더하기, 빼기, 곱하기 그리고 나누기 계산과 같은 전통적인 파워 패널이 PLC가 개발되기 전까지 구현하지 못한 좀 더 많은 기능들을 가지고 있다.

전통적 Ladder 다이어그램과 PLC Ladder 다이어그램의 작동 원리는 서로 매우 비슷하다. 차이점은 전통적 Ladder 다이어그램을 위한 심벌은 그것의 오리지널 본체에 근접한 형식을 표현했고, PLC Ladder 다이어그램은 데이터 시트와 컴퓨터에서 사용될 때보다 명확한 심벌들을 사용하였다. Ladder 다이어그램 논리는 조합 논리와 연속 논리들로 나누어 질 수 있고 아래와 같이 설명된다.

(1) 조합 논리(Combination logic)

아래와 같은 예는 전통적 Ladder 다이어그램과 PLC Ladder 다이어그램의 조합 논리(Combination logic) 분리하여 보여 준다.

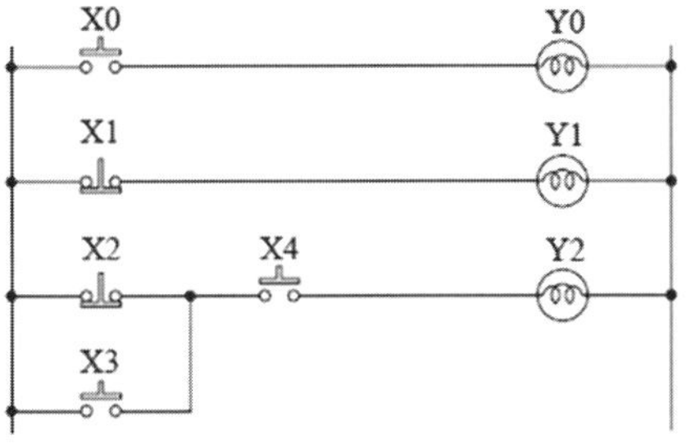

전통적 Ladder 다이어그램

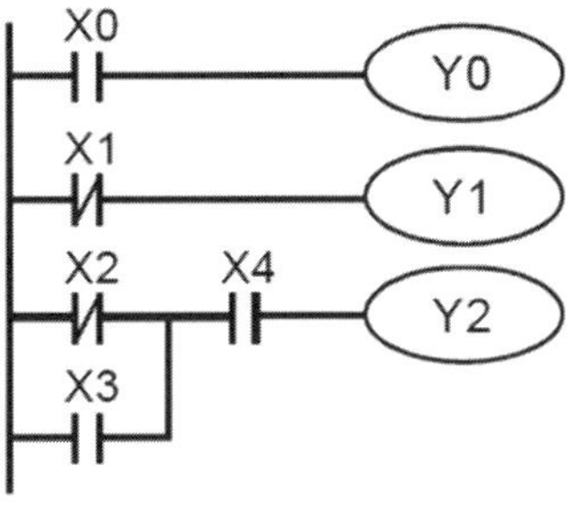

PLC Ladder 다이어그램

① 설명 1

회로 1번은 일반적으로 'A' 스위치 혹은 접점이라 알려지고 평상시엔 OFF 상태(눌러지지 않았을 때)여서 Y0 가 OFF 상태인 한 X0 [NO : 일반적으로 오픈(일반적으로 열림)] 스위치를 사용한다. 그러나 스위치 동작이 행해졌을 때(버튼이 눌려졌을 때) 그 접점은 ON이 되고 출력 포인트인 Y0도 ON 상태가 된다.

② 설명 2

비슷하게, 회로 2번은 일반적으로 'B' 스위치 혹은 접점이라 알려지고 평상시엔 ON 상태여서 Y1이 ON 상태인 한 X1 [NC : 일반적으로 닫힘(일반적으로 닫힘)] 스위치를 사용한다. 그러나 스위치 동작이 행해졌을 때(OFF 상태) 출력 포인트인 Y1은 OFF 상태가 된다.

③ 설명 3

이 조합 논리 출력의 예는 하나 이상의 입력 장비를 가지고 있다. X2가 OFF 상태일 때 혹은 X3 그리고 X4가 ON 상태일 때 출력 포인트 Y2는 ON 상태가 된다.

(2) 연속 논리(Sequential Logics)

연속 논리(Sequential Logics)들은 회로의 출력 결과를 재송신(Draw - back)하고 그것을 내부 상태처럼 제공하는 '재송신(Draw - Back)' 구조를 가지고 있다. 그러므로 동일한 입력 상태에서, 다른 출력 결과물은 이전 상태와 다른 명령의 작동에 따라 생성된다. 아래와 같은 연속 논리들(Sequential Logics)들은 전통적 다이어그램과 PLC Ladder 다이어그램의 예를 분리해서 보여 준다.

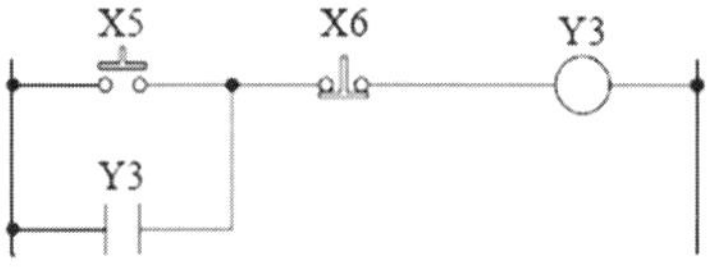

전통적 Ladder 다이어그램

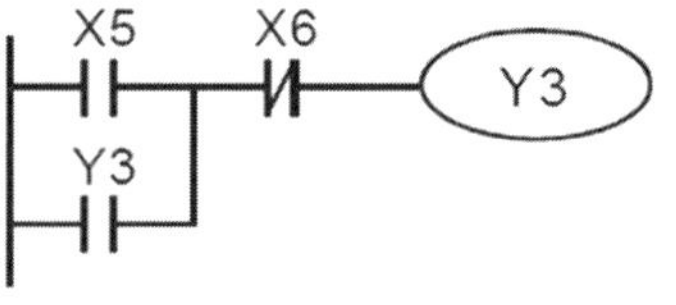

PLC Ladder 다이어그램

위 회로들에 전원이 공급되었을 때, X6 스위치가 ON이어도 X5 스위치는 여전히 OFF이다. 그러므로 출력 릴레이 Y3 는 ON 상태이다. Y3로부터 ON 상태를 포함하는 피드백 신호가 X5의 A 접점에 병렬로 전달된다.

그 때문에 이 회로 또한 자체 래치(self-latched) 회로로 알려져 있다. 회로 작동 값은 아래 표와 같이 나타난다.

스텝 \ 장비상태	X5	X6	Y3
1	N	N	OFF
2	Y	N	ON
3	N	N	ON
4	N	Y	OFF
5	N	N	OFF
		N: OFF 상태 Y: ON 상태	

[표 1-1] 자체 래치(self-latched)의 신호 변화

위 표로부터 우리는 같은 입력이라도 다른 결과를 얻을 수 있다는 것을 알 수 있다. 예를 들어 스텝 1과 3에 있어, X5와 X6 상태는 OFF 상태이지만 스텝 1에서 Y3 값은 OFF 상태이고 스텝 3에선 ON 상태이다. 이것은 자가 래치 회로 피드백 입력에 기인한다. 이 예는 A 접점, B 접점과 출력 코일로 설명된다. 다른 장비들의 사용법도 이와 같다.

(3) 기존 Ladder 다이어그램과 PLC Ladder 다이어그램의 차이

비록 작동 원리들이 전통적 Ladder 다이어그램과 PLC Ladder 다이어그램 각자에 따르지만, PLC는 물론 마이크로 컴퓨터 칩(MCU)를 사용해 입력 장비들과 출력 코일들의 상태를 하나하나 검토하는 정밀 조사 방법인 전통적 Ladder 다이어그램 방법을 시뮬레이트한다. 그 후에 상태를 고려하여 Ladder 다이어그램의 조합 상태의 논리들에 기인한 전통적 Ladder 다이어그램의 결과와 같은 출력을 계산하고 만들어 낸다.

그러나 하나의 MCU 만을 사용하게 된 이래로, Ladder 다이어그램 프로그램을 사용해 한 회로가 후에 다른 회로를 검토하는 방법만이 유일한 방법이다. 프로그램의 수락에 의한 출력 결과물, 입력 · 출력 상태 그리고 마지막으로 출력 외부 인터페이스 출력을 계산한다. 그 후 입력 상태 정보 판독, 계산, 출력을 다시 시작하고 다시 위에 언급한 동작들을 반복한다. 모든 세트의 순환 동작을 완료 하는데 필요한 시간을 한 번의 판독 시간(Scan Time)이라 한다. 판독 시간(Scan Time)은 프로그램의 증가에 따라 길어지게 된다. 이 판독 시간(Scan time)에 있어 반복적인 입력 탐지에 빠질 수 있다. 그러므로 출력 결과물의 반응이 지연되고 지연 시간(Delay time)이 길어지고 가장 치명적인 에러는 제어에 있다. 이 상황은 제어 요구를 위해 부적격하다고 할 수 있다. 이에 의해 PLC(빠른 판독 시간을 가진)가 이 역할을 수행하는데 선택되었다. 고로 판독 속도(Scan speed)는 PLC에 있어 꼭 명기될 필요가 있는 것이다. ASIC (IC의 특별 기능들), 마이크로 컴퓨터의 진보된 기술에 많은 감사를 하며 현재의 PLC는 판독 속도에 있어 엄청난 발전을 이루었고 PLC Ladder Diagram Program의 판독 차트는 다음과 같다.

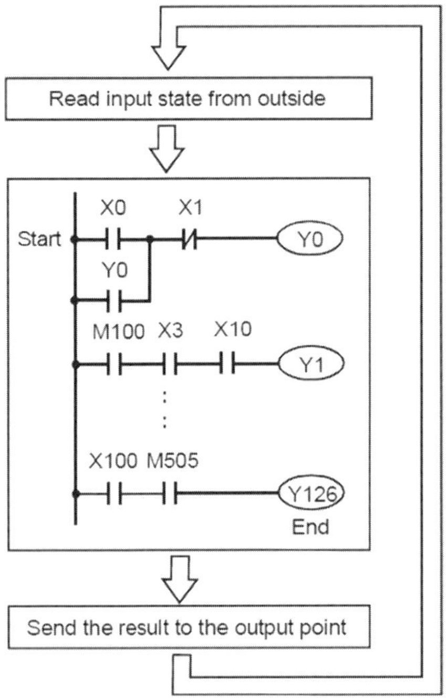

입력 Refresh 후 프로그램 First 명령문부터 BE(END)까지 수행하고, 자기진단 후 출력 Refresh를 수행하게 된다. 이후 다시 입력 Refresh부터 같은 동작을 반복 수행하게 된다.

Ladder 다이어그램 알고리즘에 의한 계산(외부 출력 포인트로 바로 출력하지 않지만 내부 디바이스가 즉각적으로 출력한다.)

[그림 1-10] PLC Ladder Diagram Program의 판독 차트

추가적으로 판독 시간(Scan time)의 차이에 대해 말하자면, PLC Ladder 다이어그램과 전통적 다이어그램은 '역전류(reverse current)'에 있어 차이점을 가지고 있다. 다음과 같은 전통적 Ladder 다이어그램의 차트에서, 만약 X0, X1, X4 와 X6 들은 ON 상태이고 다른 것들은 OFF 상태이면, 출력 포인트인 Y0 는 아래 다이어그램의 점선에서 보여지는 바와 같이 ON 상태일 것이다. 그러나 PLC Ladder 다이어그램에 있어선 주변 장치에서 에러가 나타날 것이다. MCU의 판독 방법인 WPL Soft 는 위에서 아래로 그리고 왼쪽에서 오른쪽으로 진행한다.

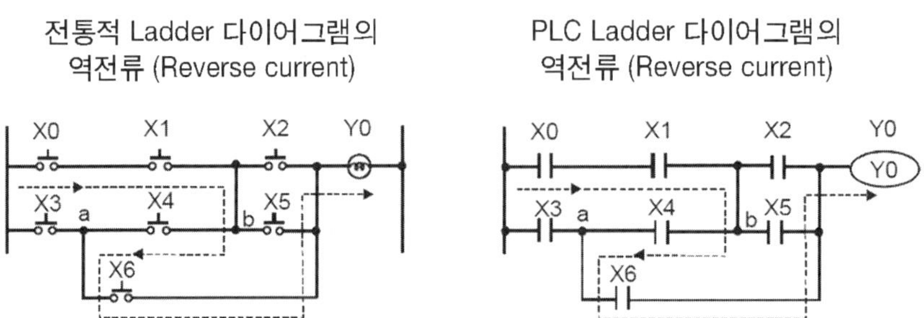

Ladder 다이어그램의 세 번째 줄에 오류가 있다.

1.1.9 PLC CPU의 연산 처리

- PLC의 연산 처리 방법은 입력 리프레시(Refresh) 과정을 통하여 입력의 상태를 PLC의 CPU가 인식하고, 인식된 정보를 조건 또는 데이터로 이용하여 프로그램의 처음부터 마지막까지 순차적으로 연산을 실행하고 출력 리프레시(Refresh)를 한다.
- 고속으로 반복해서 동작되는 방식을 '반복 연산 방식'이라 하고 한 바퀴를 실행하는데 걸리는 시간을 '1 스캔 타임'(1 연산 주기)라고 한다.

Scan

프로그램을 수행하기 전에 입력 Unit에서 입력 Data를 Read하여 Data Memory의 입력용 영역에 일괄 저장 후 프로그램 0번 Step부터 END까지 수행하고 자기진단, Timer, Counter 등의 처리를 한 후 Data Memory의 입력용 영역의 Data를 출력 Unit에 일괄 출력하는 일련의 동작

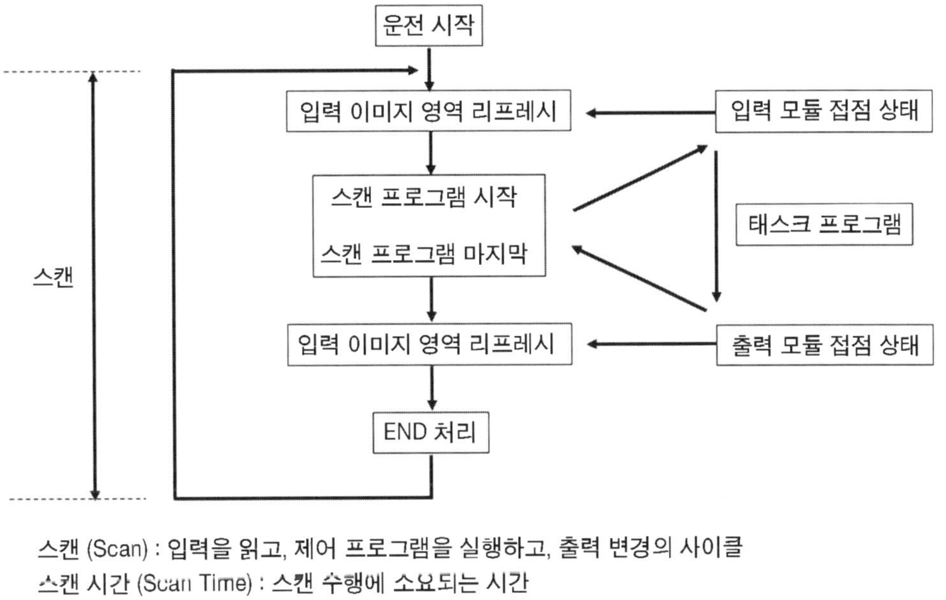

스캔 (Scan) : 입력을 읽고, 제어 프로그램을 실행하고, 출력 변경의 사이클
스캔 시간 (Scan Time) : 스캔 수행에 소요되는 시간

[그림 1-11] 스캔(SCAN)의 동작 구조

(1) 입력 이미지 리프레시

① PLC는 운전이 시작되면 입력 모듈을 통해 입력되는 정보들을 메모리의 입력 영역으로 받고, 이 정보들은 다시 입력 이미지 영역으로 복사되어 연산이 수행되는 동안의 입력 데이터로 이용된다.

② 입력 영역의 데이터를 입력 이미지 영역으로 복사하는 것을 '입력 리프레시'(Input Refresh)라고 한다.

③ 입력 리프레시는 운전이 시작될 때는 물론이고 매 스캔 END 처리가 끝나면 그 순간의 입력 정보를 입력 이미지 영역으로 복사하여 연산의 기본 데이터 또는 연산의 조건으로 활용하게 된다.

(2) 프로그램 연산

① 입력 리프레시 과정에서 읽어 들인 입력 접점의 정보를 조건 또는 데이터로 이용하여 사전에 입력된 프로그램에 따라 연산을 수행하고 그 결과를 내부 메모리 또는 출력 메모리에 저장하게 된다.

② PLC에서 프로그램은 크게 스캔 프로그램과 태스크 프로그램의 두 가지로 나눌 수 있는데, 스캔 프로그램은 PLC의 CPU가 RUN 상태면 무조건 수행하는 프로그램이고, 태스크 프로그램은 특정 조건을 만족해야만 동작하는 프로그램이다.

③ 스캔 프로그램 연산을 수행하는 도중에 태스크 프로그램의 실행 조건이 만족되면 스캔 프로그램의 연산을 멈추고, 태스크 프로그램을 수행한 후 태스크 프로그램으로 전이하기 직전에 연산이 수행되던 스캔 프로그램의 위치로 복귀하여 스캔 프로그램의 연산을 계속하게 된다.

(3) 출력 리프레시

스캔 프로그램 및 태스크 프로그램의 연산 도중에 만들어진 결과는 바로 출력으로 보내어지지 않고 출력 이미지 영역에 저장되게 되는데 이러한 과정을 출력 이미지 리프레시라고 한다.

(4) 자기 진단

① 연산의 과정에서 만들어진 결과는 바로 출력으로 내보내지 않고 출력 이미지 영역에 저장되게 되는데 이유는 프로그램의 마지막 스텝 연산이 끝나고 나면 PLC의 CPU는 시스템상에 오류가 있는지를 검사하고 오류가 없을 때만 출력을 내보내기 때문이다.

② 만일 연산이 성공적으로 끝나서 그 결과가 출력 이미지 영역에 저장되었다 하여도 PLC의 CPU는 자기 시스템을 진단하여 시스템상에 오류가 있다면 출력을 내보내지 않고 에러 메시지를 발생시키게 되는데 이것을 자기 진단이라고 한다.

(5) END 처리

① 연산이 성공적으로 수행되고 자기 진단 결과 시스템에 오류가 없으면 출력 이미지 영역에 저장된 데이터를 출력 영역으로 복사함으로써 실질적인 출력을 내보내게 된다.

② 이러한 과정을 END 처리라 하며, END 처리가 끝나면 다시 입력 리프레시를 실시함으로써 PLC는 반복적인 연산을 수행하게 된다.

1.1.10 PLC의 입출력부

(1) 싱크와 소스

PLC의 입출력부는 현장의 외부 기기에 직접 접속하여 사용한다. PLC 내부는 DC+5(V)의 전원(TTL 레벨)을 사용하지만 입출력부는 다른 전압 레벨을 사용하므로 PLC 내부와 입출력의 접속(interface)은 시스템 안정에 결정적인 요소가 된다. PLC의 입출력부는 다음의 사항이 요구된다.

① 외부 기기와 전기적 규격이 일치해야 한다.

② 외부 기기로부터의 노이즈가 CPU 쪽에 전달되지 않도록 해야 한다.

⇒ 포토 커플러(photocoupler) 사용

③ 외부 기기와의 접속이 용이해야 한다.

입출력의 각 접점 상태를 감시할 수 있어야 한다. (LED 부착) 입력부는 외부 기기의 상태를 검출하거나 조작 패널을 통해 외부 장치의 움직임을 지시하고 출력부는 외부 기기를 움직이거나 상태를 표시한다.

여기에서 자주 거론되는 싱크(Sink)와 소스(Source)에 대해 알아보도록 하자.

싱킹(Sinking)

싱킹은 아래 그림과 같이 회로의 음극에서 부하를 변환시키는 것이다.

소싱(Sourcing)

소싱은 아래 그림과 같이 회로의 양극에서 부하를 변환시키는 것이다.

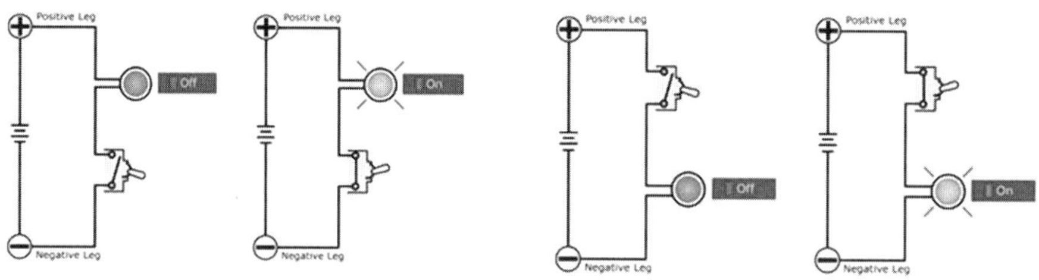

[그림 1-12]싱크(Sink)와 소스(Source)

자동화 과정의 어느 부분에서 싱크와 소스가 중요한 것일까?

정답은 바로 모듈을 선택하는 상황이다. 왜냐하면, 배선하는 장치에 싱크 또는 소스가 사용되어야 하기 때문이다. 예를 들어 사전에 만들어진 전기기기가 있다면, 그것은 이미 common positive나 common negative 방식으로 배선되어 있을 것이다. 그러므로 그 패널이 배선되어 있는 방식으로 디지털 출력 모듈을 선택하면 된다.

다행히도 교류의 경우는 싱킹과 소싱 사이에서 어떤 것으로 해야 할지 고민하지 않아도 된다. 교류에서는 전류가 양 전압과 음 전압 사이에서 왔다 갔다 할 수 있기 때문에 또 다른 변환 방식이 필요하다. 따라서 직류의 경우에만 판단을 내리면 된다.

트랜지스터에는 NPN과 PNP의 두 가지 종류가 있는데, 이 둘은 실리콘 수준에서부터 전류를 전환하는 방식까지 완전히 다른 방식으로 만들어진다.

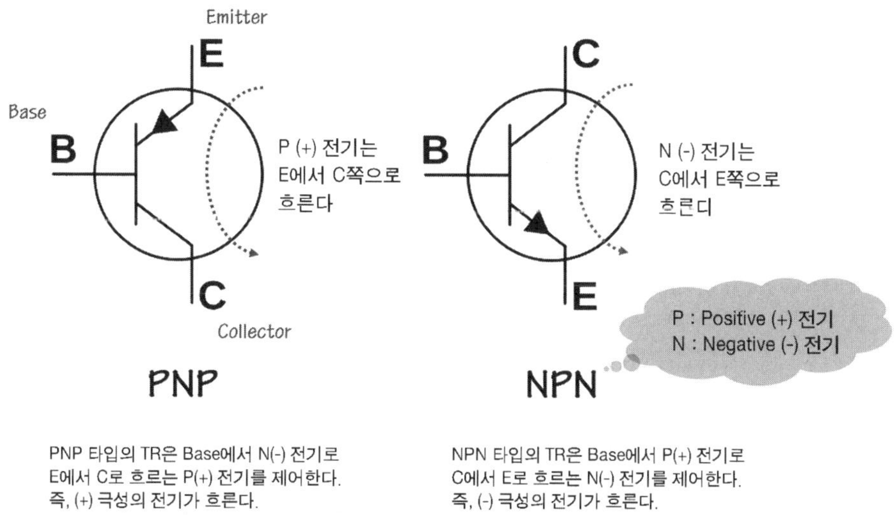

[그림 1-13] NPN과 PNP 트랜지스터

가격의 상황에서 트랜지스터가 소스(PNP)하는 것보다 싱크(NPN)할 때 더 많은 전류를 보낼 수 있었기 때문에 싱킹이나 소싱을 결정하는 것이 비용에도 차이를 가져왔다. 사실 오늘날에도 많은 전자 부품이 비대칭적인 전류 구동 능력을 가지고 있으며 더 많은 전류를 positive rail이 아닌 그라운드로 전환시킬 수 있다.

싱킹과 소싱이 차이를 만들어 내는 또 다른 곳은 바로 전기 패널 회사의 작업 현장이다. 몇몇 회사들은 common positive rail을 갖기 위해서, 또 몇몇은 common negative rail을 갖기 위해서 패널을 만든다. 가끔씩 전기 제품의 레이아웃이 둘 중 하나에 적합한 방법이 되곤 하는데, 보통 '지금까지 해온 것과 같은 방식'이 대다수다.

이곳이 바로 자동화 과정을 담당하는 사람들이 책임지는 부분이다. 직류 회로와 배선되어 있는 부하의 모습에 따라 그 부하를 전환하기 위한 적합한 디지털 출력 모듈을 선택해야 한다.

만약 계전기로 가득한 자동화되지 않은 제어 캐비닛을 개조(Overall)하는 경우, 어떻게 배선되어 있는지 확인해야 한다. 그리고 다시 배선을 하는 비용과 캐비닛의 기존 common-positive 또는 common-negative 배선에 맞는 새로운 디지털 출력 모듈을 사는 것의 비용을 비교해 보아야 한다.

① 그라운드를 common으로 하는 싱킹 사례

예시로 LED 컬러 4화면 타워 라이트를 들 수 있다. ('스택 라이트'라고도 부르며, 하우징에 빨간색, 노란색, 초록색, 흰색 LED가 쌓여 있는 형태이다.) 이것은 common positive일까, common negative일까? 보통 개인이 타워 라이트의 배선을 바꿀 수는 없고 그저 제조자에 의해 둘 중 한 방식으로 만들어질 뿐이다. 그 후에 네 가지 빛을 특정한 레일로 구동시킬 수 있는 디지털 출력 모듈을 정하여 지시사항에 따라 각각의 LED를 켜면 되는 것이다. 가장 보편적인 컬러 4화면 타워 라이트는 common-anode 리드(lead)이다.

이 경우 그 리드를 전원 공급 레일의 양극에 배선하고 나머지 (램프의 각 색에 연결된)네 개의 전선은 디지털 출력 모듈에 배선한 후 디지털 모듈의 common을 전원 공급 레일의 음극에 배선하면 된다. 이것이 sink configuration이다. 디지털 출력을 켜면 전원이 양극 레일에서 나와 LED를 통해 흘러 디지털 모듈에서 전환되어 그라운드로 빠져 LED가 켜진다.

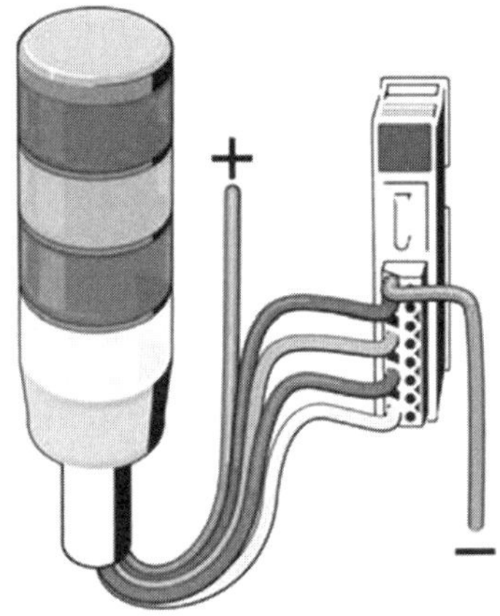

② 혼합 배선

만약 혼재되어 있다면 어떻게 할까? 타워 라이트는 common-cathode(negative)이고 기계의 전기 패널은 common-anode(positive)로 배선되어 있는 경우이다. 패널 전체를 다시 배선한다거나 다른 타워 라이트를 주문하는 것은 답이 되지 못한다. 대신 존재하는 것들을 자동화시켜야 한다.

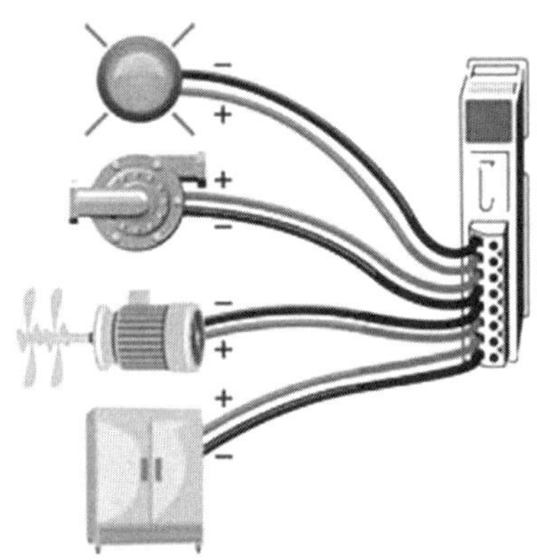

이 경우 디지털 출력 채널 네 개가 서로 완전히 분리되어 있는 단독 모듈을 사용할 수 있다. 이렇게 채널끼리 분리되어 있는 경우, 각각의 채널은 싱킹 또는 소싱으로 배선할 수 있다.

자동화의 경우 할 수 있는 선택이 많지 않다. 트랜지스터가 어떻게 만들어져 있는지에 따라, 전기 패널이 어떻게 배선되어 있는지에 따라, 또는 사용 가능한 전기/전자 부품에 따라 싱킹 또는 소싱을 결정하는 일뿐이다.

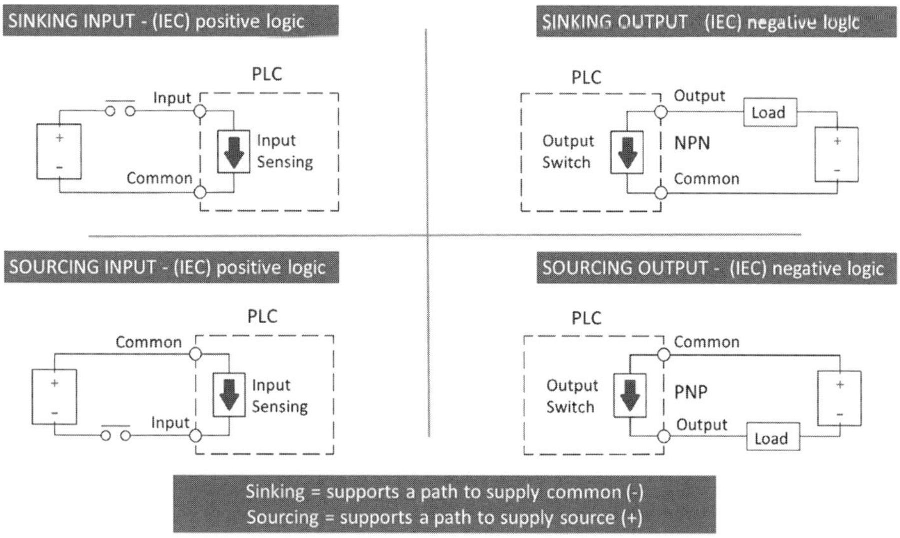

[그림 1-14] PLC 입출력모듈에서의 싱크(Sink)와 소스(Source)

PLC 입력 모듈에 외부 입력 전원을 접속하는 방법에 따라 싱크(로드) 방식과 소스(로드) 방식으로 나눌 수 있다. 이 두 가지 방식의 차이점을 알아보기 위해 입력 신호가 지락되었을 경우를 비교해 보면 다음과 같다.

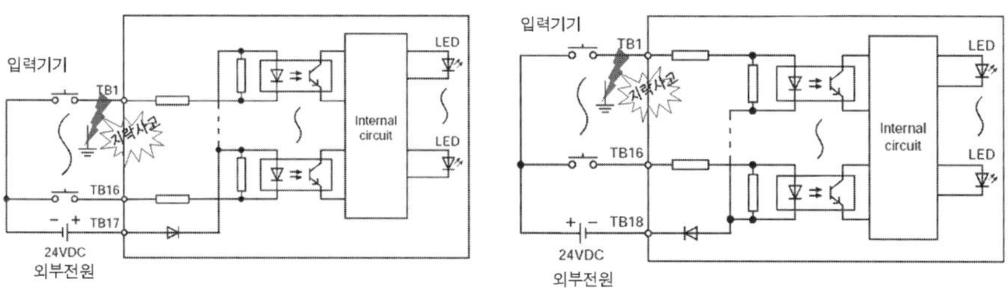

싱크로드 방식 전원 접속 소스로드 방식 전원 접속

싱크로드 방식은 외부 입력 전원의 (+)극이 PLC 입력 모듈의 공통에 (-)극이 스위치 등의 외부기기에 접속된다. 이 방식은 PLC 입력 모듈에서 스위치 등의 외부 기기를 통해 전류가 유출된다. 이 경우에 지락 사고가 발생하였다면 외부 기기의 동작과 상관없이 입력 신호가 ON 상태로 되어 오동작을 일으킨다.

소스로드 방식은 싱크로드 방식과 반대이며 지락 사고가 발생하여도 입력 신호는 ON 상태로 되지 않아 지락 사고에 대해서 싱크로드 접속 방식보다 안정성이 높다. 따라서 습기, 부식성 가스 등에 의해 절연이 저하될 우려가 있는 장소에서는 소스로드 방식이 추천된다. 그러나 소스로드 방식은 지락 사고 시 외부 전원 장치가 소손될 우려가 있으므로 별도의 보호 장치가 필요하다.

일반적으로 한국, 미국, 일본 등에서는 싱크로드 방식을 유럽에서는 소스로드 방식을 주로 사용한다.

용어 설명

단락(합선)

- 합선(Interruption of Circuit) : 양 전기 음 전기의 두 선이 피복 손상 등의 원인으로 서로 전기적으로 접촉되는 현상으로 접촉 부분에 과전류가 흐르게 되어 그에 따른 발열로 인한 화재를 일으키기도 한다.
- 단락(Short or Short Circuit) : 전선 또는 전기기기에 사용된 절연체가 전기적, 기계적 원인에 의하여 열화 및 노화되거나 절연 파괴를 일으켜 전기회로의 선 간에 저항이 극히 낮거나 없이 접촉하는 현상으로 해당 부위에서 과전류가 발생하게 된다. 단락 사고 발생 시 저항이 가장 작은 접점 부위로 모든 전류가 흐르므로 과전류 발생에 따른 발열 현상이 일어나게 된다.

일반적으로 합선이나 단락은 같은 의미의 용어로 사용되나 전기 배선 간 단락은 합선이라고 하고 절연 파괴로 인한 일반적인 사고를 단락이라고 한다.

지락(누전)

- 누전 : 절연 부분이 열화되거나 불량 또는 손상되어 일정량 이하의 전류가 새는 것을 말한다. 넓은 의미로 해석하면 '설계된 회로 이외로 전류가 흐르는 것'이라고 할 수 있다.
- 지락 : 전류가 흐르는 상태에서 절연 부분이 열화 또는 손상되어 충전부가 타 물체와 접촉되어 대지로 전기가 흐르는 것을 의미한다. 전로와 대지 사이에 절연이 이상할 정도로 저하하여 아크 또는 도전성 물질에 의해 서로 연결되어 전로 또는 기기의 외

부에 위험한 전압이 나타나거나, 전류가 흐르는 현상을 말한다. 즉 사용하던 전선이 갑자기 땅으로 떨어져 전류가 대지로 흐르게 되는 것이다. 가정용 전기기구에서 누전이 발생하는 것과는 비교할 수 없게 큰 용량의 전류가 흐르는 위험한 상황이 된다.

일반적으로 누전이나 지락은 같은 의미의 용어로 사용되나 실제 상황에서는 대부분 낮은 전류가 설계된 회로 이외로 흐른다면 누전, 누전보다 훨씬 높은 전류가 흐른다면 지락이라고 할 수 있다. (저전압, 저용량에서 누전이라고 말하고 고전압, 고용량에서는 지락이라고 한다.)

(2) 입력 (Digital Input Module : DI)

외부 기기로부터의 신호를 CPU의 연산부로 전달해 주는 역할을 한다. 입력의 종류로는 DC24[V], AC110[V] 등이 있고, 그 밖의 특수 입력 모듈로는 아날로그 입력(A/D) 모듈, 고속 카운터(High speed counter) 모듈 등이 있다.

① Digital Input Module의 종류

- Sink Type의 Digital Input Module

Sink Type의 Digital Input Module은 Push-Button Switch나 Limit Switch, 근접 Switch 등이 접속되는 PLC Input Module의 접점(Point)들이 전류가 밖에서 Module 안으로 흘러 들어가는 형태의 입력 Module을 말하며 이 경우에는 Module에서의 공통 단자(Common)는 단자(N상) 공통(N Pole Common)이 된다. 이 Module에는 근접 Switch의 경우에 PNP Open Collector 타입의 Sensor Switch가 연결될 수 있다. 따라서 이러한 형태의 입력 Module을 Sink Type의 Digital Input Module이라 한다. 내부에서 신호 처리에 필요한 전원을 외부로부터 공급은 받지만 입력 신호 단자와 카드 COM 단자 간에 전압이 걸리지 않을 때 신호가 입력되고, 즉 카드의 신호 단자에서 전류를 흘려 내도록 하여 신호를 전달하는 타입이다. 외부 스위치 측 COM이 (-)이고, 카드 측 COM이 (+)이다.

• Source Type의 Digital Input Module

Source Type의 Digital Input Module은 이미 Module에 접속된 P상의 Power가 Wet Point를(예를 들면 포토 커플러) 거쳐 나와 Push-Button Switch나 Limit Switch, 근접 Switch 등이 접속되는 PLC Input Module의 접점(Point)들에 내부적으로 연결되어 이들 PLC Input Module의 접점(Point)들을 N상과 Push-Button Switch나 Limit Switch, 근접 Switch 등으로 접속시켜 줌으로써 Module의 접점들이 전류가 안에서 Module 밖으로 흘러 들어가는 형태의 입력 Module을 말하며 이 경우에는 Module에서의 공통 단자는 +단자(P상) 공통(P Pole Common)이 된다. 이 Module에는 근접 Switch의 경우에 NPN Open Collector 타입의 센서 스위치가 연결될 수 있다. 따라서 이러한 형태의 입력 Module을 Source Type의 Digital Input Module이라 한다. 외부에서 전원을 공급받아서 내부에 신호를 전달할 수 있도록 된 카드이고, 즉 카드의 신호 단자에 전압을 걸어 신호를 전달하는 타입이다. 외부 스위치 측 COM이 (+)이고 카드 측 COM이 (-)이다.

(3) 출력(Digital Output Module : DO)

내부 연산의 결과를 외부에 접속된 전자 접촉기나 솔레노이드에 전달하여 구동시키는 부분이다. 출력의 종류에는 릴레이 출력, 트랜지스터 출력, SSR(Solid State Relay) 출력 등이 있고 그 밖의 출력 모듈로는 아날로그 출력(D/A) 모듈, 위치 결정 모듈 등이 있다.

① Digital Output Module의 종류

출력 신호 종류	개폐소자	
	유접점	무접점(반도체)
직류(DC)	릴레이 출력	트랜지스터 출력
교류(AC)	릴레이 출력	SSR 출력

표에서와 같이 릴레이 출력은 직류나 교류를 모두 사용할 수 있으나 기계적 수명의 한계 때문에 접점의 개폐가 빈번할 경우는 교류 전원 전용인 무접점 SSR 출력이나 직류 전원 전용인 트랜지스터 출력을 사용하여야 한다.

- TR 출력 : PLC 출력 접점 소자에 스위칭 트랜지스터를 사용하는 방식이다. DC 전용으로 수명이 반영구적이다.
- SSR 출력 : PLC 출력 접점 소자에 무접점 반도체 릴레이를 사용하는 방식이다. AC 전용으로 수명이 반영구적이다.

I/O	구분	부착 장소 외부	기기의 명칭
입력부	조작 입력	제어반과 조작반	푸시 버튼 스위치, 셀렉트 스위치, 토글 스위치
	검출 입력 (센서)	기계 장치	리밋 스위치, 광전 스위치, 근접 스위치, 레벨 스위치
출력부	표시 경보 출력	제어반 및 조작반	파일럿 램프, 부저
	구동 출력 (액추에이터)	기계 장치	전자 밸브, 전자 클러치, 전자 브레이크, 전자 개폐기

- Sink Type의 Digital Output Module

Sink Type의 Digital Output Module은 릴레이(Relay)나 솔레노이드 코일(Solenoid Coil) 등의 액추에이터(Actuator)를 움직이는 부하가 접속되는 PLC Output Module의 접점(Point)들이 전류가 밖에서 Module 안으로 흘러 들어가는 형태의 출력 Module을 말하며 이 경우에는 부하를 접속하는 공통 단자는 (+)단자(P상) 공통(P Pole Common)이 된다. 이 Module의 PLC 내부에서는 NPN 타입의 구동 반도체가 내장될 수 있다. 따라서 이러한 형태의 출력 Module을 Sink Type의 Digital Output Module이라 한다. 내부에서 신호 처리에 필요한 전원을 외부로부터 공급은 받지만 출력 신호 단자와 카드 COM 단자 간에 DC 스위칭 소자가 있다. 즉 오픈 컬렉터형 출력 카드로 카드 내부에 DC 부하 전용 스위치가 있으며 스위치 한쪽을 (-) 로 COM시킨 카드이다. 카드의 신호 단자로 전류를 흘려 들여 신호를 표시하는 타입이다. 외부 기기(릴레이, 램프) 측 COM이 (+)이고 카드 측 COM이 (-)이다.

- Source Type의 Digital Output Module

Source Type의 Digital Output Module은 이미 Module에 접속된 (+)단자(P상)의 Power가 PLC Output Module에 접속되어 PNP 타입의 반도체로 릴레이나 솔

레노이드 코일 등의 액추에이터를 움직이는 부하가 접속되는 Module이다. 이 부하를 구동하는 접점들에서는 부하를 구동하는 전류가 안에서 Module 밖으로 흘러나오게 됨으로써 이 경우에는 부하를 접속하는 공통 단자는 (-)단자(N상) 공통이 된다. 따라서 이러한 형태의 출력 Module을 Source Type의 Digital Output Module이라 한다. 외부에서 전원을 공급받아서 내부에서 신호 단자로 전압을 출력시키는 타입이다. 외부 부하 측 COM이 (-)이고 카드 측 COM이 (+)이다. 용도는 일반 부하류(릴레이, 램프), 소스 입력 카드로 신호를 전달한다.

※ 용어 정리

· 싱크(sink) 입력(+ Common형) : 입력 신호의 종류가 직류형(DC 12/24V)일 경우 입력 신호가 ON될 때 PLC 입력 단자로 전류가 유입되는 방식을 말한다.

· 소스(source) 입력(- Common형) : 입력 신호의 종류가 직류형(DC 12/24V)일 경우, 입력 신호가 ON될 때 PLC 입력 단자로부터 스위치로 전류가 유입되는 방식을 말한다.

· 싱크(sink) 출력 : 출력의 종류가 트랜지스터형일 경우, PLC 출력 접점이 ON될 때 부하에서 출력 단자로 전류가 유입되는 방식을 말한다.

· 소스(source) 출력 : 출력의 종류가 트랜지스터형일 경우, PLC 출력 접점이 ON될 때 출력 단자로부터 부하로 전류가 유입되는 방식을 말한다.

1.1.11 전형적인 시퀀스 회로를 PLC 프로그램으로 변경

다음은 3상 전동기의 기동과 정지를 할 수 있는 전기회로도이다.

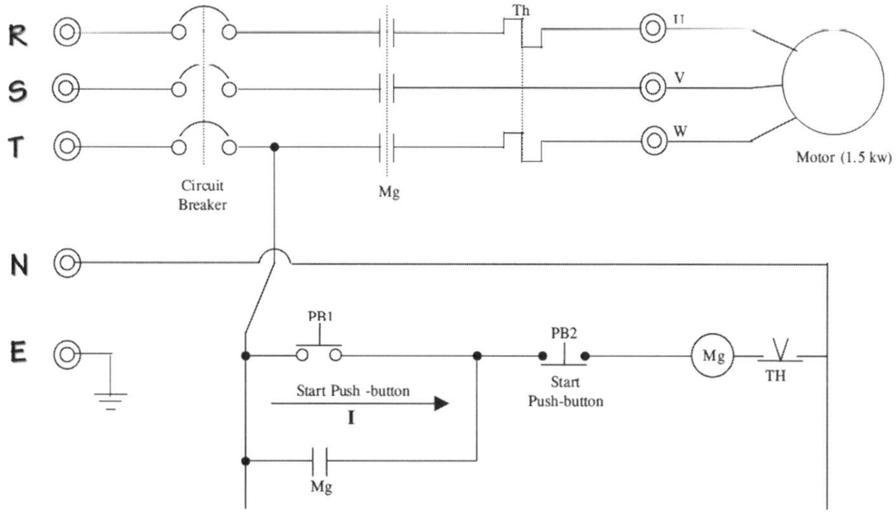

[그림 1-15] 3상 모터의 기동 정지 회로도

(1) 릴레이 시퀀스의 동작 설명

푸시 버튼 PB1을 누르면 전류 I는 회로를 통해 흐르고 마그네틱 컨택트 Mg를 여자시킨다. 푸시 버튼 PB1에서 손을 떼더라도 Mg의 a접점이 PB1과 병렬로 연결되어 있으므로 자기유지회로를 구성하게 된다. 또 다른 Mg a접점을 통해서 3상 모터의 전원을 공급하게 되어 모터는 회전을 하게 된다.

푸시 버튼 PB2가 눌려지면 자기유지회로는 해제되고 동작 중인 모터를 정지된다.

위의 회로를 PLC 시스템으로 변경하려면 입력과 출력 장치에 대한 구분 이루어져야 한다. 입력 장치에는 시작 스위치(PB1)와 정지 스위치(PB2)가 있고 출력 장치에는 3상 모터를 컨트롤하는 마그네틱 컨택트(Mg)가 있으며 결선은 다음과 같이 한다.

(2) PLC 연결을 위한 하드 와이어 회로

동작 구동을 위해 PLC에 작성해야 할 Ladder Diagram(프로그램)이다. 이와 같은 프로그램을 소프트 와이어드 회로라고 한다. 컴퓨터 안에서 PLC 메이커가 제공하는(판매하는) 응용소프트 웨어를 사용하여 작성한다. 컴퓨터 내에서 작성하기 때문에 수정이나 회로를 구성하는 방법이 간편하고 쉽다.

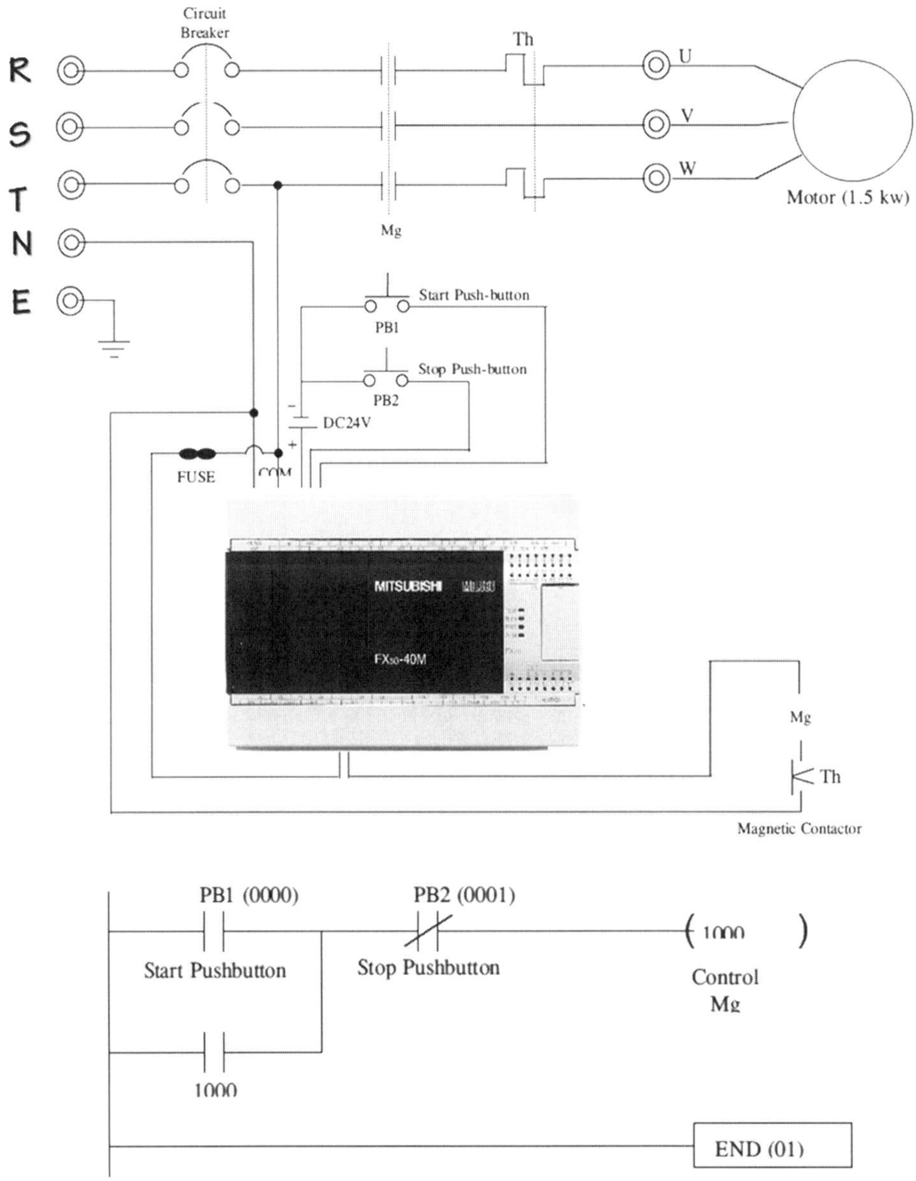

[그림 1-16] PLC연결을 위한 하드 와이어 회로

좀 더 간단하게 설명을 하면 다음과 같다.

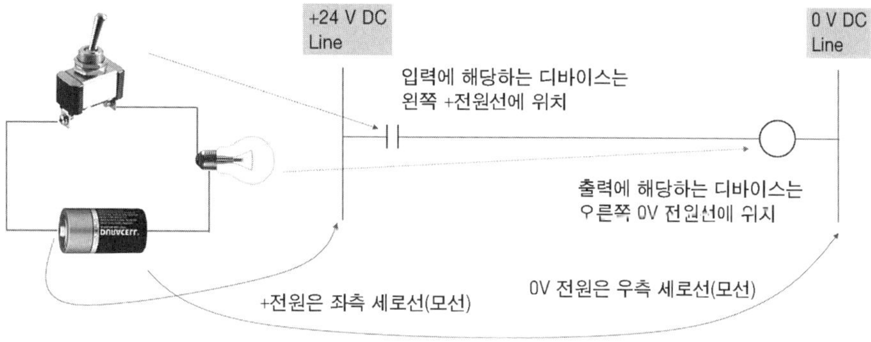

좌측의 그림은 스위치를 조작하여 램프를 ON/OFF 할 수 있는 간단한 회로이다. 이 회로를 PLC 프로그램으로 변경하면 위쪽 그림과 같다. 램프제어에 필요한 전원은 모선이라고 하여 PLC 프로그램에서는 좌우의 세로 선으로 표현한다. 전기의 흐름은 (+)전원에서 (-)전원으로 흐르기 때문에 좌측 모선은 (+)전원을 우측은 (-)전원을 의미한다. 램프는 부하 디바이스이므로 (+), (-)전원이 연결되어 부하를 동작시키므로 (-)모선에 가깝게 배치한다. (※ PLC 출력 모듈의 Com은 보통 0V를 연결하는 것과 연관성이 있다.) 그리고 입력에 해당하는 디바이스는 (+)전원이 공급되는 모선에서부터 배치한다. (※ PLC 입력 모듈의 Com은 보통 (+)V를 연결하는 것과 연관성이 있다.)

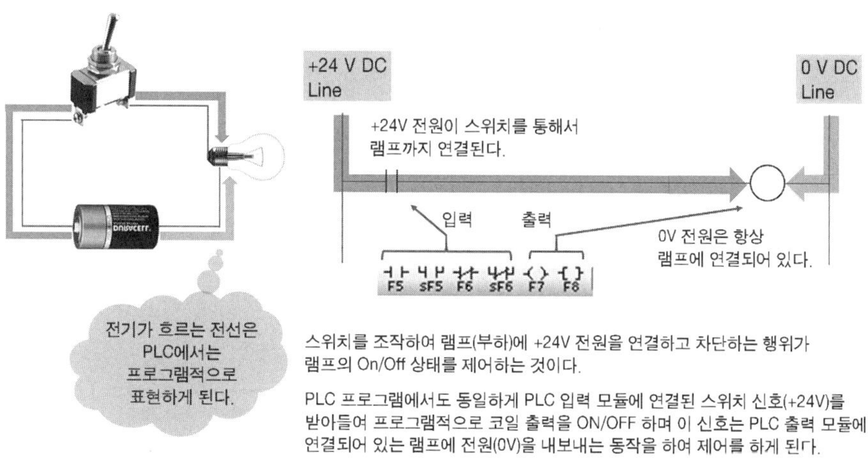

스위치를 조작을 하면 스위치 통해서 (+)전원이 부하인 램프까지 연결되므로 PLC 프로그램은 이와 같은 동작을 그대로 표시하여 위쪽의 그림과 같이 프로그램을 작성하면 된다. PLC 프로그램 작성 툴(Tool)에서 입력 디바이스를 표현하는 심볼을 이용하여 입력 디바이스를 대신하면 된다. 또한, 램프 부하는 출력에 해당하므로 프로그램을 작성할 때 0V전원이 흐르는 오른쪽 모선에 배치한다. 프로그램에서 출력은 코일(Coil) 기호를 이용하여 비트 출력이나 타이머, 카운터를 입력하며 PLC 내부에서 주로 결과치를 사용하는 출력의 경우는 응용 명령 출력(F8) 기호를 사용한다.

1.2 디바이스(device)

1.2.1 Bit & Word 디바이스

① 외부 Device : CPU 외부에서 입력을 받거나 출력을 할 때 사용하는 Device

② 내부 Device : CPU 외부로 직접 출력할 수 없으며 CPU 내부에서 사용하는 Device

③ Bit Device : 2진수 제어, 즉 0,1로 단순히 On/Off 제어만 가능한 Device

④ Word Device : Bit, Word 단위로 제어 가능한 Device

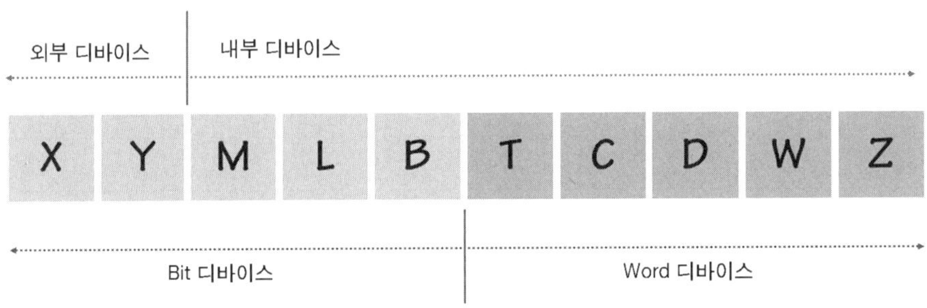

디바이스는 PLC PROGRAM을 작성할 때 사용하는 미리 정해 놓은 기능의 기호라고 생각하면 되겠다. 입력 모듈에 연결하는 스위치나 센서 같이 신호를 발생하는 장치는 X로 표시하고 출력 모듈에 연결하여 사용하는 램프나 부저 같은 것은 Y로 타이머는 T, 카운터는 C… 이런 방식으로 이해하자.

1.2.2 Bit신호 (Binary Signal)

digital systems, 즉 PLC에서, Bit 신호의 두 가지 상태 표시를 다음과 같이 생각해 볼 수 있다. 신호가 present or not present, activated or not activated, high or low, on or off, +V and 0V 등등 binary 1 (or logic 1)은 TRUE, ON, HIGH로 binary 0(or logic 0)은 FALSE, OFF, LOW로 표시한다.

1 (+V)	0 (0V)	Example
Operating	Not operating	Limit switch
Ringing	Not ringing	Bell
On	Off	Light bulb
Blowing	Silent	Horn
Running	Stopped	Motor
Engaged	Disengaged	Clutch
Closed	Open	Valve

1.2.3 Word 신호(Word Signal)

Word라는 말은 Bit 신호 16개를 묶어서 나타낸 정보의 크기 표시이다. 따라서 Word의 각 Bit의 ON/OFF 상태의 조합에 따라 Word Device 내에 수치 정보를 저장할 수 있게 된다.

이 밖에 정보의 크기에 대한 몇 가지 용어를 설명하면 Bit 신호 4개를 모아 Digit(또는 Nibble)이라 하고, Bit 신호 8개를 모아 Byte라고 한다. 1Byte의 정보로 ASCII표에 따라 문자데이터를 표시할 수 있다(※ ASCII표는 부록 참조). 그리고 1개의 Word 디바이스에 저장할 수 있는 범위를 초과하는 데이터는 Word 디바이스 2개를 묶어 Double Word라는 32Bit의 디바이스를 만들 수 있다.

DATA	설명
Bit	Bit 는 2진 시스템의 기본 단위이며 상태는 1 또는 0을 가진다.
Nibble	Nibble 은 b3~b0과 같은 4bit 이상의 값으로 이루어진다. 이것은 10진수 0~9의 값이나 16진수 0~F의 값을 나타내는 데 사용되기도 한다.
Byte	Byte는 2 nibbles 이상의 값으로 이루어진다. 바꿔 말하면, b7~b0의 값을 가진 8bit로도 나타낼 수 있다. 이것은 16진수의 00~FF의 값을 나타내는 데 사용되기도 한다.
Word	Word는 2Byte 값으로 이루어진다. 바꿔 말하면, b15~b0의 값을 가진 16bit로도 나타낼 수 있다. 이것은 16진수의 0000~FFFF의 값을 나타내는 데 사용되기도 한다.
Double Word	Double Word는 2Word 이상의 값으로 이루어진다. 바꿔 말하면, b31~b0의 값을 가진 32bit로도 나타낼 수 있다. 이것은 16진수의 00000000~FFFFFFFF의 값을 나타내는 데 사용되기도 한다.

[표 1-2] PLC에서 사용하는 데이터

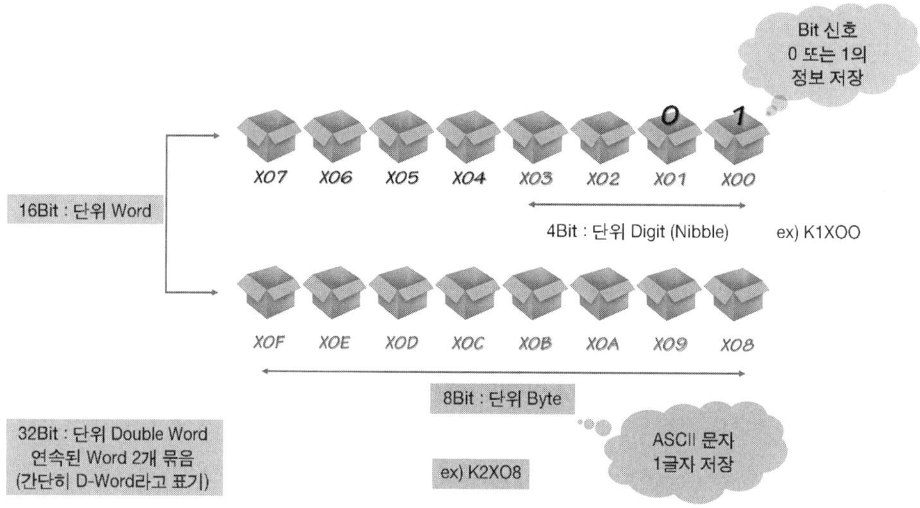

[그림 1-17] 워드 디바이스에 숫자 데이터가 저장되는 원리

[그림 1-18] 워드 디바이스에 숫자데이터 24822가 저장 예

워드 디바이스의 용도는 숫자 데이터를 저장하는 것이다. 위의 그림에서 나타나듯 각 비트마다 자릿값이 있으므로 각 자리에 저장되어 있는 0, 1의 값의 총합이 그 워드 디바이스에 저장되어 있는 숫자 데이터가 되는 것이다.

1.2.4 Device의 종류

Mitsubishi PLC에서 사용하는 Device의 종류를 개괄적으로 알아보고 자세한 내용은 이후에 설명하기로 하자.

DEVICE		디바이스 내용	정보 형태
X	외부 출력	실제로 PLC HARDWARE와 연결되어 입력 모듈에 ON/OFF 정보를 갖는 디바이스	BIT
Y	외부 출력	실제로 PLC HARDWARE와 연결되어 출력 모듈에 ON/OFF 정보를 갖는 디바이스	BIT
M	내부 릴레이	프로그램 내에서 접점과 COIL로써 ON/OFF 정보를 갖는 디바이스	BIT
L	래치 릴레이	프로그램 내에서 접점과 COIL로써 ON/OFF 정보를 갖는 디바이스. CPU의 배터리에 의해 BIT 정보가 기억되는 정전 유지형 릴레이 디바이스	BIT
S	스텝 릴레이	순차, 단계적인 제어 프로그램 작성 시 사용하는 릴레이	BIT
B	링크 릴레이	여러 대의 PLC를 구축하고 통신에 의해 비트의 ON/OFF 상태를 전송 · 수신하는 영역의 릴레이	BIT
F	어넌시에이터	고장 상태를 검출하여 그 정보를 저장하는 데 사용하는 릴레이	BIT
T	타이머	ON DELAY TIMER 입력 조건의 ON되는 상태와 설정 시간에 따라 COIL을 ON 시킨다.	WORD
C	카운터	UP COUNTER로 입력 접점의 ON시에 설정한 수치에 맞추어 COIL을 ON 시킨다.	WORD
D	데이터 레지스터	수치 데이터의 저장에 사용되는 디바이스	WORD
W	링크 레지스터	여러 대의 PLC를 구축하고 통신에 의해 WORD 데이터의 내용을 전송 · 수신하는 영역의 디바이스	WORD
R	파일 레지스터	연산 또는 데이터 저장에 사용되는 디바이스	WORD
A	어큐뮬레이터	특정 FUNCTION BLOCK을 사용할 경우 연산 결과를 저장하는 디바이스	WORD
Z	인덱스 레지스터	REGISTER TABLE의 임의의 REGISTER의 ADDRESS를 지정하는 디바이스	WORD

V	인덱스 레지스터	REGISTER TABLE의 임의의 REGISTER의 ADDRESS를 지정하는 디바이스	WORD
N	네스팅	MAIN PROGRAM에서 프로그램의 영역을 지정할 때 사용하는 상수로 MC/MCR 명령에서 사용 분기 명령 사용 시 분기되는 곳을 표시하는 PROGRAM STEP상수	정수
P	포인터	INTERRUPT PROGRAM을 수행하기 위한 STEP상수	정수
K	10진 정수	10진수를 표시하기 위한 정수기호	정수
H	16진 정수	16진수를 표시하기 위한 정수기호	정수

[표 1-3] Device의 종류

(1) 외부 입력 [X]

입력은 푸시 버튼 스위치, 전환 스위치, 리미트 스위치, 디지털 스위치 등의 외부 기기에서 CPU 모듈에 지령이나 데이터를 보내기 위한 것이다. 즉 PLC 입력 모듈의 단자에 직접 연결되는 입력장치를 의미한다. 예를 들어 입력 모듈의 어떤 단자에 스위치를 연결했다고 하면 그 스위치는 프로그램 작성 시 X라는 기호를 사용하여 표시한다. X라는 기호 다음에는 연결된 단자의 번호에 해당하는 숫자를 16진법에 의해 표기한다.

입력 1점에 대해서 가상의 릴레이 Xn을 CPU 모듈 내에 내장하고 있다고 생각하자. 프로그램에서는 그 Xn의 a 접점, b 접점을 사용한다. 프로그램 내에서의 Xn의 a 접점과 b 접점의 사용 수는 프로그램 용량의 범위 내라면 제한은 없다.

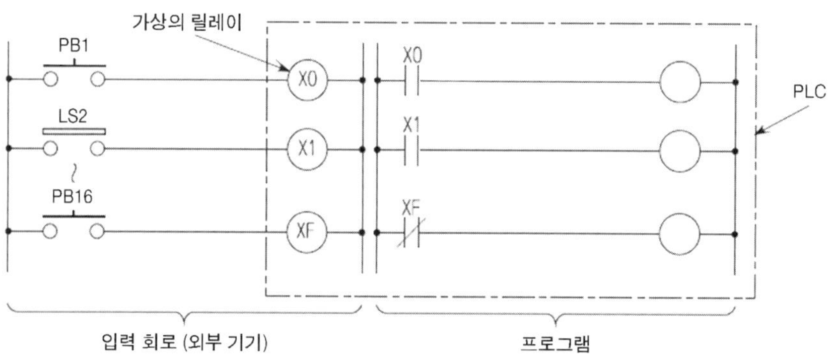

(2) 외부 출력 [Y]

PLC 출력 모듈의 단자에 직접 연결되는 입력 장치를 의미한다. 프로그램의 제어 결과를 외부의 신호등 디지털 표시기, 전자 개폐기(콘택터), 솔레노이드 등에 출력하는 것이다.

a 접점을 사용하는 것처럼 외부에 출력할 수 있다. 예를 들어 출력 모듈의 어떤 단자에 램프를 연결하였다고 하면 그 스위치는 프로그램 작성 시 Y라는 기호를 사용하여 표시한다. Y라는 기호 다음에는 연결된 단자의 번호에 해당하는 숫자를 16진법에 의해 표기한다. 프로그램 내에서의 출력 Yn의 a 접점과 b 접점의 사용 수는 프로그램 용량의 범위 내라면 제한은 없다.

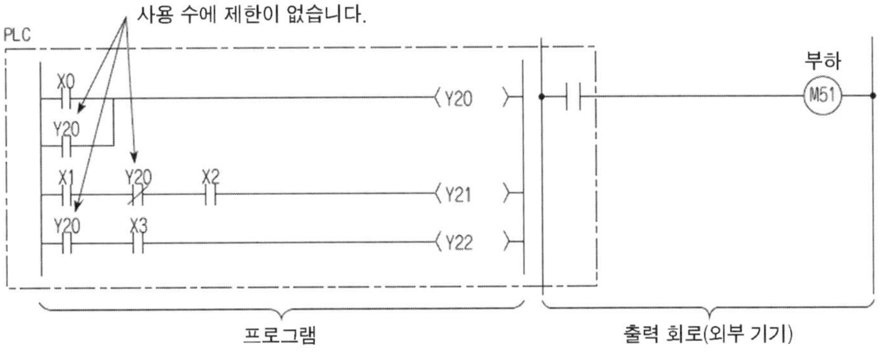

(3) 내부 릴레이 [M]

내부 릴레이는 외부에 직접적으로 연결되지 않는다. PLC의 보조 릴레이이다. 전기 제어 회로의 보조 릴레이와 같은 기능을 한다. 입력 릴레이, 출력 릴레이 혹은 다른 내부 기기와 접촉해 작동한다. 내부 릴레이의 접점들은 제한없이 사용할 수 있다. 내부 보조 릴레이는 직접 출력 불가하며 출력 접점을 통해 출력해야만 한다.

(4) 래치(Latch) 릴레이 [L]

래치 릴레이는 CPU 모듈 내부에서 사용하는 래치(정전 유지)를 사용할 수 있는 보조 릴레이로 아래와 같이 조작하여 연산 결과(ON/OFF 정보)를 유지한다.

① PLC의 전원 OFF → ON 시

② CPU 모듈의 리셋 조작 시

- 래치는 CPU 모듈에 내장된 배터리로 동작
- 래치 릴레이의 클리어
- 래치 릴레이는 래치 클리어 조작으로 OFF

PLC 파라미터의 디바이스 설정에서 "Latch (2) Start/End"으로 설정한 래치 릴레이는 RESET/L.CLR 스위치/리모트 래치 클리어에 의해 래치 클리어를 하여도 OFF 할 수 없다.

(5) 링크 릴레이 [B]

네트워크 모듈의 링크 릴레이(LB)를 CPU 모듈에 리프레시하는 경우 또는 CPU 모듈 내 데이터를 네트워크 모듈의 링크 릴레이(LB)에 리프레시하는 경우에 사용하는 CPU 모듈 측의 릴레이이다.

(6) 타이머 [T]

내부의 Clock을 이용하는 것으로 일정한 시간을 Counter하는 데 사용된다. 코일, 접점 그리고 타이머 저장 공간이 있다. 코일이 ON 상태일 때, 그것의 접점은 설정 시간이 되었을 때 동작(접점 A는 CLOSE, 접점 B는 OPEN)한다. 타이머의 시간 값은 설정에 의해 정해지고 각 타이머는 고유의 정기적 주기를 가진다. 사용자는 타이머 값을 결정하고 각 타이머는 개별 시간 주기를 가진다. 코일이 한 번 OFF되면, 접점은 동작하지 않을 것이며(접점 A는 OPEN, 접점 B는 CLOSE) 타이머는 0으로 초기화될 것이다.

고속과 저속 타이머의 설정은 PLC 내부 파라미터에서 설정할 수 있다. 종류는 크게 일반 타이머, 적산 타이머로 나눌 수 있고, 다시 각각 저속 타이머와 고속 타이머로 나누어진다.

① 적산 타이머(ST)

통상 타이머와 식별할 수 있도록 디바이스 명을 ST로 한다. 현재 Counting하고 있는 Data가 Timer의 coil이 OFF되어도 그 값을 유지하다가 다음의 입력 신호가 들어오면 다시 기존의 값에서 Increment된다. 현재값의 clear와 접점의 OFF는 RST T

명령어로 실행한다. 적산 타이머를 사용하기 위해서는 PLC PARAMETER에서 설정이 필요하다.

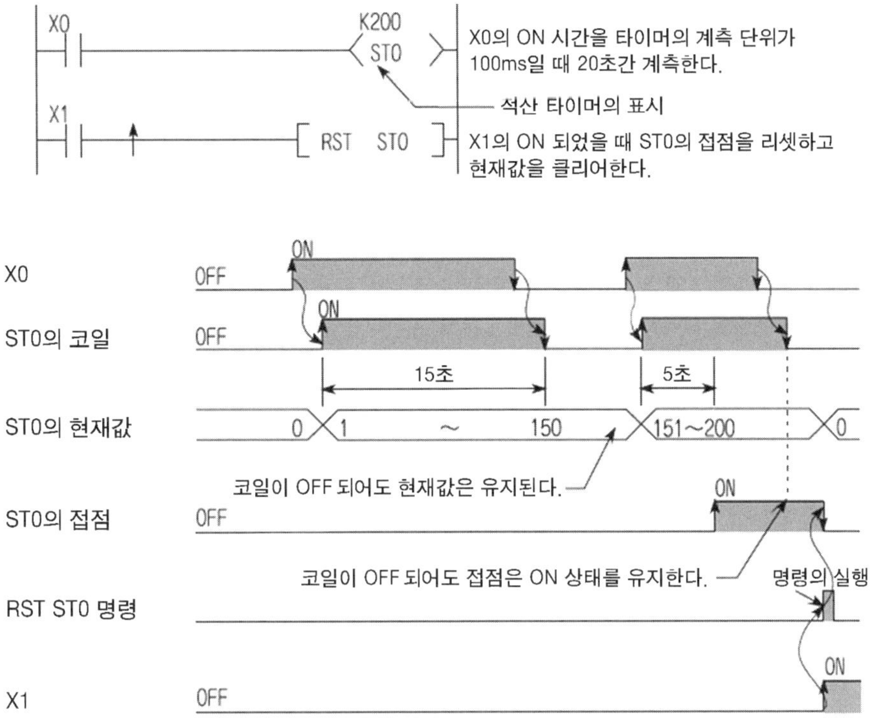

[그림 1-19] 적산 타이머의 프로그램 예와 타이밍 챠트

② 저속 타이머

저속 타이머의 계측 단위는 Default Value = 100ms으로, 계측 단위는 1 ~ 1000ms로 1ms 단위로 변경할 수 있다. 설정은 PLC 내부 Parameter에서 수정할 수 있다.

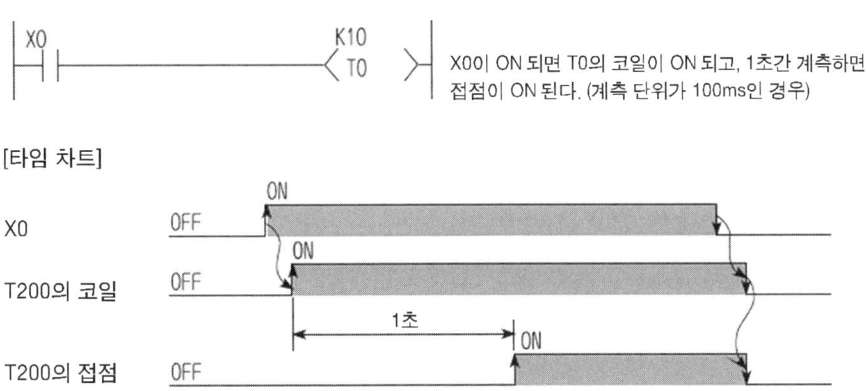

[그림 1-20] 저속 타이머의 프로그램 예와 타이밍 챠트

③ 고속 Timer 사용

저속 타이머의 계측 단위는 Default Value = 10ms으로, 계측 단위는 0.1 ~ 100ms로 0.1ms 단위로 변경할 수 있다. 설정은 PLC 내부 Parameter에서 수정할 수 있다.

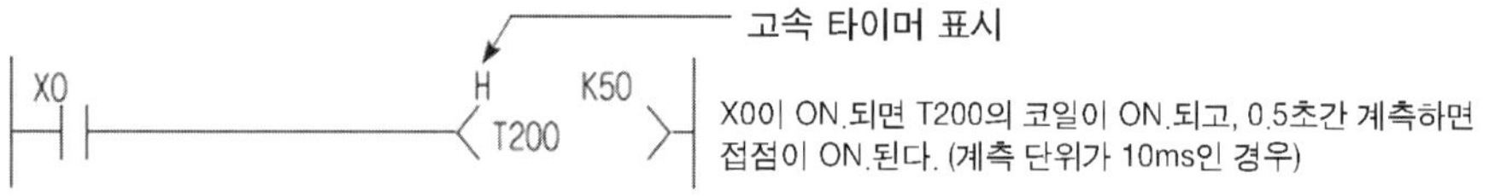

[타임 차트]

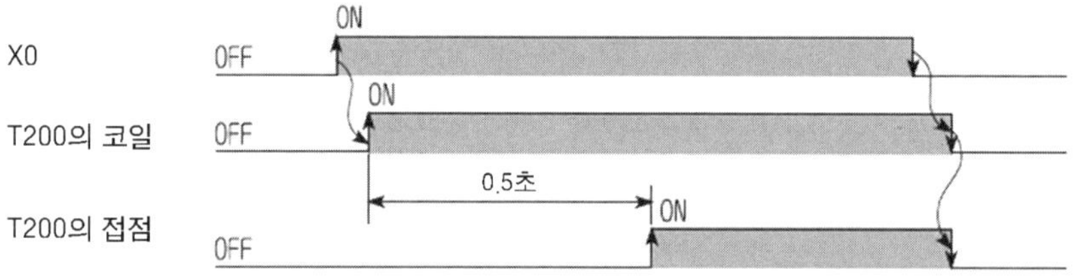

[그림 1-21] 고속타이머의 프로그램 예와 타이밍 차트

타이머 접점은 코일을 여자한 다음 설정된 시간만큼 늦게 동작한다(온 딜레이 타이머).

- 타이머 설정값은 K1 ~ K32767이다.
  100ms 타이머 0.1 ~ 3276.7초, 10ms 타이머 0.01 ~ 327.67초
- 타이머 설정값이 음수이거나 0일 때는 시한이 무한대가 되어 작동하지 않는다.

(7) COUNTER [C]

외부의 EVENT를, 또는 내부의 논리적인 입력 조건을 Counting한다. 카운터는 사용 전 설정해야만 한다. (예를 들어 카운터의 펄스) 코일, 접점들과 카운터 저장 유닛이 카운터 안에 위치하며, 코일이 OFF에서 ON으로 변화할 때, 한파동의 펄스를 카운터에 입력하고 카운터는 1을 더한다.

① 카운트 업 후에는 입력 신호가 있어도 카운트하지 않는다.
② 한 번 카운트 UP하면 RST 명령이 실행될 때까지 접점 상태나 현재값(카운터의 카운트 값)이 변하지 않는다.
③ 카운트 UP하기 전에 RST 명령을 실행하면 현재값이 0으로 바뀐다.

⑤ 카운터의 설정값은 K1~K32767이다. (K0~K-32768은 K1과 같다.)

⑥ 설정값이 0~-32768일 때는 설정값이 1일 때와 같이 접점은 ON 한다.

(8) Data Register [D]

PLC는 타이머 값과 카운터 값과 같은 각 명령들을 제어할 때 데이터와 동작을 처리해야 한다. 데이터 레지스터는 데이터 혹은 파라미터들을 저장하기 위해 사용된다. 16-bit 바이너리 숫자, 예를 들어 워드(word)를 각 레지스터에 저장한다. 이 중 워드를 저장하기 위해 데이터 레지스터의 두 개의 연속된 숫자를 사용한다.

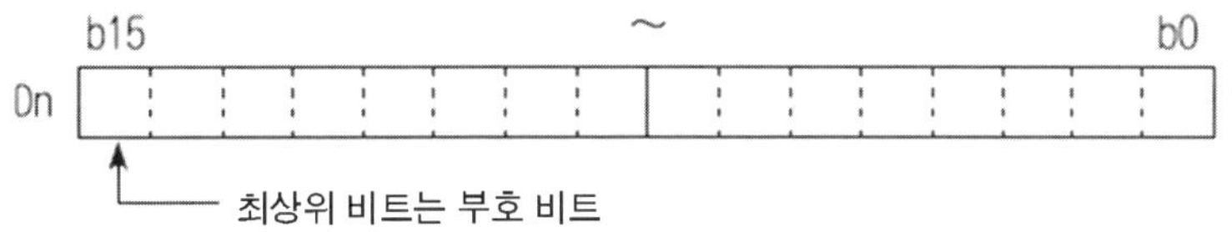

데이터 레지스터는 1점 16비트로 구성되며, 16비트 단위로 읽거나 쓸 수 있다. 데이터 레지스터에 저장되어 있는 데이터는 다른 데이터를 저장할 때까지 유지된다. 다만 CPU 모듈의 전원을 OFF 하거나 리셋하면 초기화된다.

① Data Register는 PLC 내의 수치 Data를 저장하는 Memory이다.

② Data Register는 1점 16Bit 구성으로, 16Bit 단위로 Read/Write할 수 있다. 저장할 수 있는 데이터 범위는 -32768~32767, 또는 0000H~FFFFH이다.

③ 32Bit의 Data를 취급할 경우에는 2점을 사용한다. 저장할 수 있는 데이터 범위는 -2147483648~2147483647 또는 0H~FFFFFFFFH이다.

④ 32Bit 명령에서 지정하고 있는 Data Register 번호가 하위 16Bit, 지정하고 있는 Data Register 국번+1이 상위 16Bit로 된다.

⑤ Sequence Program에서 한 번 저장한 Data는 다른 Data를 저장할 때까지 유지된다.

⑥ Data Register에 저장하고 있는 Data는 전원이 ON할 때 또는 Reset switch [RESET] 측에 조작하는 것에 의해 Clear된다.

⑦ Parameter 설정에 의해 Latch 범위로 설정된 Data Register는 Reset Switch를 [LATCH CLEAR] 측에 조작하는 것에 의해 Clear된다.

(9) 파일 레지스터 [F]

파일 레지스터는 PLC 레지스터가 데이터와 파라미터를 처리하는 데 충분하지 않을 때 데이터와 파라미터를 저장하기 위해 사용된다. 워드(word)와 같은 16bit 바이너리 숫자를 각 파일 레지스터에 저장할 수 있으며. 이 중 워드(double word)를 처리하기 위해 파일 레지스터의 두 개의 연속된 숫자를 사용한다.

(10) 인덱스 레지스터 [Z] / 범용 연산 레지스터 [Z]

① 인덱스 레지스터 [Z]

인덱스 레지스터란 시퀀스 프로그램에서 사용하는 디바이스의 간접 설정(인덱스 수식)에 사용하는 디바이스이다. 인덱스 수식은 인덱스 레지스터 1점을 사용한다. 인덱스 레지스터의 점수는 Z0~19(20점)이다.

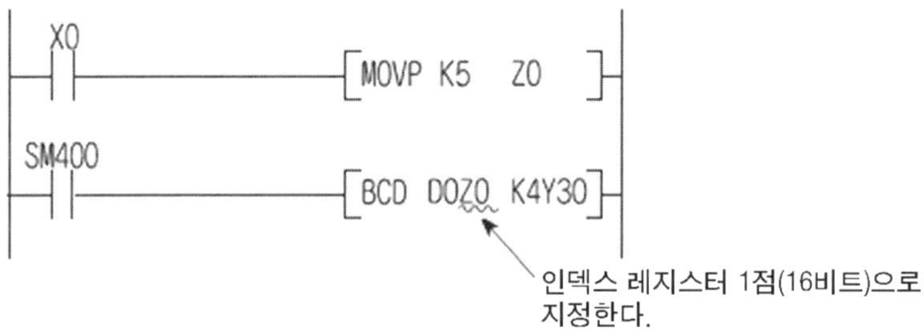

② 인덱스 레지스터의 비트 구성

시퀀스 프로그램에서 사용하는 디바이스의 간접 설정(인덱스 수식)에 사용하는 디바이스이다. 인덱스 수식은 인덱스 레지스터 1점을 사용한다.

③ 비트 구성과 쓰기 및 읽기 단위

1점 16비트로 구성되며, 16비트 단위로 읽거나 쓸 수 있다.

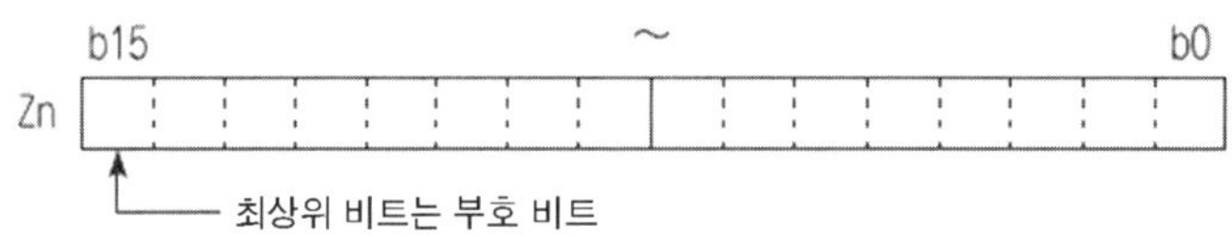

④ 범용 연산 레지스터 [Z]

범용 연산 레지스터란 레지스터 연산 간에 인덱스 레지스터를 사용하여 연산을 보다 고속으로 실행할 수 있다. 이때 사용하는 인덱스 레지스터를 범용 연산 레지스터라고 부른다.

• 디바이스 번호

범용 연산 레지스터는 인덱스 레지스터와 같은 디바이스이므로, 인덱스 수식 시는 범용 연산 레지스터의 디바이스 번호와 겹치지 않도록 한다.

1.3 PLC에서 처리하는 수치 데이터

1.3.1 2진 부동 소수점 형식

(1) 2진 부동 소수점 형식

수학에서 말하는 수의 종류와 표현법은 다음과 같다.

자연수 : 0 이상의 양의 정수, 0, 1, 2, 3…

정수 : 소수가 없는 정수, … -3, -2, -1, 0, 1, 2, 3…

소수 : 0.xxx로 1보다 작은 수

실수 : 정수 + 소수

고정 소수점 표현 : 123.456

부동 소수점 표현 : 0.123456×10^3 = 가수 × 지수

숫자를 표현할 수 있는 공간(칸)이 6개라고 하자. 여기서 고정 소수점이란 소수점의 위치가 고정되어 있음을 뜻한다. 소수점 위 3자리, 소수점 아래 3자리처럼 말이다. 부동 소수점이란 소수점 위치가 가변적이란 의미이다. 부동(浮動)은 'float(플로우트 : 떠다니다)'를 뜻한다. 다른 말로 지수 형태 표현이라고 할 수 있다. 소수점의 위치는 지수가 결정하고, 수의 정밀도는 가수가 결정한다. 가수란 가짜 수를 의미한다.

10진수로 된 실수를 2진수로 바꾸는 것은 정확하지 않고 계산도 복잡하다. 2진수는 $m \times 2^n$ 형태이고 m(가수), n(지수)는 부호가 있다.

- 부동 소수점의 표현 방법에 대해서는 IEEE754에서 32bit single-precision과 64bit double-precision 표준을 정하고 있는데 이것이 바로 float와 double의 규격이다.
- 기본적인 구조는 최상의 비트는 부호를 표시하는데 사용하고 지수 부분(Exponet)과 가수 부분(Fraction/Mantissa)으로 구성되어 있다.
- 부호비트는 0일 경우 양수, 1일 경우 음수를 의미하며,
- 지수부(Exponent)는 기준값(Bias)을 중심으로 +, - 값을 표현한다. 기준값은 20을 의미하는데 float의 경우 기준값이 127이고, double의 경우 기준값은 1023이다.
- 예를 들어, float에서 21은 기준값(127)+1=128이기 때문에 이진수로 표현하면 100000002가 된다.
- 가수부(Mantissa)는 1.xxxx 형태로 정규화를 한 뒤 가장 왼쪽에 있는 1을 제거하고 소수점 이하의 자릿값만 표현한다.

예를 들어, 13.5를 32bit 부동 소수점(float)으로 표현해 보자.

- 13.5 → 1101.1(2) [진수 변환]
- 1101.1(2) → 1.1011(2) x 23 [정규화]
- 부호비트는 양수이므로 0,
- 지수부는 3이므로 127+3 = 130, 2진수로 표현하면 10000010, 가수부는 1.1011에서 소수점 이하 자리만 표현하면 1011이 된다.
- 최종 값은 0100 0001 0101 1000 0000 0000 0000

(2) 실수(부동 소수점 데이터)

① 실수의 정밀도는 단정밀도

② 실수 데이터의 내부 표현

PLC CPU 모듈에서 취급하는 실수 데이터는 워드 디바이스 2개를 사용하여 다음과 같이 표시한다.

** 실수 +0.75 또는 +7.5E^{-1}을 표시해 보면

실수의 일반 형식 = (부호) * (1.f) * (2^{e-127})

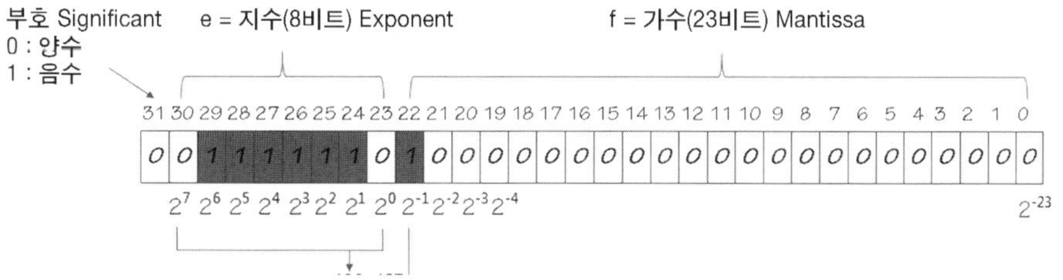

• **부호**

비트 b31은 부호를 표시한다.

0 : 양수

1 : 음수

• **지수부**

비트 30~23에서 2^n 의 n을 표시한다.

비트 30~23의 BIN 값에 따라 n은 다음과 같이 된다.

(n에 해당하는 값에 대응하는 16진수 코드로 만든 표이다. 기준이 되는 n=0 (7F = 127)에 지수값을 더하면 된다.)

b23~b30	FFH	FEH	FDH			81H	80H	7FH	7EH			02H	01H	00H
n	미사용	127	126			2	1	0	−1			−125	−126	미사용

• **가수부**

비트 22~0의 23개 비트에서 2진수로 1.xxxxxxx…로 하였을 때의 xxxxxx…에 값을 나타낸다.

** 실수 +0.75 또는 +7.5E^{-1}을 표시해 보면

실수의 일반 형식 = (부호) * (1.f) * (2^{e-127})

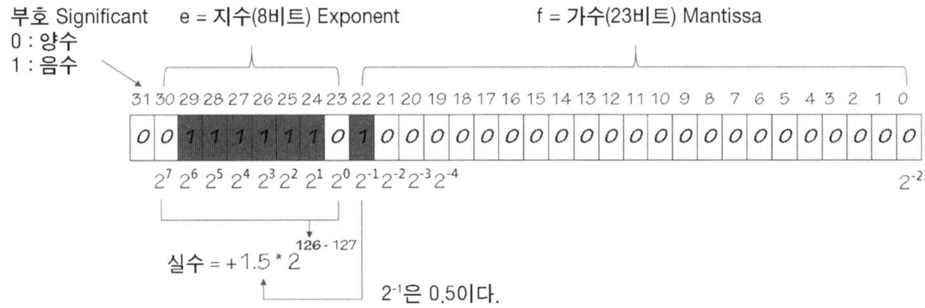

계산 예제 1

10진수 10을 부동소수점 형태로 변경하면

$$(10)_{10} \longrightarrow (1010)_2 \longrightarrow (1.0100\cdots \times 2^3)_2$$

```
) 10  ..... 0
) 5   ..... 1
) 2   ..... 0
  1
```

1010을
1.xxxx x 2^n 형태로 변경한다.

10진수 10을 2진수로 바꾸면 1010이 된다.

i) 부호는 +
ii) 지수부 3 → (기준값 127 + 3 = 130) 82H → $(1000\ 0010)_2$
iii) 가수부 $(010\ 0000\ 0000\ 0000\ 0000\ 0000)_2$

iv) 따라서 데이터는 다음과 같이 표시된다.

0100	0001	0010	0000	0000	0000	0000	0000
(4	1	2	0	0	0	0	0)H

계산 예제 2

10진수 0.75를 부동소수점 형태로 변경하면

$$(0.75)_{10} \longrightarrow (0.11)_2 \longrightarrow (1.1000\cdots \times 2^{-1})_2$$

$0.75 \times 2 \cdots\cdots 1.50$

$0.50 \times 2 \cdots\cdots 1.00$

1010을
1.xxxx x 2^n 형태로 변경한다.

0.75에 2를 곱하고 소수점 위 자리수를 표시한다.
(2를 곱하는 건 1.00이 될 때까지 또는 처음 소수부분이 표시될 때까지)

10진수 0.75를 2진수로 바꾸면 0.11이 된다.

i) 부호는 +
ii) 지수부 -1 → (표에서) 7EH → $(0111\ 1110)_2$
iii) 가수부 $(100\ 0000\ 0000\ 0000\ 0000\ 0000)_2$

iv) 따라서 데이터는 다음과 같이 표시된다.

0011 1111 1100 0000 0000 0000 0000 0000

(3 F C 0 0 0 0 0)H

계산 예제 3

10진수 85.3을 부동소수점 형태로 변경하면

① 정수값을 2진수 형태로 변경한다.

$(85)_{10}$

몫	나머지
) 85	
) 42	 1
) 21	 0
) 10	 1
) 5	 0
) 2	 1
1	 0

소수점 위와 소수점 아래의 숫자가 있는 경우

소수점 위
소수점 아래 숫자를 각각 2진수로 변환하여
최종적으로 결합한 형태로 한다.

10진수 85.3의 소수점 위의 숫자를
2진수로 바꾸면 1010101이 된다.

② 소수값을 2진수 형태로 변경한다.

$$(0.3)_{10} \longrightarrow (0.01001)_2$$

0.3 x 2	.....	0.6
0.6 x 2	.....	1.2
0.2 x 2	.....	0.4
0.4 x 2	.....	0.8
0.8 x 2	.....	1.6

처음 소수 0.6이 나왔으므로
여기까지 계산한다.

③ 2진수로 변경한 정수와 소수의 값을 더한다.

$$(85.3)_{10} \longrightarrow (1010101)_2 + (0.01001)_2$$

$$(1010101.01001)_2$$

이 된다 이것을 1.xxxx $\times 2^n$ 형태로 변경한다.

$$(1.01010101001 \times 2^6)_2$$

지수부는 6이므로 127 + 6 = 133, 2진수로 표현하면 10000101,
가수부는 1.01010101001에서 소수점 이하 자리만 표현하면 01010101001이 된다.
10진수 85.3를 부동소수점 형식으로 바꾸면
0100 0010 1010 1010 1001 된다.

1.3.2 BIN (Binary Code : 2진수)

(1) BIN(2진수)

BIN(2진수)은 0(Off)와 1(On)로 표현하는 수치이다. DEC(10진수)에서는 0에서부터 수가 증가하고 9까지 가면 다음 자리로 자릿값이 증가되어 10이 된다.

BIN에서는 0, 1의 다음에 자릿값이 증가하면 10(10진수의 2)가 된다. 다음은 BIN과 DEC의 수치 표현 관계를 나타낸 표이다.

DEC(10진수)
0
1
2
3
4
5
6
7
8
9
10
11
12

BIN(2진수)
0000
0001
0010
0011
0100
0101
0110
0111
1000
1001
1010
1011
1100

(2) BIN의 수치 표현

① CPU 모듈에서 사용하고 있는 BIN의 비트 구성

CPU 모듈의 각 레지스터(데이터 레지스터 D, 링크 레지스터 W 등)는 16비트로 구성되어 있다.

② CPU 모듈에서 사용할 수 있는 수치 데이터

CPU 모듈의 각 레지스터에는 -32768~32767까지의 수치를 저장할 수 있다.

CPU 모듈의 각 레지스터의 수치 표현을 다음 표에 나타내었다.

각각의 레지스터의 각 비트는 2의 수치가 할당되어 있다. 다만 최상의 비트는 양·음의 판별용으로 사용하므로 부호 없음(무부호)의 BIN는 사용할 수 없다.

최상의 비트가 0 …… 양

최상의 비트가 1 …… 음

1.3.3 HEX(16진수 : Hexadecimal)

(1) HEX

HEX(16진수)는 BIN 데이터의 4비트를 1자리로 표현한 것이다. BIN(2진수)으로 4비트를 사용하면 0~15의 16가지를 표현할 수 있다.

HEX에서는 0~15를 1자리로 표현하기 위해 9 다음의 10을 A, 11을 B의 알파벳으로 나타내며 F(15)의 다음에서는 자릿값이 1 증가하게 된다.

BIN, HEX, DEC의 수치 표현 관계는 다음 표를 참조하기 바란다.

DEC(10진수)	HEX(16진수)	BIN(2진수)
0	0	0
1	1	1
2	2	10
3	3	11
9	9	1001
10	A	1010
11	B	1011
12	C	1100
13	D	1101
14	E	1110
15	F	1111
47	2F	10 1111

(2) HEX의 수치 표현

CPU 모듈의 각 레지스터(데이터 레지스터, 링크 레지스터 등)는 16비트로 구성되어 있다. 16비트의 경우 16진수로는 0~FFFF가 지정 가능하다.

각 레지스터는 부호 부착으로 취급한다. 지정 가능한 수치 범위는 BIN과 동일하게 -32768~32767이다.

1.3.4 BCD (2진화 10진수 : Binary Coded Decimal)

(1) BCD

BCD(2진화 10진수)는 DEC(10진수)의 1자리를 BIN(2진수)으로 표현한 것이다.

HEX(16진수)와 같이 4비트로 표현하지만 HEX의 A~F를 사용하지 않는다. BIN, BCD, DEC의 수치 표현은 다음 표와 같다.

DEC(10진수)	BCD(2진화 10진수)	BIN(2진수)
0	0000	0
1	0001	1
2	0010	10
3	0011	11
9	1001	1001
10	0001 0000	1010
11	0001 0001	1011
12	0001 0010	1100
13	0001 0011	1101
14	0001 0100	1110
15	0001 0101	1111
47	0100 0111	10 1111

(2) BCD의 수치 표현

CPU 모듈의 각 레지스터(데이터 레지스터, 링크 레지스터 등)는 16비트로 구성되어 있다. 저장 가능한 수치 범위는 0~9999이다.

BCD				BINARY			
3451				3451			
0011	0100	0101	0001	0000	1101	0111	1011
3	4	5	1	0	D	7	B

BCD와 Binary(2진수)로 표시한 3451은 서로 다른 값이다.

대표적인 BCD 장치는 디지털 스위치(숫자 입력 기능)과 7 Segment(숫자 표시 기능)이다. 한 개의 숫자를 입력하거나 표시하려면 4개의 비트 접점이 필요하다.

1.4 시퀀스(sequence) 제어

시퀀스(sequence) 제어를 정의해 본다면 다음과 같을 것이다.

> "기기의 동작 순서나 방법 등을 미리 정해 놓고 순서대로 조작되는 제어"

즉 '미리 정해진 순서 또는 일정한 논리에 따라 제어의 각 단계를 진행시켜 가는 제어'라고 정의할 수 있다. 세탁기, 엘리베이터 등과 같이 동작 순서와 방법을 미리 정해 놓고 단계적으로 차례로 조작하는 제어, 로봇 등과 같이 같은 일을 되풀이하여 계속 반복하는 제어 등을 말한다.

1.4.1 시퀀스 제어의 종류

- 명령 처리에 따른 종류 : 순서 · 시한 · 프로그램
- 제어 장치에 따른 종류 : 유접점 · 무접점 · PLC

같은 일을 되풀이하여 계속 반복하는 제어 ex)로봇
접점 기구의 직, 병렬로 기기가 조작
0과 1로 대표되는 디지털 신호로 제어(정성적 제어)
신호의 흐름이 한 방향으로만 행해짐(open loop control)

① 릴레이 시퀀스(Relay sequence)
② 로직 시퀀스(Logic sequence)
③ PLC 시퀀스(PLC sequence)

주변의 예를 들어 제어를 설명을 해보면 주유소에 있는 세차기를 생각해 보자.

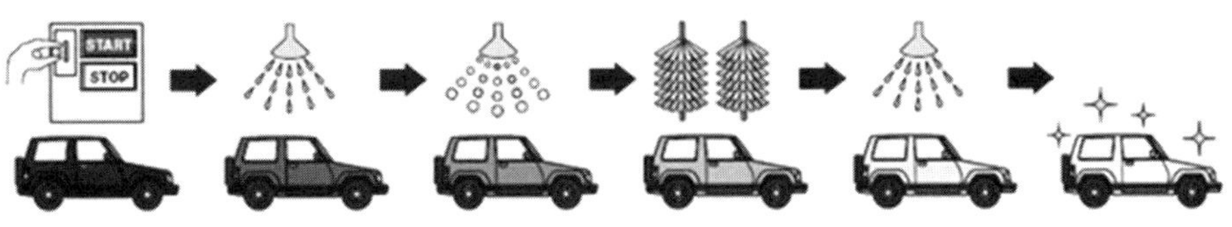

동작은 다음과 같을 것이다.

① 동전을 투입하고 'START' 버튼을 누른다.

② 물이 분사된다.

③ 세제가 분사된다.

④ 솔이 회전하면서 먼지를 닦는다.

⑤ 물이 분사되고

⑥ 물을 바람을 이용하여 털어 내면 완료된다.

세차기의 동작은 미리 정해진 동작을 시간에 맞게 실행하는 것이다. 이와 같이 정해진 동작을 순서에 맞게끔 몇 번이라도 반복해서 실행하는 것이 바로 시퀀스(순서) 제어이다. 이외에도 우리 주변에는 세차기와 같은 예가 많이 있다. 몇 가지 예를 더 들어 보자.

[그림 1-22] 시퀀스 제어가 적용된 사례

세탁기의 경우 선택하는 세탁 방법에 따른 동작 순서가 미리 정해져 있다. 사용자는 정해진 세탁 코스의 선택만 하는 것일 뿐이다. 순서에 따른 동작 시간만이 사용자가 지정할 수 있는 설정값이고 이 값을 설정하였다고 전체 동작 순서가 달라지는 것은 아니다. 물론 동작 설정값을 0으로 설정하였다면 그 동작은 건너뛰게 된다. 하지만 동작 순서가 변경되는 사항은 아니다. 이러한 방법은 제어에서 많이 사용하는 방법이다.

또 다른 예를 들 수 있는 것이 자판기이다. 자판기의 동작도 세탁기와 크게 다르지 않다. 투입된 금액에서 선택할 수 있는 상품의 종류만 표시되고 선택한 상품만 배출구로 내보내 주면 되는 동작이다. 이 또한 자판기의 동작 순서를 사용자가 변경할 수 없는 형태이다.

1.4.2 시퀀스 동작 표현 방법

회사에서 어떤 동작을 실행하는 기계가 많이 존재할 것이고, 제작되고 있다. 기계를 제작하는 순서를 잠깐 살펴보면 기계의 하드웨어를 설계하는 사람과 여기에 전기적인 장치를 부가하여 소프트웨어를 통해 자동적인 동작이 가능하게끔 하는 사람이 모여 회의를 통해 설계에 들어간다. 하드웨어가 완성이 되면 전기적인 장치, 즉 센서나 그밖의 스위치 등을 설치하고 배선을 한 뒤 설계한 동작 순서에 맞게 프로그램을 작성하여 기계를 완성한다. 이때 동작 순서를 표시하는 방법은 타임 차트를 그려서 하는 방법과 동작 순서를 말로 표시하는 방법, 순서도를 그려서 하는 방법 등이 있다. 말로 표시하는 방법은 해석하는 사람에 따라 전달되는 내용이 달라질 수 있으므로 기호화하여 표시하는 방법이 제일 안전하고 편리할 것이다. 타임 차트를 통해서 표시하는 방법이 많이 사용된다.

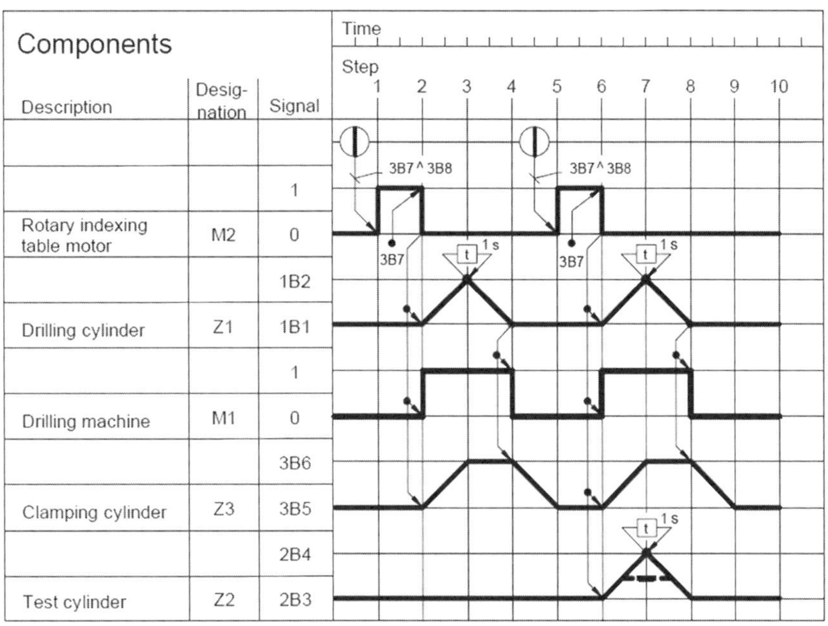

[그림 1-23] 타임차트를 이용한 시퀀스 동작 표현

타임 차트를 통해 기계의 동작을 표시하면 동작을 발생시키는 신호와 동작 시간 그리고 동시 동작하는 기계 파트 등의 정보를 간결하게 표시할 수 있는 장점이 있다. 또한, 동작의 전달이 명확해진다는 것도 큰 장점이라 할 수 있다.

순서도에 의한 방법은 컴퓨터 랭귀지 (C, C++, Basic 언어 등)을 사용하여 프로그램을 만들 때 한 번씩은 접해 보았을 것이다.

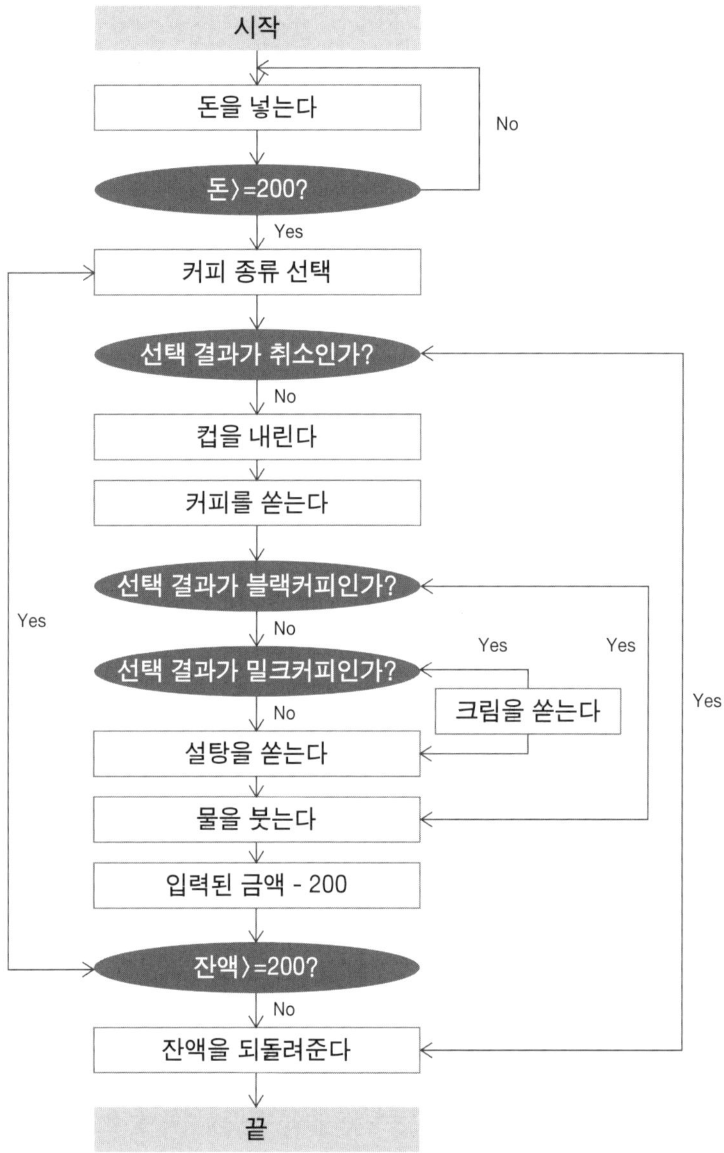

[그림 1-24] 커피 자판기의 동작에 관한 순서도

이 방법 또한 쉽게 기계의 동작을 표시하는 방법이라고 생각한다.

앞에 소개한 방법 이외에도 여러 방법으로 기계의 동작 순서를 표시할 수 있고 또 이를 토대로 하여 기계가 설계되고 제작되는 것이다. 전달자나 전달받는 사람 모두가 쉽게 내용을 파악할 수 있는 방법을 사용하는 것이 제일 좋은 방법일 것이다.

이제 시퀀스라는 말의 의미를 이해할 수 있을 것이라 믿는다. 기계의 동작이 정해진 순서대로 동작이 안 된다고 생각해 보자. 인공지능 로봇처럼 스스로 생각하고 판단하여 동작하는 장치를 이야기하고자 하는 것이 아니고, 현재 우리 주변의 기계 장치를 생각하면 도저히 사용할 수 없는 기계라고 판단하고 판매하거나 구매하려는 사람이 없을 것이다. 다음 동작을 예상할 수 있고 동작하는 조건을 미리 판단하여 동작하는 기계가 필요한 것이다. 그 때문에 시퀀스라는 개념을 잘 익혀 두어야 한다고 강조하고 싶다.

1.5 논리회로

1.5.1 AND 논리

이 회로는 입력 스위치 A와 입력 스위치 B가 둘 다 눌려져서 폐회로가 되어야 파일롯 램프(Pilot Lamp)가 켜진다. 이러한 회로의 조합을 논리곱(AND)이라 하며 각각의 입력 스위치의 조건에 따른 출력 형태는 다음과 같은 진리표와 부울 식(Boolean Equation)으로 나타낼 수 있다.

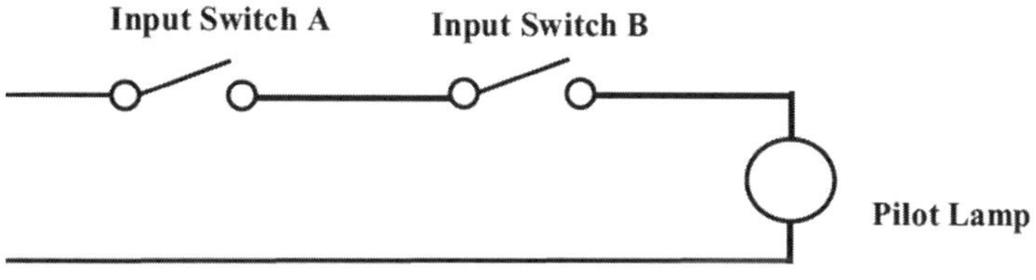

입력 스위치 A	입력 스위치 B	파일롯 램프
0 (Off)	0 (Off)	0 (Off)
0 (Off)	1 (On)	0 (Off)
1 (On)	0 (Off)	0 (Off)
1 (On)	1 (On)	1 (On)

$A \cdot B = C$

X0는 입력 스위치 A이고 X1은 입력 스위치 B이고 파일롯 램프는 Y20이다. PLC로 표시를 해보면 위와 같은 회로가 된다.

1.5.2 OR 논리

이 회로는 입력 스위치 A와 입력 스위치 B가 둘 중 어느 하나라도 눌러져서 폐회로가 되어야 파일롯 램프(Pilot Lamp)가 켜진다. 이러한 회로의 조합을 논리합(OR)이라 하며, 각각의 입력 스위치의 조건에 따른 출력 형태는 다음과 같은 진리표와 부울 식(Boolean Equation)으로 나타낼 수 있다.

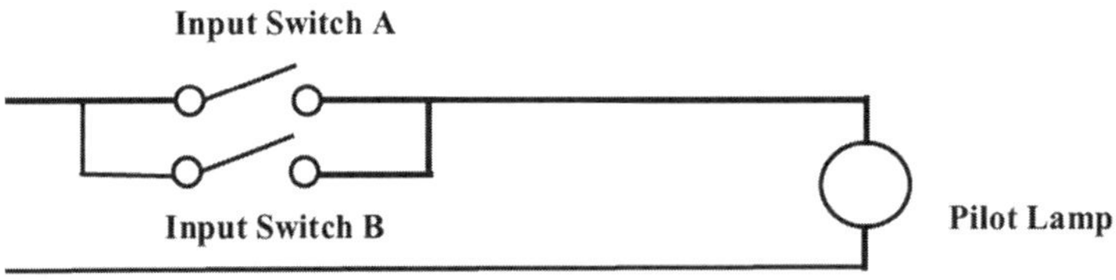

입력 스위치 A	입력 스위치 B	파일롯 램프
0 (Off)	0 (Off)	0 (Off)
0 (Off)	1 (On)	1 (On)
1 (On)	0 (Off)	1 (On)
1 (On)	1 (On)	1 (On)

$A + B = C$

X0는 입력 스위치 A이고 X1은 입력 스위치 B이고 파일롯 램프는 Y20이다. PLC로 표시를 해보면 위와 같은 회로가 된다.

1.5.3 NOT 논리

이 회로는 입력 스위치 A가 눌러져야만 파일롯 램프(Pilot Lamp)가 꺼진다. 이러한 회로를 NOT이라 하며, 각각의 입력 스위치의 조건에 따른 출력 형태는 다음과 같은 진리표와 부울 식(Boolean Equation)으로 나타낼 수 있다.

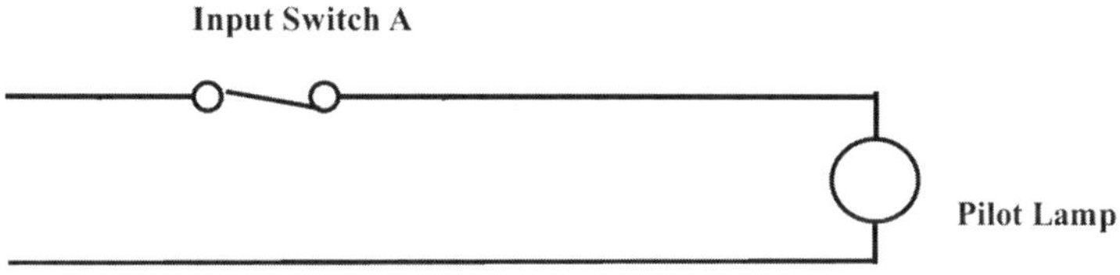

입력 스위치 A	파일롯 램프
0 (Off)	1 (On)
1 (On)	0 (Off)

$\overline{A} = C$

또는 다음과 같은 표현도 동일한 논리를 표시한다.

1.5.4 NAND 논리

이 회로는 입력 스위치 A와 입력 스위치 B가 둘 다 눌러져야만 파일롯 램프(Pilot Lamp)가 꺼진다. 그러나 입력 스위치 A와 입력 스위치 B가 둘 중 한 개만 눌러져 있으면 파일롯 램프는 꺼지지 않는다. 이러한 회로의 조합을 부논리곱(NAND : NOT+AND)이라 하며, 각각의 입력 스위치의 조건에 따른 출력 형태는 다음과 같은 진리표와 부울식(Boolean Equation)으로 나타낼 수 있다.

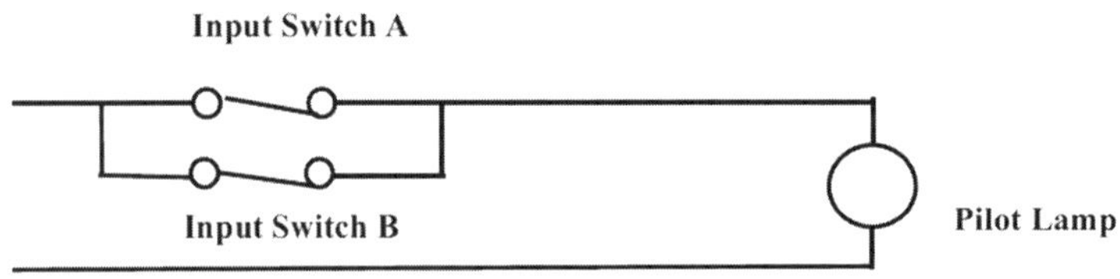

입력스위치 A	입력스위치 B	파일롯 램프
0 (Off)	0 (Off)	1 (On)
0 (Off)	1 (On)	1 (On)
1 (On)	0 (Off)	1 (On)
1 (On)	1 (On)	0 (Off)

$\overline{A \cdot B} = C$ (또는 드 모르강의 법칙을 적용하면 $\overline{A} + \overline{B} = C$)

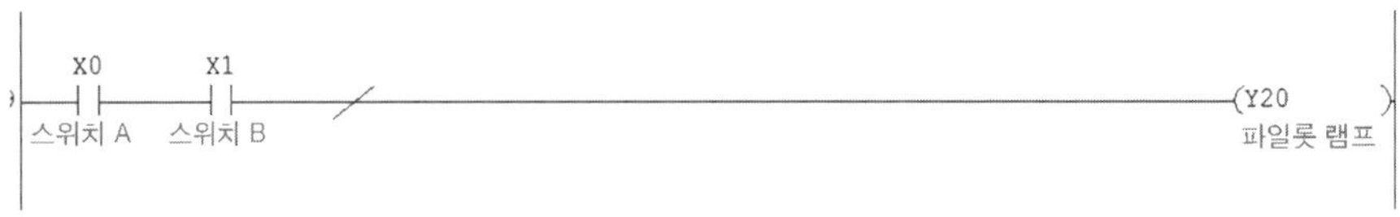

위와 동일한 로직을 드 모르강의 법칙을 적용하여 만들어 보면 다음과 같다.

1.5.5 NOR 논리

이 회로는 입력 스위치 A와 입력 스위치 B가 둘 중 한 스위치가 눌러지면 파일롯 램프(Pilot Lamp)가 꺼진다. 그러나 입력 스위치 A와 입력 스위치 B가 둘 다 눌러져 있지 않으면 파일롯 램프는 켜진다. 이러한 회로의 조합을 부논리합 (NOR: NOT+OR)이라 하며, 각각의 입력 스위치의 조건에 따른 출력 형태는 다음과 같은 진리표와 부울 식(Boolean Equation)으로 나타낼 수 있다.

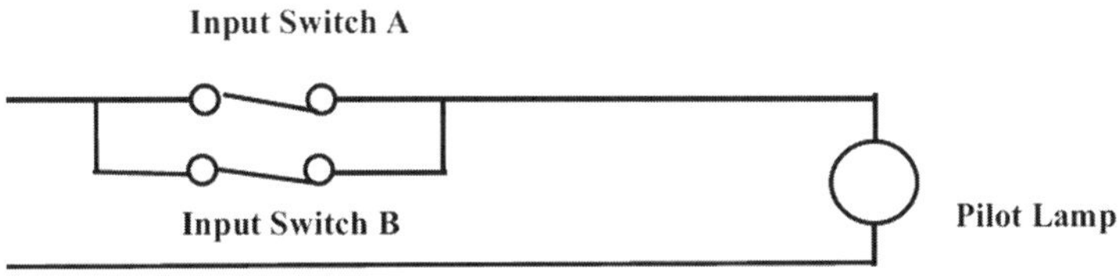

입력 스위치 A	입력 스위치 B	파일롯 램프
0 (Off)	0 (Off)	1 (On)
0 (Off)	1 (On)	0 (Off)
1 (On)	0 (Off)	0 (Off)
1 (On)	1 (On)	0 (Off)

$\overline{A + B} = C$ (또는 드 모르강의 법칙을 적용하면 $\overline{A} \cdot \overline{B} = C$)

위와 동일한 로직을 드 모르강의 법칙을 적용하여 만들어 보면 다음과 같다.

1.5.6 Exclusive OR 논리

이 회로는 입력 스위치 A와 입력 스위치 B가 둘 중 한 스위치만 눌러져야만 파일롯 램프(Pilot Lamp)가 켜진다. 그러나 입력 스위치 A와 입력 스위치 B가 둘 다 눌러져 있지 않으면 파일롯 램프는 꺼지지 않는다. 이러한 회로의 조합을 배타적 논리합 (Exclusive OR)이라 하며, 각각의 입력 스위치의 조건에 따른 출력 형태는 다음과 같은 진리표와 부울 식(Boolean Equation)으로 나타낼 수 있다.

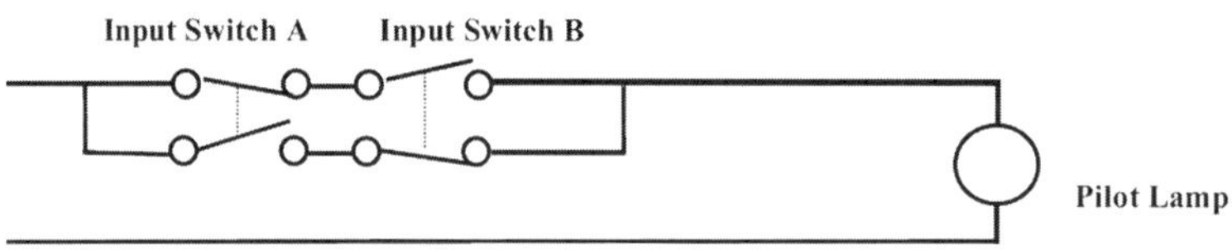

입력 스위치 A	입력 스위치 B	파일롯 램프
0 (Off)	0 (Off)	0 (Off)
0 (Off)	1 (On)	1 (On)
1 (On)	0 (Off)	1 (On)
1 (On)	1 (On)	0 (Off)

$A \wedge B = C$

※ **드 모르강의 법칙** (De Morgan's theorem)

논리 대수 성질의 하나로서, 여러 논리 변수의 논리합 전체를 부정(NOR)하면 그것은 원래의 논리 변수를 각각 부정한 것을 논리 곱한 것과 같고, 또 여러 논리 변수의 논리곱 전체를 부정(NAND)하면 그것은 원래의 논리 변수를 각각 부정한 것을 논리 합한 것과 같다는 것을 나타낸 정리. 이것을 이용하면 어떠한 논리회로도 NAND와 NOR를 사용하여 간략하게 나타낼 수 있다. 이 정리를 이론식으로 표시하면 다음과 같이 나타낼 수 있다.

교환 법칙	A + B = B + A	A · B = B · A
결합 법칙	(A+B)+C=A+(B+C)	(A·B)·C=A·(B·C)
분배 법칙	A·(B+C)=AB+AC	A+BC=(A+B)·(A+C)
동일 법칙	A + A = 1	A · A = 1
흡수 법칙	A + (A·B) = A $(A+\overline{B})\cdot B=AB$	A·(A+B) = A $A\overline{B}+B=A+B$
항등 법칙	1 + A = A 0 + A = 0	1·A = A 0·A = 0
보원 법칙	$A+\overline{A}=1$	$A\cdot\overline{B}=0$
다중 부정	$\overline{\overline{A}}=A$	
드모르강의 정리	$\overline{A+B}=\overline{A}\cdot\overline{B}$	$\overline{A\cdot B}=\overline{A}+\overline{B}$

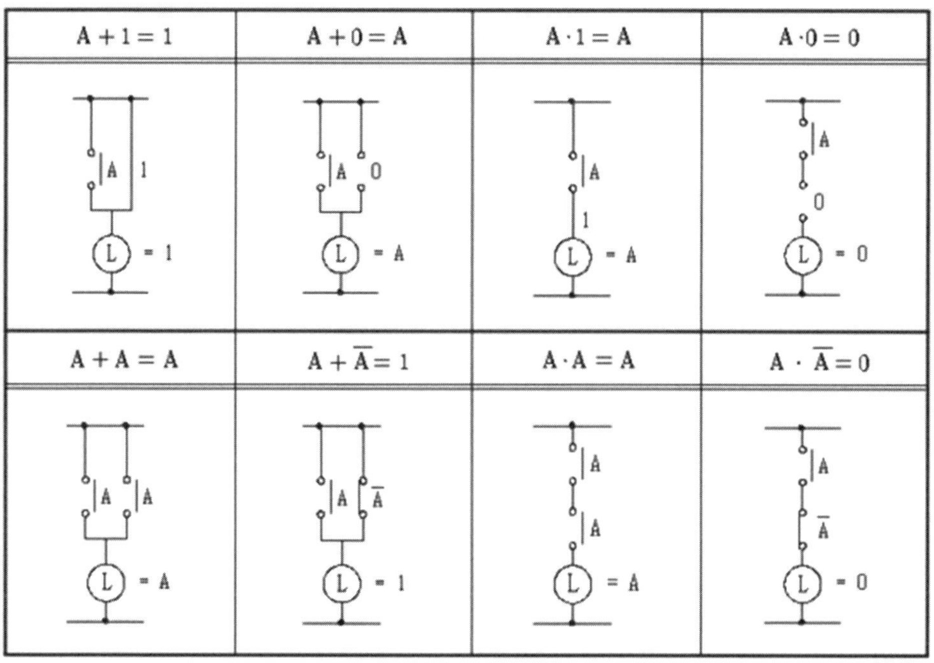

02

MELSEC PLC Program

GX Works2 운용

CHAPTER 02

MELSEC PLC Program Foundation & Application

GX Works2 운용

2.1 PLC 프로그램을 위한 소프트웨어 GX Works2

2.1.1 GX Works2 화면 구성

PLC 제조사들이 제공하는 소프트웨어의 종류가 판매되는 제품의 가짓수의 증가에 따라 상당한 수량으로 늘어나는 추세에 있다. 때로는 어떠한 소프트웨어를 사용해야 하는지에 대한 혼란이 가중되는 상황에 직면하게 된다. 이에 자주 사용하는 소프트웨어를 통합화하여 사용자들에게 편의성을 줄 수 있는 환경을 제공하는 상황으로 발전하게 되었다. 물론 사용하는 컴퓨터의 성능 향상도 이러한 소프트웨어의 개발에 하나의 조건이 되었으리라 생각된다.

GX Works2 프로그래밍 소프트웨어의 사용법에 대해 간략히 알아보도록 하자. GX Works2를 설치하고 기동시키면 다음과 같은 화면이 표시된다. 이 교재에서 사용하는 소프트웨어 버전은 Ver 1.560J 이다.

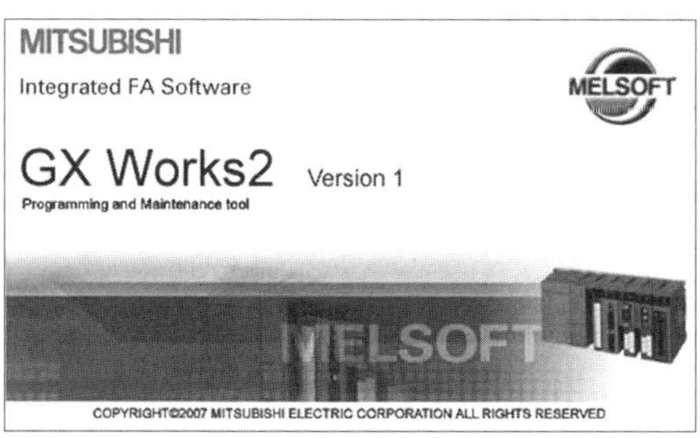

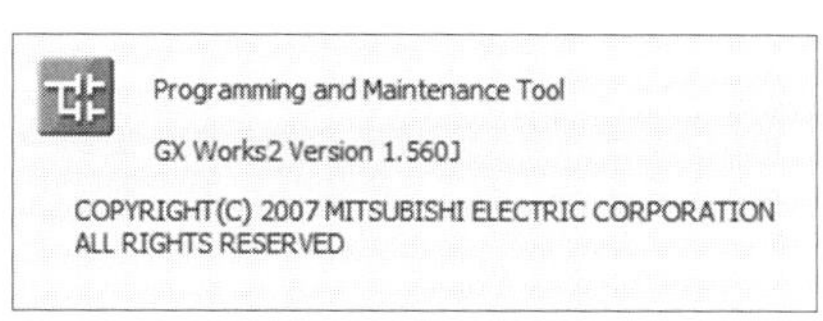

소프트웨어를 기동시킨 화면이다. 전체 화면의 구성은 아래와 같이 타이틀 바, 메뉴 바, 툴 바, 내비게이션 윈도우, 상태 바, 워크 윈도우 등으로 구성되어 있다.

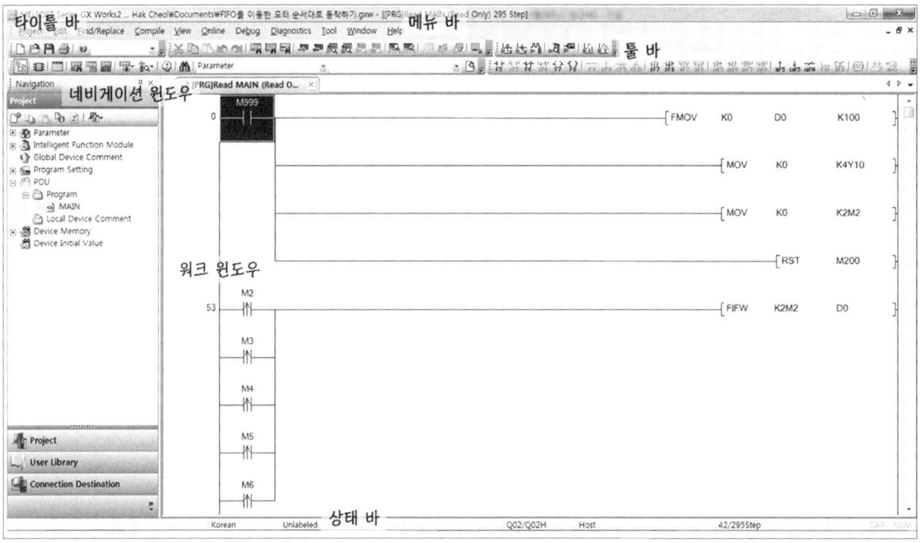

(1) 툴 바

툴 바는 메뉴에 있는 기능 중에서 사용 빈도가 높은 기능을 아이콘으로 표시하여 배치한 것이다. 또한, 메뉴 바에는 GX Work2에서 제공하는 기능을 기능별로 구분하여 Pull/Down 형태로 만들어 놓은 것이다.

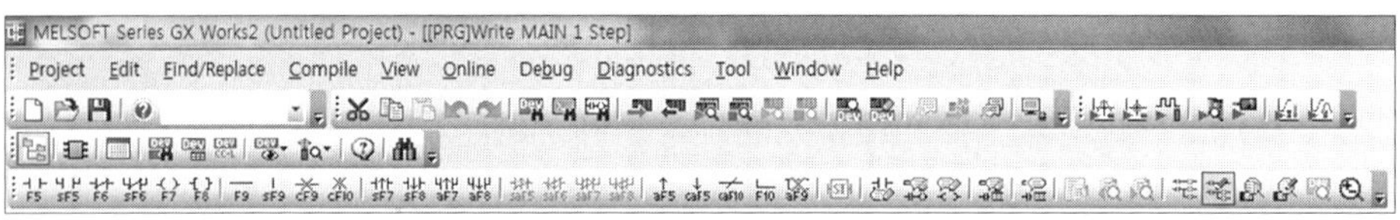

(2) 상태 바

상태 바는 화면의 최하부에 현재의 프로젝트에 관한 정보를 표시한다.

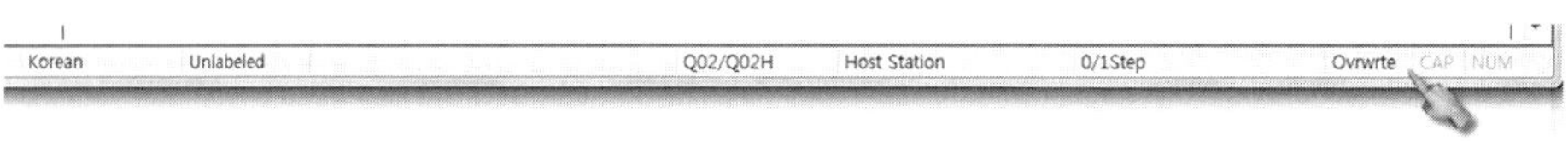

표시 내용은 다음과 같다.

항목	내용
프로젝트 종류	프로젝트 종류를 표시한다. 심플 프로젝트, 구조화프로젝트
보안 정보	보안이 설정되어 있는 프로젝트 일때 로그인 되어있는 사용자명을 표시한다.
PLC 타입	프로젝트의 PLC 타입을 표시한다.
접속대상	접속 대상 설정의 설정 내용을 표시한다.
커서 위치	편집 화면의 커서 위치를 표시한다.
삽입 · 덮어쓰기 모드	삽입 · 덮어쓰기 모드를 표시한다.
Caps Lock	Caps Lock · Num Lock의 유효를 표시한다.

(3) 워크 윈도우

워크 윈도우란 GX Works2에서 프로그래밍, 파라미터 설정, 모니터 등을 실행할 때의 메인이 되는 윈도우이다.

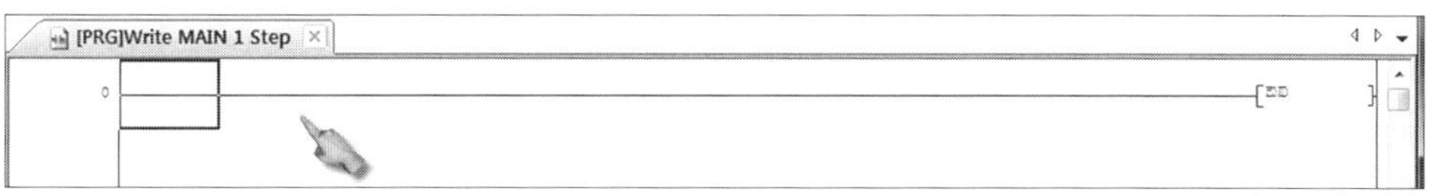

2.1.2 프로젝트 생성

새로운 프로젝트를 만들자.

(1) 프로젝트를 새로 작성하기 위한 설정을 한다.

[Project] → [New]를 선택한다.

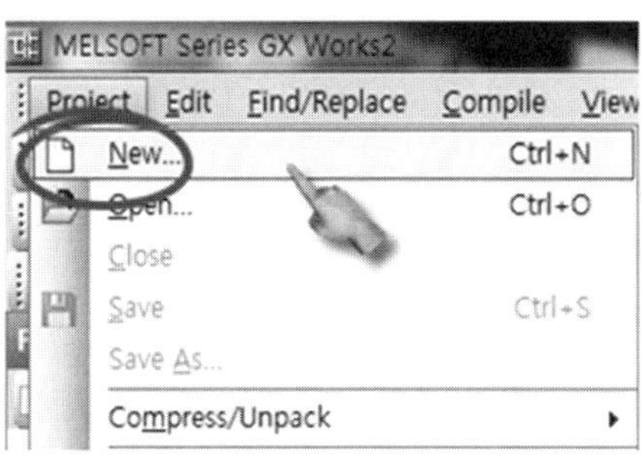

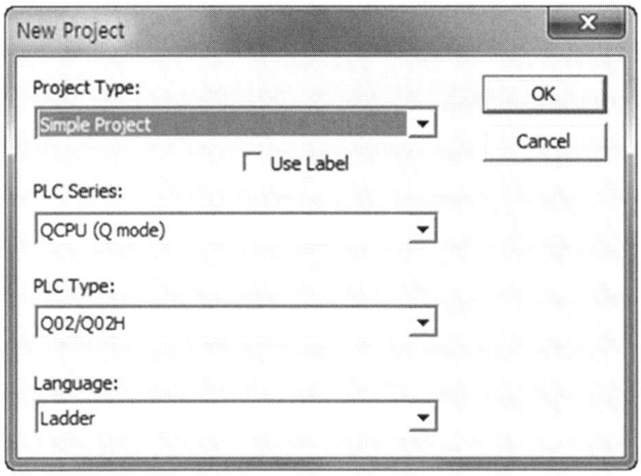

항목	내용
Project Type	새로 작성하는 프로젝트의 종류를 선택한다. "Simple Project" 또는 "Structured Project"를 선택한다. Use Label은 심플 프로젝트에서 라벨을 사용하여 프로그래밍을 하는 경우에 체크한다.
PLC Series	프로젝트의 PLC 시리즈를 선택한다.
PLC Type	프로젝트에서 사용하는 PLC 타입(PLC CPU의 형명)을 선택한다.
Language	프로젝트 새로 만들기 시에 작성하는 프로그램 데이터의 프로그램 언어를 선택한다.

※ 워크 스페이스

워크 스페이스란 복수의 프로젝트를 GX Works2가 1개의 이름으로 관리하기 위한 것이다. 워크 스페이스의 구성은 Windows®의 익스플로러 등에 의해 변경되지 않도록 한다. '프로젝트'란 프로그램, 디바이스 코멘트, 파라미터, 디바이스 메모리를 모은 것이다. GX Works2에서는 일련의 데이터의 집합체를 '프로젝트'라고 부르며, 워크 스페이스명의 폴더 아래에 저장된다.

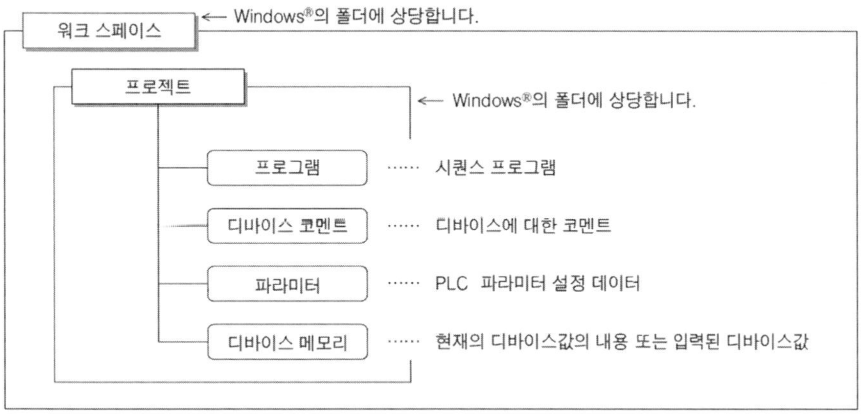

GX Works2의 워크 스페이스/프로젝트의 구성은 아래와 같다.

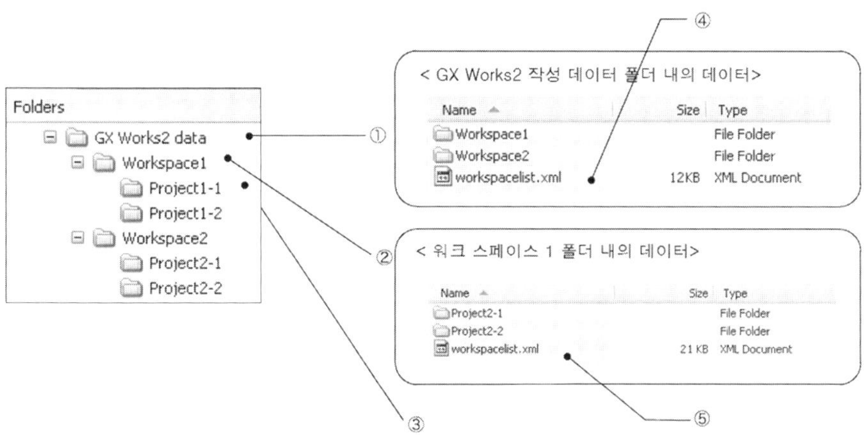

① 저장 위치 폴더

프로젝트 저장 시에 저장 위치 경로에 지정한 폴더

② 워크 스페이스명 폴더

프로젝트 저장 시에 지정한 워크 스페이스명에 대한 폴더

③ 프로젝트명폴더

프로젝트 저장 시에 지정한 프로젝트명에 대한 폴더

④ workspacelist.xml

프로젝트 저장 시에 자동으로 작성되는 파일

⑤ projectlist.xml

프로젝트 저장 시에 자동으로 작성되는 파일

(2) 내비게이션 윈도우

내비게이션 윈도우는 프로젝트의 내용을 트리 형식으로 표시하는 윈도우이다. 데이터를 새로 만들기나 편집 화면의 표시 등을 실행할 수 있다.

항목	내용
프로젝트	프로젝트 뷰를 표시한다. Parameter, Intelligent Function Module, Program Setting,Program, Device 설정, Comment등에 관한 설정을 할 수 있다.
사용자 라이브러리	사용자 라이브러리 뷰를 표시한다.
접속 대상	접속 대상 뷰를 표시한다. 접속 방법에 대한 설정을 할 수 있다.

① 프로젝트 뷰

- Parameter : 각종 파라미터를 설정한다.
- Intelligent Function Module : 인텔리전트 기능 모듈에 관한 설정을 한다.
- Global Device Comment : 글로벌디바이스 코멘트를 설정한다.
- Program Setting : 프로그램의 실행 타입을 설정한다.

프로젝트 뷰의 실행 타입을 설정하는 프로그램명에서 마우스 오른쪽 버튼 클릭 → 단축키 메뉴[프로그램 등록] → [Register Program] → [Initial] · [Scan] · [Standby] · [Fixed Scan] · [Low Speed]를 선택하거나 드래그 & 드롭하면 프로그램의 실행 타입을 설정할 수 있다. 설정된 실행 조건은 PLC 파라미터의 프로그램 설정에 반영된다. (실행 타입에 대한 설명은 2장 끝 부분에 설명을 해 놓았다.)

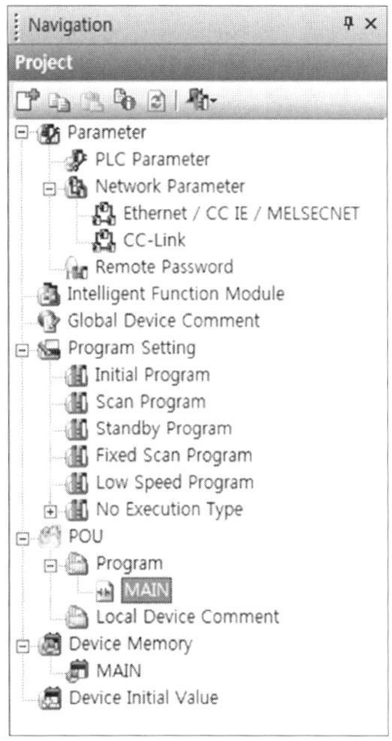

- POU : 프로그램을 작성한다.
- Local Device Comment : 로컬 디바이스 코멘트를 설정한다.
- Device Memory : 디바이스 메모리를 설정한다.
- Device Initial Value : 디바이스 초기값을 설정한다.

② 사용자 라이브러리

Function Block Program을 작성할 때 사용자가 작성하거나 혹은 제공된 라이브러리의 작성, 등록, 편집, 저장 등의 기능을 하기 위한 윈도우이다.

③ 접속 대상

PC측, PLC측 I/F나 경유하는 네트워크 등 PLC CPU와 액세스하기 위한 통신 경로의 접속 대상을 설정할 수 있다.

설정 화면에서 언더라인이 붙어 있는 항목은 상세 설정이 가능한 항목으로 더블클릭하여 상세를 설정한다. 또한 아이콘이 노랑색으로 되어 있는 항목은 설정이 끝난 상태를 나타낸다.

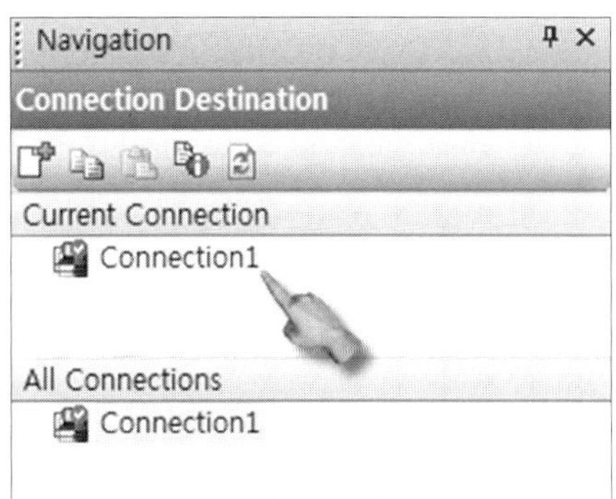

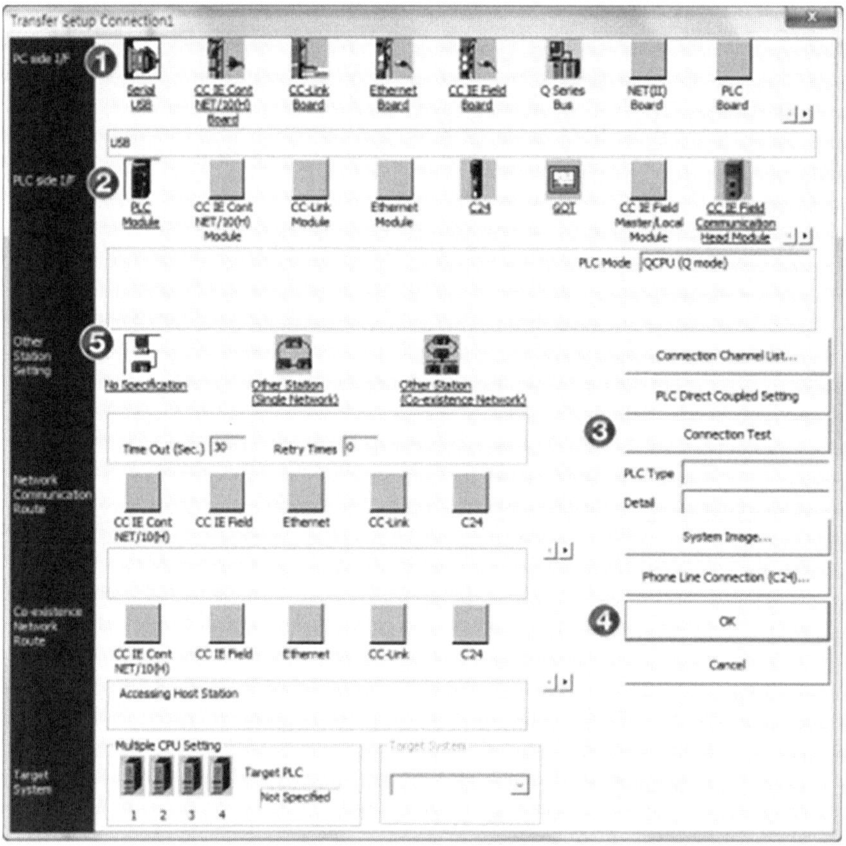

- PC측 I/F : PC의 I/F를 설정한다.
- PLC측 I/F : PC가 접속되어 있는 PLC CPU측 I/F를 설정한다.
- Connection Test : ①, ②, ⑤가 설정된 상태에서 접속 상태를 확인한다.
- OK 버튼 : 설정을 저장한다.
- Other Station Setting : 네트워크 통신 경로를 설정하여 다른 국을 설정한다.

2.1.3 USB Cable 접속 시 USB Driver 설정

작성한 PLC Program을 PLC로 Up Load하거나 PLC에 전송한 Program을 PC로 Down Load를 할 경우 USB Cable을 사용한다. 이때 미쓰비시사에서 제공한 USB Driver를 사용자 컴퓨터에 설치를 하여야 통신이 가능하다. 여기에서는 USB Driver 설치에 대하여 알아보도록 하자.

(1) 사용자의 컴퓨터에 USB Driver가 설치되어 있는지 확인하자.

제어판 → 장치관리자 항목에서 범용 직렬 버스 콘트롤러 항목을 열어보면 미쓰비시사에서 제공한 USB Driver가 설치되어 있는 지 여부를 확인할 수 있다. 그림에서와 같이 "MITSUBISHI Easysocket Driver"라는 항목이 있다면 통신 설정이 완료된 상태이다.

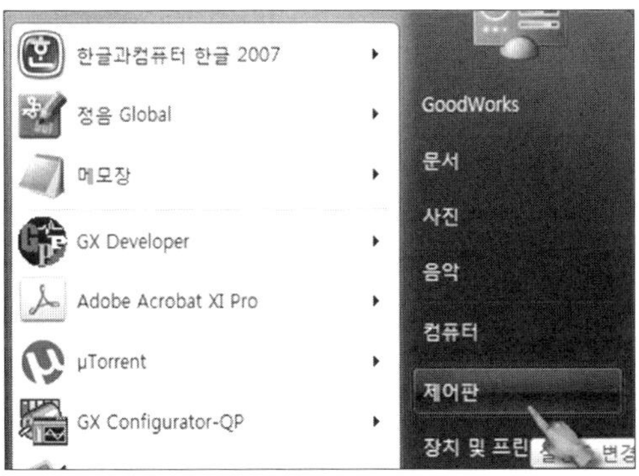

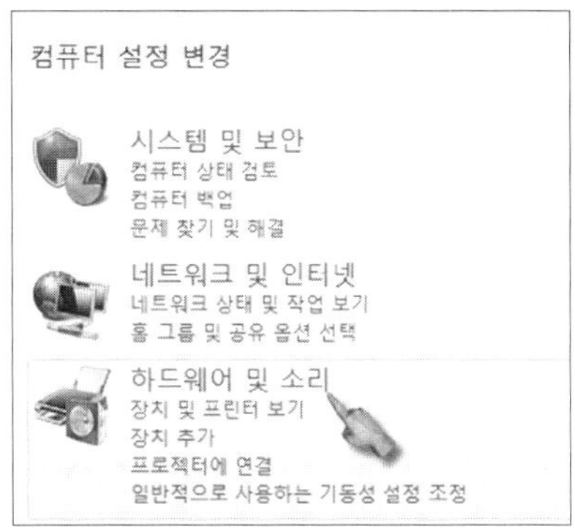

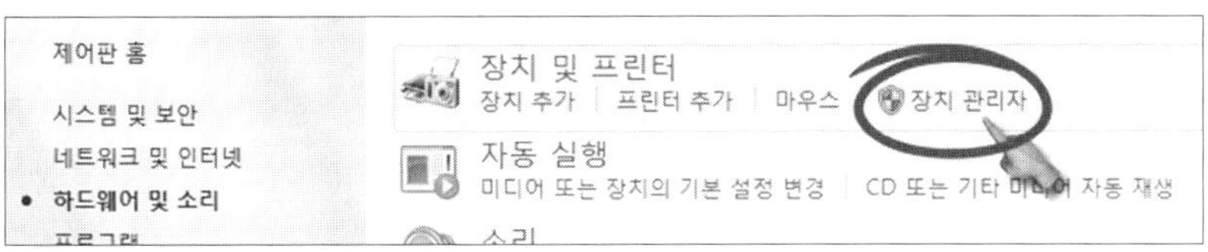

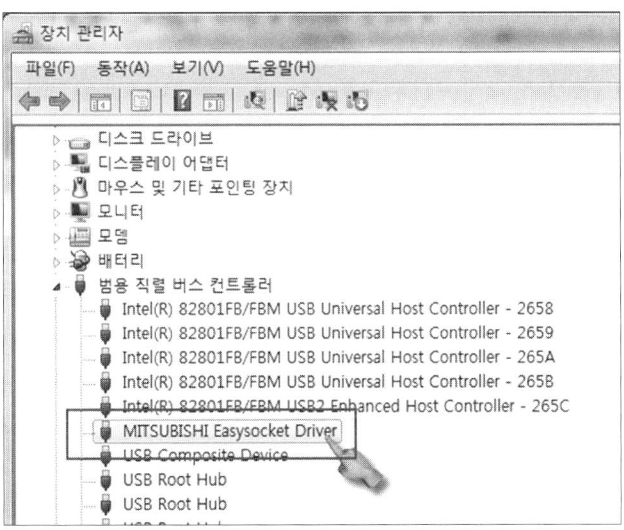

(2) 사용자의 컴퓨터에 USB Driver가 설치되어 있지 않은 상태에서 설치

PLC에 처음 접속하는 경우에는 컴퓨터에서 새로운 장치를 발견하였다는 메시지가 보여지고 USB Driver를 설치를 자동으로 실행한다. GX-Works2 소프트웨어를 설치하면 다음과 같은 경로에 Folder가 생성된다.

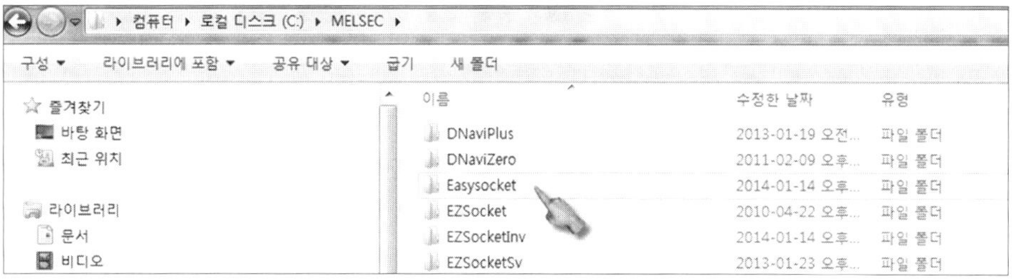

그림과 같이 "MITSUBISHI Easysocket Driver"를 검색하고 설정을 자동으로 완료한다.

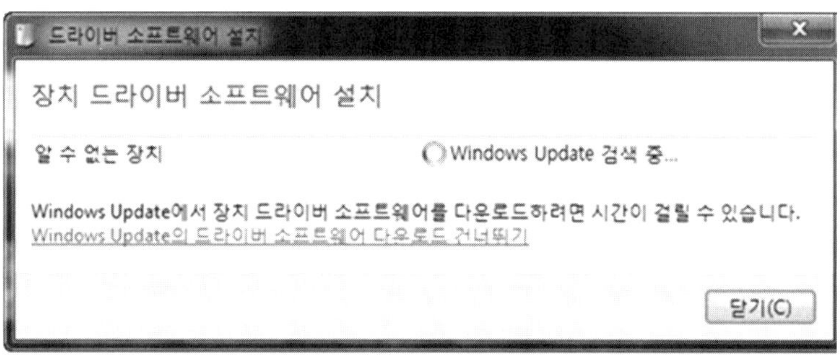

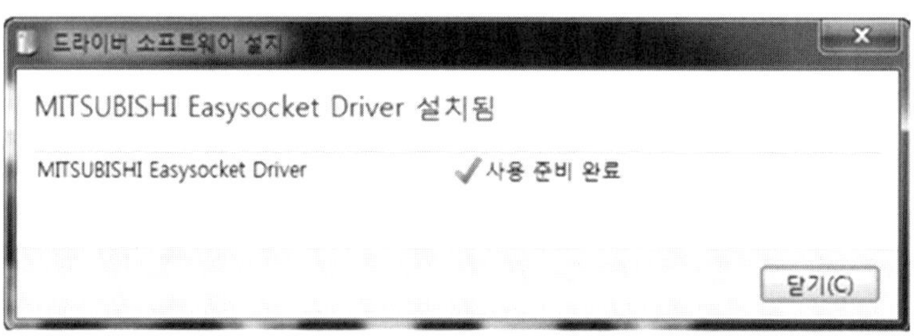

2.1.4 작성한 프로그램의 PLC CPU Write

[Online] → [Write to PLC] 또는 아이콘에서 Write to PLC 를 선택한다.

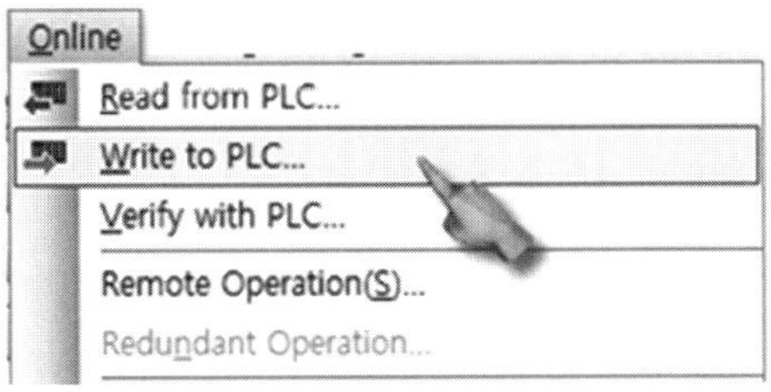

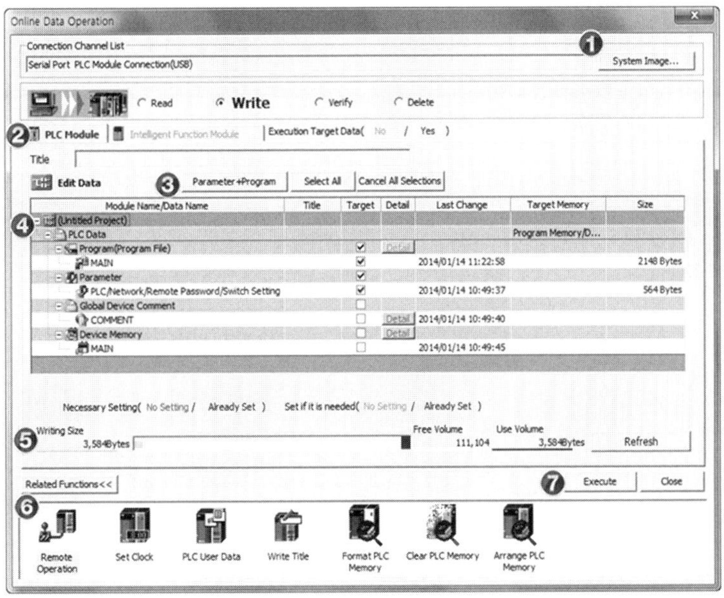

① Connection Channel List

접속 방법(접속 대상경로)을 선택할 수 있다. 여기에서는 USB Cable을 사용하여 PLC CPU에 직접 접속하는 방법을 사용하였다.

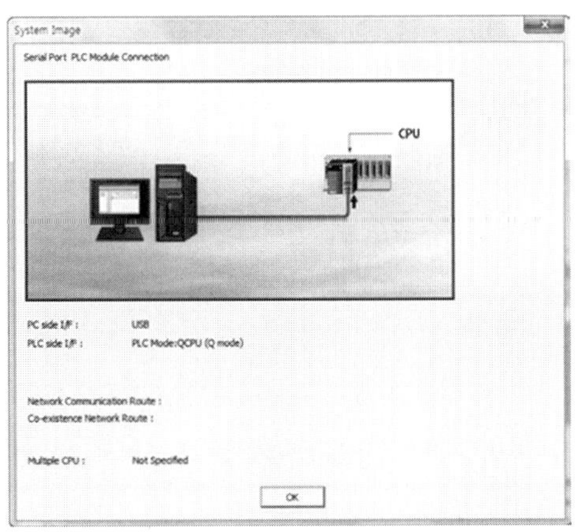

② Target module tab

설정 대상 모듈 Tab에서 작성한 프로젝트의 데이터를 PLC CPU나 메모리 카드에 쓰거나 인텔리전트 기능 모듈용 데이터도 선택하여 쓰기 할 수 있다.

③ Edit Data

쓰기 할 대상을 선택할 수 있다. 파일 일람 윈도우에서 [Parameter + Program], [Select All], [Cancel All Selections]를 선택하여 쓰기 할 대상을 선택한다.

④ File list

Program(Program File)을 선택한 경우 디바이스 코멘트, 디바이스 메모리의 파일의 선택 범위를 결정할 수 있다.

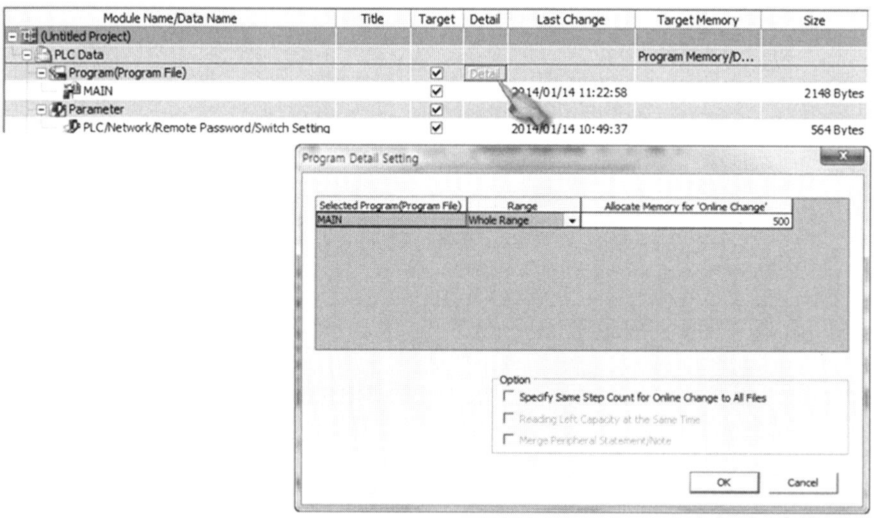

⑤ Memory capacity

작성한 PLC Program의 크기를 보여 준다.

⑥ 부가적인 기능

Remote Operation, Set Clock, PLC User Data, Write Title, Format PLC Memory, Clear Memory, Arrange PLC Memory 기능을 선택하여 실행할 수 있다.

⑦ Execute

버튼을 클릭하면 위의 설정대로 PLC로 작성한 프로젝트 파일들이 Write된다. 프로젝트 파일을 PLC CPU에 쓰기 전에 PLC CPU 동작 Mode 상태를 Stop으로 절환하겠다는 메시지 박스이다. 안전상의 절차이다.

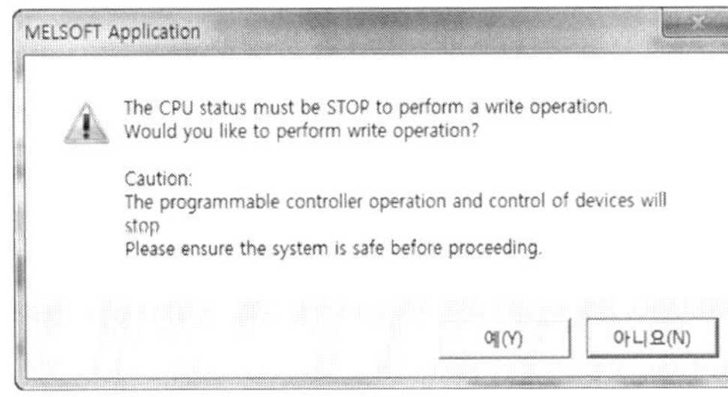

파라미터와 Main Program 등이 순서대로 전송이 된다. 각 파일들을 전송하기 전에 사용자에게 이를 알려주는 메시지 박스가 표시된다.

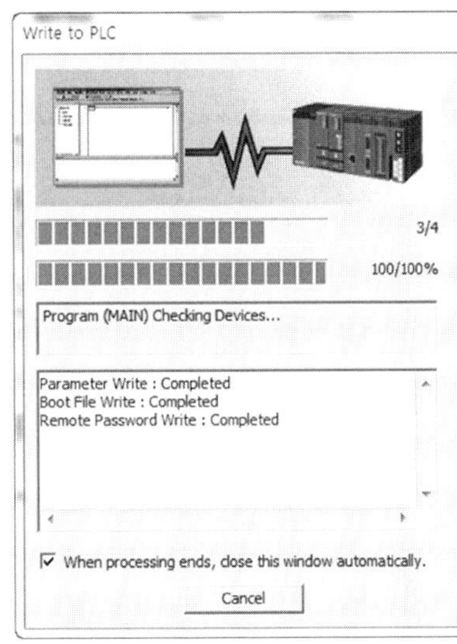

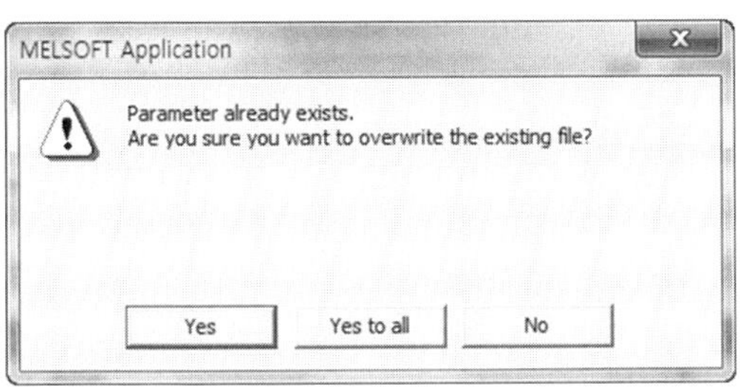

선택한 파일들이 모두 전송이 되면 PLC CPU의 동작 Mode 상태를 다시 RUN 상태로 절환한다는 메시지 박스가 표시된다. [예(Y)] 버튼을 누르면 쓰기 동작이 완료된다.

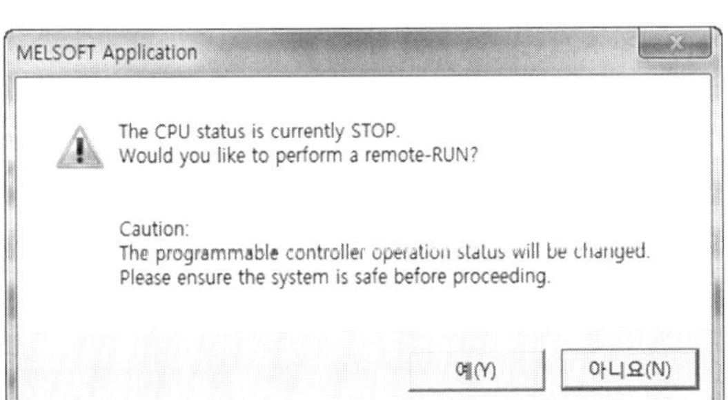

2.1.5 작성한 프로그램의 PLC CPU Read

[Online] → [Read from PLC] 또는 아이콘에서 Read from PLC 를 선택한다.

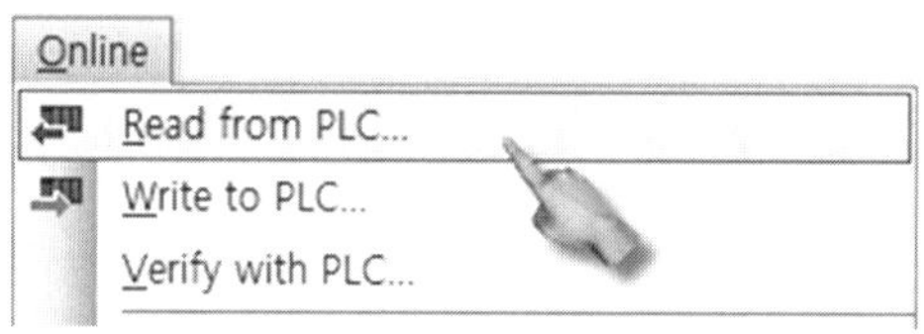

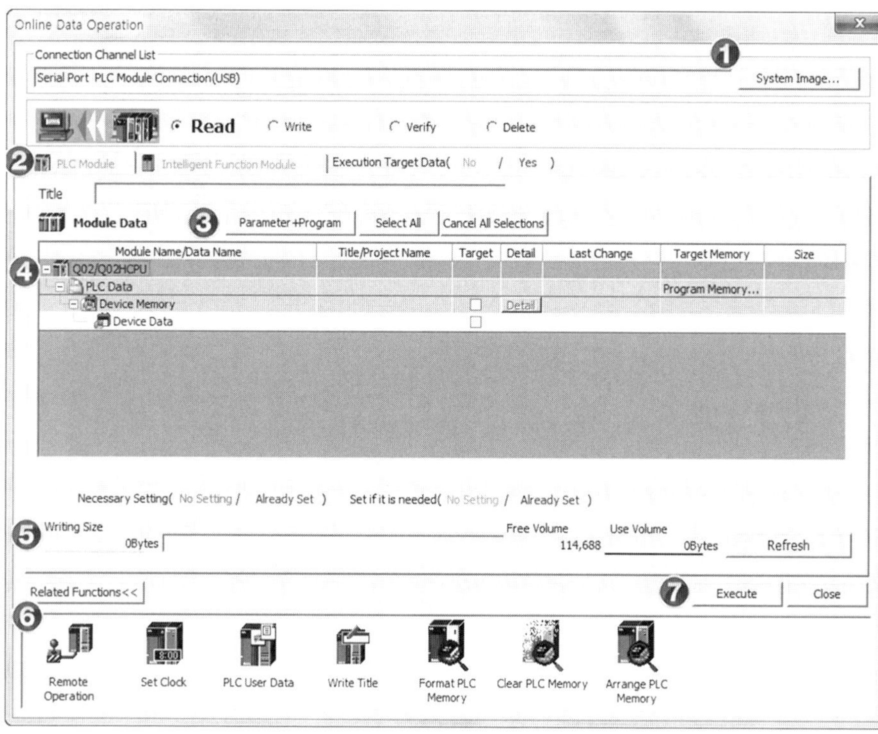

① Connection Channel List

접속 방법(접속 대상경로)을 선택할 수 있다. 여기에서는 USB Cable을 사용하여 PLC CPU에 직접 접속하는 방법을 사용하였다.

② Target module tab

설정 대상 모듈 Tab에서 작성한 프로젝트의 데이터를 PLC CPU나 메모리 카드에 읽거나 인텔리전트 기능 모듈용 데이터도 선택하여 읽기 할 수 있다.

③ Edit Data

읽기 할 대상을 선택할 수 있다. 파일 일람 윈도우에서 [Parameter + Program], [Select All], [Cancel All Selections]를 선택하여 쓰기 할 대상을 선택한다.

④ File list

Program(Program File)을 선택한 경우 디바이스 코멘트, 디바이스 메모리의 파일의 선택 범위를 결정할 수 있다.

⑤ Memory capacity

작성한 PLC Program의 크기를 보여 준다.

⑥ 부가적인 기능

Remote Operation, Set Clock, PLC User Data, Write Title, Format PLC Memory, Clear Memory, Arrange PLC Memory 기능을 선택하여 실행할 수 있다.

⑦ Execute

버튼을 클릭하면 위의 설정대로 PLC로 작성한 프로젝트 파일들이 Read 된다. 파라미터와 Main Program 등이 순서대로 전송이 된다. 각 파일들을 전송하기 전에 사용자에게 이를 알려주는 메시지 박스가 표시된다.

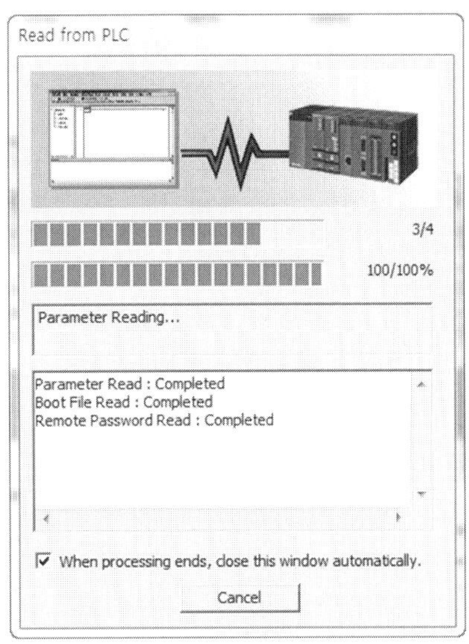

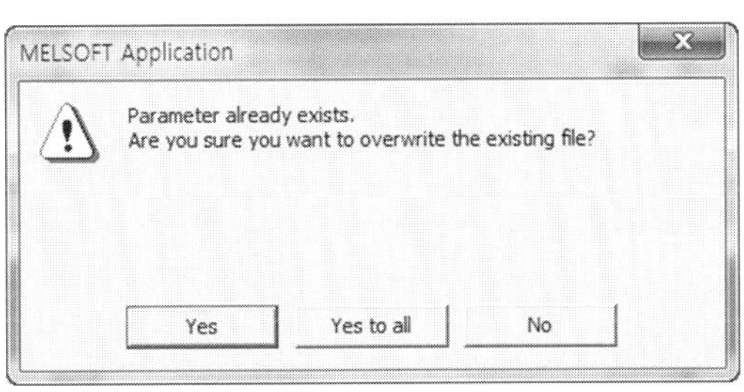

선택한 파일들이 모두 전송이 되면 읽기 동작이 완료되었다는 메시지 박스가 표시된다. [확인] 버튼을 누르면 읽기 동작을 완료하자.

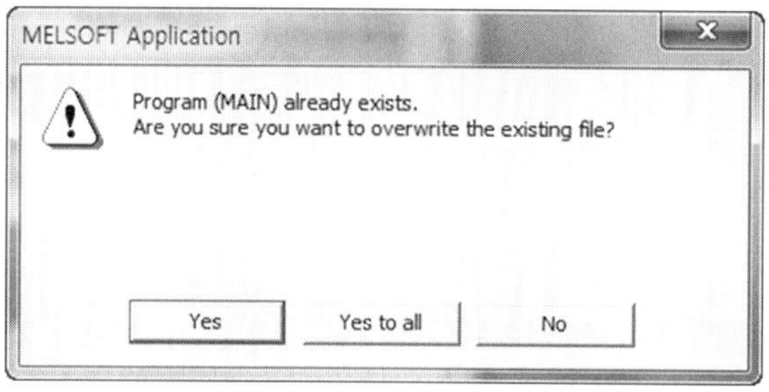

2.1.6 다른 형식의 프로젝트나 다른 형식 데이터 사용하기

GX Developer에서 작성한 프로젝트를 GX Works2에서 사용하는 방법에 대한 설명이다. 또한, GX Works2에서 편집한 프로젝트를 GX Developer에서 사용할 수 있다.

① GX Developer의 프로젝트나 데이터를 GX Works2에서 사용하기

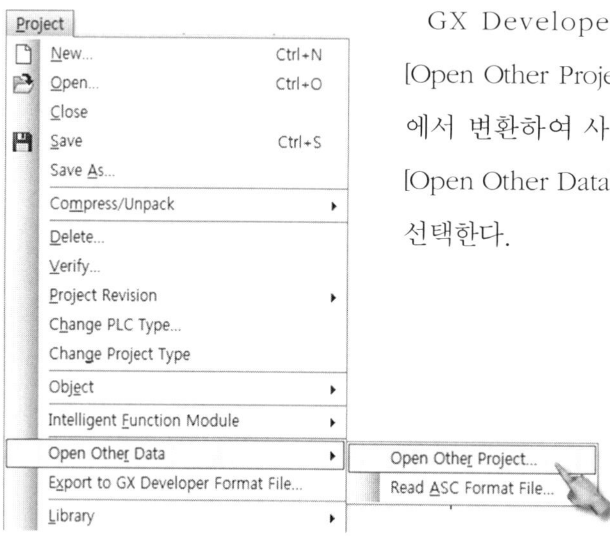

GX Developer에서 작성한 프로젝트는 [Open Other Project]를 사용하여 GX Works2에서 변환하여 사용할 수 있다. [Project] → [Open Other Data] → [Open Other Project]를 선택한다.

변환할 GX Developer에서 작성할 프로젝트 파일을 선택한다. 프로젝트 파일로 "*.Gppw"를 선택한다. 선택된 프로젝트를 [열기(O)]를 한다.

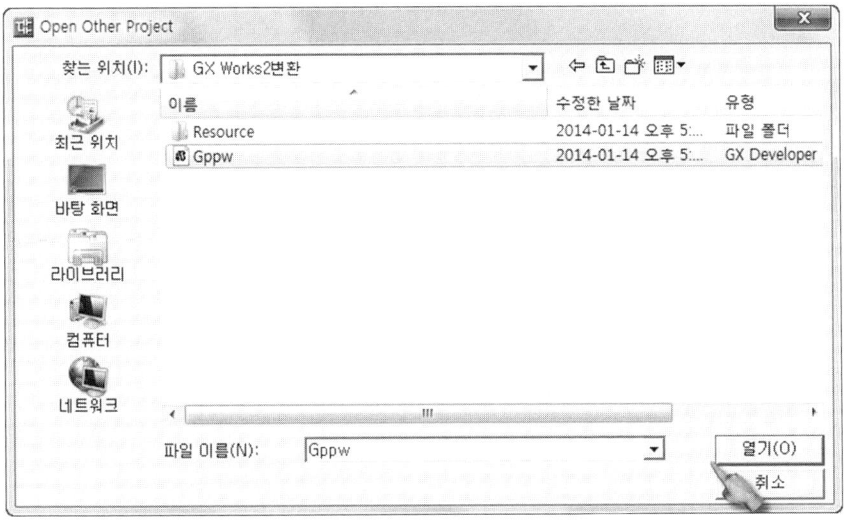

다음과 같은 메시지 박스가 표시되고 [예 (Y)] 버튼을 클릭해 다음 단계로 넘어간다.

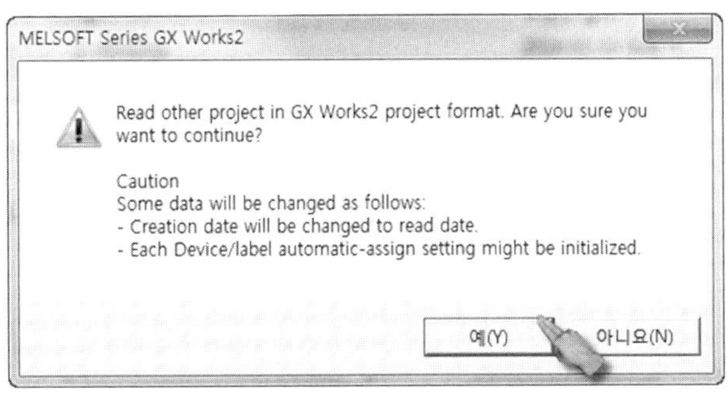

다음과 같이 변환과정이 진행된다.

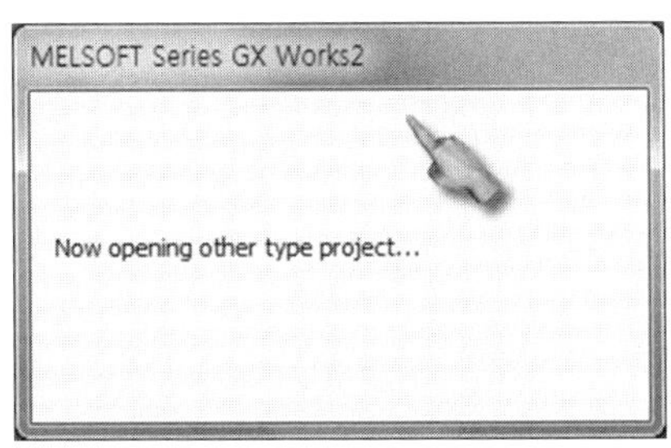

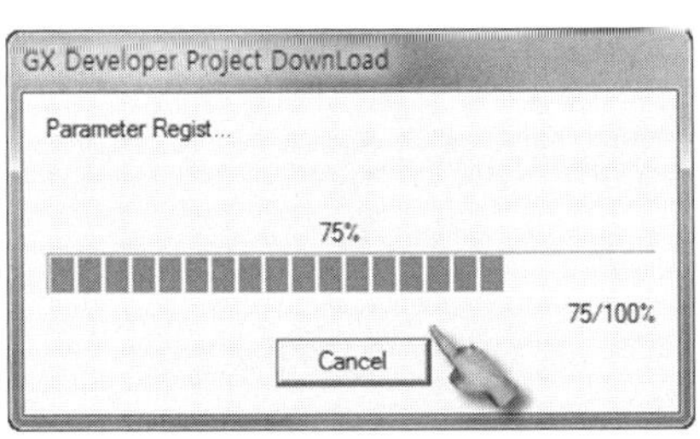

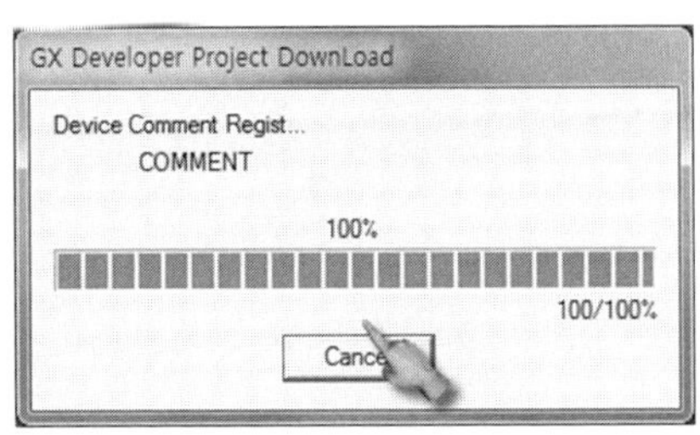

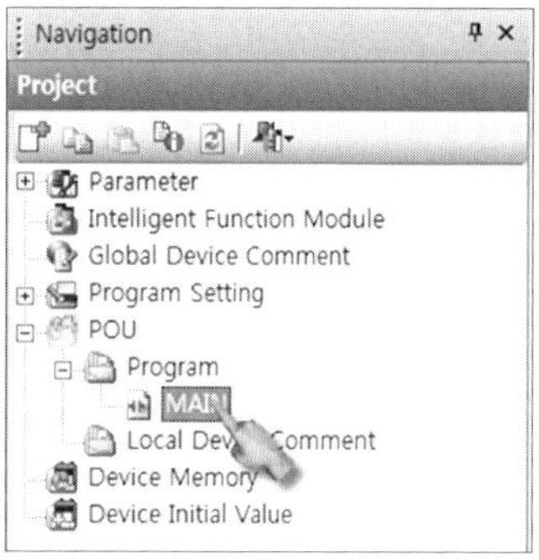

변환이 완료된 프로젝트를 열어 보자. GX Developer에서 작성한 프로젝트가 변환된 것을 확인할 수 있다.

다른 형식 프로젝트를 연 후의 프로젝트는 컴파일이 안 된 상태이다. 데이터의 쓰기나 모니터 등의 온라인 조작을 하는 경우, 모두 컴파일 후에 실행하여야 한다.

② GX Works2의 프로젝트나 데이터를 GX Developer에서 사용하기

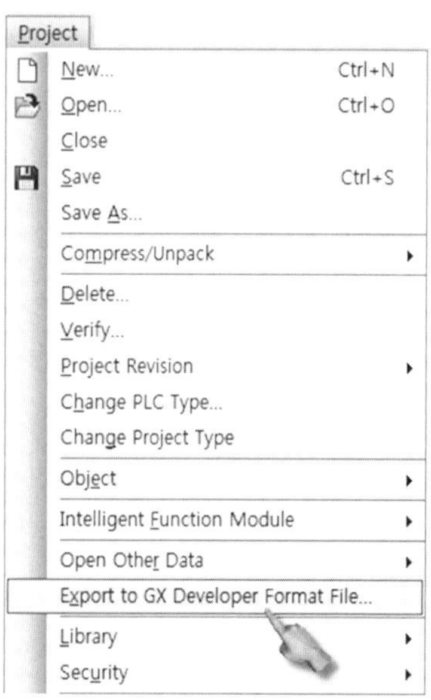

GX Works2의 심플 프로젝트에서 작성 · 편집한 파일은 [Export to GX Developer Format File]에 의해 GX Developer에서 변환하여 사용할 수 있다. [Project] → [Export to GX Developer Format File] 을 클릭한다.

GX Developer 형식 프로젝트의 저장 위치를 선택한 뒤 프로젝트명을 입력 후 [저장(S)]을 클릭한다.

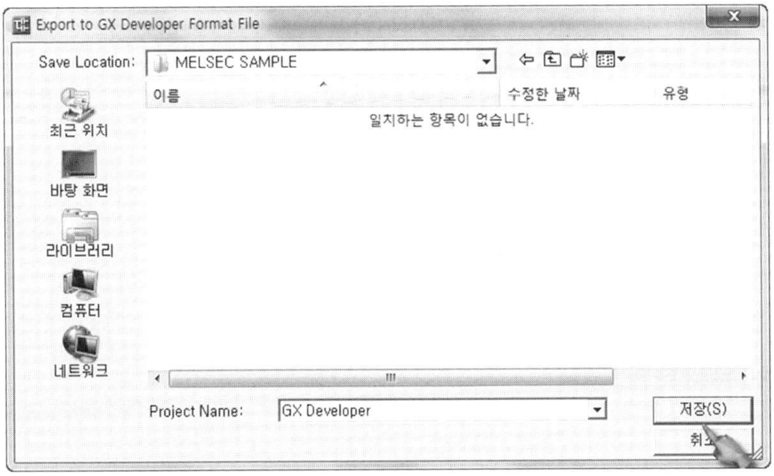

메시지 박스가 표시되고 프로젝트 변환 완료를 알려준다.

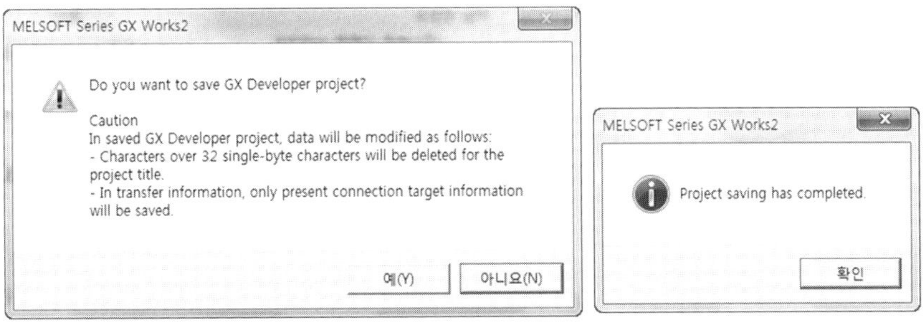

저장할 폴더를 열어보면 지정한 이름의 폴더가 생성되어 있고 GX Developer의 파일들이 만들어진 것을 확인할 수 있다.

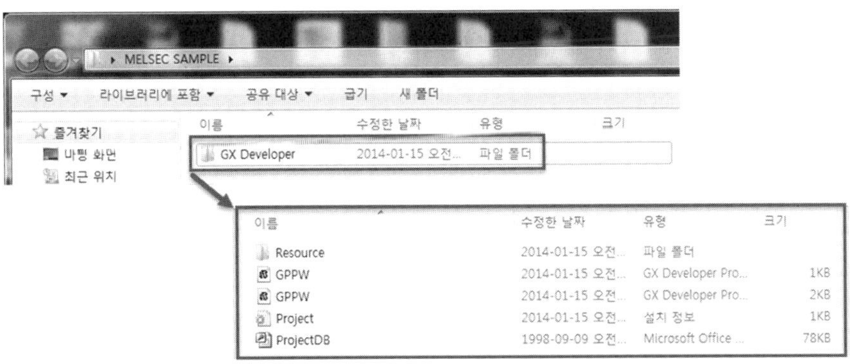

2.1.7 RUN 중 쓰기

PLC CPU가 RUN 중에 프로그램이나 데이터를 변경하는 조작이다. RUN 중 쓰기에는 변환/ 컴파일과 동시에 실행하는 RUN 중 쓰기와 PLC 쓰기 화면에서 실행하는 파일 단위로의 RUN 중 쓰기가 있다.

※ 주의 사항

PC에서 운전 중인 PLC의 데이터 변경, 프로그램 변경, 상태제어 시에는 항시 시스템 전체가 안전하게 동작하도록 PLC 시스템의 외부에 인터록 프로그램이 필요하다. 또한, PLC CPU RUN 중에 프로그램 변경하는 경우에는 조작 조건에 따라 프로그램이 손상되는 등의 문제가 발생하는 경우가 있다.

(1) 변환 · 컴파일과 동시에 RUN 중 쓰기

프로그램을 변경 후 변환 · 컴파일과 동시에 RUN 중 쓰기를 한다. 프로그램 변경 전에 미리 PLC 대조로 PLC CPU 내의 프로그램과 일치하고 있는지 확인하는 것이 필요하다. 일치하지 않는 경우, RUN 중 쓰기를 할 수 없다.

조작 순서

- PLC 대조로 프로그램이 일치하고 있는지를 확인한다.
- 프로그램을 변경, 수정한다.
- [Compile] → [Online Program Change]에서 RUN 중 쓰기한다. 단축키는 Shift + F4이다.

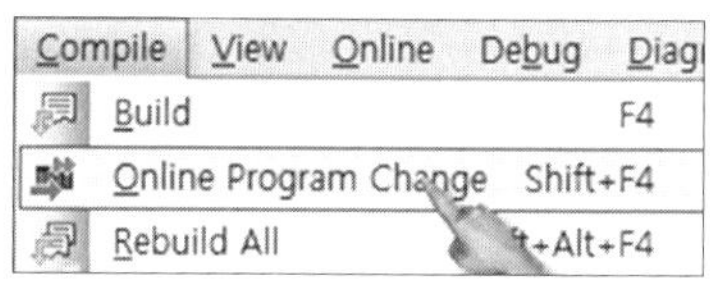

편집방법에 따라 다음의 쓰기 범위 내에서 RUN 중 쓰기를 할 수 있다.

① 새로 래더 블록을 삽입한 경우

새로 래더 블록을 삽입한 경우, 삽입한 프로그램과 전후의 2스텝을 합하여 PLC CPU에 쓴다. 따라서 추가한 프로그램과 전후 프로그램의 스텝 수에 따라서는 한번에 RUN 중 쓰기를 할 수 없는 경우도 있다. 이때는 한 번에 쓰는 스텝수를 줄여 몇 번으로 나누어 RUN 중 쓰기를 실행하도록 한다. 한 번에 쓸 수 있는 스텝 수는 512 스텝이다.

② 떨어진 래더 블록을 편집한 경우

QCPU(Q 모드) 시 PLC CPU의 메모리에 'Online change area of multiple blocks'가 있는 경우, 복수 블록을 블록 단위로 RUN 중 쓰기한다. 하이 퍼포먼스 모델 Q□HCPU의 경우, 'Online change area of multiple blocks'는 PLC CPU의 메모리 포맷에 의해 작성한다.

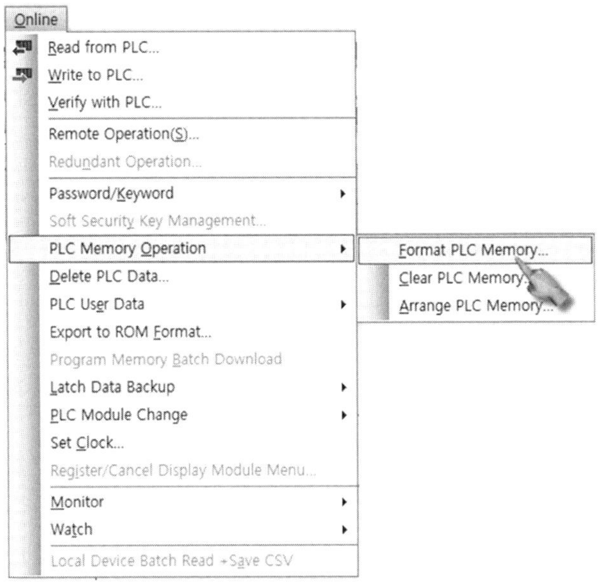

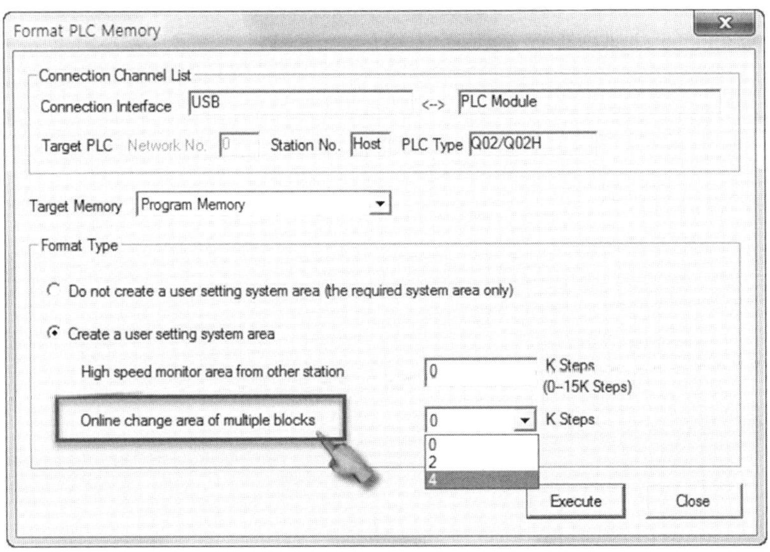

③ 복수 블록의 RUN 중 쓰기를 가능하게 하기 위한 영역

프로그램의 복수 위치의 변경(복수 블록)을 동시에 RUN 중 쓰기 하기 위해서 설정한다. 복수 블록의 RUN 중 쓰기는 설정하는 용량에 따라 아래와 같이 제한이 된다. 유니버설 모델 QCPU, LCPU에서는 프로그램 메모리 이외에 자동으로 4k 스텝이 확보되므로 설정할 필요가 없다.

<table>
<tr><th rowspan="4">내용</th><th colspan="7">복수 블록 RUN 중 쓰기용 시스템 영역 확보 용량</th></tr>
<tr><th colspan="4">베이식 모델 QCPU</th><th colspan="3" rowspan="2">하이 퍼포먼스 모델 QCPU</th></tr>
<tr><th>기능 버전 A</th><th colspan="3">기능 버전 B</th></tr>
<tr><th>-</th><th>0k 스텝</th><th>1.25k 스텝</th><th>2.5k 스텝</th><th>0k 스텝</th><th>2k 스텝</th><th>4k 스텝</th></tr>
<tr><td>동시에 쓰기 가능한 블록 수</td><td rowspan="2">RUN 중 쓰기 금지</td><td rowspan="2">RUN 중 쓰기 금지</td><td>최대 32블록</td><td>최대 64블록</td><td rowspan="2">RUN 중 쓰기 금지</td><td>최대 32블록</td><td>최대 64블록</td></tr>
<tr><td>쓰기 가능한 1 블록당 스텝 수</td><td>최대 512스텝</td><td>최대 1024스텝</td><td>최대 512스텝</td><td>최대 1024스텝</td></tr>
</table>

[표 2-1] 복수 블록 RUN중 쓰기용 시스템영역 확보 용량

(2) RUN 중 쓰기 처리 중 에러 발생 시 확인 사항

① PLC CPU에 대해서 처음으로 RUN 중 쓰기를 하거나 RUN 중 쓰기 처리 중에 에러가 발생한 경우

PLC 대조에서 쓰기 전의 프로그램이 PLC CPU 내의 프로그램과 일치하고 있는지를 확인한다.

② PLC CPU에 쓰는 부분이 일치하지 않는 경우

PLC CPU에 쓰는 부분이 PLC CPU 내의 프로그램과 일치하지 않는 경우, RUN 중 쓰기를 할 수 없다. 파일 단위로 RUN 중 쓰기를 한다.

③ 복수 블록의 RUN 중 쓰기로 실행할 수 없는 경우

다음의 경우 RUN 중 쓸 경우 메시지가 표시되므로, 파일 단위의 RUN 중 쓰기에 의해 실행할 것인지 여부를 선택한다.

• 복수 블록의 RUN 중 쓰기를 허가한 영역이 없는 경우
• 복수 블록의 RUN 중 쓰기를 허가한 블록 수를 초과하였을 때
• PLC CPU가 복수 블록의 RUN 중 쓰기에 대응하지 않는 경우

④ 소스 정보가 쓰여져 있는 PLC CPU에 대해서 RUN 중 쓰기를 하는 경우

소스 정보는 구조체나 라벨 등의 프로그램 구성의 데이터가 저장되고 있어 PLC CPU에서 프로그램을 읽을 때 구조체나 라벨 등의 데이터를 복원하기 위해 필요한 데이터이다.

따라서 PLC CPU의 동작에는 영향을 주지 않지만, 소스 정보가 쓰여져 있는 PLC CPU에 RUN 중 쓰기를 하는 경우, 소스 정보와 실행 프로그램을 세트로 PLC CPU에 RUN 중 쓰기를 한다. 다만 소스 정보의 쓰기 시에는 몇 분이 걸리는 경우가 있으므로 RUN 중 쓰기를 연속해서 실행하는 경우 RUN 중 쓰기 시마다 소스 정보를 쓰지 말고 모든 RUN 중 쓰기 작업 종료 후에 PLC 쓰기에 의해 소스 정보를 쓸 것을 권장한다.

⑤ 모두 컴파일 후의 RUN 중 쓰기

아래의 조작을 하면 모두 컴파일이 필요하게 되므로, [Online Program Change]는 실행할 수 없다. 모두 컴파일 후에 PLC 쓰기를 실행한다.

• 아래의 PLC 파라미터 변경

- 《PLC system》의 'Common Pointer No.'과 'Timer Limit Setting'
- 《PLC file》의 'File register'와 'File for local device'
- 《Device》

• 아래의 옵션 설정 변경

- 'Label Setting Editor'의 'Default Length of String Data Type'
- 'Compile'
- 자동 할당 디바이스 설정의 변경
- 구조화 프로젝트를 열 때의 명령과·응용 함수의 갱신
- PLC 타입 변경
- 프로젝트 종류 변경

- 프로젝트를 새로 만들기 하지 않음/열려 있지 않은 상태에서의 PLC 읽기

(3) RUN 중 쓰기 후의 프로젝트 자동 저장

옵션의 설정에 의해 RUN 중 쓰기 후에 프로젝트를 자동으로 저장할 수 있다. [Tools] ⇒ [Options] ⇒ 'Project' ⇒ 'Automatic Save'에서 'Save project after online change'를 체크한다.

(4) 파일 단위로 RUN 중 쓰기

PLC CPU가 RUN 중에 프로그램이나 데이터를 파일 단위로 쓴다. MAIN2 파일만 PLC CPU에 쓰기를 할 수 있다.

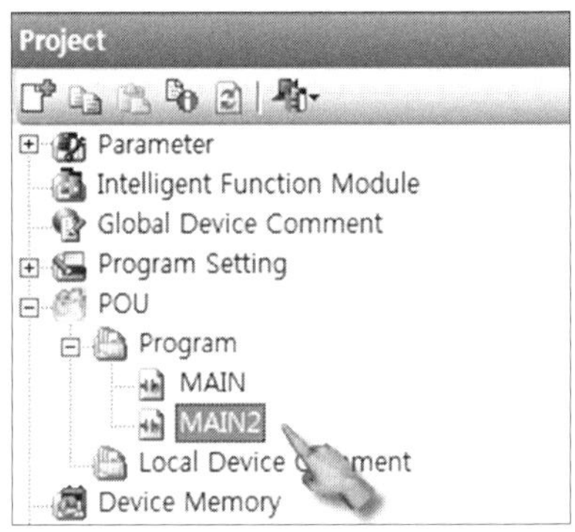

조작 순서

- [Online] ⇒ [Write to PLC]에서 RUN 중 쓰기를 한다.
- 메시지 박스가 표시된다.

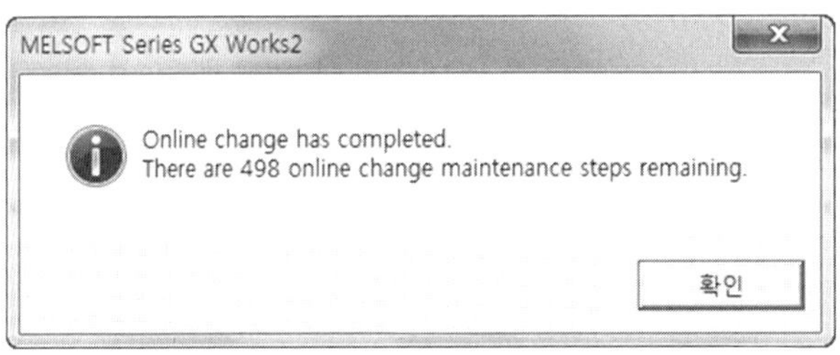

- 메시지 박스에 나타내는 주의 사항을 이해한 후에 RUN 중 쓰기를 한다.

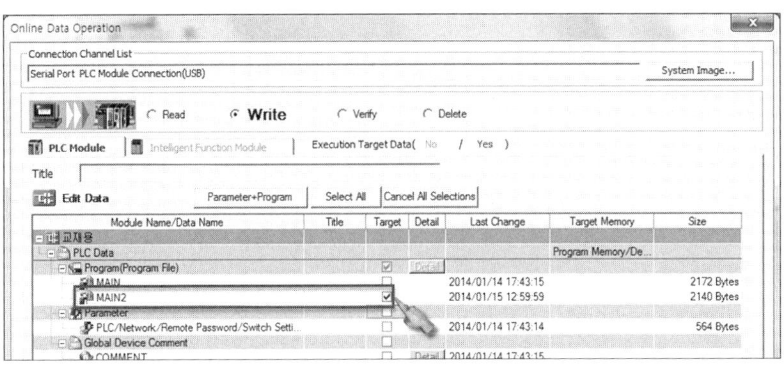

(5) 파일 단위의 RUN 중 쓰기가 가능한 데이터

시퀀스 프로그램, 디바이스 코멘트 등을 대상으로 RUN 중 쓰기를 할 수 있다. 쓰기 위치의 메모리에 따라 RUN 중 쓰기 할 수 있는 데이터가 다르다.

(6) 모두 컴파일 후의 RUN 중 쓰기

모두 컴파일 후에는 RUN중 쓰기를 할 수 없다. 모두 컴파일 후에 RUN 중 쓰기를 실행한 경우, 리모트 STOP하여 프로그램을 PLC CPU에 쓴다. 또한, 모두 컴파일하면 라벨에 대한 디바이스 할당이 변경되므로 디바이스 할당 후의 라벨에는 프로그램 변경 전의 디바이스 값이 남는다.

아래의 옵션을 설정하면 자동 할당 디바이스 설정에서 설정한 범위의 디바이스 값을 프로그램의 PLC 쓰기 후에 자동으로 0 클리어 할 수 있다.

- [Tools] → [Options] → [Monitor] → PLC Read/Write

  "0 clear of the device value in the range set by device/label automatic assign setting"

상기 옵션을 설정하지 않는 경우 안전을 위해 프로그램의 PLC 쓰기 후에 PLC CPU를 리셋, 래치를 포함한 디바이스 메모리 올클리어 파일 레지스터 모두 삭제를 실행하고 나서 PLC CPU를 RUN한다.

(7) PLC CPU의 용량이 부족하게 되었을 때

메모리 정리에서 PLC CPU의 사용 가능 용량을 늘려 준다. 메모리 정리를 해도 용량이 부족한 경우, PLC CPU를 STOP 후 PLC CPU에 쓰여져 있는 불필요한 프로그램 등을 삭제하여 해당하는 프로그램 등을 PLC에 쓴다.

(8) 소스 정보가 쓰여져 있는 PLC CPU에 대해서 RUN 중 쓰기를 하는 경우

소스 정보는 구조체나 라벨 등의 프로그램 구성의 데이터가 저장되어 있고 PLC CPU에서 프로그램을 읽을 때 구조체나 라벨 등의 데이터를 복원하기 위해 필요한 데이터이다. 따라서 PLC CPU의 동작에는 영향을 주지 않지만, 소스 정보가 쓰여져 있는 PLC CPU에 RUN 중 쓰기를 하는 경우, 소스 정보를 쓴다. 다만 소스 정보의 쓰기에는 몇 분이 걸리는 경우가 있으므로, RUN 중 쓰기를 연속해서 실행하는 경우 RUN 중 쓰기 시마다 소스 정보를 쓰지 말고 모든 RUN 중 쓰기 작업 종료 후에 소스 정보를 쓸 것을 권장한다.

(9) 유니버설 모델 QCPU에 대해서 RUN 중 쓰기를 하는 경우

유니버설 모델 QCPU에서는 다음의 RUN 중 쓰기를 할 수 없다.

- PLC CPU 내에 존재하지 않는 프로그램의 RUN 중 쓰기
- PLC 파라미터의 《Program》에 등록되어 있지 않는 프로그램의 RUN 중 쓰기
- SFC 프로그램의 파일 단위로의 RUN 중 쓰기

2.1.8 모니터링 (Monitoring)

PC와 PLC CPU를 접속해 PLC CPU의 실행 상태를 모니터하는 방법에 대해 설명한다.

(1) 프로그램 모니터

PLC CPU의 실행 상태를 모니터하는 방법을 설명한다.

[Online] → [Monitor] → [Start monitor]

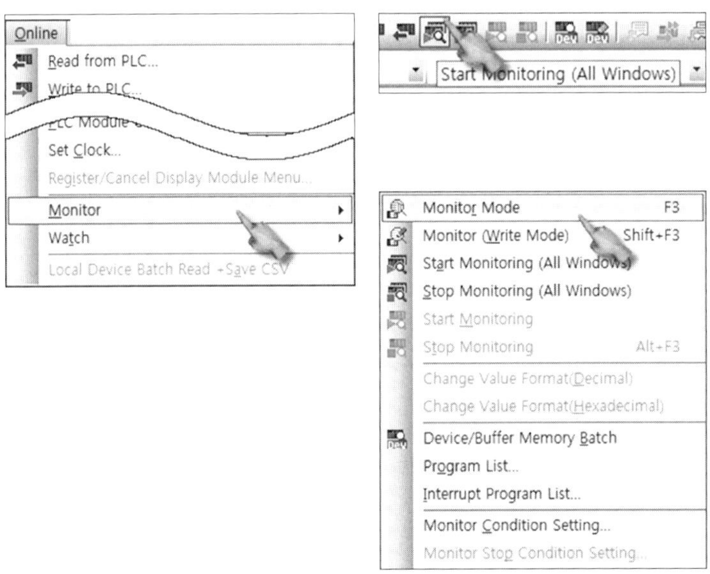

(2) 모니터 스테이터스

① PLC CPU 접속 시

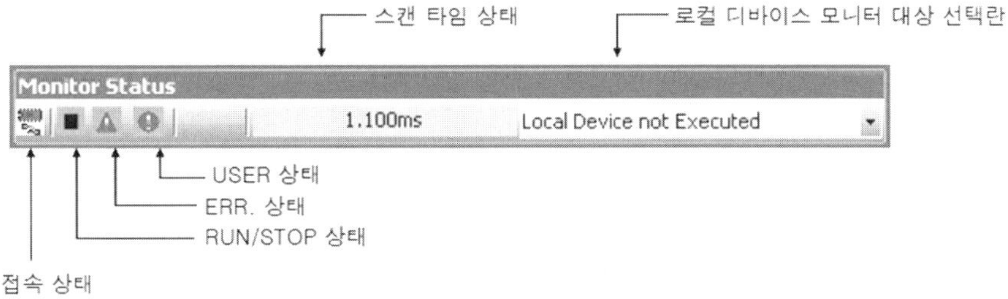

② 시뮬레이션 기능 시

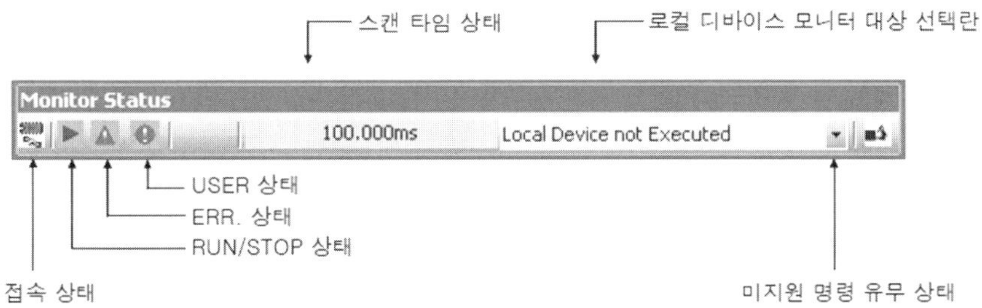

(3) 디바이스를 등록하여 모니터하기

① 디바이스를 등록하여 모니터

화면에 여러 개의 디바이스를 등록하여 동시에 모니터한다.

[View] → [Docking Window] → [Watch1] ~ [Watch4]

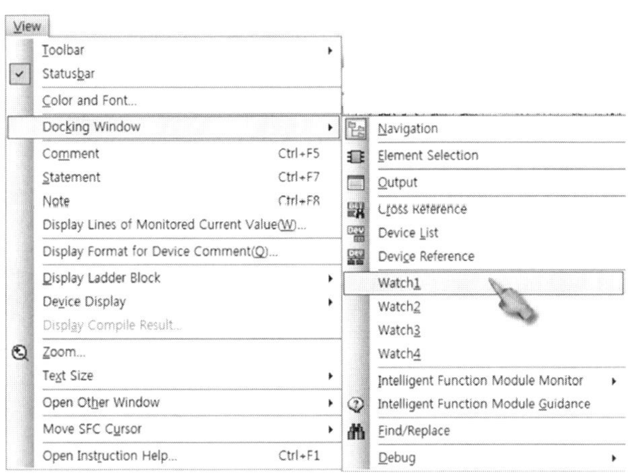

편집하는 행을 선택하고 디바이스를 클릭한다. 모니터하려는 디바이스를 입력하면 디바이스가 등록된다. 디바이스가 등록되면 그 데이터형, 클래스 등의 관계되는 정보가 자동으로 등록된다.

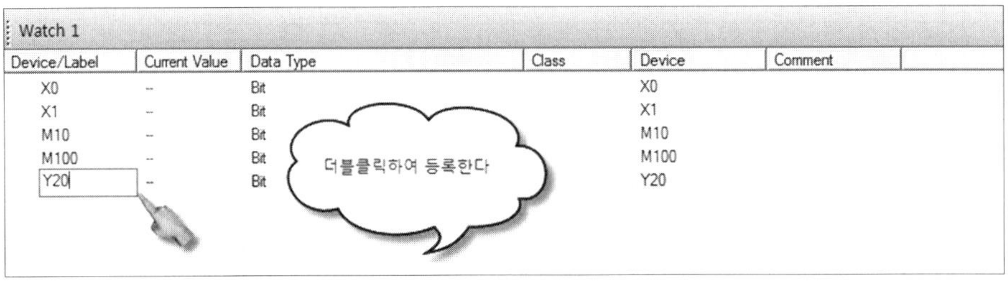

[Online] ⇒ [Monitor] ⇒ [Start Watching]을 선택한다.

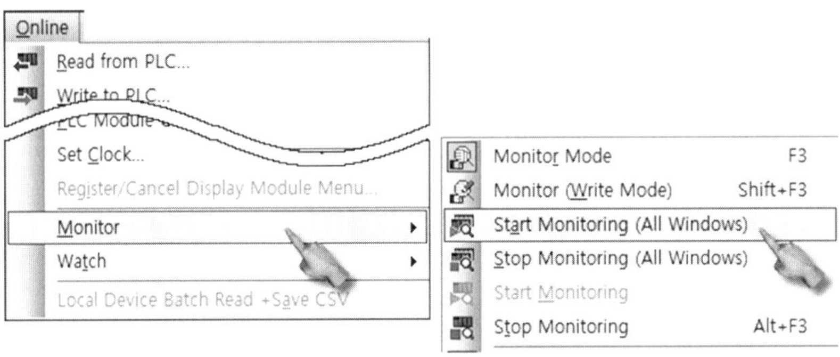

등록된 디바이스의 모니터되는 현재값이 윈도우에 표시된다.

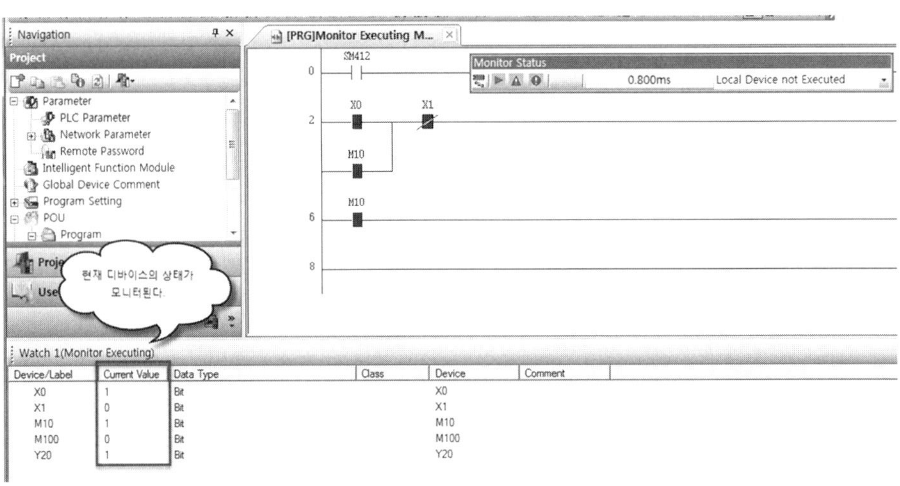

② **프로그램 에디터에서 마우스 오른쪽 버튼 클릭 메뉴에서 등록**

범위를 선택하면 여러 개의 디바이스를 일괄로 등록하는 것도 가능하다.

마우스 오른쪽 버튼 클릭 → 단축키 메뉴 [Register Watch]를 선택하면 감시 윈도우에 디바이스가 등록된다.

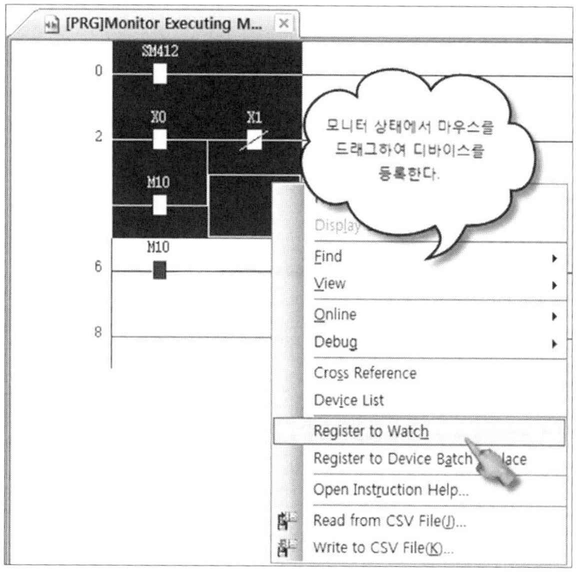

마우스로 드래그 하는 영역에 속하는 디바이스는 모두 등록이 되므로 모니터하는 디바이스가 동일한 것이 보인다.

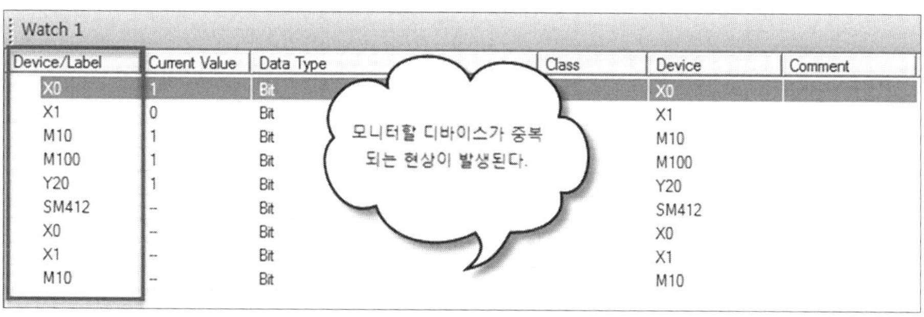

Device/Label	Current Value	Data Type	Class	Device	Comment
X0	1	Bit		X0	
X1	0	Bit		X1	
M10	1	Bit		M10	
M100	1	Bit		M100	
Y20	1	Bit		Y20	
SM412	--	Bit		SM412	
X0	--	Bit		X0	
X1	--	Bit		X1	
M10	--	Bit		M10	

③ **현재값 변경**

- Word 디바이스인 경우 현재값을 직접 입력하여 변경할 수 있다.

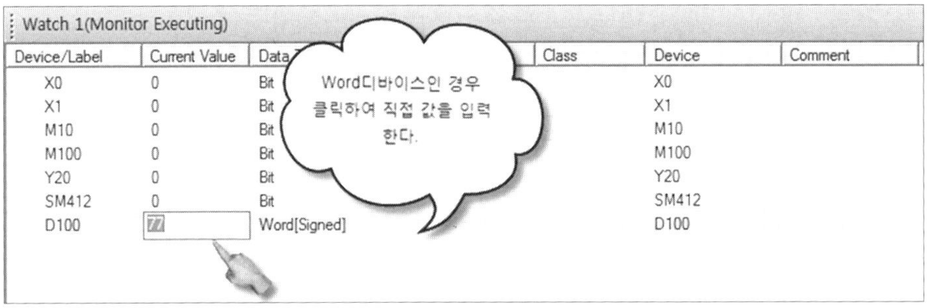

• Bit 디바이스인 경우 등록된 Bit 디바이스의 행을 선택하고 Shift + Enter 또는 Shift + 마우스 더블클릭하여 ON/OFF 상태를 전환할 수 있다.

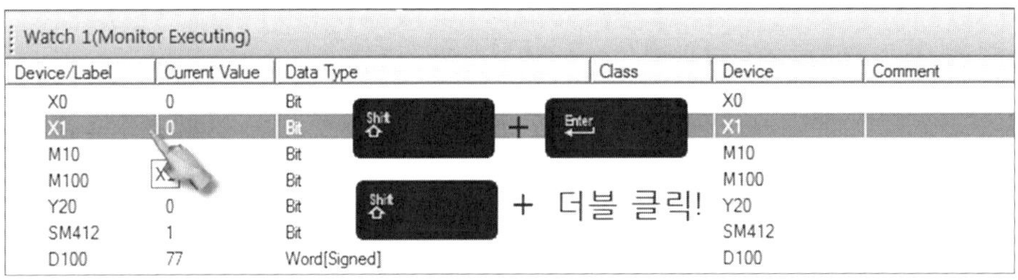

④ 디바이스 · 버퍼메모리 일괄 모니터

디바이스 일괄 모니터에서는 디바이스를 지정하여 모니터하고 버퍼 메모리 일괄 모니터에서는 인텔리전트 기능 모듈의 어드레스를 지정하여 버퍼 메모리를 모니터한다. [Online] → [Monitor] → [Device/Buffer Memory Batch]

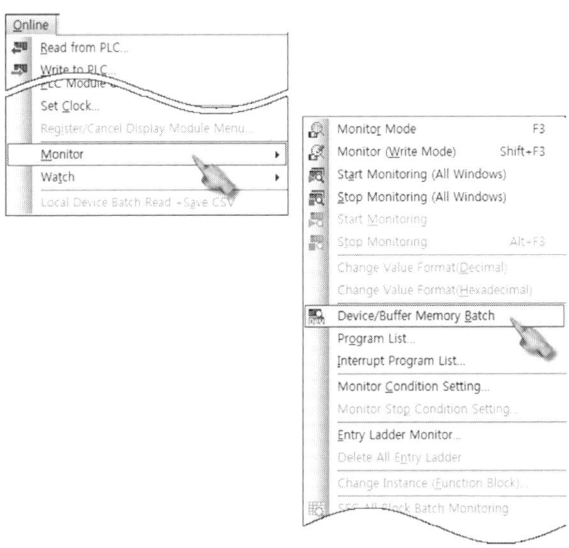

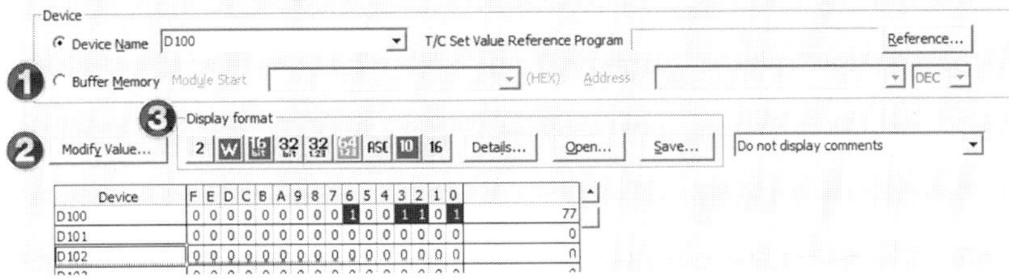

- 버퍼 메모리의 모니터링을 할 경우 선택한다.
- 디바이스의 현재값을 변경할 경우 선택한다.

변경할 디바이스의 현재값 표시 부분을 클릭한 다음 [Modify Value…] 버튼을 클릭하면 Modify Value 윈도우가 표시된다.

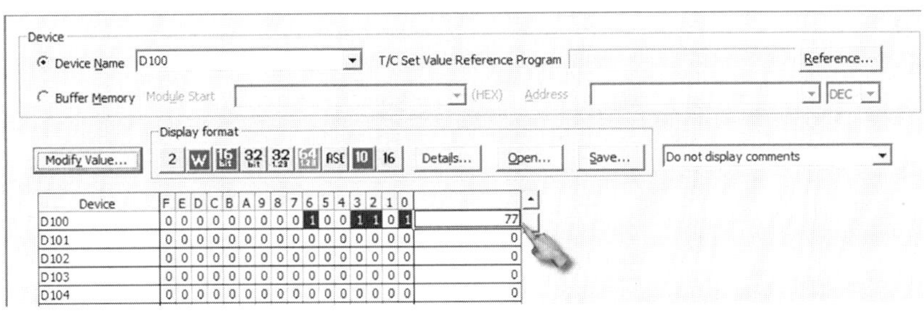

Value 항목에 변경할 값을 입력하고 [Set] 버튼을 누른다. 하단에 실행 결과를 표시하는 부분에 변경된 결괏값이 나타난다.

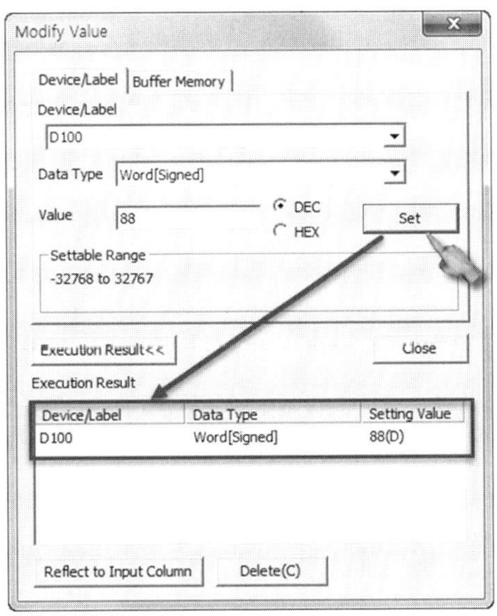

• 디스플레이 포맷 : 모니터의 표시 형태에 대한 설정이다. [Detail.] 버튼을 누르면 손쉽게 모니터 형식을 변경할 수 있다.

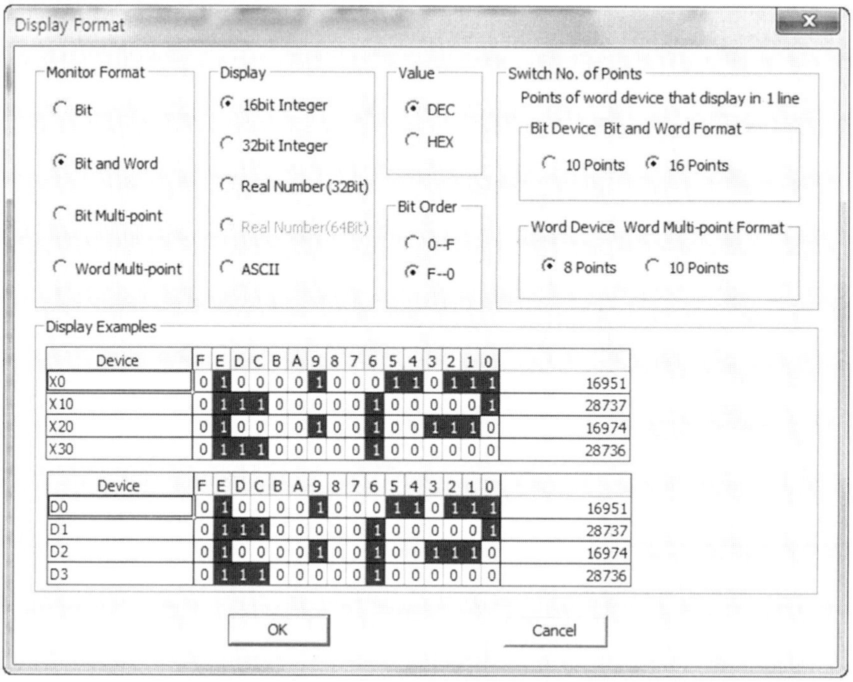

2.1.9 프로그램 시뮬레이션

시뮬레이션 기능을 사용하여 오프라인에서 디버그하는 방법에 대해 설명한다.

(1) 시뮬레이션 기능

시뮬레이션 기능으로 PLC CPU와 접속하지 않고 가상의 PLC로 시퀀스 프로그램을 디버그하는 방법이다. PLC CPU에서 실제로 동작시키기 전에 확인하는 데 편리한 기능이다.

※ 알아두어야 할 점

시뮬레이션 기능은 시뮬레이션용 메모리를 사용하여 입출력 모듈이나 인텔리전트 기능모듈에 대한 데이터의 입출력을 실행하고 있다. 또한, 일부의 명령 · 함수나 디바이스 메모리를 지원하고 있지 않는다. 따라서 가상 PLC에서의 연산 결과는 PLC CPU에서의 연산 결과와 다른 경우가 있다.

다음과 같은 시뮬레이션이 가능하다.

PLC 쓰기, RUN 중 쓰기, PLC 대조, PLC 데이터 삭제, 래더 모니터, 모니터 스테이터스(가상 PLC의 모니터 상태를 표시), 감시(가상 PLC의 디바이스 등을 등록하여 모니터), 디바이스 메모리 · 버퍼 메모리 일괄 모니터(가상 PLC의 디바이스 메모리 · 버퍼 메모리를 일괄로 모니터), 프로그램 일람 모니터

로컬 디바이스 일괄 읽기 + CSV 저장, 시뮬레이션 내의 디바이스 메모리의 백업, 현재값 변경, 강제 입출력 등록 · 해제, 실행 조건부 디바이스 테스트, 샘플링 트레이스, 리모트 조작(가상 PLC의 실행 상태를 STOP 상태, PAUSE 상태 등으로 전환), PLC 메모리 조작 가상 PLC의 메모리 포맷, 메모리 클리어, 메모리 정리를 실행), PLC 진단(가상 PLC 상태, 에러를 확인), I/O 시스템 설정

(2) 시뮬레이션 기능의 시작과 정지

[Debug] ⇒ [Start · Stop Simulation]을 선택한다. GX Simulator2 화면이 표시되고 시뮬레이션이 시작된다. 시뮬레이션을 종료할 때는 다시 [Debug] ⇒ [Start · Stop Simulation]을 선택한다.

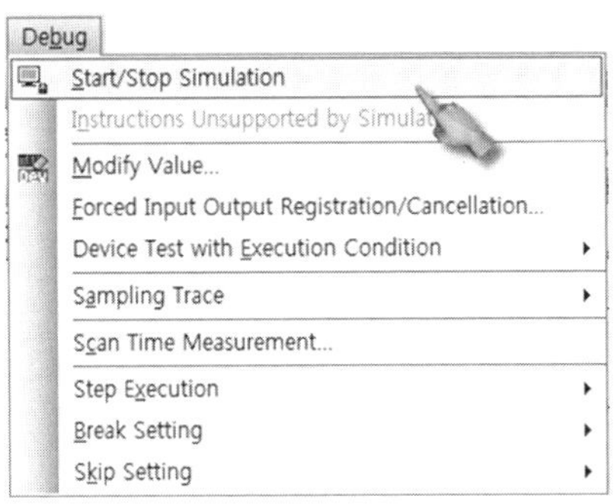

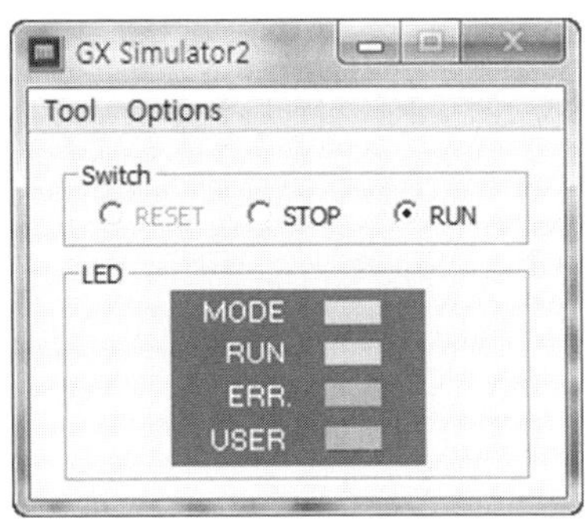

2.1.10 PLC CPU 진단

PLC CPU 상태, 에러 코드를 표시하는 방법을 설명한다.

[Diagnostics] → [PLC diagnostic]

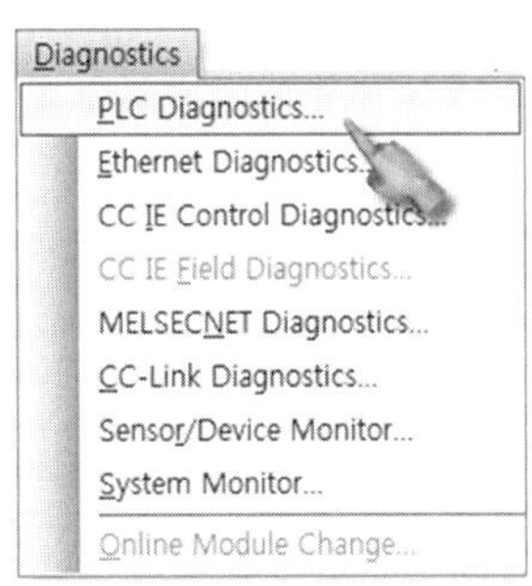

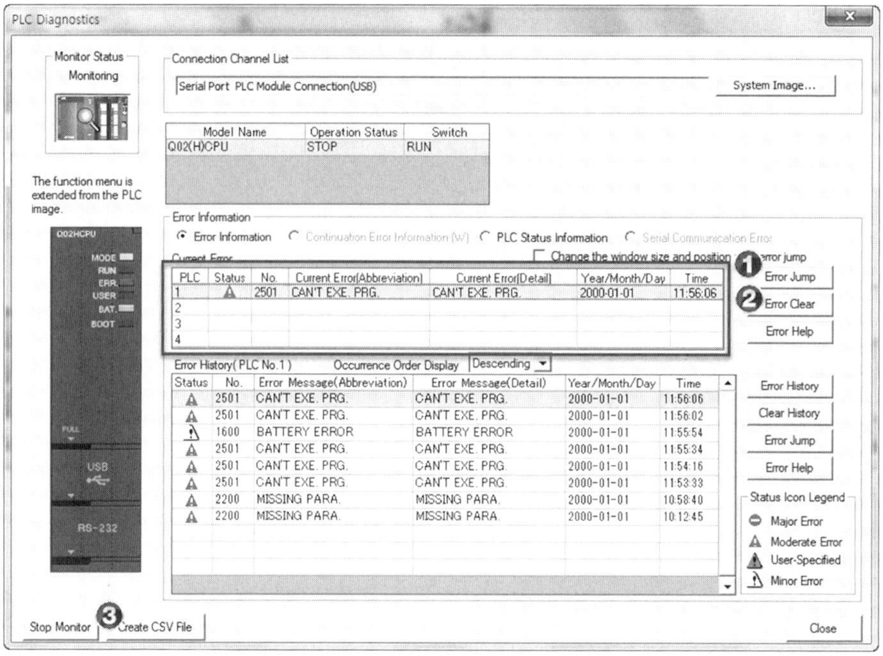

① 선택된 에러 항목 · 에러 이력항목의 PLC 프로그램 스텝 No.로 점프한다. 다만 다음의 경우, 점프하지 않는다.

- 프로그램의 에러가 아니다.
- 에러 스텝 정보가 없다.
- SFC 블록의 프로그램 No. 및 SFC 스텝 No. 또는 이행 No. 정보가 없다.
- FX CPU 시의 SFC 프로그램의 에러이다.
- 라벨 프로그램이 컴파일 되지 않은 상태이다.

② 현재의 에러 정보를 클리어 한다.

③ 현재 표시되고 있는 에러 이력을 CSV 파일 형식으로 파일에 저장한다.

④ 에러 상세 화면의 표시 방법

현재의 에러란 또는 에러 이력 표시란의 에러 항목을 더블 클릭하면, 다음의 에러 상세 화면이 표시된다. 에러 상세 화면에는 PLC CPU의 SD5~15(에러 공통 정보)와 SD16~26(에러 개별 정보)이 표시된다.

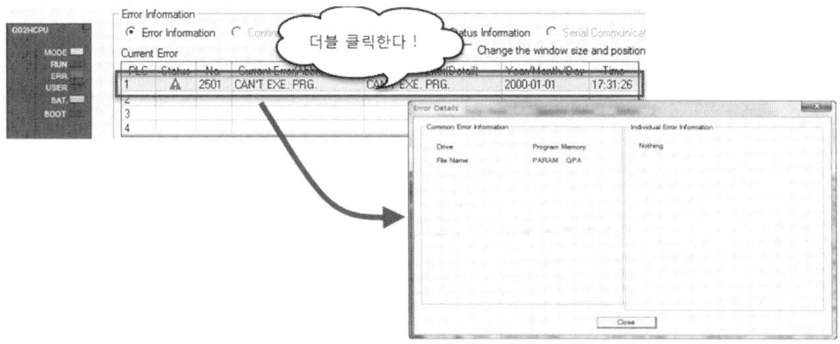

2.1.11 온라인 조작

PLC 메모리 조작, 리모트 조작, 시계 설정, ETHERNET 진단 등을 실행할 수 있다.

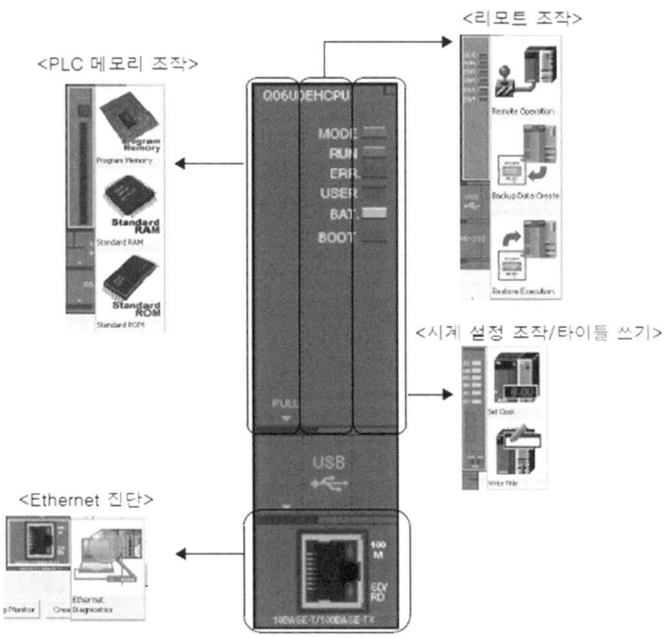

(1) PLC 메모리 조작

메모리 포맷, 메모리 클리어, 메모리 정리를 할 수 있다.

(2) 리모트 조작

CPU의 DIP스위치로 조작할 수 있는 RUN, STOP, PAUSE, RESET, Latch Clear 등을 실행할 수 있다.

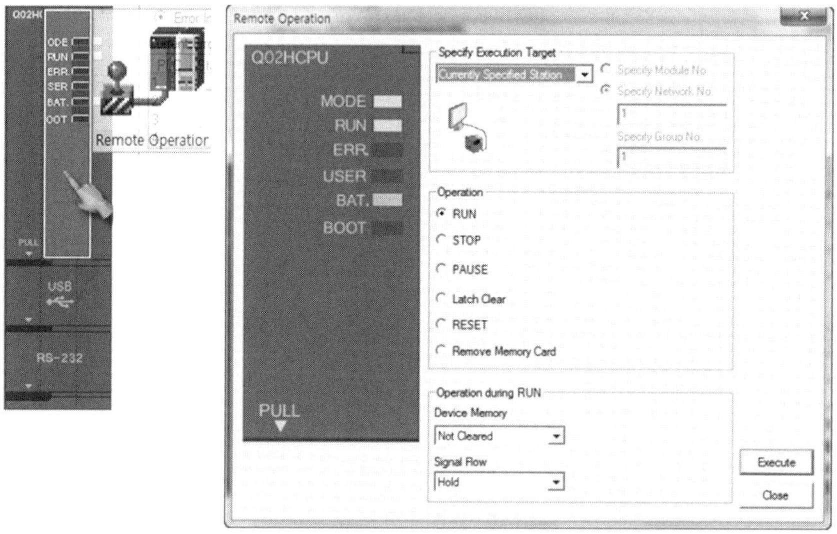

[Online] → [Remote Operation]을 선택해도 동일한 Remote Operation 윈도우가 표시된다.

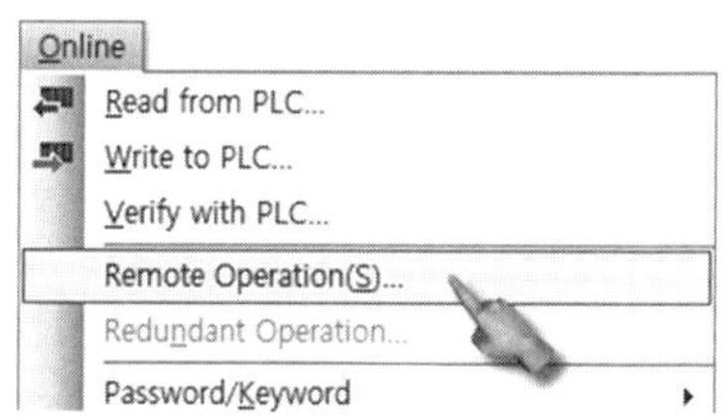

(3) 시계 설정

PLC의 시계 데이터를 조정할 수 있다.

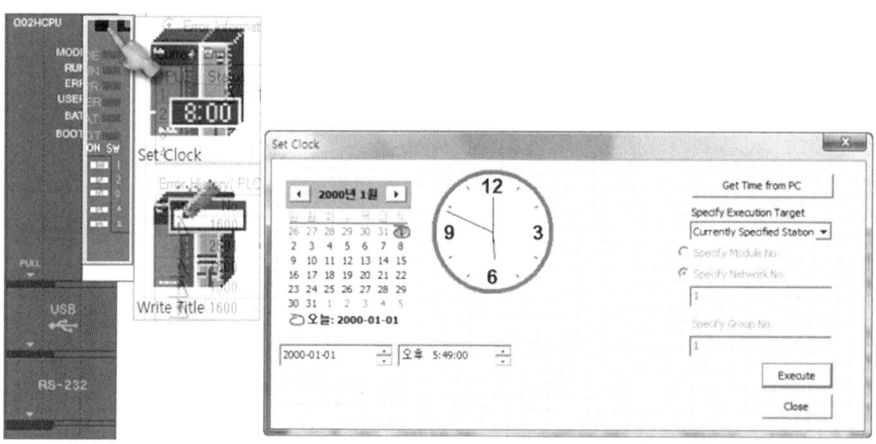

2.1.12 시스템 모니터

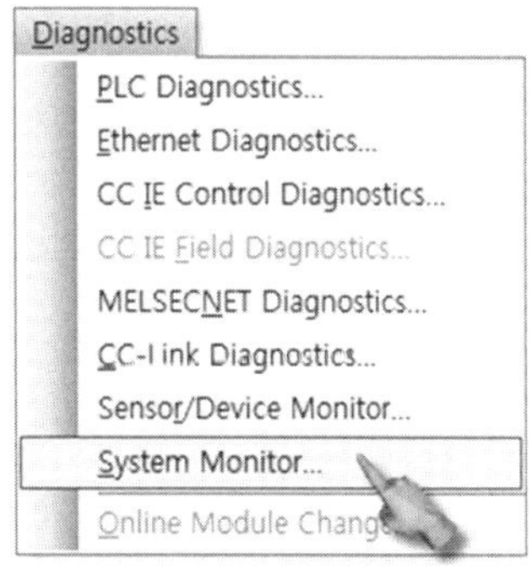

PLC CPU의 시스템 상태를 표시한다. [Diagnostics] → [System Monitor]

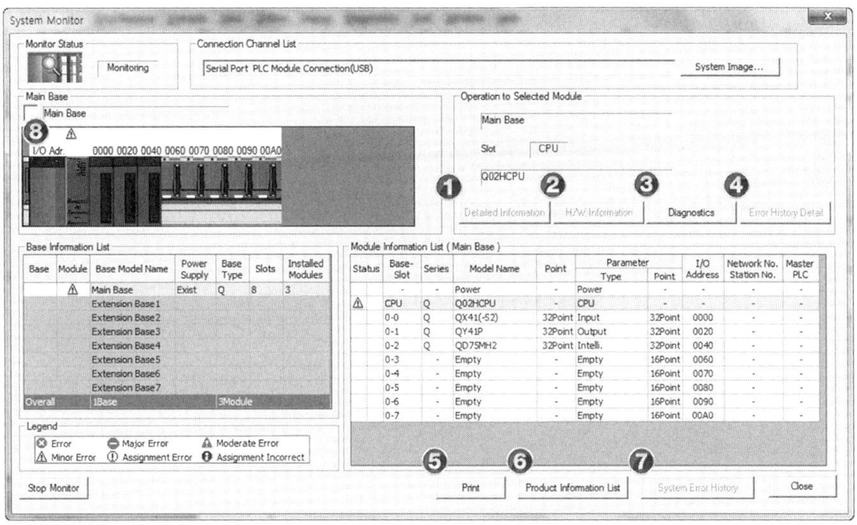

① Detailed Infomation 선택된 모듈의 모듈 정보를 표시한다.

그림에 표시된 PLC 모듈을 선택하고 [Detailed Infomation] 버튼을 클릭하거나 해당 모듈의 그림을 더블클릭하면 표시된다.

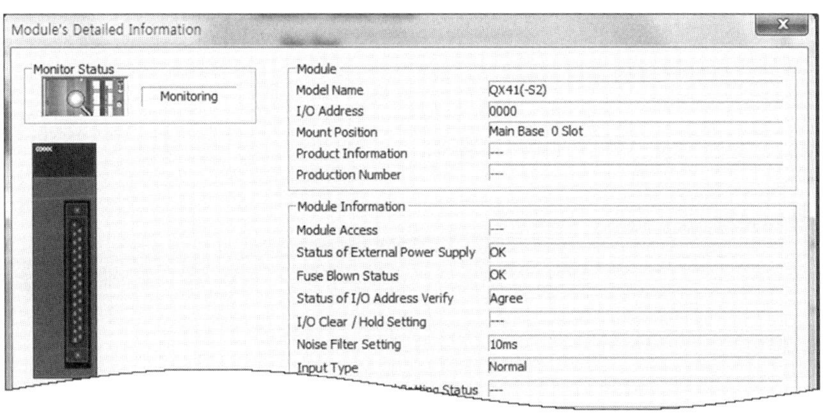

② H/W Infomation H/W의 LED 정보나 스위치 정보를 표시한다.

③ Diagnostics 선택된 모듈에 대응하는 각종 진단 정보를 표시한다.

④ Erroe History Detail 시스템 모니터 화면에서 선택한 모듈의 에러 이력을 표시한다.

⑤ Print 시스템 구성도를 인쇄한다.

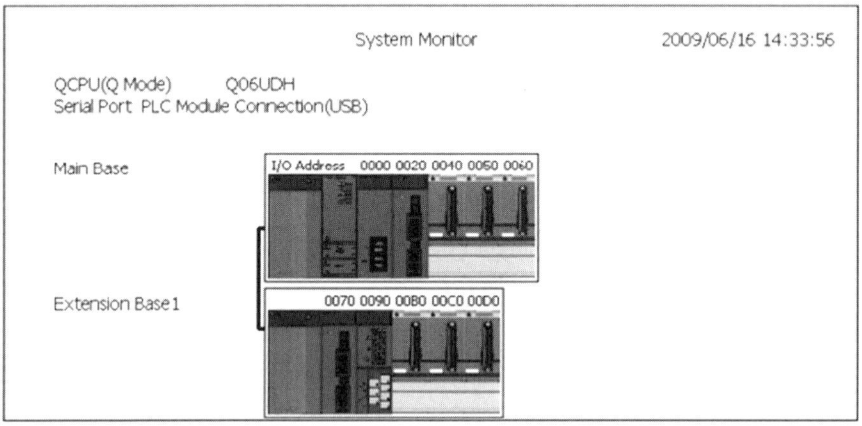

⑥ Product Information List 베이스 모듈에 장착되어 있는 각 모듈의 제품 정보를 표시한다.

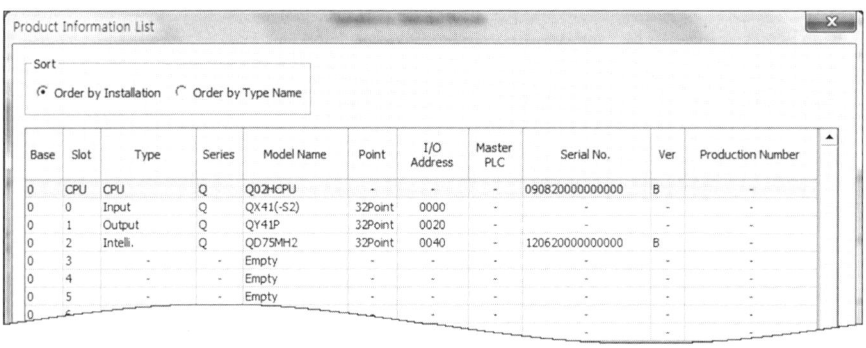

Base	Slot	Type	Series	Model Name	Point	I/O Address	Master PLC	Serial No.	Ver	Production Number
0	CPU	CPU	Q	Q02HCPU	-	-	-	090820000000000	B	-
0	0	Input	Q	QX41(-S2)	32Point	0000	-	-	-	-
0	1	Output	Q	QY41P	32Point	0020	-	-	-	-
0	2	Intelli.	Q	QD75MH2	32Point	0040	-	120620000000000	B	-
0	3	-	-	Empty	-	-	-	-	-	-
0	4	-	-	Empty	-	-	-	-	-	-
0	5	-	-	Empty	-	-	-	-	-	-

⑦ System Error History PLC CPU, 모듈의 모든 에러 이력을 표시한다.

⑧ 선택 모듈에 대한 조작

선택 모듈에 대한 조작의각 기능은 '기본 베이스', '증설 베이스'에서 모듈을 선택 후 마우스 오른쪽버튼 클릭 메뉴에서도 실행할 수 있다.

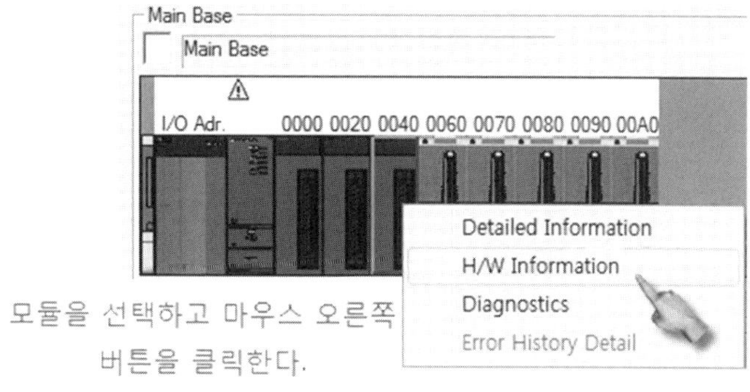

모듈 상태 표시

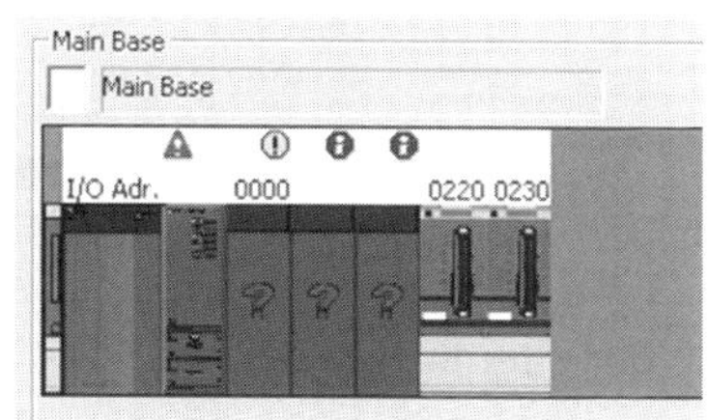

파라미터가 올바르게 설정되어 있지 않는 등 모듈의 실장 상태를 수집할 수 없는 경우, 아래와 같이 표시된다. 파라미터를 실장 상태에 맞추고 나서, 다시 시스템 모니터를 실행한다.

PLC 파라미터의 I/O 할당과 실장모듈이 다른 경우의 표시

시스템모니터의 "Module Information List"는 PLC 파라미터의 I/O 할당 설정에 의해 아래와 같이 표시된다. 모듈의 실장 상태와 다른 경우, I/O 할당 설정의 "I/O Assignment"를 실장 상태에 맞추어 변경한다. 모듈이 장착되어 있지 않거나 파라미터와 실장 상태가 다른 경우, "*****", "－", "**" 로 표시된다.

Module Information List (Main Base)

Status		Base-Slot	Series	Model Name	Point	Parameter Type	Parameter Point	I/O Address	Network No. Station No.	Master PLC
		-	-	Power	-	Power	-	-	-	-
⚠		CPU	Q	Q03UDCPU	-	CPU	-	-	-	-
	❶	0-0	Q	QJ61BT11	32Point	Intelli.	128Point	0090	-	-
	ⓘ	0-1	-	Intelli.	16Point	-	**Point	0080	-	-
		0-2	-	*****	**Point	-	**Point	-	-	-
		0-3	-	Empty	-	-	**Point	-	-	-

2.2 내비게이션 윈도우

프로젝트 뷰에 트리 형식으로 표시되는 프로젝트의 내용은 다음과 같다.

PLC 타입 및 프로젝트 종류["(심플)", "(구조화)", "(인텔리전트)"]에 따라 표시 내용은 다르게 표시된다.

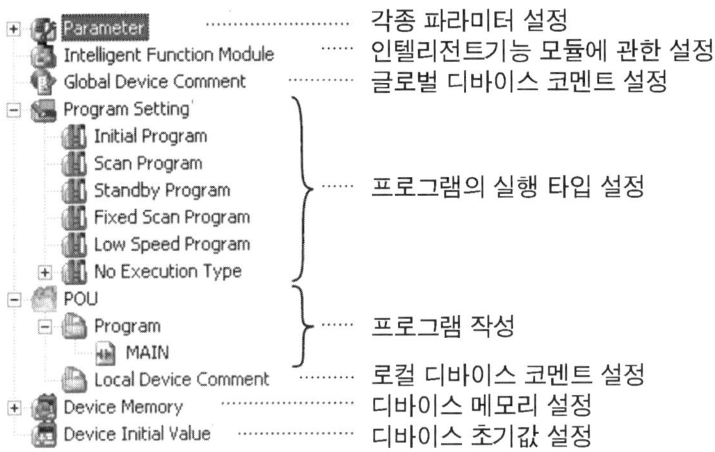

2.2.1 프로그램 설정(Program Setting)

프로젝트 뷰의 실행 타입을 설정하는 프로그램명에서 마우스 오른쪽 버튼 클릭 → 단축키 메뉴 [프로그램 등록] → [Register Program] → [Initial] · [Scan] · [Standby] · [Fixed Scan] · [Low Speed]를 선택하거나 드래그&드롭하면 프로그램의 실행 타입을 설정할 수 있다. 설정된 실행 조건은 PLC 파라미터의 프로그램 설정에 반영된다.

(1) MAIN의 실행 타입을 "스캔 프로그램"에 드래그&드롭으로 설정하는 경우

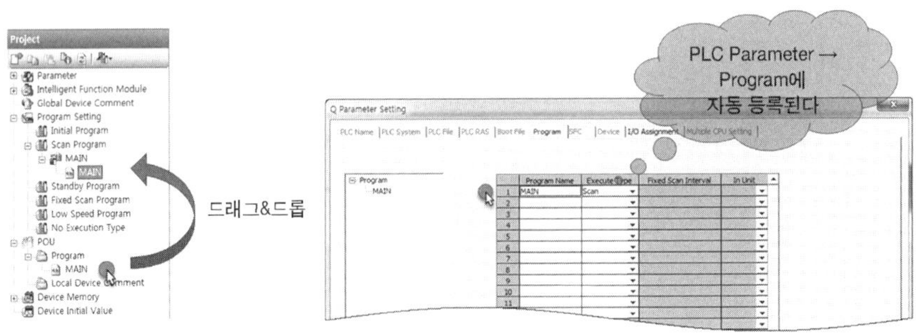

(2) 프로그램을 단일 프로그램으로 하지 않고 기능별로 구분하여 프로그램을 작성하고 싶은 경우

프로그램 작성을 여러 개의 프로젝트 파일로 분리하여 작성하는 방법에 대해서 알아보도록 하자. 프로그램을 하나의 파일로 작성하는 것은 관리상 편리한 점은 있시만 기능별로 구분하여 작성하면 해당 기능에 해당하는 프로그램 프로젝트 파일만 열어 보면 다른 기능과 중복되는 부분을 제외하고 파악할 수 있어 프로그램의 이해를 빠르게 할 수 있다는 장점이 있다.

Navigation 윈도우에서 POU → Program항목에서 마우스 우클릭을 하여 'Add New Data' 항목을 선택한다.

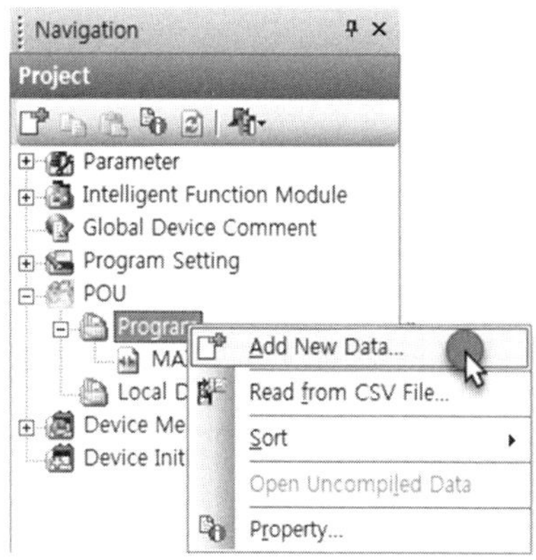

Data Type은 Program으로 Data Name은 관리할 프로그램의 이름이므로 'Manual', 그리고 Program Language는 Ladder로 선택한다.

설정이 완료되었으면 하단의 'OK'버튼을 클릭하고 설정을 저장한다.

관리할 프로그램은 보통 자동, 수동, 알람, 데이터관리 등으로 지정하고 인텔리전트 모듈을 사용할 경우 인텔리전트 모듈 명을 프로그램 이름으로 사용하면 무리가 없다.

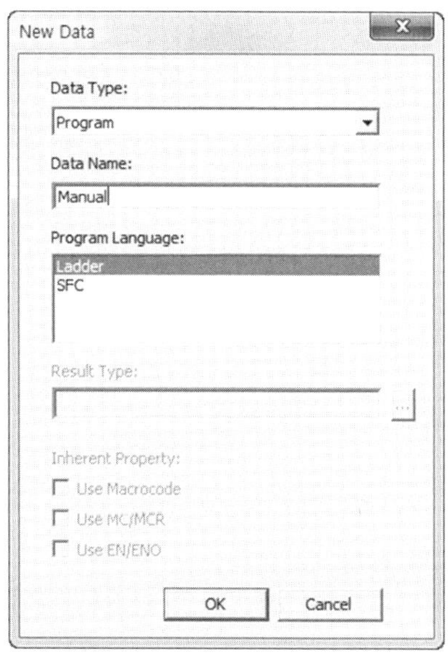

설정을 완료하였으면 PLC Parameter에서 Program Tab을 열어 새로 작성한 프로그램을 등록하도록 한다. (※이 설정이 안되면 CPU 에러가 발생하고 등록이 안된 프로그램은 실행이 되지 않는다.)

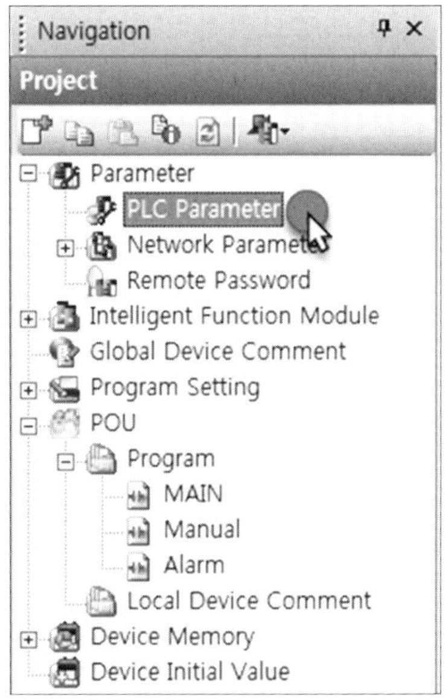

① Navigation 윈도우에서 등록한 프로그램의 명칭이 보인다.

해당 프로그램 명칭을 클릭하여 선택한 뒤

② 'Insert' 버튼을 클릭하여 우측의 Table에 등록하도록 한다.

여기에서는 실행타입 'Execute Type'의 설정도 할 수 있다. 실행하는 프로그램의 성격에 따라 스캔 타입을 설정하도록 한다. 설정이 완료되었으면 하단의 'END' 버튼을 클릭하여 설정을 저장한다.

2.2.2 디바이스 초깃값 설정

디바이스 초깃값의 설정, 편집 및 삭제 등에 대해 설명이다. 디바이스 초깃값이란 PLC CPU가 RUN 하였을 때 시퀀스 프로그램의 연산에 사용하는 디바이스 값이다. 디바이스 초깃값을 설정하면, 초기 설정 프로그램이 불필요해진다.

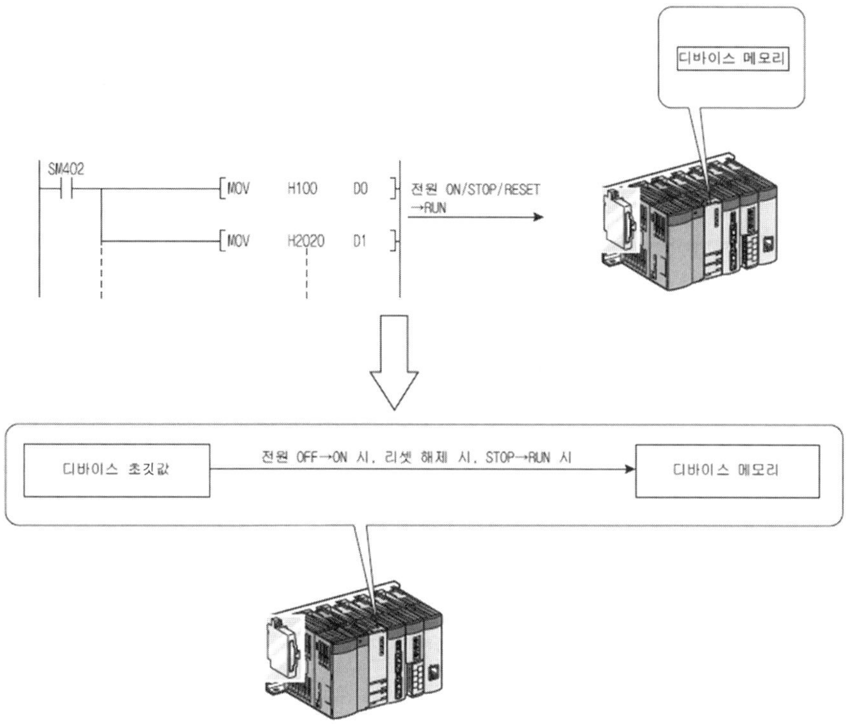

디바이스 초깃값 설정 기능을 사용하기 위해서 먼저 알아야 할 것이 "디바이스 메모리"이다. 디바이스 메모리에 설정한 값을 읽어 들여 디바이스의 저장값으로 사용하는 기능이 "디바이스 초깃값 설정" 기능이다.

CPU 모듈은 전원 OFF → ON 시, 리셋 해제 시, STOP → RUN 시에 지정된 디바이스 초깃값 파일의 데이터를 지정 디바이스, 인텔리전트 기능 모듈의 버퍼 메모리에 쓴다. 디바이스 초깃값으로 사용 가능한 디바이스는 다음과 같다.

- 타이머의 현재값(T)
- 적산 타이머의 현재값(ST)
- 카운터의 현재값(C)
- 링크 특수 레지스터(SW)
- 파일 레지스터(R)
- 파일 레지스터(ZR)

- 데이터 레지스터(D)
- 특수 레지스터(SD)
- 링크 레지스터(W)
- 인텔리전트 기능 모듈 디바이스(U \G)
- 링크 다이렉트 디바이스(J \W, J \SW)

(1) 디바이스 메모리의 특징

디바이스 메모리란 PLC CPU의 디바이스 메모리에 대해서 데이터의 읽기, 쓰기를 실행하는 기능이다.

기능	설명
읽기	디바이스 메모리의 데이터를 일괄적으로 PLC CPU에서 GX Works2로 읽어 들인다. 읽은 정보를 기준으로 PLC CPU의 디바이스 메모리 상태를 확인하거나 오프라인의 디버그로 사용할 수 있다.
쓰기	디바이스 메모리의 데이터를 일괄적으로 GX Works2에서 PLC CPU에 쓴다. PLC CPU의 디바이스 메모리의 현재값을 일괄적으로 변경할 수 있다.

디바이스와 디바이스값을 설정하는 방법은 다음과 같다.

Navigation창에서 "Device Memory"를 클릭하면 하단에 "Main" 아이콘이 보인다. 더블 클릭한다.

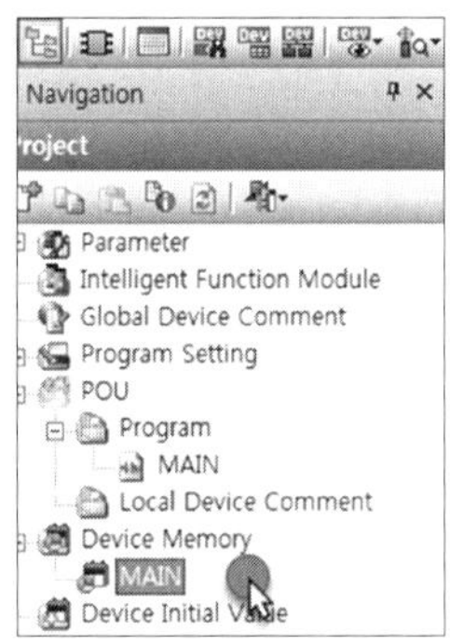

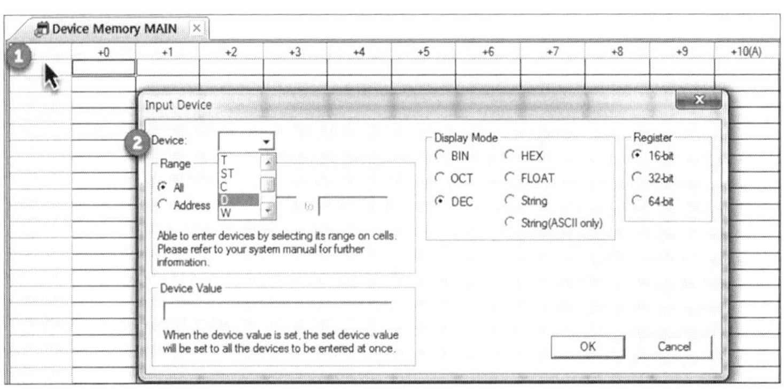

① 회색의 셀(Cell)을 클릭하면 ② 와 같은 디바이스 설정 창이 표시된다.

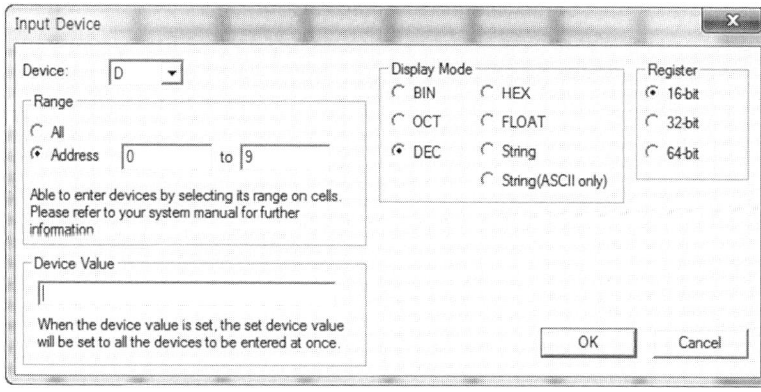

Device 항목은 설정값을 입력할 디바이스 명칭을 선택하며 Range 항목에는 디바이스 번호의 범위를 지정한다. Address 항목을 선택하여 디바이스의 시작과 끝 번호를 입력한다. (Range를 All로 선택하면 데이터 레지스터 0부터 모든 데이터가 대상이 된다. 모든 데이터를 삭제하려면 회색 첫 번째 cell을 클릭하면 모든 cell을 선택할 수 있으므로 마우스 우클릭해 delete 기능을 실행하면 표시된 모든 cell을 삭제할 수 있다.)

Device Value 항목에 입력한 값은 Address 범위에 해당하는 모든 디바이스에 동일한 값을 입력할 수 있다. Display Mode는 표시할 값의 형태이고 입력할 디바이스의 크기에 따라 Register 항목의 16Bit에서 64Bit까지 선택을 할 수 있다.

각 디바이스의 점수를 설정한다. 하나의 범위 내에서 최대 8,000점까지 설정할 수 있다.

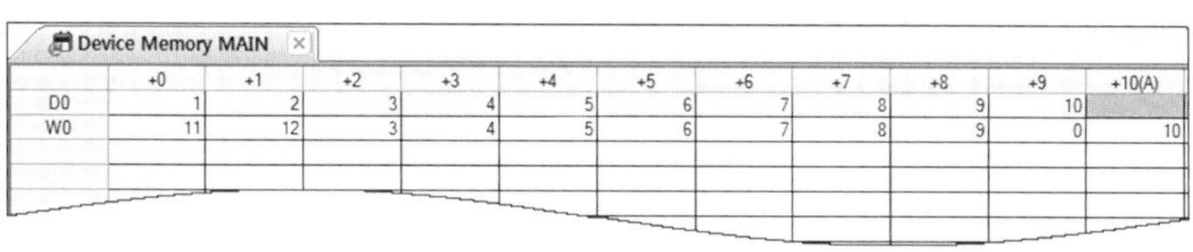
Device Memory MAIN

	+0	+1	+2	+3	+4	+5	+6	+7	+8	+9	+10(A)
D0	1	2	3	4	5	6	7	8	9	10	
W0	11	12	3	4	5	6	7	8	9	0	10

D0부터 빈 cell을 클릭하면서 설정할 값을 입력한다. 그림에서와 같이 D0부터 D9까지 10개의 디바이스와 W0부터 WF까지 16개의 데이터에 미리 값을 설성해 누도록 한다.

설정한 값이 디바이스 메모리 D0에서 D9까지 데이터가 저장되었는지 확인해 보자.

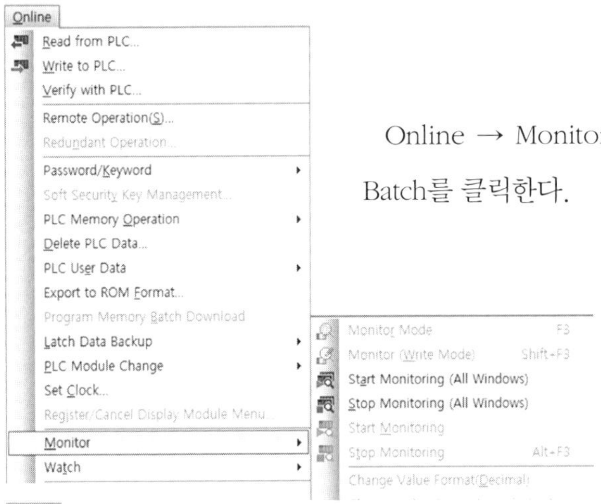

Online → Monitor →Device / Buffuer Memory Batch를 클릭한다.

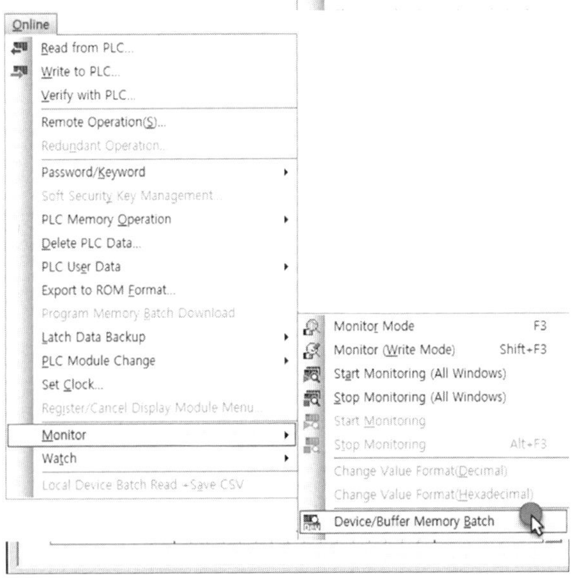

모니터할 D0을 Device Name에 입력하고 엔터키를 입력하면 D0부터 D9까지 미리 입력해 놓은 데이터를 확인할 수 있다.

디바이스 메모리에 저장해 놓은 값을 디바이스 초깃값으로 사용하는 설정은 다음과 같다.

Navigation창에서 "Device Initial Value"를 마우스 우클릭한다. "Add New Data"를 클릭한다.

Data Type은 Program으로 Data Name은 관리할 프로그램의 이름이므로 "Manual" 그리고 Program Language는 Ladder로 선택한다.

설정이 완료되었으면 하단의 OK 버튼을 클릭하고 설정을 저장한다. 관리할 프로그램은 보통 자동, 수동, 알람, 데이터 관리 등으로 지정하고 인텔리전트 모듈을 사용할 경우, 인텔리전트 모듈 명을 프로그램 이름으로 사용하면 무리가 없다.

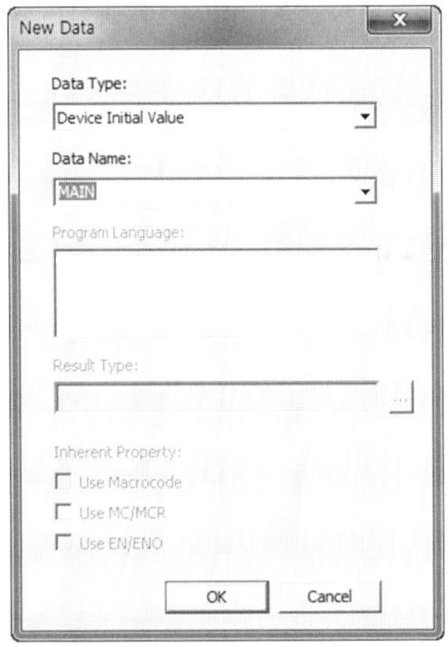

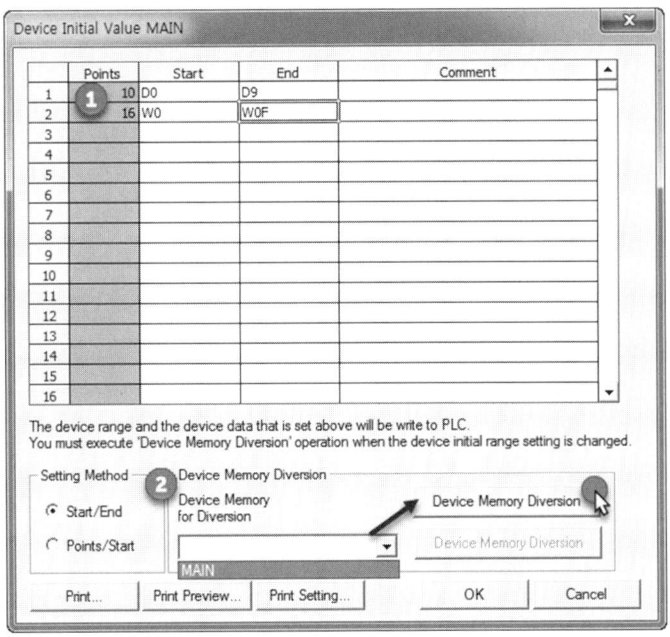

① Start와 End 항목에 초깃값을 설정할 디바이스의 항목과 번호를 입력한다.

② Device Memory Diversion 항목의 Device Memory for Diversion에서 MAIN을 선택하면(유용할 소스의 데이터명을 선택하고) 우측의 Device Memory Diversion 버튼이 활성화된다. 이 버튼을 누르면 이전의 Device Memory에 설정한 데이터를 가져올 수 있게 된다.

PLC 파라미터의 PLC 파일 설정에서 사용하는 디바이스 초깃값 데이터가 저장되어 있는 파일명을 설정한다.

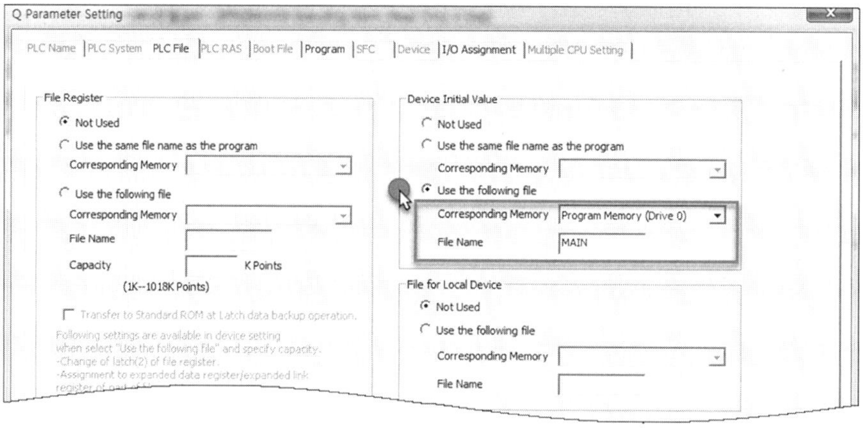

PLC File Tab에서 Device Initial Value 항목의 Use the following file 〉 Corresponding Memory는 Program Memory (Drive 0) File Name은 Device Memory와 Device Initial Value의 명칭과 동일하게 설정하도록 한다.

2.2.3 디바이스의 모니터링

프로그램을 작성하고 프로그램이 정상적으로 동작하는지 확인하는 것을 '모니터링'이라고 한다. 프로그램 전체를 PC 모니터에 표시할 수 없으므로 보통의 경우 관찰할 대상이 디바이스로 국한이 된다. 디바이스의 ON/OFF 상태나 워드 디바이스인 경우에는 저장되어 있는 값이 얼마인지 확인하는 작업이다. 다음은 디바이스를 모니터링하는 방법을 2가지로 나누어 설명한 것이다.

첫 번째 방법은 Online → Monitor → Device / Buffer Memory Batch를 실행하는 것이다. 기능의 이름에서 알 수 있듯이 디바이스와 버퍼 메모리의 값을 모니터할 수 있는 방법이다.

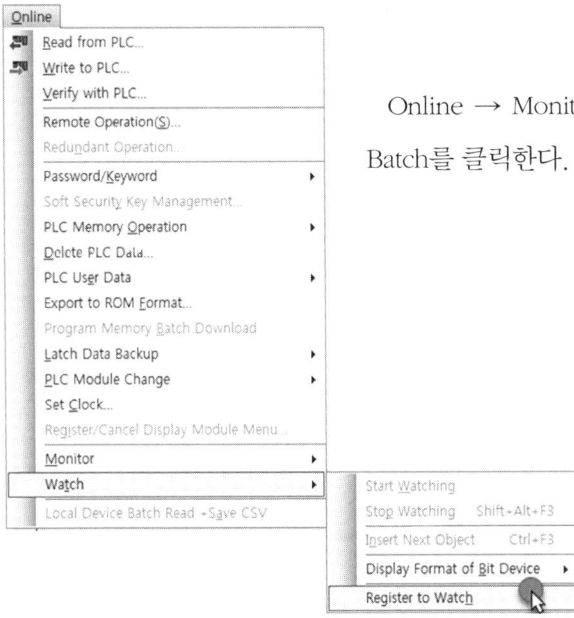

Online → Monitor →Device / Buffuer Memory Batch를 클릭한다.

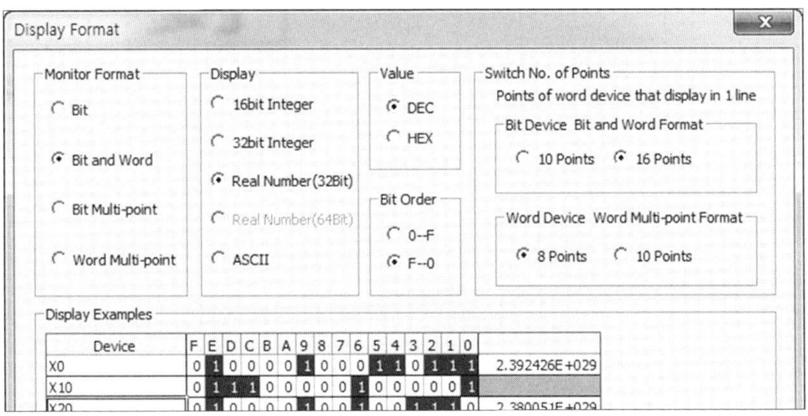

① Device : 모니터할 디바이스를 입력한다. 비트 · 워드 모두 입력할 수 있다.

② Display Format : 모니터링의 결과를 보여주는 형식에 대한 설정이다. 워드 또는 비트 단위로 표시되는 숫자는 10진수 또는 16진수 그리고 표시하는 데이터의 크기가 1워드 또는 2워드인지 정수값인지 실수값인지 등에 대한 선택이 가능하다.

③ ②와 동일한 기능을 모아 놓은 것이 Details… 버튼이다.

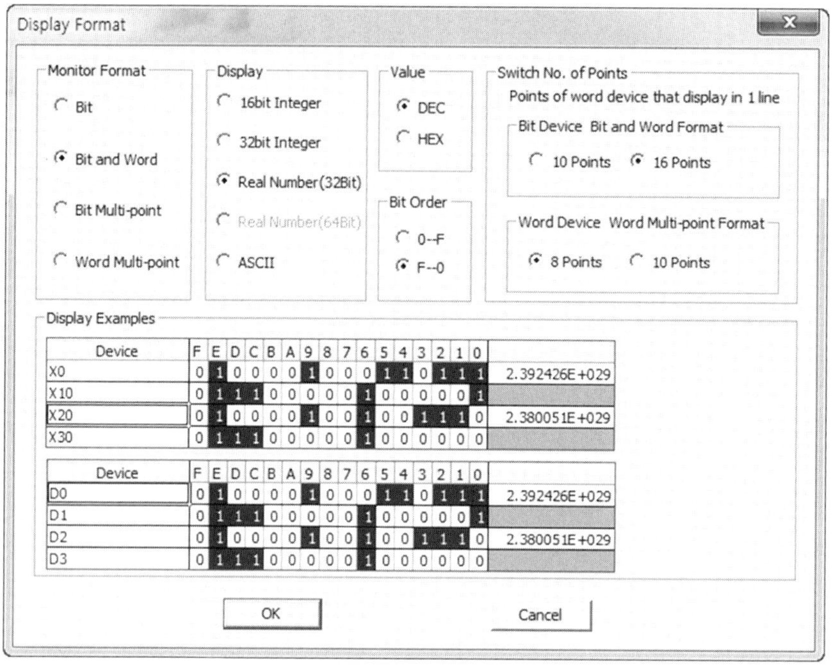

Monitor Format에서는 비트와 워드을 선택할 수 있고 Display 항목에서는 모니터할 숫자에 대한 표시 방법을 설정하고 Value에서 10진수와 16진수로 표시되는 숫자의 형태와 Bit Order는 비트 신호는 대개 16비트, 즉 1워드 단위로 표시를 하는데 표시하는 비트의 순서가 오름차순인지 내림차순인지에 대한 설정이 가능하다.

아래는 Display Example이므로 비트와 워드 디바이스의 표시형태를 위에서 설정한 방법으로 먼저 확인할 수 있다. 모니터하려는 대상이 아니라 표시의 예이다.

위와 같은 방법은 연속된 디바이스의 값을 모니터하기에는 좋은 방법이다. 하지만 실제적으로 프로그램에서 작성하는 디바이스는 연속되지 않은 순서로 사용하는 것이 대부분의 경우이므로 이러한 경우에는 불편하다.

두 번째 방법은 Online → Monitor → Device / Buffer Memory Batch를 실행하는 것이다.

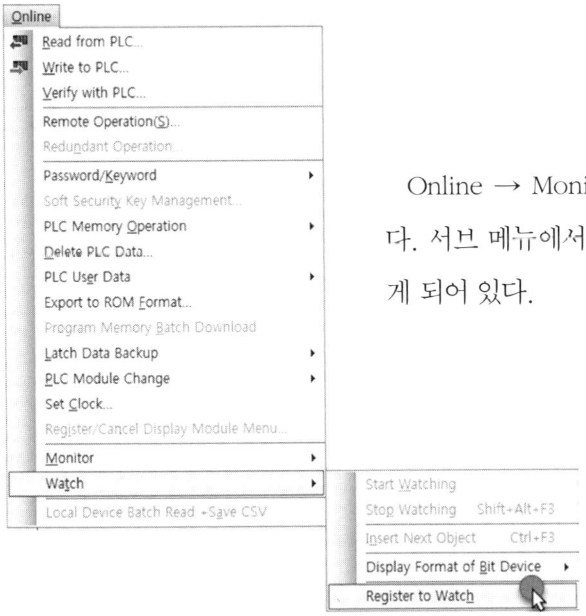

Online → Monitor → Watch 항목을 선택한다. 서브 메뉴에서 모니터할 디바이스를 등록하게 되어 있다.

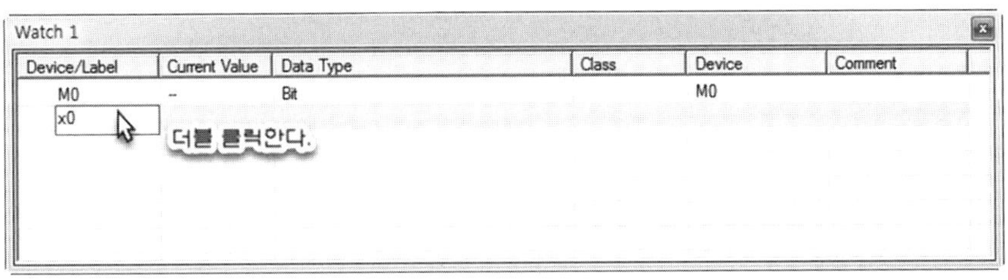

표시된 Watch 창에 Device/Lable 항목의 빈칸을 마우스로 더블 클릭하면 입력 가능한 상태가 된다. 모니터할 디바이스를 키보드로 입력한다. 디바이스 종류는 비트·워드 모두 가능하다.

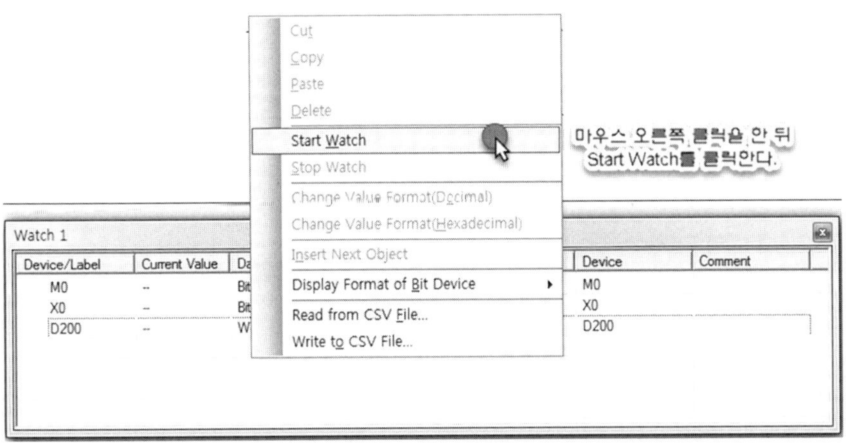

모니터할 디바이스를 모두 입력하였으면 마우스 오른쪽 버튼을 클릭하여 표시되는 메뉴에서 'Start Watch'를 선택하여 모니터링을 시작한다.

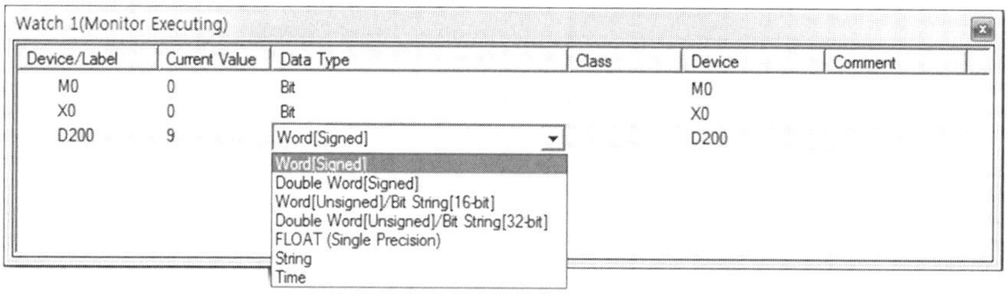

워드 디바이스의 경우 'Data Type' 항목을 마우스로 클릭하면 1워드 또는 2워드 값에 대한 선택을 할 수 있으며 표시되는 숫자가 정수 · 실수(Float) · 문자열(String) · 시간(Time) 그리고 부호가 포함이 되는지 등의 옵션을 추가할 수 있다.

디바이스를 등록하는 방법이 하나 더 있다. 프로그램의 범위를 지정하고 여기에 포함된 디바이스를 등록하는 것이다.

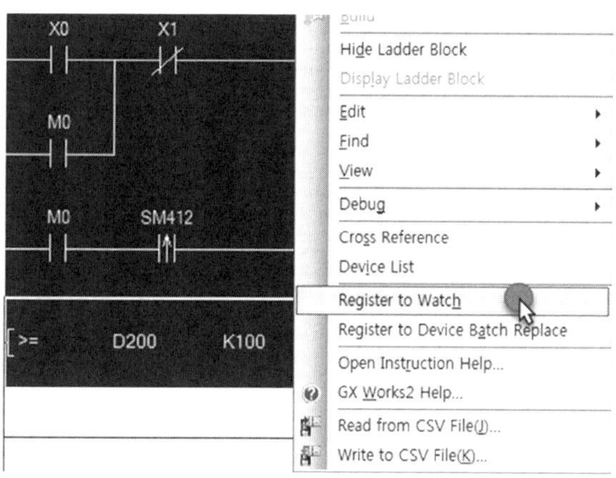

모니터하고 싶은 디바이스를 포함하고 있는 프로그램을 마우스로 드래그 하여 범위를 지정한 뒤 이 상태에서 마우스 오른쪽 버튼을 클릭하여 표시되는 메뉴에서 'Register to Watch' 항목을 클릭한다.

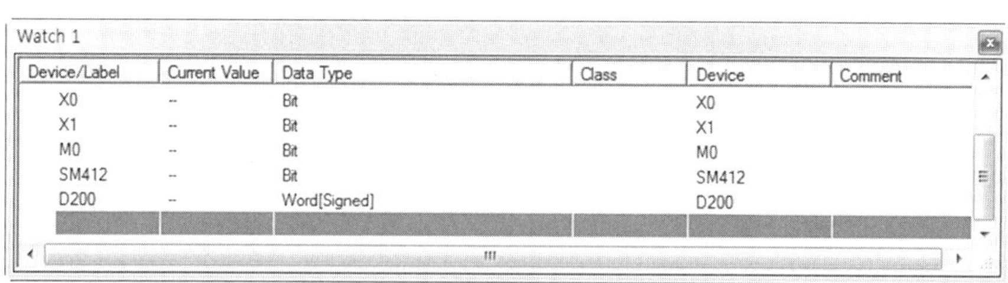

모니터할 디바이스가 모두 등록된 것을 확인할 수 있다.

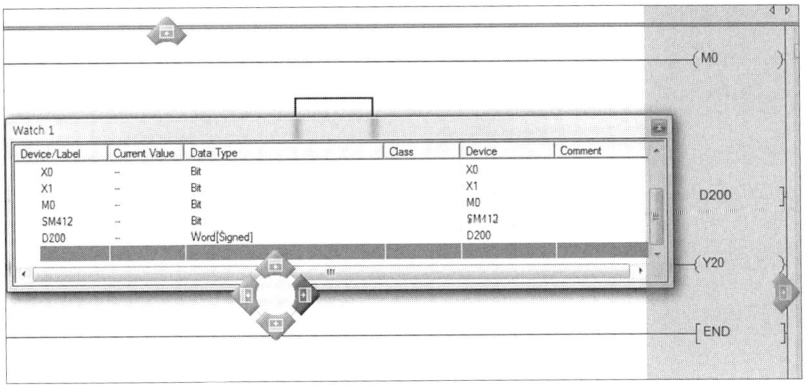

Watch 기능은 모니터하는 디바이스를 개별로 등록하여 사용하는 기능이므로 비트 또는 워드 다바이스를 순서에 상관없이 등록해서 모니터링을 할 수 있다는 장점이 있다. 그리고 요즘 사용하는 컴퓨터 모니터가 와이드 타입이므로 화면의 오른쪽이나 왼쪽에 고정시켜 놓고 항상 필요한 디바이스의 모니터링을 할 수 있다.

Watch 창의 상단 제목줄을 마우스로 클릭하면 상하좌우로 고정시킬수 있는 버튼이 표시된다. 이때 고정시킬 위치의 버튼을 마우스로 클릭하면 화면에 정해진 위치에 Watch 창을 위치시킬 수 있다.

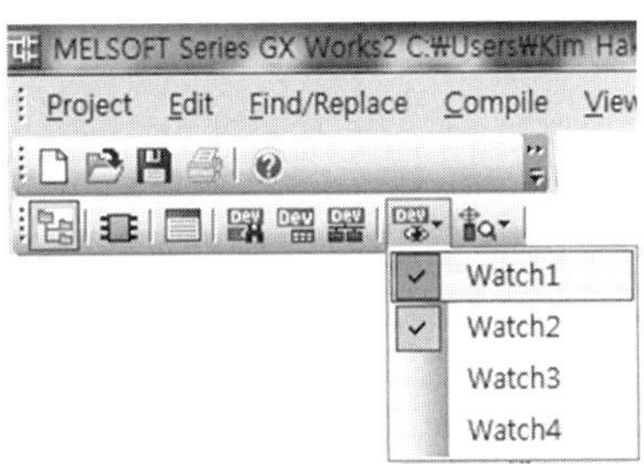

Watch 창을 사용할 수 있는 수량은 총 4개이다. Icon에서 'Dev'라고 표시된 것이 Watch 기능을 등록하는 아이콘이다. 삼각형 기호를 클릭하면 서브 메뉴가 표시되고 새로운 Watch 창을 클릭하면 된다.

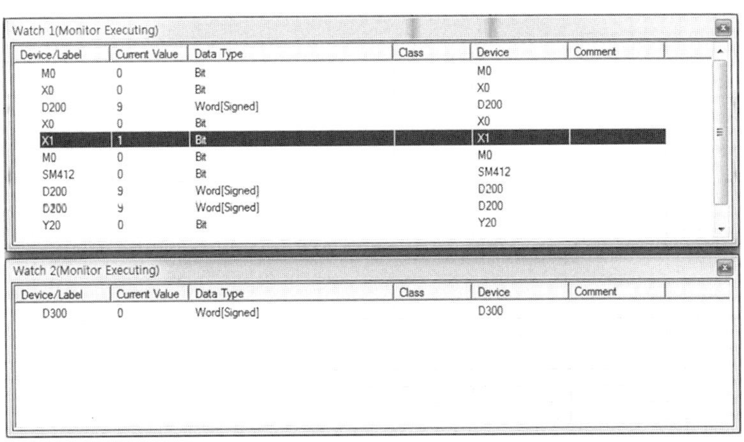

2.2.4 2중 코일 출력 에러

프로그램을 작성하다 보면 코일 출력을 중복해서 사용하는 경우가 간혹 발생이 된다. 정상적으로 출력이 ON 되어야 할 시점에 출력 앞단의 조건은 모두 ON 상태이나 최종적인 코일이 OFF 상태로 되어 많이 어리둥절할 때가 있다.

이러한 경우 동일한 코일은 프로그램의 마지막에 사용한 것만이 정상적인 동작을 하게 된다. 이것을 '2중 코일 출력 에러'라고 한다.

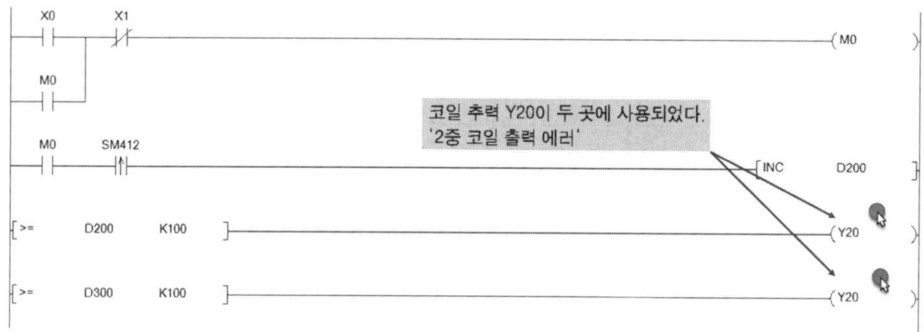

그림과 같이 마지막 줄을 보면 Y20에 해당하는 코일 출력이 바로 앞 줄에도 사용되었음을 알 수 있다. 프로그램의 양이 작은 경우는 쉽게 찾을 수 있으나 프로그램이 방대한 경우는 다음과 같은 방법으로 중복해서 사용한 코일 출력을 찾아내야 한다.

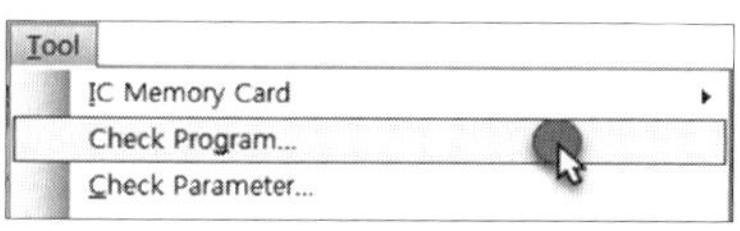

Tool → Check Program을 실행한다.

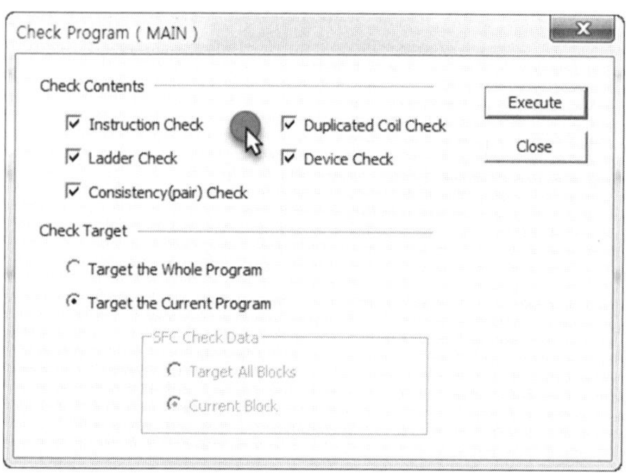

Check Contents 항목에서 표시한 것과 같이 2중 코일 출력 에러 'Duplicated Coil Check' 항목에 체크 표시를 하고 'Execute' 버튼을 클릭하면 프로그램상에 중복되어 사용한 코일을 찾아 준다. Check Target 항목에서는 검

사할 대상 프로그램을 선택할 수 있다. Target the Whole Program을 선택하면 모든 프로그램이 대상이 된다.

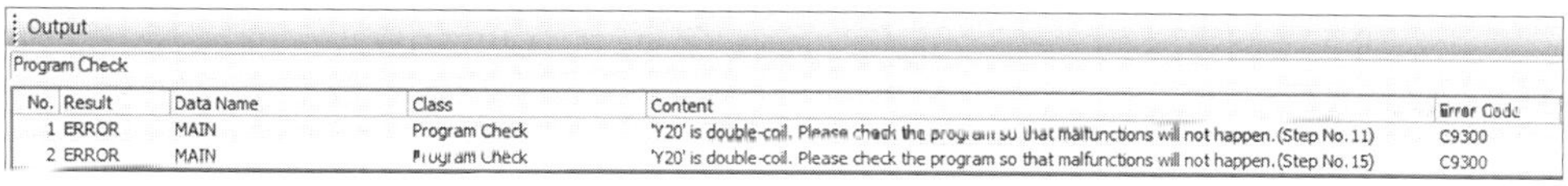

검사한 결과를 표시해 주는 창이 하단부에 나타난다.

Error 항목이 2개가 표시되는 데 Content 항목에 표시된 내용을 읽어 보면 'Y20은 더블 코일'이라고 표시되어 있다. 또한 에러 코드도 표시되어 있는 것을 확인할 수 있다. 해당 에러의 내용을 더블 클릭하면 프로그램 상의 에러 발생 위치로 커서가 옮겨진다.

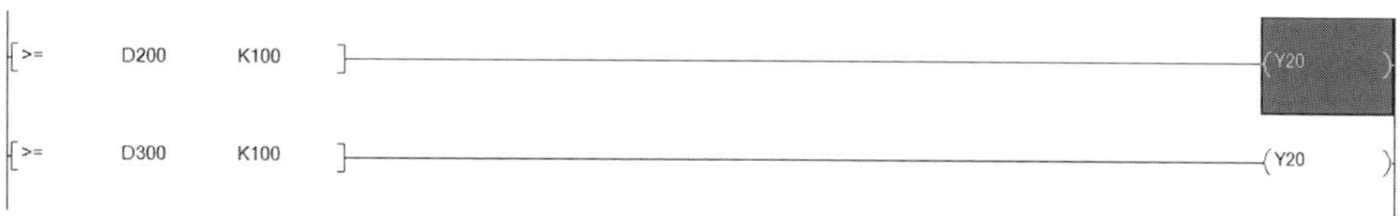

그림과 같이 빨간색 커서가 해당 코일에 위치하게 된다. 동일한 방법으로 두 번째 에러 명을 마우스로 클릭하면 역시 두 번째 2중 코일이 발생된 위치로 커서가 옮겨질 것이므로 두 개의 코일 관계를 파악한 뒤 프로그램을 수정하면 된다.

프로그램을 수정하고 다시 한번 Tool → Check Program을 실행하면 에러 발생항목이 없어졌음을 확인할 수 있다.

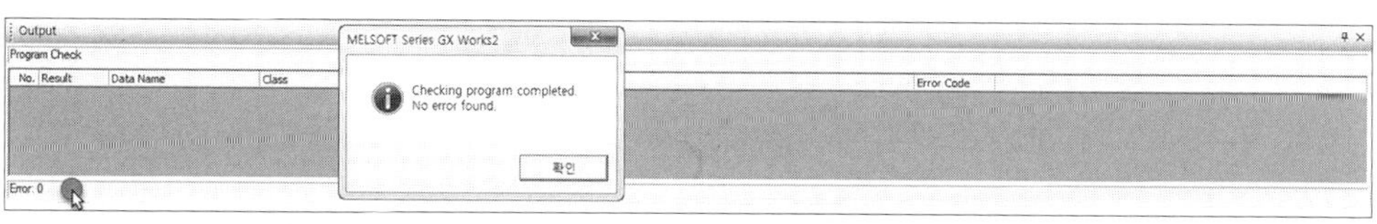

하단의 Output 창에 표시된 Error:0는 발생된 에러의 수를 의미한다. 또한 에러 검사 결과 발생된 에러가 없다는 검사결과 창도 표시된다.

2.2.5 디바이스 리스트

프로그램상에 사용한 디바이스를 표시해 주는 기능이다. 프로그램을 작성하다 보면 사용한 디바이스와 사용하지 않은 디바이스 번호를 찾기 위해 고민할 때가 생기는데, 이 때 사용하면 좋은 기능이다.

이 기능을 사용하면 2중 코일 출력 에러의 발생을 줄일 수 있으며 중복된 디바이스를 사용하여 프로그램의 오동작을 미리 방지할 수 있는 장점이 있다.

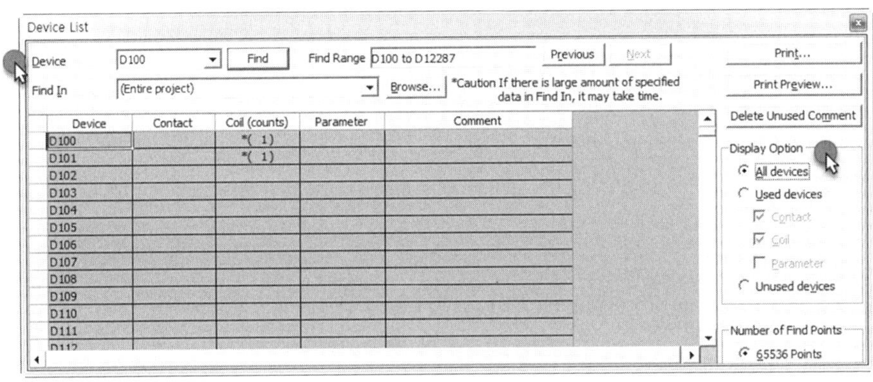

디바이스 리스트를 실행한 뒤 표시되는 창(윈도우)이다. 좌측 상단에 참조하고 싶은 디바이스 명을 입력한 뒤 'Find' 버튼을 클릭하면 프로그램 상에 사용된 항목을 표시해 준다. 표시하는 내용은 이 디바이스가 접점(Contact) 또는 코일(Coil)로 사용되었는지 표시(*)를 해준다. 또한 사용한 수량도 함께 표시되는 것을 알 수 있다.

Find In에서 찾아 줄 프로그램의 대상을 선택할 수 있다. 디폴트로 'Entire Project'가 선택되어져 있다. 이 선택은 항상 설정되어 있는 상태로 사용하는 것이 좋을 것 같다.

오른쪽 항목에 'Display Option'은 모든 디바이스 대상인지 또는 사용한 디바이스 또는 사용하지 않은 디바이스인지 설정할 수 있다. 이 옵션도 잘 사용하면 프로그램 작성하기 편리한 기능이 된다.

2.2.6 리플레이스 디바이스 (Replace Device)

사용된 디바이스 번호를 일괄적으로 변경하고 싶은 경우 변경전 디바이스와 변경후 디바이스 번호를 지정하면 쉽게 디바이스 번호를 변경할 수 있다.

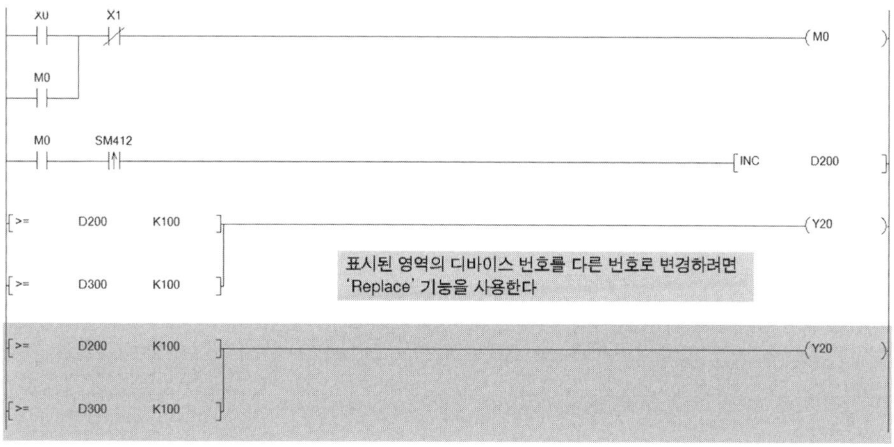

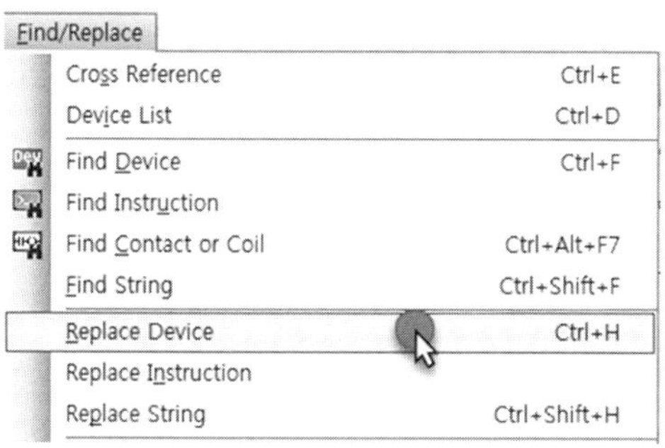

Find / Replace → Replace Device를 선택하여 실행한다.

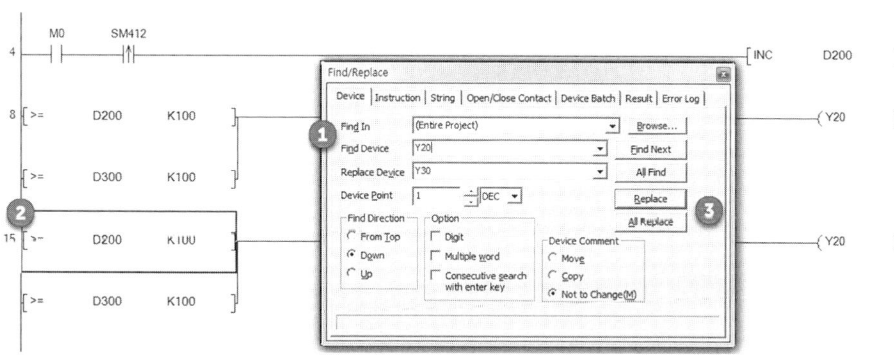

위의 그림의 예와 같이 15번 Step 이후의 프로그램은 8번 Step에서 14번 Step의 프로그램과 동일하다. 구조는 같지만 디바이스 번호만 달리 변경하려면 일일이 디바이스를

더블 클릭하여 변경해 왔지만 Replace Device 기능을 사용하면 간단하고 쉽게 오류 없이 변경할 수 있다.

① Find In은 전체 프로그램을 대상으로 하고 Find Device 항목은 변경 대상의 디바이스 명을 입력한 뒤 Replace Device 항목에 변경 후 디바이스 명을 입력한다. Device Point는 수량에 관련된 입력항목이다. 예를 들어 Y20부터 10개, 즉 Y20에서 Y29까지가 대상이라면 10을 입력하면 된다.

② 프로그램상의 커서가 위치한 부분부터 변경하는 것이 옵션으로 되어 있다. Find Direction 항목에서 Down을 선택하면 커서가 위치한 이후부터 변경하라는 의미이다. From Top은 프로그램 시작 Step부터가 대상이 된다. Up은 Down과 반대 개념으로 커서위치부터 위로 있는 프로그램이 대상이다.

③ 'Replace' 버튼을 클릭하면 한 개씩 변경할 것인지 물어 보는 창이 표시가 되고 또는 'All Replace' 버튼을 클릭하면 일괄적으로 한 번에 모두 변경이 된다.

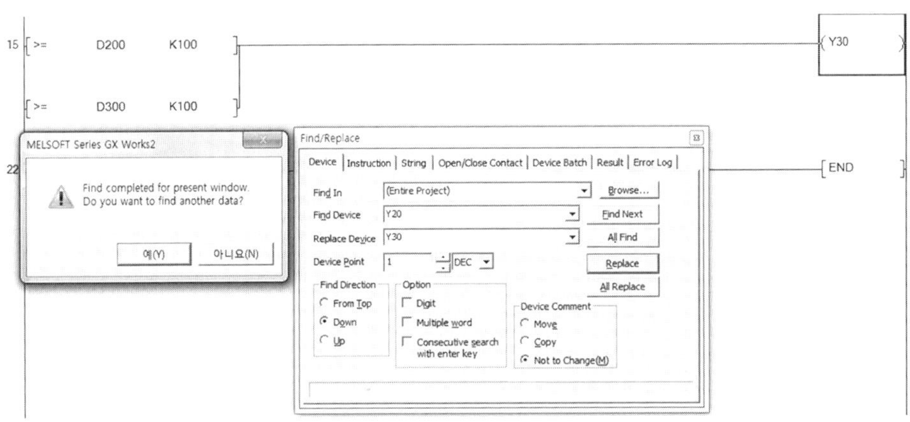

'Replace' 버튼을 누르면 해당 디바이스가 변경되고 완료되었다는 메시지 박스가 표시된다. 이 기능은 디바이스 변경 기능만 제공하는 것이 아니고 Instruction(명령어), String(문자열), a접점, b접점의 변경(Open/Close Contact), Device Batch 등의 여러 가지 기능이 있다.

Device Batch 기능에 대해서 간단하게 설명하면 다음과 같다.

그림과 같이 여러 개의 디바이스를 한번에 변경하고 싶은 경우에 사용하면 편리한 기능이다. 변경하고 싶은 디바이스와 변경 후 디바이스를 각각 순서대로 지정하고 하단의 'Execute' 버튼을 클릭하면 모두 변경된다.

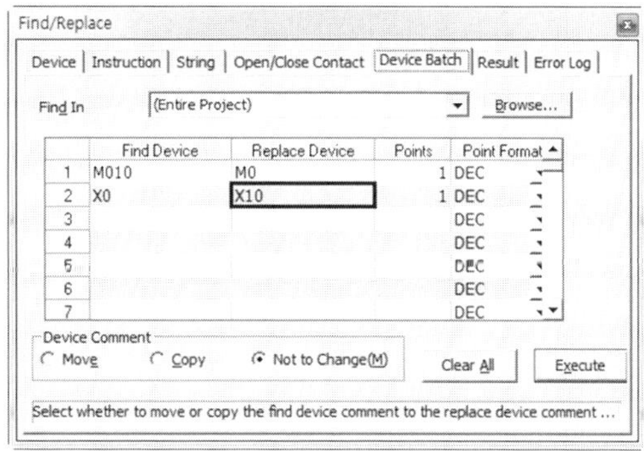

2.2.7 Find 기능 (Find Device)

Find 기능에 대해 알아보면 다음과 같다. 프로그램을 작성하였는데 스텝 수가 많아져서 작성한 프로그램 내의 접점이나 워드 디바이스 등을 사용한 부분을 찾을 때 사용하면 편리한 기능이다.

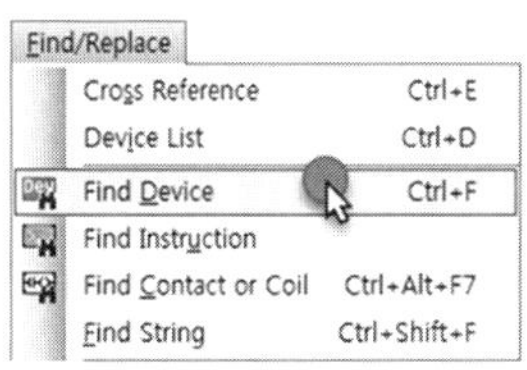

Find/Replace 창에서 Find Device 항목에 찾고 싶은 대상을 입력한다. 비트 · 워드 디바이스 모두 가능하다. 이후 Find Next 버튼을 누르면 하단의 Find Direction에 설정한 옵션대로 시작 위치에서 찾아 주기 시작한다.

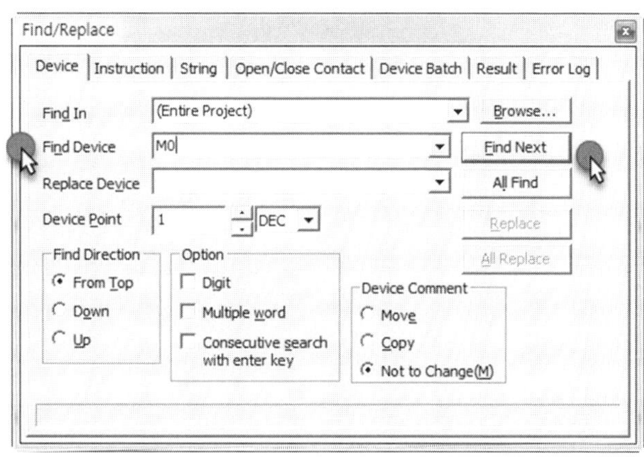

Find All 버튼을 클릭하면 대상 프로그램상에서 사용한 모든 디바이스를 찾아 준다. 해당 위치로 이동할 때에는 표시된 부분을 마우스 더블 클릭하면 커서가 이동된다.

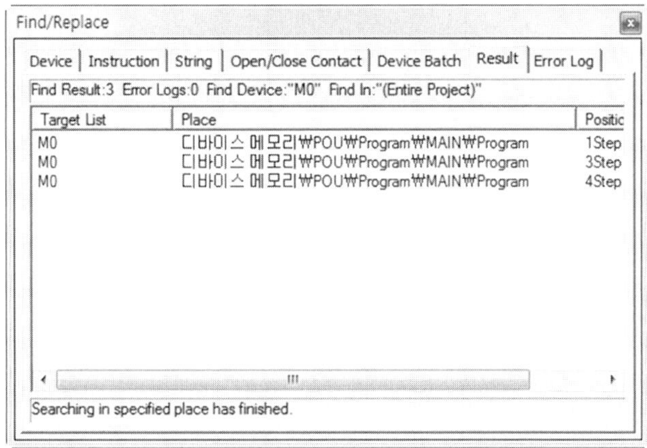

Find 기능에는  Find String(문자열 찾기), Find Instruction(명령어 찾기), Find Contact or Coil(접점이나 코일 출력 찾기) 등을 실행할 수 있다.

이와 유사한 기능이 Cross Reference가 있다. 사용법은 다음과 같다.

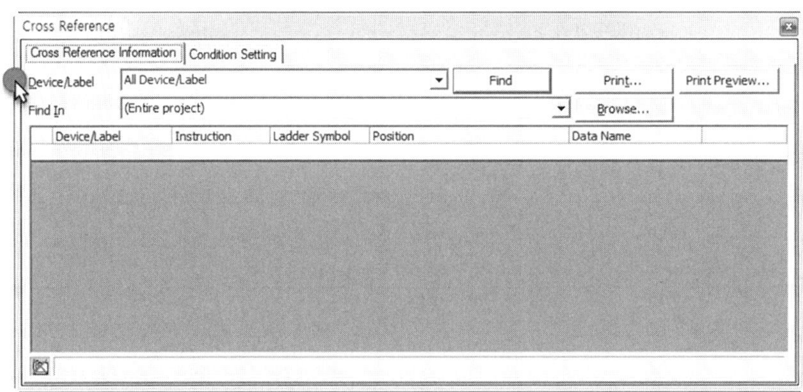

Device/Label 항목에 찾자고 하는 디바이스 명을 입력한다. 'Find' 버튼을 누르면 디바이스를 하단에 표시해 준다. 여기에서 'Condition Setting' Tab에서 좀 더 자세한 설정이 가능하다.

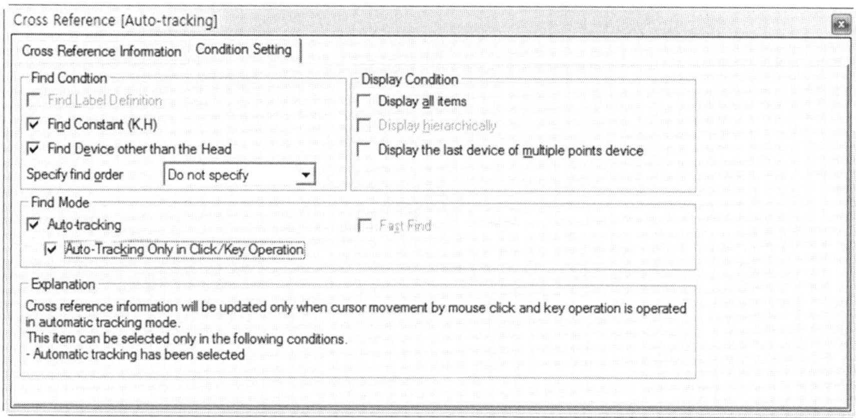

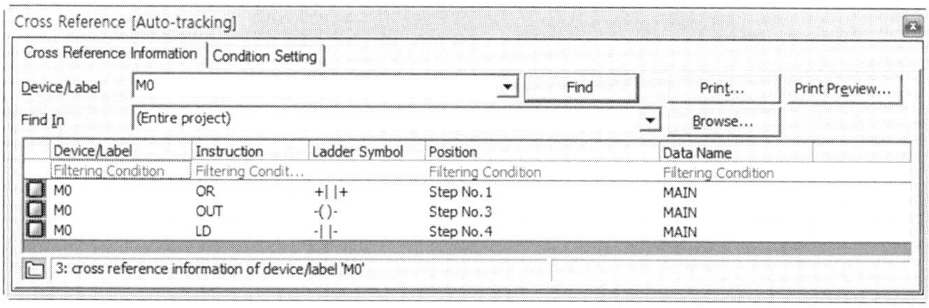

Device / Label 항목에 'M0'를 입력하고 'Find' 버튼을 누른 결과이다. Instruction / Position / Data Name 등으로 분류하여 결과를 보여준다.

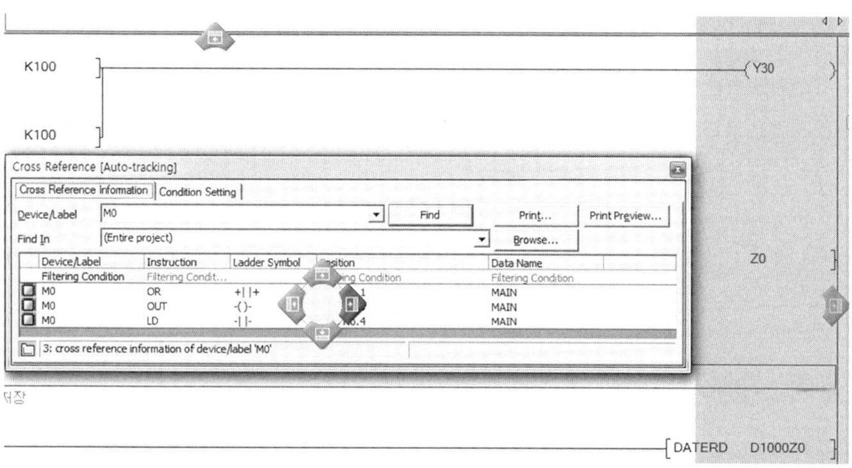

이 기능도 프로그램을 작성하고 시운전 하는 경우 많이 사용하므로 Cross Reference 창의 제목줄을 마우스로 클릭하여 컴퓨터 화면의 좌 또는 우측에 항상 사용할 수 있도록 고정해 놓도록 하면 좋을 것이다.

2.3 프로그램 실행 타입

2.3.1 초기 실행 타입("Initial")

CPU 모듈의 전원 OFF → ON 또는 STOP 상태에서 RUN 상태로 전환하였을 때 한 번만 실행되는 프로그램이다. 초기 실행 타입 프로그램은 인텔리전트 기능 모듈에 대한 초기화 처리와 마찬가지로 한 번 실행하면 다음 스캔부터 실행할 필요가 없는 프로그램에 사용할 수 있다.

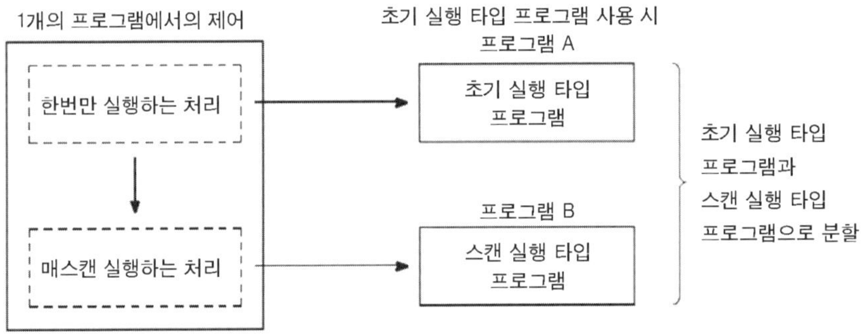

[그림 2-1] 한 번만 실행하는 처리를 초기 실행 타입 프로그램으로 분할한 경우

(1) 실행 순서

초기 실행 타입 프로그램의 실행이 모두 완료되면, END 처리 후 다음 스캔에서 스캔 실행 타입 프로그램을 실행한다.

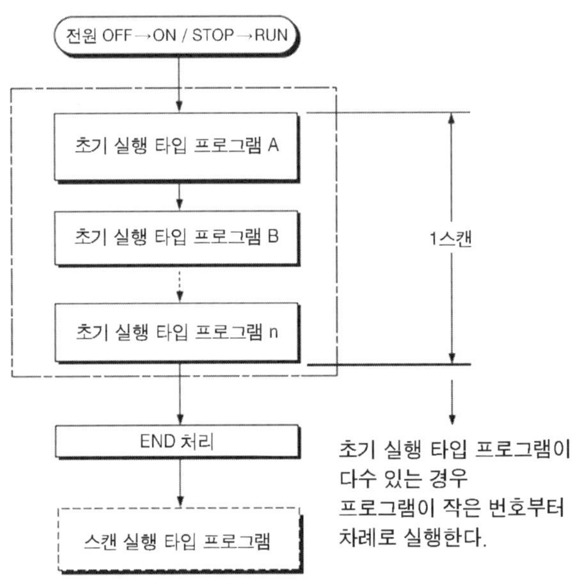

[그림 2-2] 초기 타입 프로그램의 실행 순서

(2) 초기 스캔 타임

초기 스캔 타임은 초기 실행 타입 프로그램의 실행 시간이다. 복수의 초기 실행 타입 프로그램을 실행하는 경

우, 모든 초기 실행 타입 프로그램의 실행이 완료될 때까지의 시간이다.

2.3.2 스캔 실행 타입("Scan")

초기 실행 타입 프로그램을 실행한 다음 스캔부터 매 스캔 한 번씩 실행되는 프로그램이다.

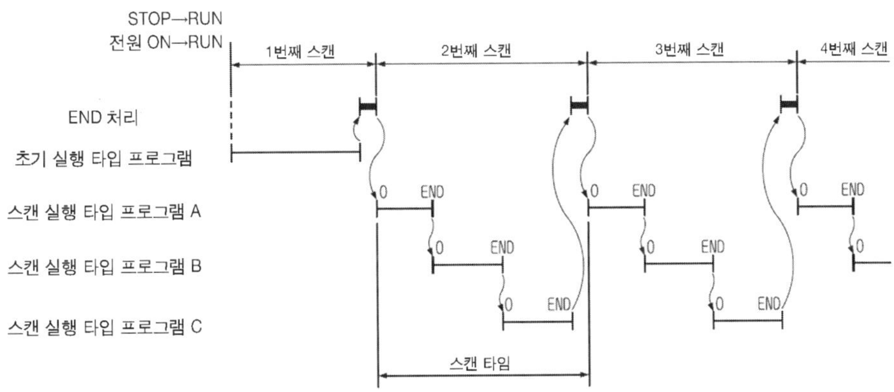

[그림 2-3] 실행타입 프로그램의 실행순서

(1) 스캔 실행 타입 프로그램의 처리

복수의 스캔 실행 타입 프로그램을 실행한 경우, 모든 스캔 실행 타입 프로그램의 실행이 완료될 때까지의 시간이 스캔 실행 타입 프로그램의 실행 시간이 된다. 인터럽트 · 고정 스캔 실행 타입 프로그램을 실행한 경우, 각 실행 시간이 더해진 값이 스캔 타임이 된다.

2.3.3 대기 타입("Wait")

실행 요구가 있을 때만 실행되는 프로그램이다. 또한, 시퀀스 프로그램의 명령에 의해 대기 타입을 다른 실행 타입으로 전환하여 사용할 수 있다.

(1) 대기 타입 프로그램의 용도

① 프로그램의 라이브러리화

서브 루틴 프로그램, 인터럽트 프로그램을 대기 타입 프로그램으로 하여 메인 루틴 프로그램과 별도로 관리하는 경우에 사용한다. 1개의 대기 타입 프로그램에는 서브 루틴 프로그램, 인터럽트 프로그램을 복수로 작성할 수 있다.

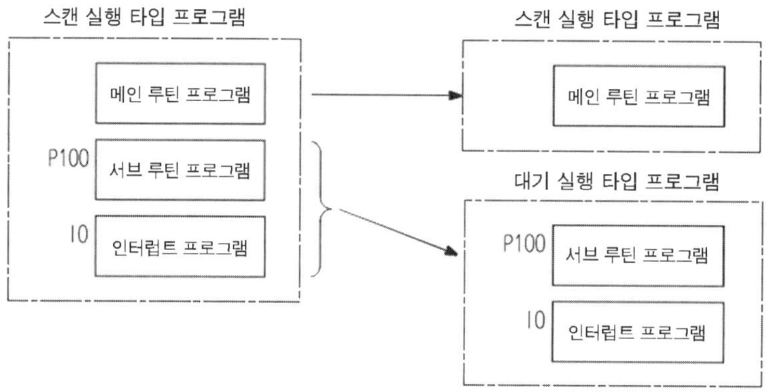

[그림 2-4] 대기타입 프로그램을 이용한 프로그램의 라이브러리화

② 프로그램의 설정 변경

모든 시스템에 대응하는 프로그램을 미리 작성해 두고, 필요한 프로그램만 실행하도록 하는 경우에 사용한다. 예를 들어, 미리 PLC 파라미터에서 대기 타입으로 설정한 프로그램은 시퀀스 프로그램에서 스캔 실행 타입 프로그램으로 변경하여 실행할 수 있다.

③ 대기 타입 프로그램의 실행 방법

대기 타입 프로그램은 아래의 방법으로 실행할 수 있다.

- 대기 타입 프로그램 내에 서브 루틴 프로그램, 인터럽트 프로그램을 작성하여 인터럽트 발생 시 또는 포인터 등으로 호출하여 실행하는 방법
- 프로그램의 실행 타입을 전환하는 명령을 사용하여 대기 타입 프로그램을 다른 실행 타입으로 전환하여 실행하는 방법

2.4 PLC CPU 에러의 종류와 조치 방법

프로그램을 작성하고 PLC CPU에 쓰기를 한 뒤 설비가 동작하지 않아 CPU LED의 상태를 확인해 보면 CPU Error가 되어 있는 경우가 종종 발생한다. 여기에서는 이러한 CPU Error기 발생되있을 경우 소치하는 방법에 대해 알아보기로 하자.

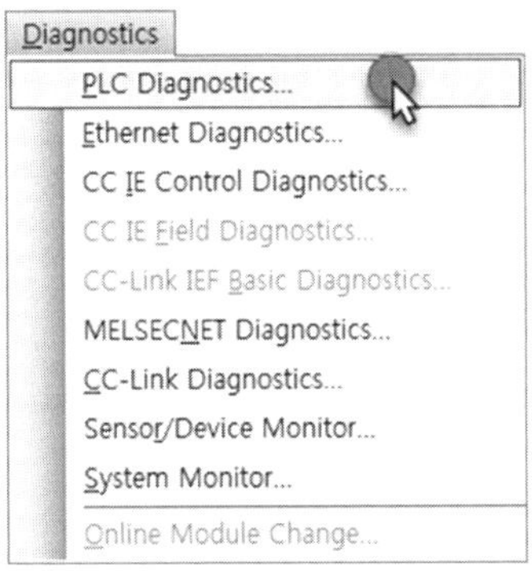

CPU 에러가 발생되면 Diagnostics → PLC Diagnostics… 항목을 클릭한다. PLC 진단 기능이다.

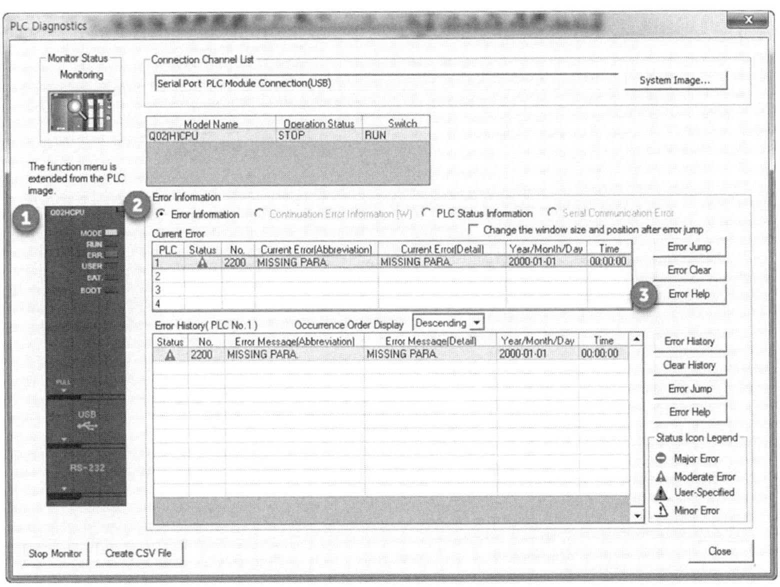

① CPU 상태를 확인해 보면 Err LED가 적색으로 표시되어 있다. 이는 CPU에 Error가 발생되어 있는 상태라는 의미이다.

② Error Information 항목의 Currunt Error를 보면 간략하게 에러의 명칭을 확인할 수 있다. 대부분 Missing Parameter 혹은 Can't Excute Program… 등의 메시지를 볼 수 있다.

③ Error Help 버튼을 클릭하면 발생된 에러의 내용을 확인할 수 있다. (영어로 설명을 하고 있기 때문에 내용파악을 정확히 하려면 인터넷(구글 등)의 번역 서비스를 활용해도 좋을 것 같다.

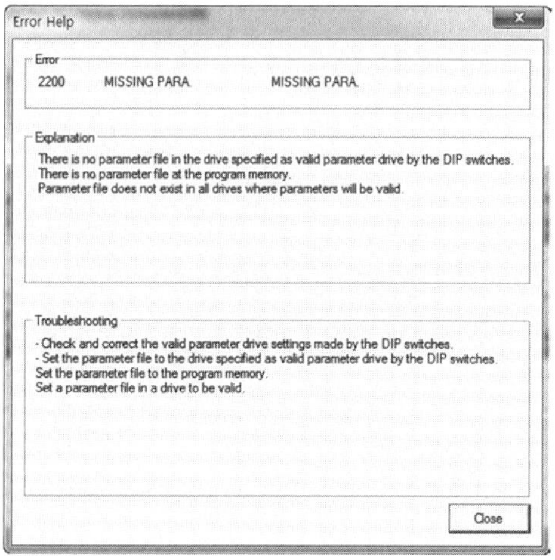

"Missing Parameter"에 해당하는 설명과 트러블슈팅 방법에 대한 내용이 표시된다.

발생된 에러를 조치하는 방법은 다음과 같다. 대부분 직면하는 에러의 내용은 컴퓨터에서 작성하는 프로그램을 PLC CPU에 쓰는 과정에서 CPU메모리에 제대로 쓰여지지 않는 경우에 발생하는 것 같다. 때문에 메모리에 쓰여진 내용을 모두 삭제하고 다시 쓰는 방법을 사용하면 대부분의 에러는 사라진다. 다음과 같이 조치하도록 해보자.

쓰기(PLC Write) 메뉴에 보면 하단에 Format PLC Memory 항목을 볼 수 있다. 컴퓨터의 하드디스크의 포맷은 하드디스크의 내용을 모두 지우는 작업이다. 여기에서는 PLC의 메모리를 모두 지우는 작업을 의미한다. 해당 아이콘을 더블 클릭하여 메모리 포맷을 실행한다.

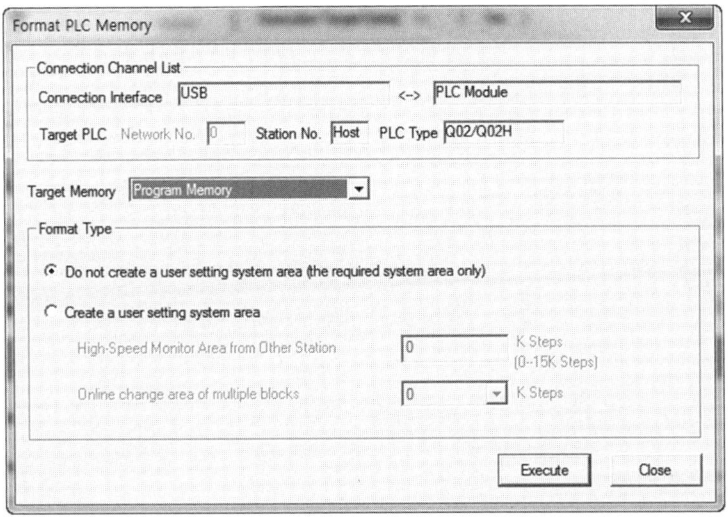

Target Memory는 Program Memory이며 다른 항목은 그대로 유지한 상태에서 실행(Execute) 버튼을 클릭한다.

포맷을 실행한 후 작성한 프로그램을 쓰기(Write)한다. “Parmeter + Program” 버튼을 클릭하여 쓰기할 대상을 선택한 뒤 하단의 실행(Execute) 버튼을 클릭한다. 쓰기 동작이 완료되면 PLC CPU의 Dip 스위치를 조작하여 리셋을 실행한다.

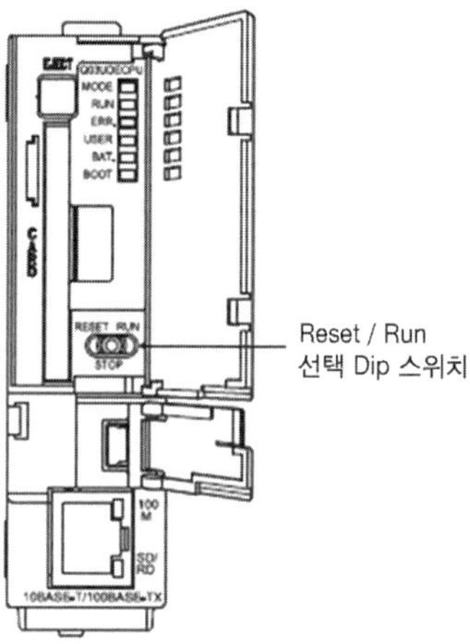

CPU 커버를 열면 그림과 같이 Reset/ Run 모드를 선택할 수 있는 Dip 스위치가 있다.

① Dip 스위치를 왼쪽(Reset) 위치로 계속 밀고 있으면 CPU의 모든 LED가 깜박이다 꺼지게 된다. 이때가 CPU의 리셋이 실행된 시점이다.

② 리셋이 완료되면 다시 Dip 스위치를 RUN 모드 쪽으로 위치하도록 한다.

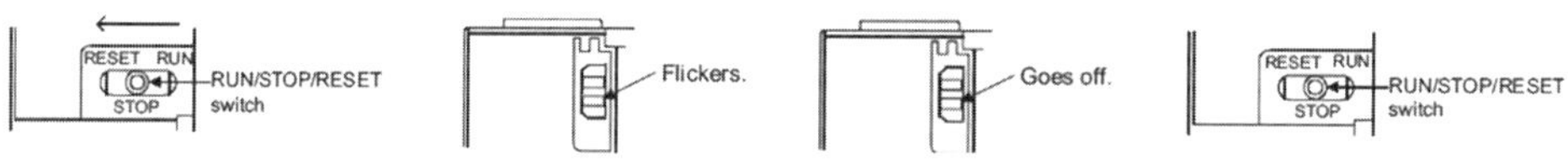

① Reset / Run 선택 Dip 스위치를 왼쪽으로 당긴다. (이 상태를 유지하면)

② CPU의 모든 LED가 깜빡거린다.

③ CPU의 모든 LED가 꺼지면 리셋이 완료된 것이다.

④ Reset / Run 선택 Dip 스위치를 오른쪽 RUN 위치로 옮겨놓는다.

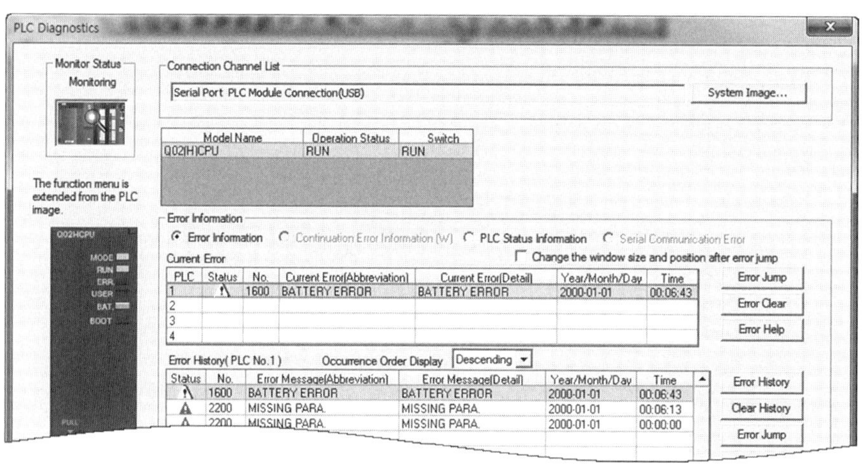

리셋이 완료된 후의 PLC 진단기능을 다시 열어보면 PLC의 Error는 해제된 상태임을 알 수 있다. 하단의 Error History 영역을 확인해 보면 Missing Parameter에 관련된 에러

가 발생되었음을 알 수 있다. (그림상의 Current Error 항목의 Battery Error는 CPU에 장착되어 있는 리튬이온 배터리의 전압이 기준치보다 저하되었다는 것으로 독자분들은 관심 두지 않아도 된다.)

자세한 에러의 내용을 살펴보기 위해서 QCPU 관련 Manual[QCPU User's Manual (Hardware Design, Maintenance and Inspection) : 필자가 본 매뉴얼]을 찾아보는 것도 좋은 공부가 될 것 같아 다음과 같이 간략히 소개하고자 한다.

Error Code (SD0)	Error Contents and Cause	Corrective Action	LED Status CPU Status	Corresponding CPU
2200	[MISSING PARA.] There is no parameter file in the drive specified as valid parameter drive by the DIP switches. ■Collateral information • Common Information:Drive Name • Individual Information:– ■Diagnostic Timing • At power ON/At reset/ STOP → RUN	• Check and correct the valid parameter drive settings made by the DIP switches. • Set the parameter file to the drive specified as valid parameter drive by the DIP switches.	RUN: Off ERR.: Flicker	Qn(H) QnPH QnPRH
	[MISSING PARA.] There is no parameter file at the program memory. ■Collateral information • Common Information:Drive Name • Individual Information:– ■Diagnostic Timing • At power ON/At reset/ STOP → RUN	Set the parameter file to the program memory.		Q00J/Q00/Q01
	[MISSING PARA.] Parameter file does not exist in all drives where parameters will be valid. ■Collateral information • Common Information:Drive Name • Individual Information:– ■Diagnostic Timing • At power ON/At reset/ STOP → RUN	Set a parameter file in a drive to be valid.		QuU
	[BOOT ERROR] The contents of the boot file are incorrect.			Q00J/Q00/Q01*3 Qn(H)

살펴본 Error의 번호를 보면 2200이다. 이에 해당하는 내용은 트러블 슈팅(Chapter.12 Trouble Shooting)에 설명되어 있다. 에러 내용과 원인 그리고 조치 방법에 대한 설명이 나와 있다. CPU 종류별로 에러 내용이 조금씩 차이가 있으니 보유하고 있는 CPU의 시리즈명을 확인한다.

또 다른 에러의 내용을 소개하면 다음과 같은 내용이다. 실장되어 있는 PLC 모듈의 선두번지를 잘못 지정하는 오류에서 발생되는 에러이다. 실제 CPU가 인식하고 있는 모듈(내부분 인텔리전트 모듈)의 전용 명령어를 실행하는 과정에서 발생한다.

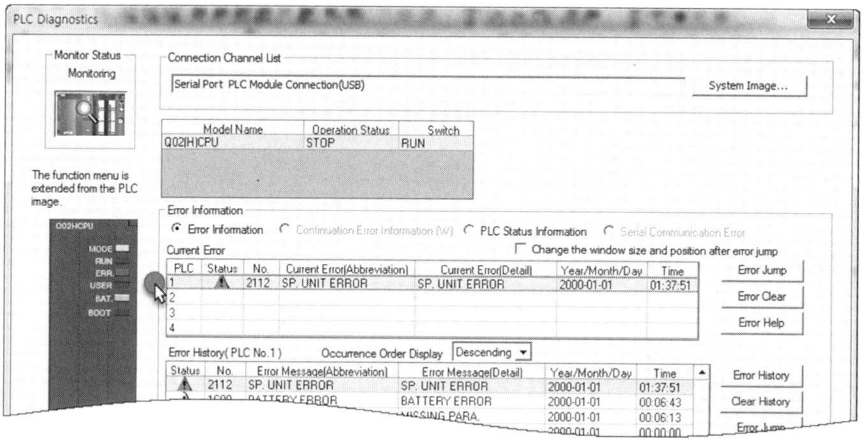

실장되어 있는 선두번지와 다르게 인텔리전트 모듈의 실행에 필요한 전용 명령어를 사용하는 경우 선두번지를 잘못 지정하여 CPU에서 발생되는 에러이다. 에러의 명칭은 'SP.UNIT ERROR'이다. 에러코드는 2112이다. 해당 에러의 내용을 앞에 언급한 CPU 매뉴얼에서 찾아보면 다음과 같다.

Error Code (SD0)	Error Contents and Cause	Corrective Action	LED Status CPU Status	Corresponding CPU
2112	[SP. UNIT ERROR] • The module other than intelligent function module/special function module is specified by the intelligent function module/special function module dedicated instruction. Or, it is not the corresponding intelligent function module/special function module. • There is no network No. specified by the network dedicated instruction. Or the relay target network does not exit. ■Collateral information • Common Information:Module No. (Slot No.) • Individual Information:Program error location ■Diagnostic Timing • When instruction executed/STOP → RUN	Read the individual information of the error using a peripheral device, and check the special function module /special function module dedicated instruction (network instruction) that corresponds to the value (program error part) to make modification.	Stop/ Continue[*1]	QCPU

에러 코드 2112의 발생원인은 인텔리전트 모듈에서 실행하는 전용 명령이 실장되어 있는 인텔리전트 모듈과 다르다는 내용이다. 즉 선두번지가 잘못되어 있는 인텔리전트 모듈에서 전용 명령을 실행하려는 원인에 의해 발생된 에러라는 것이다. 조치 방법은 에러 내용을 확인하고(GX Works2의 진단 기능을 활용하여) 전용 명령의 관련 설정값을 수정하라는 것이다.

위와 같이 전용 명령을 사용할 경우 사용하는 인텔리전트 모듈의 선두번지를 반드시 확인하여야 한다. 대부분 프로그램의 실행시 경험하게 되는 'SP.UNIT ERROR'라는 에러는 선두번지의 잘못된 설정에 있다고 할 수 있다. 이러한 경우 프로그램 상의 잘못된 내용(선두번지)을 수정하고 PLC에 쓰기를 한 다음 하드웨어 리셋을 하면 대부분의 경우 에러는 해제된다.

또 하나 '컨트롤 데이터'의 설정에 오류가 있을 때도 에러가 발생될 수 있다는 것을 주의하도록 한다. 전용 명령을 사용하는 경우에 주로 발생되는 에러이다. 그리고 산술 연산의 '나누기' 명령을 실행하는 경우 분모가 '0'인 경우 명령을 실행하는 경우에도 발생된다.

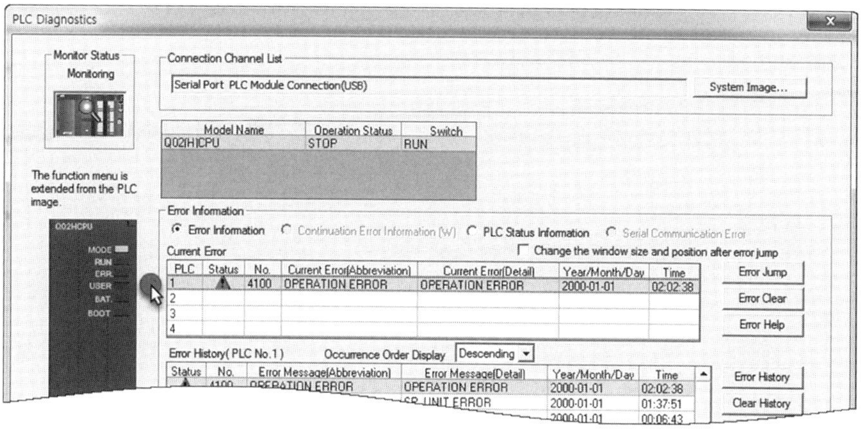

'Operation Error'은 실행하려는 PLC 프로그램의 작성 오류에서 발생되는 에러이다. 대부분 전용 명령어를 사용하는 경우 컨트롤 데이터를 잘못 작성하거나 또는 산술 연산 중 '나누기' 연산명령의 실행시 분모가 '0'인 상태에서 실행되어 발생하는 경우가 대부분이다. 이러한 경우 원인이 되는 프로그램 부분을 다음과 같은 방법을 사용하여 찾을 수 있다.

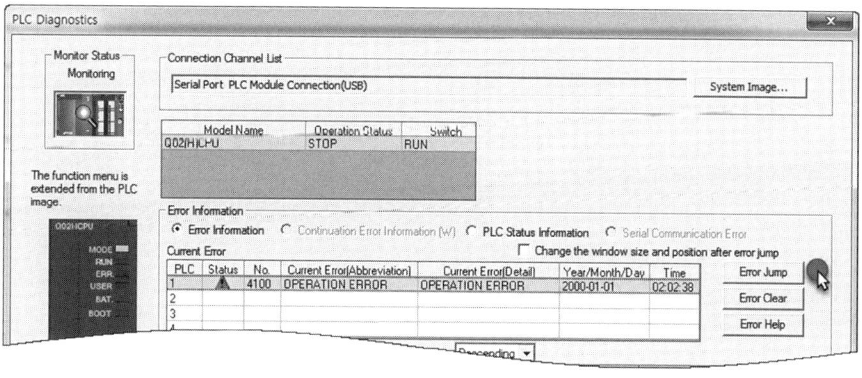

'Error Jump' 버튼을 클릭하면 프로그램 상에서 발생된 위치를 표시해 준다.

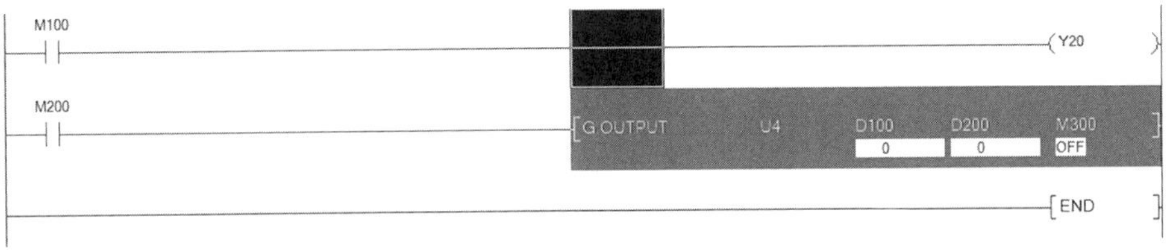

표시해준 위치의 프로그램 내용을 확인하고 틀린 설정을 수정하여 다시 PLC에 써 넣은 다음 하드웨어 리셋을 실행하면 정상적으로 CPU는 'RUN'상태가 된다. 다음으로 소개할 알람 내용은 'File Set Error'이다.

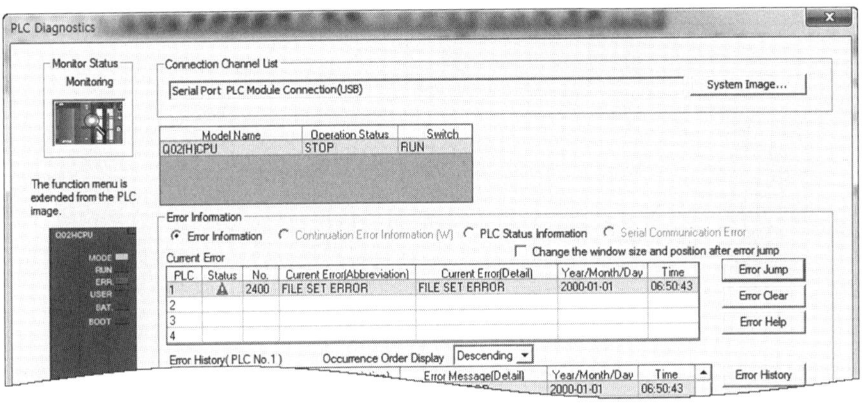

대부분 복수의 프로그램을 구분하여 작성하고 PLC Parameter의 Program Tab에 등록하지 않은 상태에서 발생한다.

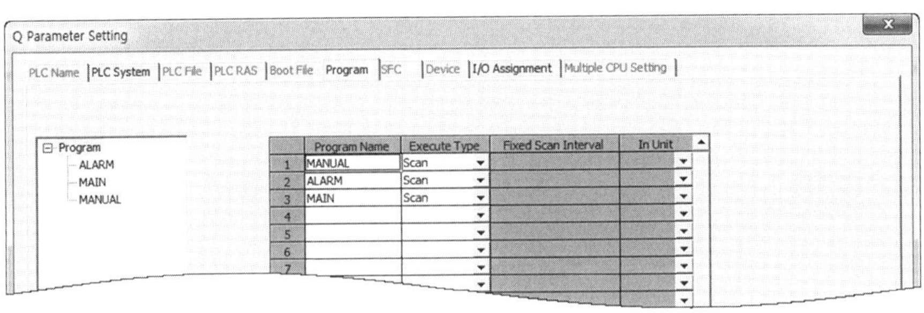

조치 방법은 프로그램을 구분하여 작성하였는지 확인하고 PLC Parameter의 Program Tab에서 등록 분할하여 작성한 프로그램을 모두 등록한다. 파라미터가 변경되었으므로 다시 한번 CPU에 쓰기를 한 뒤 CPU를 하드웨어 리셋을 실행한다. 대부분의 경우 에러는 해제되며 잘 안 되는 경우에는 위의 방법을 되풀이하도록 한다.

03

MELSEC PLC Program

PLC 명령어

CHAPTER

03

MELSEC PLC Program Foundation & Application

PLC 명령어

PLC Manual에 설명된 명령어는 CPU에서 사용되는 명령어가 아니라 PC의 Program 언어와 같이 사용자가 Sequence Program을 작성할 때 사용하도록 PLC Maker에서 만들어 낸 언어이다. PLC Maker마다 명령어가 다를 수 있으나 사용 명령어의 형태만 상이할 뿐이지 기능은 대동소이하다.

CPU 모듈의 명령은 시퀀스 명령, 기본 명령, 응용 명령, 데이터 링크용 명령, 멀티 CPU 간 전용 명령, 멀티 CPU 간 고속 통신 전용 명령, 이중화 시스템용 명령으로 크게 나누어진다. 여기에서는 명령어의 종류를 크게 2가지로 분류한다.

① 기본 명령어, Sequence 명령어

기본 명령어는 릴레이회로의 Sequence 전개도와 같이 Sequence를 PLC 내에서 실현하기 위한 명령어로 제어신호의 입력과 출력 명령어 AND, OR와 같은 기본 논리연산 명령어로 구성되어 있다.

② 응용 명령어

데이터 전송, 4칙연산, 비교 명령, Data 형식의 변환과 같은 고도의 Sequence Program을 작성할 수 있도록 다양한 기능을 제공하여 준다. 응용 명령어를 사용함으로써 Program의 작성 시간과 오류를 단축시키고 고속 · 고기능의 제어 기능을 제공하여 준다. 응용 명령어는 Maker에 따라 다소 다르다. 이 책에서는 자주 사용하고 반드시 알아야 하는 명령어 위주로 설명하도록 하겠다.

3.1 시퀀스 명령어

3.1.1 출력 명령어

OUT 명령까지의 연산 결과[출력을 만들기 위한 조건(들)]를 지정한 디바이스에 출력한다.

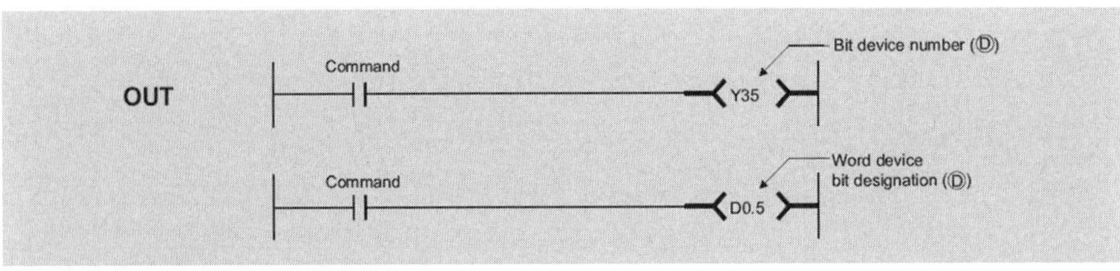

Ⓓ : Number of the device to be turned ON and OFF (bits)

<table>
<tr><th rowspan="2">Setting Data</th><th colspan="2">Internal Devices</th><th rowspan="2">R, ZR</th><th colspan="2">J□\□</th><th rowspan="2">U□\G□</th><th rowspan="2">Zn</th><th rowspan="2">Constants</th><th rowspan="2">Other DY</th></tr>
<tr><th>Bit</th><th>Word</th><th>Bit</th><th>Word</th></tr>
<tr><td>Ⓓ</td><td>○ (Other than T, C, or F)</td><td colspan="5">○</td><td colspan="2">—</td><td>○</td></tr>
</table>

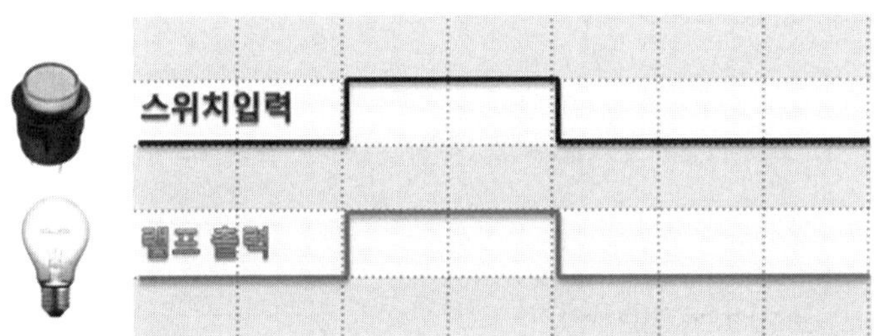

3.1.2 타이머

타이머는 PLC 내의 1ms, 10ms, 100ms 등의 클럭펄스를 가산 계수하여 이것이 설정값에 이르렀을 때 출력 접점이 동작하는 것이다. 타이머는 베이스가 되는 클럭펄스에 의해 0.001~3276.7초까지 계측할 수 있다.

설정값으로 Program Memory 내의 정수(K)를 사용하거나 데이터 레지스터(D)의 보관된 값으로 간접 지정할 수 있다. OUT 명령까지의 연산 결과가 ON 되어 있을 때 타이머의 코일은 ON 되고, 설정값까지 계측하여 타임업(계수값 설정값)하면 코일로 지정한 번호와 동일한 접점은 ON 된다.

타이머의 종류는 일반 타이머, 적산 타이머의 2가지가 있다. 그리고 각 타이머에는 시한 설정에 따른 구분으로 저속 타이머와 고속 타이머가 있다.

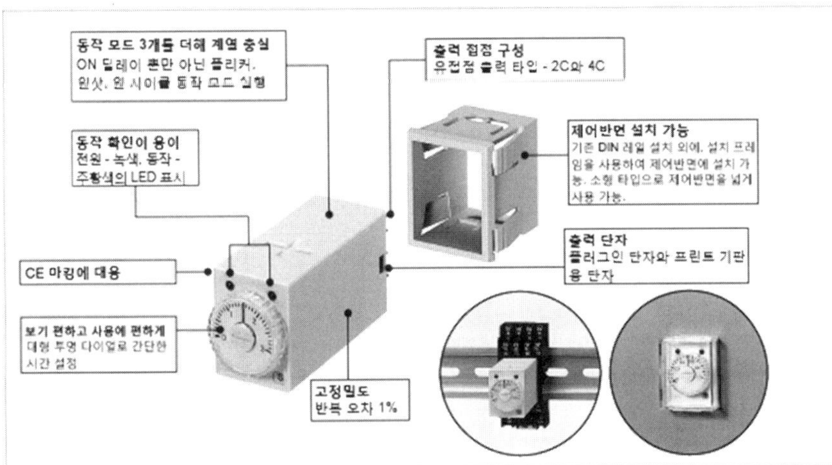

산업용 타이머가 PLC에서는 프로그램적으로 구현되어 사용된다.

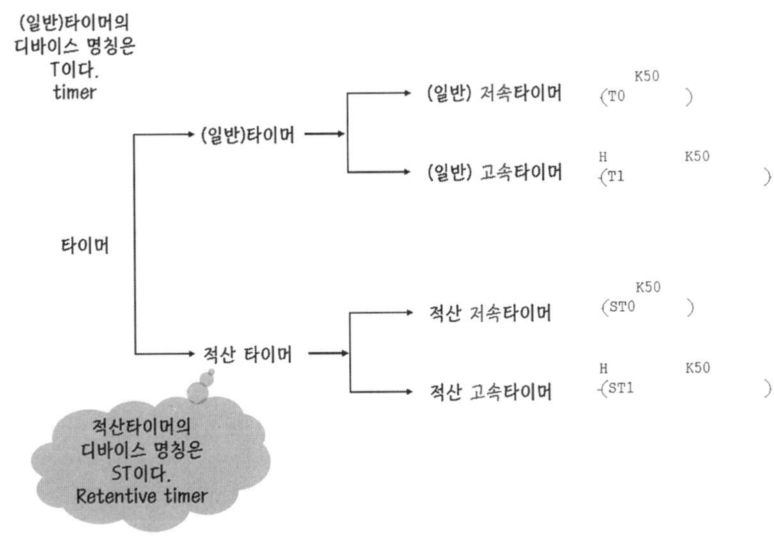

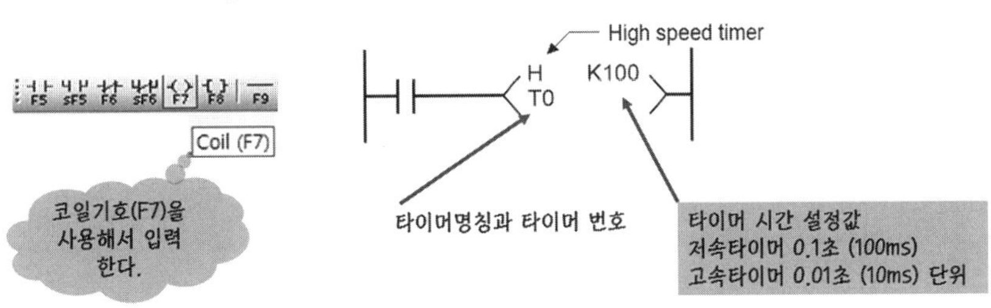

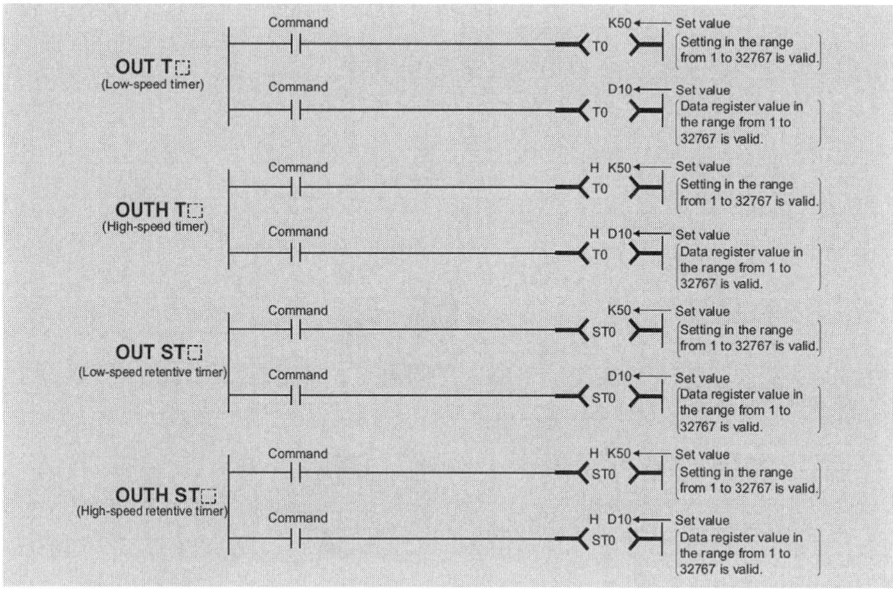

Ⓓ : Timer number (bit)
Set value: Value set for timer (BIN 16 bits *1)

Setting Data	Internal Devices		R, ZR	J□\□		U□\G□	Zn	Constants K	Other
	Bit	Word		Bit	Word				
Ⓓ	○ (Only T)	—	—	—	—		—	—	—
Set value	—	○ (Other than T, C)	○	—	○		—	○ *2	—

*1 : 타이머의 설정값은 간접 지정 형태로 사용할 수 없다.

타이머의 코일/접점의 인덱스 수식은 Z0, Z1에서만 실행할 수 있다.

타이머의 설정값은 인덱스 수식의 제한은 없다.

*2 : 설정값은 10진 정수로만 지정할 수 있다.

(1) 타이머 OUT 명령까지의 연산 결과가 ON→OFF로 변경되었을 때 차이점을 다음과 같이 정리해 보았다.

타이머 종류		타이머 코일	타이머 현재값	타임업 전		타임업 후	
				a접점	b접점	a접점	b접점
일반 타이머	저속 타이머	Off	0	Off	On	Off	On
	고속 타이머						
적산 타이머	저속 타이머	Off	현재값 유지	Off	On	On	Off
	고속 타이머						

[표 3-1] 일반타이머와 적산타이머의 연산결과 차이점

(2) 타이머 설정 시한

타이머의 설정 시한은 PLC Parameter에서 변경할 수 있다.

타이머 종류	베이식 모델 QCPU 하이퍼포먼스 모델 QCPU 프로세스 CPU, 이중화 CPU		유니버셜 모델 QCPU, LCPU	
	설정 범위	설정 단위	설정 범위	설정 단위
저속 타이머 저속 적산 타이머	1ms ~ 1000ms (디폴트 : 100ms)	1ms	1ms ~ 1000ms (디폴트 : 100ms)	1ms
고속 타이머 고속 적산 타이머	0.1ms ~ 100.0ms (디폴트 : 10.0ms)	0.1ms	0.01ms ~ 100.0ms (디폴트 : 10.0ms)	0.01ms

[표 3-2] 타이머 설정 시한

(3) 일반 타이머

① 저속 일반 타이머

일반 타이머의 코일은 타이머 동작 조건(들)이 ON 된 시점부터 시작하여 타이머의 설정값으로 지정한 값만큼 동작 조건이 ON 되어 있어야 타이머 접점이 ON 된다는 것이고 또한 이 동작 조건이 OFF 되면 코일은 초기 상태로 되며 접점은 OFF 가 된다. 이러한 타이머를 On Delay Timer라고 한다. 이 책에서 다루는 미쓰비시 PLC에서는 ON Delay Timer만 제공된다.

일반 타이머를 입력하는 방법과 동작을 같이 살펴보자.

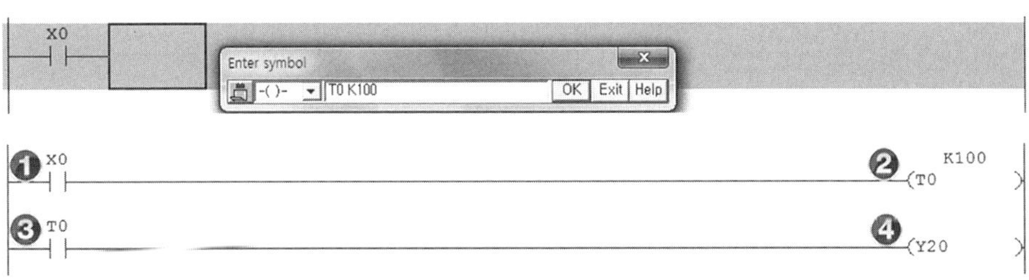

일반 타이머를 사용하는 기본 형식은 위와 같다.

①과 같이 동작 조건을 입력하고 ②는 일반 타이머로 T 다음에 타이머 번호를 입력하고 설정값은 10진수를 의미하는 K 다음에 입력한다. 앞에서 설명하였듯이 일

반 타이머의 동작 시한은 기본이 100ms로 설정되어 있으므로 타이머의 설정값은 (K)100×100(ms) 하면 10,000(ms), 즉 10(sec)가 된다.

10(sec)시간 이상으로 ①의 동작 조건이 계속 ON 되어 있다면 ②의 타이머 코일이 동작(타임업)되어 지정한 타이머 번호와 동일한 ③의 타이머 접점이 ON 상태가 된다. ③의 타이머 접점을 시작 신호로 이용하여 또다른 동작을 시작하면 된다.

여기에서는 ④로 지정한 Y20출력을 만들어 주었다. 일반 타이머의 특징은 입력 조건이 OFF 되면 ②, ③으로 지정한 타이머 코일과 타이머 접점이 모두 Reset되어 초기화된다는 점이다.

위의 프로그램의 동작을 타임 차트로 그려 보면 아래와 같다.

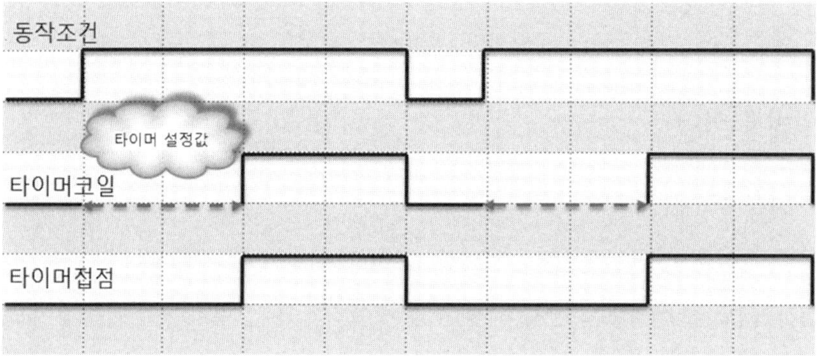

② 고속 일반 타이머

일반 타이머 중 고속 타이머는 타이머의 동작 시한의 단위가 기본적으로 10(ms)이다. 따라서 설정값에 따른 동작 시간이 저속 일반 타이머와는 다르다는 점에 주의하자.

고속 일반 타이머를 입력하는 방법과 동작을 같이 살펴보자.

고속 일반 타이머를 사용하는 기본 형식은 위와 같다.

①과 같이 동작 조건을 입력하고 ②은 일반 고속 타이머로 고속 타이머라는 의미로 H를 입력한다. T 다음에 타이머 번호를 입력하고 설정값은 10진수를 의미하는 K 다음에 입력한다. 앞에서 설명하였듯이 일반 고속 타이머의 동작 시한은 기본이 10ms로 실정되어 있으므로 타이머의 설정값은 (K)100×10(ms) 하면 1,000(ms), 즉 1(sec)가 된다.

1(sec)시간 이상으로 ①의 동작 조건이 계속 ON 되어 있다면 ②의 타이머 코일이 동작(타임업)되어 지정한 타이머 번호와 동일한 ③의 타이머 접점이 ON 상태가 된다. ③의 타이머 접점을 시작 신호로 이용하여 또 다른 동작을 시작하면 된다. 여기에서는 ④로 지정한 Y21 출력을 만들어 주었다.

일반 저속 타이머와 동일하게 입력조건이 OFF 되면 ②, ③으로 지정한 타이머 코일과 타이머 접점이 모두 Reset되어 초기화된다.

(4) 적산 타이머

① 저속 적산 타이머

적산 타이머의 코일은 타이머 동작 조건(들)이 ON 된 시간들을 모아(적산) 타이머의 설정값으로 지정한 값만큼 동작 조건이 ON 되어 있으면 타이머 접점이 ON 되고 이 동작 조건이 OFF 되더라도 코일은 ON 된 상태를 유지한다. 이 점이 일반 타이머와 다른 점이다.

적산 타이머를 초기화하기 위해서는 Reset이라는 명령을 실행하여 타이머의 코일 및 접점을 모두 0으로 만들어 주어야 한다.

적산 타이머를 입력하는 방법과 동작을 같이 살펴보자. 적산 타이머를 사용하기 위해서는 PLC Parameter의 설정이 필요하다.

내비게이션 윈도우의 [Project] Tab에서 Parameter 〉 PLC Parameter를 클릭한다.

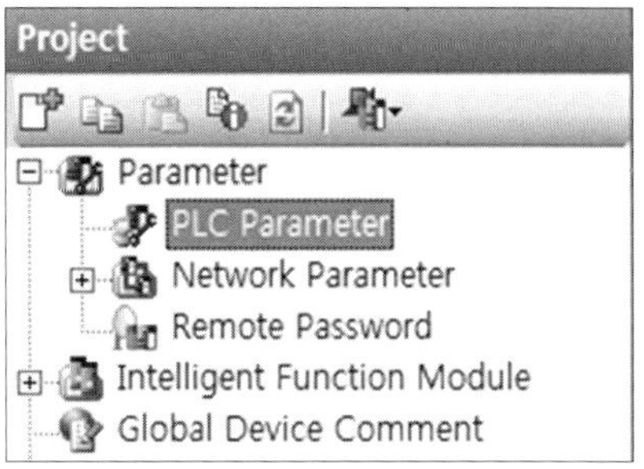

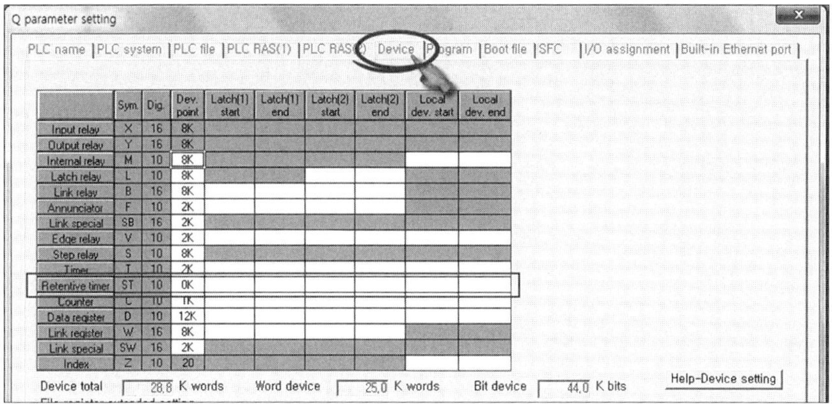

Parameter 탭에서 Device를 선택한다. Retentive Timer가 적산 타이머다. 사용할 수 있는 수량이 0k로 되어 있으므로 여기에 사용할 수량만큼 입력해 주어야 한다.

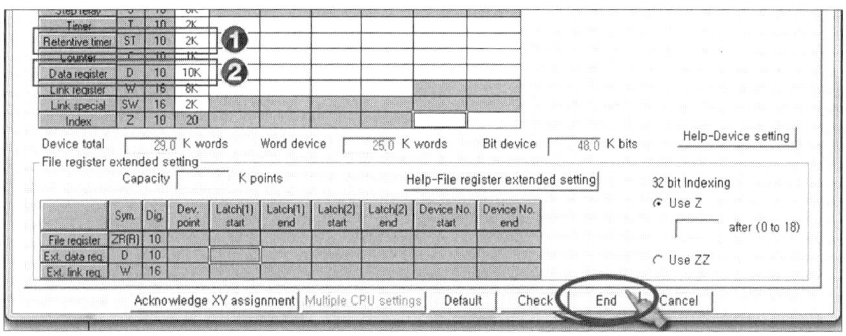

PLC에서 사용하는 디바이스도 PLC의 메모리에 할당되어 있으므로 전체 메모리의 물리적인 양을 보면 그 크기는 변경되어 질 수 없으므로 이미 할당되어 있는 다른 디바이스의 크기를 변경하여 사용할 수량을 다시 조정하여야 한다. ②의 Data Register가 12k로 설정되어 있으므로 이 값을 10k로 줄이고 2k에 해당하는 메모리를 적산 타이머에 할당하는 방식으로 변경하겠다. ①과 같이 적산 타이머의 크기를 2k로 변경해 주었다.

설정이 변경되었으므로 하단의 [End] 버튼을 클릭해 설정을 마무리하도록 한다.

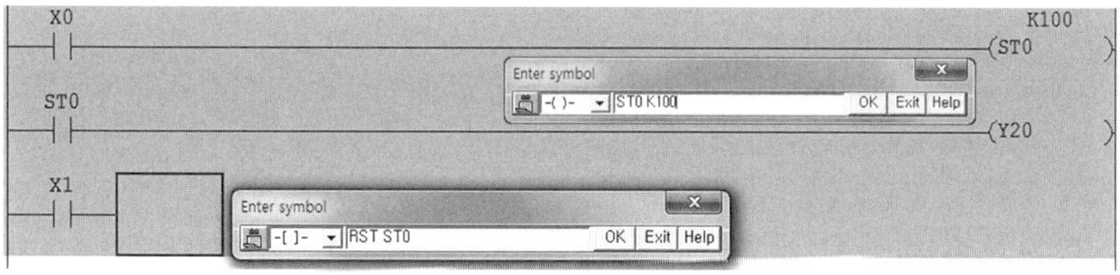

적산 타이머를 사용하는 기본 형식은 위와 같다.

①과 같이 동작 조건을 입력하고 ②는 적산 타이머로 ST 다음에 타이머 번호를 입력하고 설정값은 10진수를 의미하는 K 다음에 입력한다. 앞에서 설명하였듯이 적산 타이머의 동작 시한은 기본이 100ms로 설정되어 있으므로 타이머의 설정값은 (K)100×100(ms)하면 10,000(ms), 즉 10(sec)가 된다.

10(sec)시간 이상으로 ①의 동작 조건이 ON 되면(일반 타이머와 다른 점은 ON 되는 시간이 계속 지속되어야 한다는 조건이 없다. ON 되는 시간의 합이 설정한 시간 이상만 되면 된다.) ②의 타이머 코일이 동작(타임업)되어 지정한 타이머 번호와 동일한 ③의 타이머 접점이 ON 상태가 된다. ③의 타이머 접점을 시작 신호로 이용하여 또 다른 동작을 시작하면 된다.

여기에서는 ④로 지정한 Y20 출력을 만들어 주었다. 일반 타이머의 다른 또 다른 특징은 ⑤, ⑥과 같이 적산 타이머를 초기화시키는 프로그램이 더 필요하다는 것이다. ⑤의 리셋 조건이 ON 되면 ⑥의 RST 명령어에 의해 ②, ③으로 지정한 타이머 코일과 타이머 접점이 모두 Reset되어 초기화된다는 점이다.

위의 프로그램의 동작을 타임 차트로 그려보면 아래와 같다.

동작 조건이 ON 되는 시간이 모두 합하여 '① + ② + ③ = 타이머 설정값'이 되면 적산 타이머가 '타임업'한다. 타임업하면 동작 조건이 OFF 상태가 되더라도 타이머 코일과 타이머 접점은 계속 ON 된 상태를 유지한다. 다시 적산 타이머를 사용하기 위해서는 초기화하는 프로그램이 필요한데 사용한 적산 타이머를 대상으로 리셋 명령어를 사용한다.

RST 명령은 Bit 디바이스는 OFF 상태로 만들어 주고 Word 디바이스는 저장되어 있는 수치를 0으로 만드는 동작을 한다.

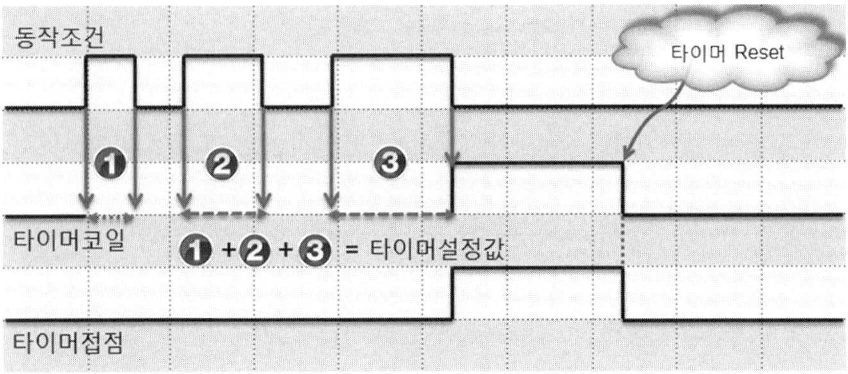

② 고속 적산 타이머

적산 타이머 중 고속 적산 타이머는 타이머의 동작 시한의 단위가 기본적으로 10(ms)이다. 따라서 설정값에 따른 동작 시간이 저속 적산 타이머와는 다르다는 점에 주의하자.

고속 적산 타이머를 입력하는 방법과 동작을 같이 살펴보자.

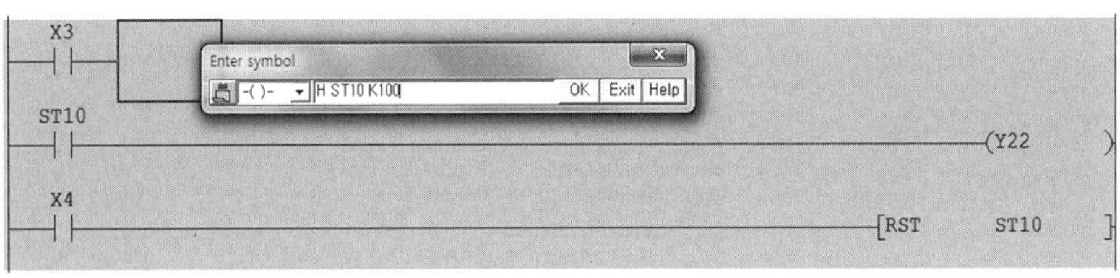

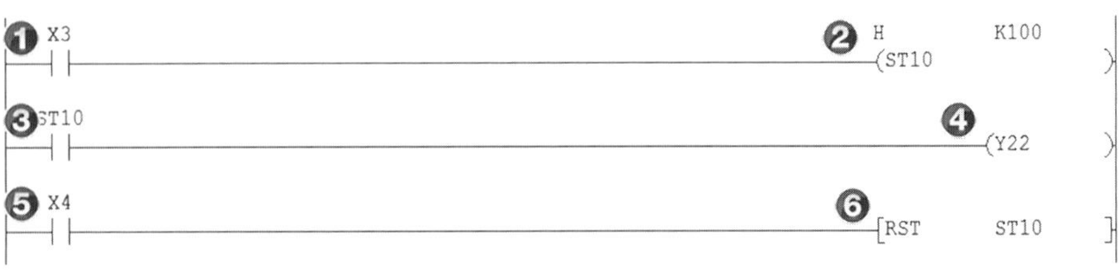

고속 적산 타이머를 사용하는 기본 형식은 위와 같다.

①과 같이 동작 조건을 입력하고 ②는 고속 타이머란 의미로 H를 입력하고 적산 타이머 의미로 ST 기호를 다음에 타이머 번호를 입력한다. 설정값은 10진수를

의미하는 K 다음에 입력한다. 앞에서 설명하였듯이 고속 적산 타이머의 동작 시한은 기본이 10ms로 설정되어 있으므로 타이머의 설정값은 (K)100×10(ms) 하면 1,000(ms), 즉 1(sec)가 된다.

1(sec)시간 이상으로 ①의 동작 조건이 ON 되면(일반 타이머와 다른 점은 ON 되는 시간이 계속 지속되어야 한다는 조건이 없다. ON 되는 시간의 합이 설정한 시간 이상만 되면 된다.) ②의 타이머 코일이 동작(타임업)되어 지정한 타이머 번호와 동일한 ③의 타이머 접점이 ON 상태가 된다. ③의 타이머 접점을 시작 신호로 이용하여 또 다른 동작을 시작하면 된다.

여기에서는 ④로 지정한 Y22 출력을 만들어 주었다. 일반 타이머의 다른 또 다른 특징은 ⑤, ⑥와 같이 적산 타이머를 초기화시키는 프로그램이 더 필요하다는 것이다. ⑤의 리셋 조건이 On되면 ⑥의 RST 명령어에 의해 ②, ③으로 지정한 타이머 코일과 타이머 접점이 모두 Reset되어 초기화된다는 점이다.

※ 연습문제

ON 딜레이 타이머를 이용한 OFF 딜레이 타이머

• ON 딜레이 타이머의 타임 차트

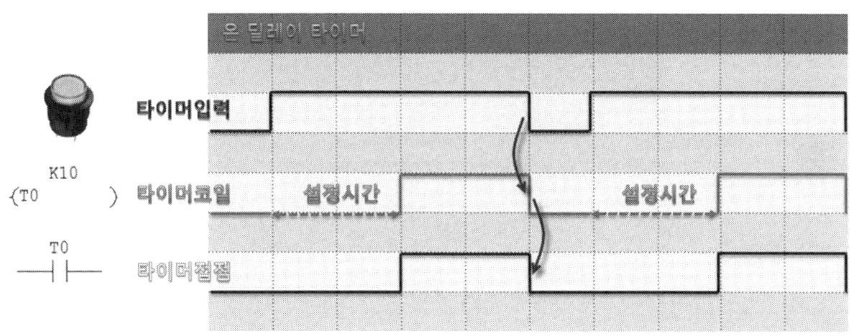

• OFF 딜레이 타이머의 타임 차트

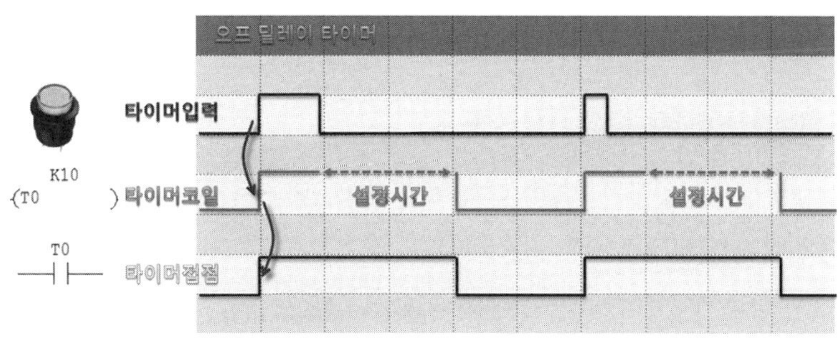

ON 딜레이 타이머를 이용한 OFF 딜레이 타이머 동작이다.

①번 줄을 살펴보자. M0은 스위치 X0을 눌러야만 동작을 시킬 수 있으므로 스위치 입력을 누르기 전까지는 어떠한 기능도 하지 못한다. ②번 줄의 X0 스위치를 눌러보자. M0 출력은 자기유지회로에 의해서 계속 ON 상태를 유지한다. 이 자기유지회로는 타이머 T0가 타임업해서 타이머 접점이 ON 되면 해제가 된다.
이제 스위치에서 손을 떼어 보면 ①번 줄의 프로그램이 동작하기 시작한다.
M0 출력은 자기유지회로에 의해 ON 된 상태이고 스위치에서 손을 떼었기 때문에 X0는 OFF 상태로 b접점으로 사용한 X0는 ON 되어 있으므로 타이머 코일 T0가 설정한 시간 동안 기다린 후 타이머 접점이 ON 되어 ②번 줄의 M0 자기유지회로를 해제한다.

이 동작을 타임 차트로 아래와 같이 표시해 보았다. 위의 타임 차트와 비교해 보면 동일한 동작을 한다는 것을 알 수 있다.

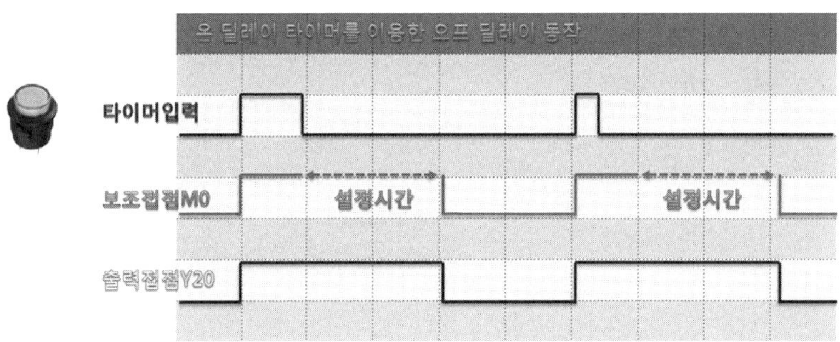

※ 연습문제

저속 타이머 + 고속 타이머의 혼합 사용

저속 타이머의 시한 설정은 100ms이고 고속 타이머의 시한 설정은 10ms이라는 것을 이미 알고 있다. 그렇다면 타이머를 이용하여 측정할 수 있는 시간의 최댓값이 얼마나 되는지 생각해 보자. 저속 타이머의 설정값의 최댓값 32767이라고 설정하면 32767×

100ms =3276.7(sec)가 된다. 같은 방법으로 고속 타이머의 경우는 32767×10ms = 327.67(sec)가 된다.

타이머를 사용하여 3500.12(sec)가 되면 Lamp를 ON하고 싶을 경우 어떻게 하면 될까 연구해 보자. 측정을 해야 하는 시간의 단위는 소수점 아래 2자리까지이다. 즉 고속 타이머를 사용해야지 측정이 가능하다. 그러나 소수점 위의 시간은 3500이므로 이는 고속 타이머로 측정할 수 있는 범위의 시간은 아니다.

이럴 때 생각의 틀을 조금만 벗어나 보면 해결 방법이 나온다.

"저속 타이머 + 고속 타이머 = 측정할 시간"

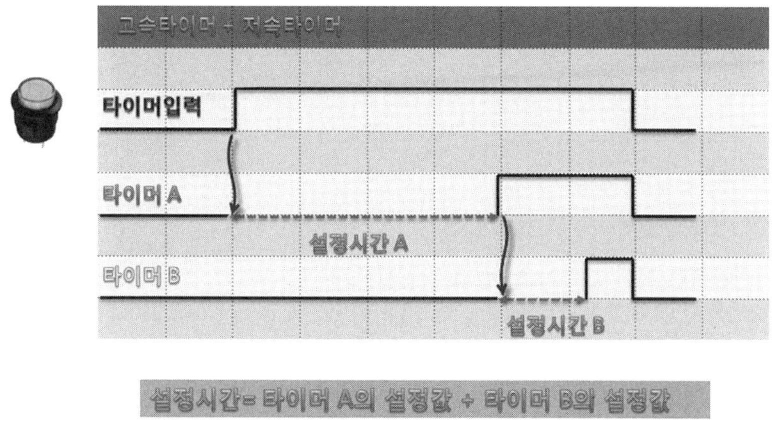

타이머의 입력 조건으로 X0를 계속 ON 시킨다고 하자. ①의 저속 타이머인 T0의 설정값은 K32000이므로 설정된 시간은 K32000×100ms = 3200.0(sec)가 된다. T0 타이머가 타임업 되어 타이머 접점 T0가 ON 되어 ②의 고속 타이머 T10의 입력으로 동작하게 된다. 고속 타이머에 설정된 시간은 K30012×10ms = 300.12(sec)가 된다. ③의 T10 타이머 접점은 T0가 ON 된 시점부터 시작하여 300.12(sec)가 경과되면 ON 된다. 그러면 스위치 X0를 ON 하고 나서 T10 접점이 ON 되기까지의 시간을 계산해 보면 ①의 저속 타이머 T0가 타임업 되기까지의 시간 3200.0(sec)에 ②의 고속 타이머 T10가 타임업 되기까지의 시간 300.12(sec)의 합이 된다. 즉 3200.0(sec)+300.12(sec)

= 3500.12(sec)가 된다. 결과적으로 Y20 출력은 스위치 X0를 계속 누른 상태에서 3500.12(sec)가 경과된 다음에 ON이 된다.
위와 같은 방법으로 타이머를 직렬로 계속 연결하여 사용하면 측정할 수 있는 시간이 늘어나게 된다. 이러한 타이머를 '장시한 타이머'라고 부르기도 한다.

※ 연습문제

타이머를 이용한 Clock Pulse 만들기

클록펄스(Clock Pulse)란 일정한 시간 주기를 갖으면서 ON과 OFF를 연속해서 하는 신호열이다.

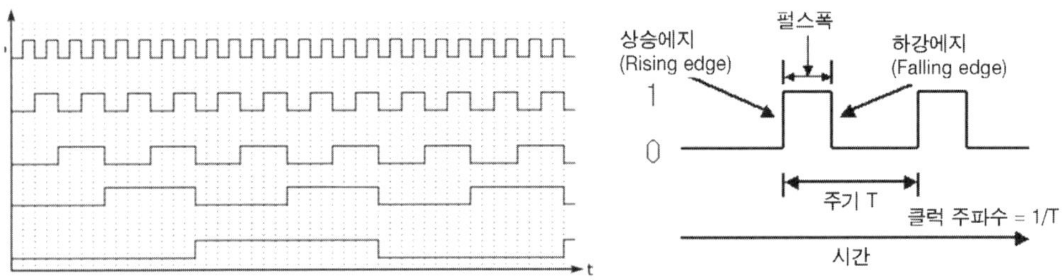

이러한 신호에는 주기가 있는데 이 주기를 타이머를 이용하여 사용자가 결정하여 만들어 줄 수 있다. 다음과 같은 프로그램을 분석해 보자.

첫 번째 줄의 프로그램은 타이머 b 접점 T1은 초기에는 타이머 코일 T1이 동작하지 않았으므로 ON 상태이다. 이 T1 접점이 타이머 T0 모일의 입력이므로 0.6(sec) 후에 타임업되고 두 번째 줄의 타이머 접점 T0가 ON 된다. 이 타이머 접점 T0는 타이머 코일 T1의 입력으로 작용하고 0.4(sec) 후에 타임업 된다.
타이머 코일 T1에 의해서 첫 번째 줄의 타이머 접점 T1이 OFF 상태가 되므로 타이머 코일 T0가 리셋되고 연속적으로 두 번째 줄의 타이머 접점 T0가 OFF 되어 타이머 코일 T1도 리셋된다. 즉 모든 타이머의 코일과 접점이 리셋된다. 이것은 다시 첫 번째 줄의 타이머 T1의 b 접점이 ON 되고 타이머 코일 T0가 0.6(sec) 후에 타임업 되는 위에서 설명한 동작을 계속 반복적으로 만들어 낸다.

아래 타이밍 차트처럼 동작을 한다.

차트에서 타이머 접점 T0를 생각해 보면 A = 0.6(sec), B = 0.4(sec)가 되며 주기가 A + B = 1.0(sec)인 클락 펄스 신호를 계속 만들어 주는 동작을 한다.

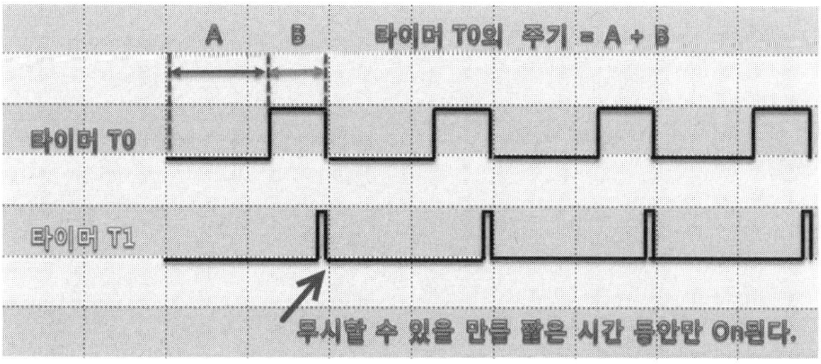

위의 프로그램에서 타이머 A와 B의 설정값을 적절히 설정하면 원하는 주기의 클락 펄스 신호를 만들 수 있다.

3.1.3 카운터 (Counter)

OUT 명령까지의 연산 결과가 OFF → ON으로 변경되었을 때 현재값(카운트 값)을 +1하여 카운트업(현재값 ≥ 설정값)하면 코일로 지정한 번호와 동일한 접점은 ON된다. 연산 결과가 ON 상태일 때는 카운트되지 않는다. (카운트 입력은 펄스화할 필요가 없다.)

카운트업 후에는 RST 명령을 실행할 때까지 카운트 값 및 접점 상태는 변경되지 않는다. 카운터의 설정값은 K1 ~ K32767이다. (K0 ~ K-32768은 K1과 같다.)

Ⓓ : Counter number (bits)

Set value: Counter setting value (BIN 16 bits *1)

Setting Data	Internal Devices		R, ZR	J□\□		U□\G□	Zn	Constants	Other
	Bit	Word		Bit	Word			K	
Ⓓ	○ (Only C)	—	—	—	—		—	—	—
Set value	—	○ (Other than T, C)	○	—	○		—	○ *2	—

*1 : 카운터의 설정값은 간접 지정 형태로 사용할 수 없다.

카운터의 코일/접점의 인덱스 수식은 Z0, Z1에서만 실행할 수 있다.

카운터의 설정값은 인덱스 수식의 제한은 없다.

*2 : 설정값은 10진 정수로만 지정할 수 있다.

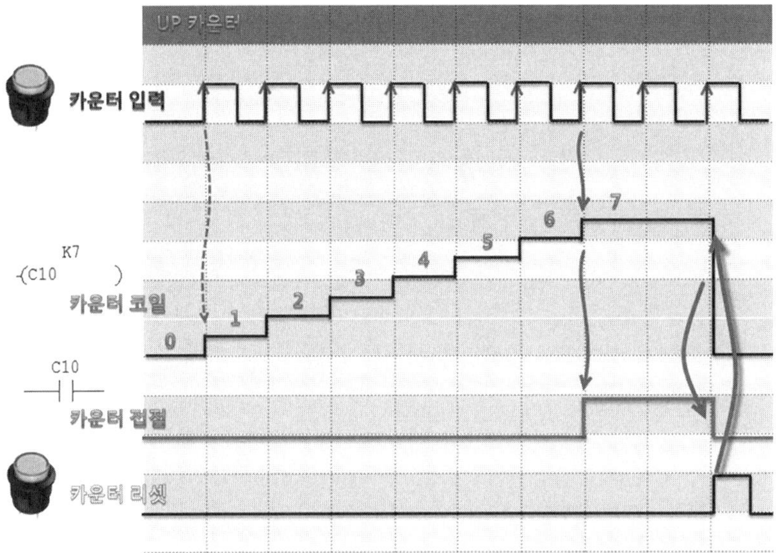

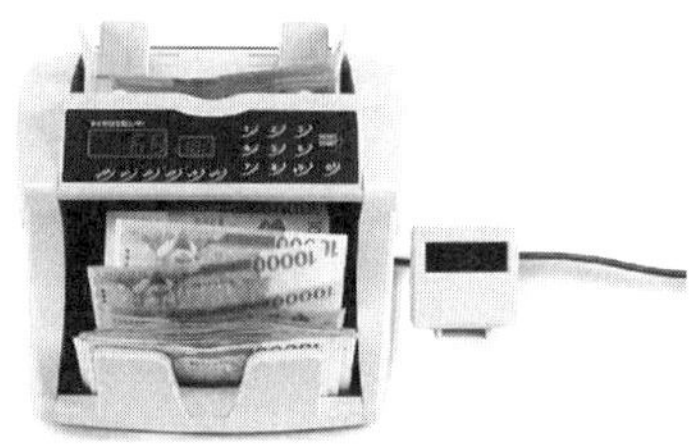

카운터를 입력하는 방법과 동작을 같이 살펴보자.

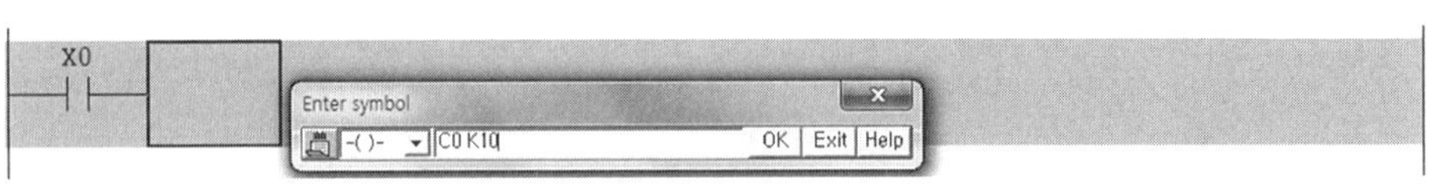

카운터를 사용하는 기본 형식은 위와 같다.

①과 같이 동작 조건을 입력하고 ②는 카운터라는 의미로 C를 쓰고 다음에 카운터 번호를 입력하고 설정값은 10진수를 의미하는 K 다음에 입력한다. 여기에서는 10개를 계수한다는 의미로 10이라고 설정하였다.

①의 동작 조건이 10회 입력이 되었다면 ②의 카운터 코일이 동작(카운트업)되어 지정한 카운터 번호와 동일한 ③의 카운터 접점이 ON 상태가 된다. ③의 카운터 접점을 시작신호로 이용하여 또 다른 동작을 시작하면 된다.

여기에서는 ④로 지정한 Y20 출력을 만들어 주었다. 다시 카운터를 사용하기 위해서는 카운터를 초기화해 주는 동작을 만들어 주어야 한다. 여기에서는 ⑤의 X1 스위치를 이용하여 ⑥의 RESET 명령을 동작시켰다.

리셋의 대상이 C0 임에 주의하여 살펴보면 C0는 2개의 대상을 지칭한다는 것을 알 수 있다. 첫 번째는 Bit 신호로서 C0이며, 두 번째는 Word 신호로서의 C0이다. 리셋 명령은 이 두 개의 신호를 초기화하는 것이다. 즉 Bit 신호로서 C0는 OFF를 시키고 Word신호로서의 C0는 보관되어져 있는 값을 0으로 만든다는 것이다.

※ **연습문제**

카운터 명령어를 이용하여 스톱워치 기능을 구현해 보자.

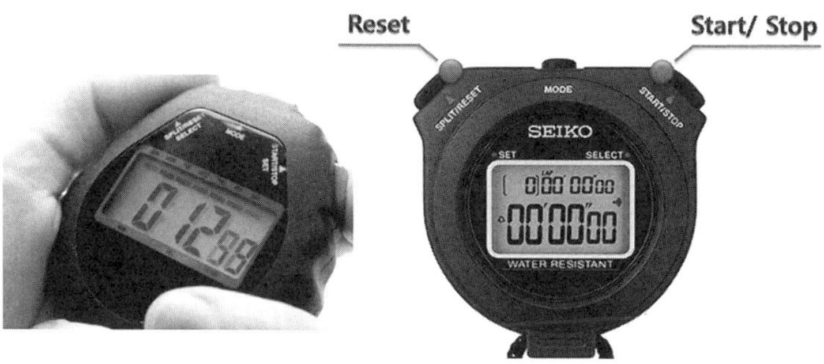

스톱워치의 기능은 잘 알고 있으리라 생각하고 여기에서 구현할 기능은 Start/Stop 버튼과 Reset 버튼의 기능이다.

먼저 시간 표시 부분을 살펴보기로 하자. 스톱워치에는 1/100(sec) 단위로 시간이 표시되는 부분과 1(sec)단위, 1(min)단위로 나누어져 있다. 1/100(sec)단위로 신호를 받아들여 그 ON/OFF 되는 횟수를 카운트하고 그 수량이 100이 되면 1(sec)가 되었다는 의미이고, 이 1(sec)단위로 ON/OFF 되는 횟수를 카운트하고 그 수량이 60이 되면 1(min)이 되었다는 의미이다.

1/100(sec)단위로 신호를 만들어 주는 디바이스가 있다. PLC 매뉴얼의 부록편을 찾아보면 특수 릴레이에 대한 설명 부분이 있다.

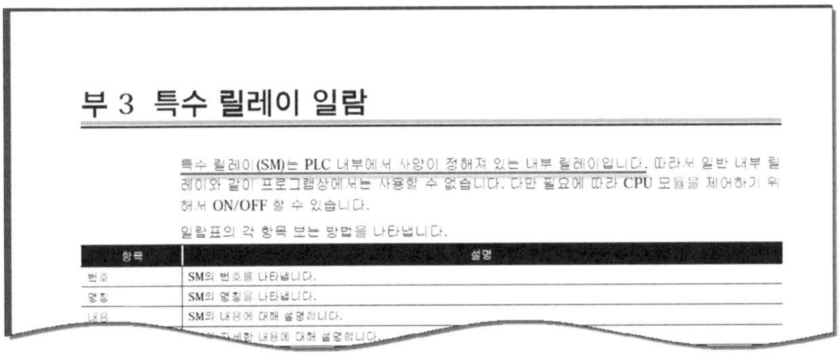

부 3 특수 릴레이 일람

특수 릴레이(SM)는 PLC 내부에서 사양이 정해져 있는 내부 릴레이입니다. 따라서 일반 내부 릴레이와 같이 프로그램상에서는 사용할 수 없습니다. 다만 필요에 따라 CPU 모듈을 제어하기 위해서 ON/OFF 할 수 있습니다.

일람표의 각 항목 보는 방법을 나타냅니다.

항목	설명
번호	SM의 번호를 나타냅니다.
명칭	SM의 명칭을 나타냅니다.
내용	SM의 내용에 대해 설명합니다.
	…자세한 내용에 대해 설명합니다.

M이라는 기호는 내부 릴레이 디바이스를 의미하는 기호이다. 여기에 S(아마도 Special이라는 뜻일 것이다)을 덧붙여 특수 릴레이라고 사용한다.

여러 가지 종류를 제공한다. 그중 시스템 클록/카운터 부분을 살펴보자.

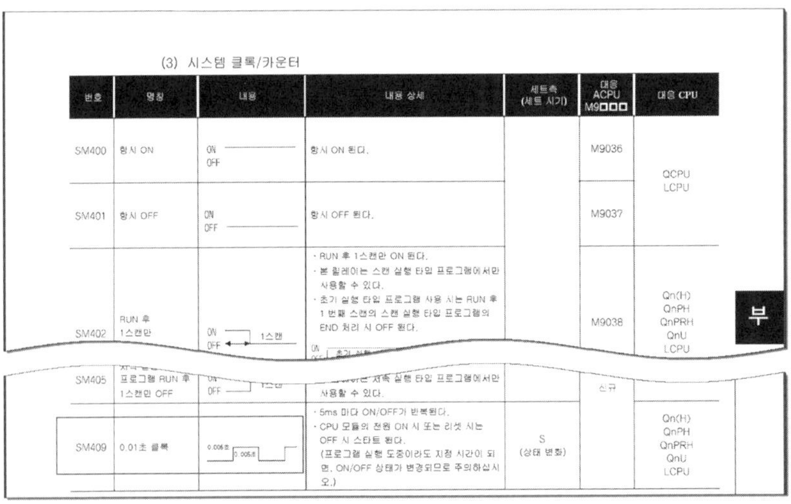

(3) 시스템 클록/카운터

번호	명칭	내용	내용 상세	세트측 (세트 시기)	대응 ACPU M9□□□	대응 CPU
SM400	항시 ON	ON / OFF	항시 ON 된다.		M9036	QCPU LCPU
SM401	항시 OFF	ON / OFF	항시 OFF 된다.		M9037	
SM402	RUN 후 1스캔만	ON / OFF 1스캔	· RUN 후 1스캔만 ON 된다. · 본 릴레이는 스캔 실행 타입 프로그램에서만 사용할 수 있다. · 초기 실행 타입 프로그램 사용 시는 RUN 후 1 번째 스캔의 스캔 실행 타입 프로그램의 END 처리 시 OFF 된다.		M9038	Qn(H) QnPH QnPRH QnU LCPU
SM405	프로그램 RUN 후 1스캔만 OFF	OFF	…저속 실행 타입 프로그램에서만 사용할 수 있다.		신규	
SM409	0.01초 클록	0.005초 0.005초	· 5ms 마다 ON/OFF가 반복된다. · CPU 모듈의 전원 ON 시 또는 리셋 시는 OFF 시 스타트 된다. (프로그램 실행 도중이라도 지정 시간이 되면, ON/OFF 상태가 변경되므로 주의하십시오.)	S (상태 변화)		Qn(H) QnPH QnPRH QnU LCPU

SM409는 0.01초 클록이라고 표시되어 있다. 즉 5ms마다 ON/OFF를 반복하는 신호를 만들어 주는 특수 릴레이의 기능을 갖고 있다.

이외에도 몇 가지 시스템 클록에 대한 특수 릴레이가 더 있다. 다음 표를 참조하라.

번호	명칭	내용	내용 상세	세트측 (세트 시기)	대응 ACPU M9□□□	대응 CPU
SM410	0.1초 클록	0.05초 0.05초	· 일정한 시간 마다 ON/OFF가 반복된다. · CPU 모듈의 전원 ON 시 또는 리셋 시는 OFF 시 스타트 된다. (프로그램 실행 도중이라도 지정 시간이 되면, ON/OFF 상태가 변경되므로 주의하십시오.)	S (상태 변화)	M9030	QCPU LCPU
SM411	0.2초 클록	0.1초 0.1초			M9031	
SM412	1초 클록	0.5초 0.5초			M9032	
SM413	2초 클록	1초 1초			M9033	
SM414	2n초 클록	n초 n초	· SD414로 지정된 시간(단위 : 초) 마다 ON/OFF가 반복된다. · CPU 모듈의 전원 ON 시 또는 리셋 시는 OFF 시 스타트 된다. (프로그램 실행 도중이라도 지정 시간이 되면, ON/OFF 상태가 변경되므로 주의하십시오.)		M9034 변형	
SM415	2n(ms) 클록	n(ms) n(ms)	· SD415로 지정된 시간(단위 : ms) 마다 ON/OFF가 반복된다. · CPU 모듈의 전원 ON 시 또는 리셋 시는 OFF 시 스타트 된다. (프로그램 실행 도중이라도 지정 시간이 되면, ON/OFF 상태가 변경되므로 주의하십시오.)		신규	Qn(H) QnPH QnPRH QnU LCPU
	사용자 타이밍		· 지정 스캔 간격으로 ON/OFF가 ...		M9020	

이 SM409 특수 릴레이를 사용하면 쉽게 프로그램이 만들어지겠다.

SM409 입력이 100번 ON/OFF를 반복하면 1초가 되므로 SM409 ON/OFF 횟수를 카운트하였다. 카운트 C0가 카운트업하면 ①의 C0 a 접점이 ON 되므로 이 접점을 1초 단위 카운트의 입력 신호로 사용할 것이다. 또한, C0 카운터는 다시 카운트 동작을 하여야 하므로 ③과 같이 Reset해 주는 것도 잊지 말아야겠다.

카운터 C2도 입력신호인 C0 접점이 60회 ON/OFF 반복하면 카운트업하여 60초가 되었다는 신호로 C2 a접점이 ON 될 것이다. 이 신호를 이용하면 분단위 카운트 신호로 사용할 수 있다. 위의 ① ~ ③의 프로그램처럼 만들어 주면 되겠다.

기본적인 프로그램은 만들어졌다. 여기에 스위치 기능에 해당하는 프로그램을 추가하도록 하자.

- Start · Stop 기능

스위치를 누를 때마다 ON/OFF가 반복되는 동작을 하는 기능이다. (아래 ⑥ 비트 디바이스 출력 반전(FF) 명령어를 먼저 살펴보고 오도록 하자) 이 명령을 사용하면 기능 구현이 쉬어질 것이다.

①의 X00는 스톱워치의 Start · Stop 버튼에 해당한다. 스위치를 한 번 누르면 M0가 ON 상태가 되어 특수 릴레이 SM409의 ON/OFF 신호가 카운터 C0의 입력으로 작용한다. 다시 한 번 누르면 M0가 OFF 상태가 되기 때문에 SM409의 ON/OFF 신호는 출력의 C0에 영향을 미치지 않게 된다. 이것이 ②의 비트 디바이스 출력 반전(FF) 명령어 동작이다.

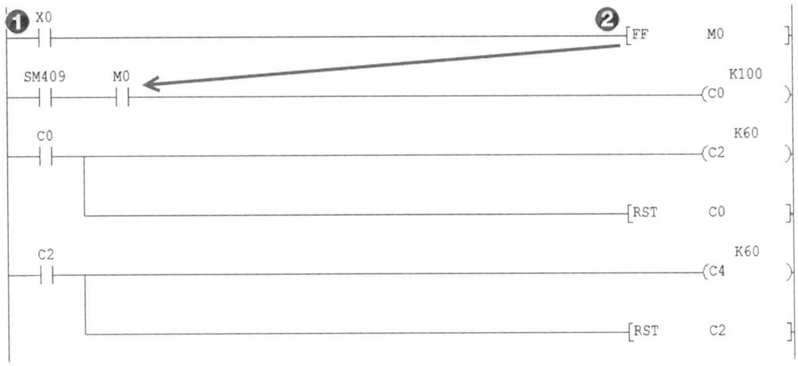

• Reset 기능

다음으로 Reset에 해당하는 스위치를 만들어 보자.

PLC에 연결된 입력으로 스위치 X01을 사용한다고 하자. 이 Reset 스위치의 동작은 스위치를 누르면 모든 시간이 0으로 초기화되는 기능이다.

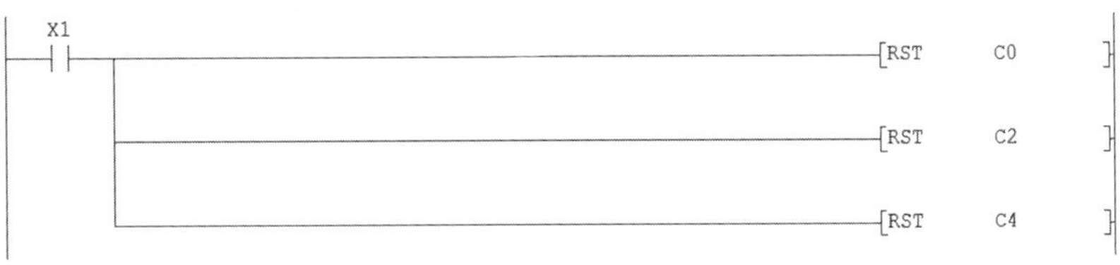

조금 더 생각을 해보면 이 Reset 스위치가 동작할 때는 Start 동작으로 시간을 측정하는 기능이 멈춰져야 한다. 그래서 강제적으로 M0를 OFF시키는 동작도 함께 추가하는 것도 좋은 아이디어이다.

스톱워치의 시간이 동작하는 것은 터치 패널을 이용하여 표시를 해보면 좀 더 이해하기 편할 것이다. 위와 같이 스톱워치 동작을 PLC 프로그램으로 만들어 보았다.

이러한 동작을 하는 것을 기계에 적용하는 것을 생각해 보자. 비슷한 동작을 찾아서 프로그램을 조금 수정하고 적용하면 쉽게 응용할 수 있는 연습을 할 수 있다. 한 가지 예를 들어 보겠다.

※ 연습문제

기계 구성품 중에는 일정 시간 사용을 하면 교체를 해야 하는 소모품이 있다. 일반 소재에 Hole을 가공하는 드릴링 머신 같은 기계를 생각해 보면 드릴을 일정 시간 사용하면 마모가 되기 때문에 가공면의 상태나 가공하는 데 걸리는 작업 시간이 길어지는 현상이 발생되기 때문에 가공 시간을 측정하여 설정된 시간이 경과되면 작업자에게 이를 알려 주는 기능을 위의 스톱워치 프로그램을 수정하여 만들어 보자.

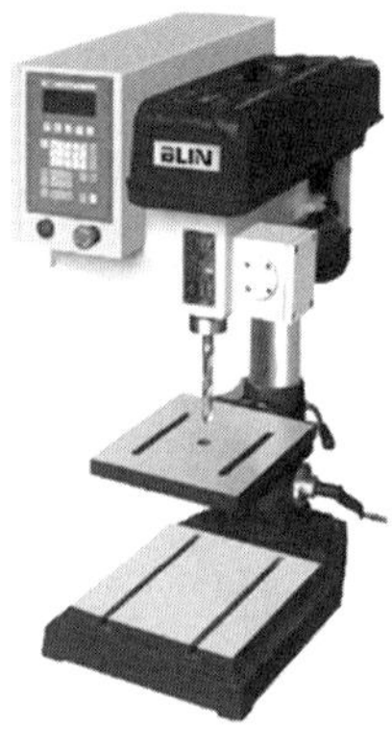

드릴링 머신을 동작하는데 스위치를 눌러서 동작시키므로 이 스위치를 PLC 입력에 연결하고 X00라고 생각하자. 이러면 스위치 X00를 누르고 드릴링 머신을 동작시키는 시간을 앞의 스톱워치 프로그램을 이용하여 만들 수 있다.

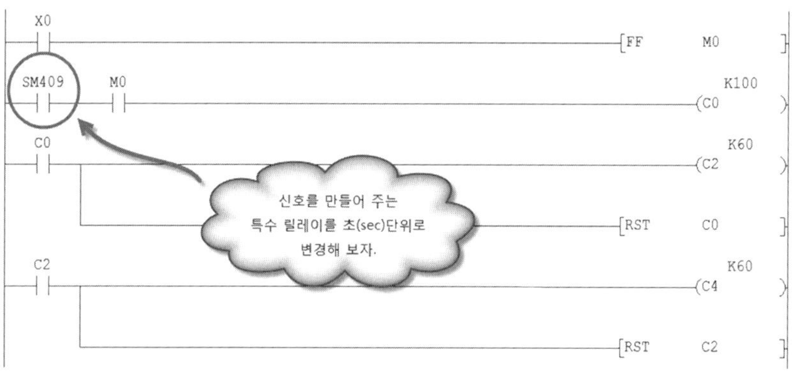

공구의 사용 시간을 초(sec)단위로 관리하고 싶은 경우 위 스톱워치 프로그램의 특수 릴레이 SM409를 1초 클록 펄스 기능의 SM412로 변경하면 된다. 1초 단위로 신호를 계속 만들어 주기 때문에 카운터의 설정값을 변경해 주어야 한다.

①의 카운터 C0는 이제 1초 단위로 초(sec)를 계수하기 때문에 설정값은 K60으로 변경하였다. C0가 카운터업 하면 1분이 되었다는 의미가 된다.
②의 카운터 C2는 1분 단위로 분(min)를 계수하기 때문에 설정값은 K60으로 변경하였다. C2가 카운터업 하면 60분, 즉 1시간(hour)이 되었다는 의미가 된다.
③의 카운터 C4는 1시간 단위로 시간(hour)를 계수하기 때문에 설정값은 K24으로 변경하였다. C4가 카운터업 하면 24시간, 즉 1일(day)이 되었다는 의미가 된다.

이제 알람을 알려줄 알람 시간을 비교 명령을 이용하여 설정해 보자.

위의 프로그램에서 C4 카운터는 시간을 계수한다. C4에 저장된 값이 5보다 크거나 같다는 의미이다. 즉 5시간 이상 사용하면 이 비교 명령은 ON 된다. 그리고 C2 카운터는 분을 계수한다. C2에 저장된 값이 30보다 크거나 같다는 의미이다. 즉 30분 이상 사용하면 이 비교 명령은 ON 된다.
두 개의 비교 명령은 AND 조건이므로 5시간 30분 이상의 뜻이 된다. 즉 '가동 시간이 5시간 30분 이상이 되면' 이런 의미가 되므로 이 조건이 만족되면 출력으로 Y20을 ON 하라는 프로그램이 된다. 좀 더 생각해 보면 C2에 저장되는 값은 59초 이후에는 다시 0으로 변환되므로 이때에는 Y20 출력이 OFF 된다. 따라서 Y20 출력은 SET 명령을 사용하여 최초 조건이 만족되면 계속 ON이 될 수 있도록 하는 것이 좋겠다.

Y20 출력은 작업자가 알 수 있도록 Lamp 또는 Buzzer에 연결하면 되겠다.

다음과 같이 Clock Pulse 신호를 AND 조건으로 만들어 주면 Lamp 또는 Buzzer가 Blink(점멸)하는 효과를 줄 수 있다. 여기에서는 1초 Clock Pulse 신호 SM412를 사용하였다. 주기가 1초이므로 0.5초마다 ON/OFF를 반복하므로 0.5초마다 Lamp 또는 Buzzer가 Blink(점멸)한다.

Y20 출력을 연결하는 것을 내부 릴레이를 거쳐 동작할 수 있도록 변형해 보았다. Y20 출력이 SET 명령 다음에 오면 점멸하는 효과를 줄 수 없으므로 내부 릴레이와 SM412 접점을 AND 조건으로 사용하도록 하였다.

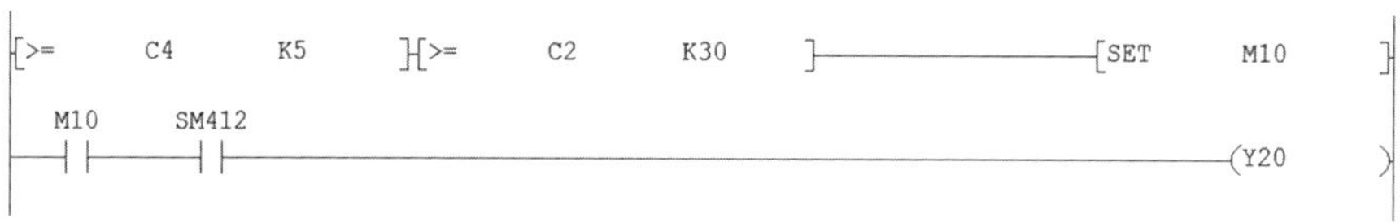

3.1.4 디바이스 세트(SET)와 리셋(RST)

(1) Bit Device의 Set과 Reset

지정한 Bit 디바이스를 계속 ON 시키고(SET) OFF 시키는(RST) 명령어이다. SET 명령으로 ON 된 디바이스는 실행 지령이 OFF 되어도 ON 상태를 유지한다. SET 명령으로 ON한 디바이스는 RST 명령으로 OFF 할 수 있다. 자기유지 프로그램을 생각하면 동작이 쉽게 이해되리라 생각된다.

(2) Word Device의 현재값 Clear[RST 명령(현재값 및 레지스터의 Clear)]

RST 명령은 타이머(T), 카운터(C), 데이터 레지스터(D), 확장 레지스터(R), 인덱스 레지스터(V), (Z)의 현재값 데이터를 Clear하는 명령이다. 또한, 데이터 레지스터(D)나 인덱스 레지스터(V), (Z)의 내용을 0으로 하고 싶을 때에나 RST 명령을 사용할 수 있다. (정수 K0의 전송 명령 MOV를 사용해도 같은 결과를 얻을 수 있다.)

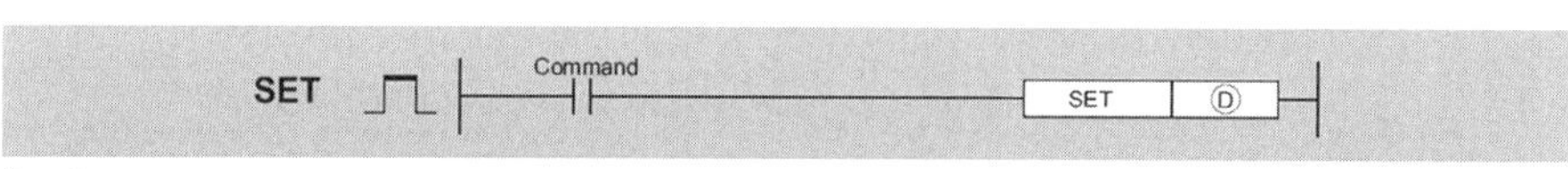

Ⓓ : Bit device number to be set (ON)/Word device bit designation (bits)

Setting Data	Internal Devices		R, ZR	J□\□		U□\G□	Zn	Constants	Other BL, DY
	Bit	Word		Bit	Word				
Ⓓ	○	○ (Other than T, C)		○			—		○

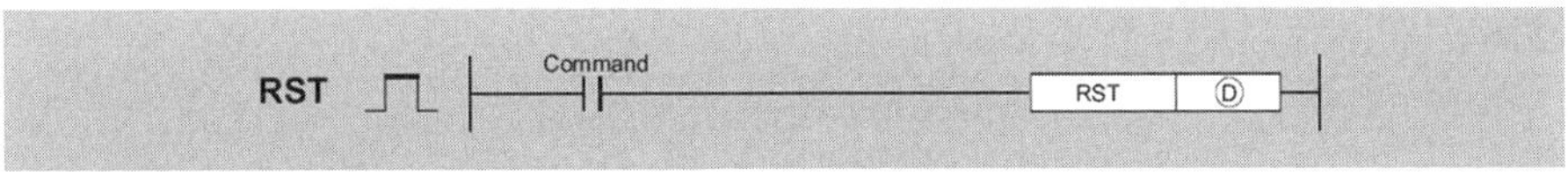

Ⓓ : Bit device number to be reset/ Word device bit designation (bits) Word device number to be reset (BIN 16 bits)
Word device number to be reset (BIN 16 bits)

<table>
<tr><th rowspan="2">Setting Data</th><th colspan="2">Internal Devices</th><th rowspan="2">R, ZR</th><th colspan="2">J□\□</th><th rowspan="2">U□\G□</th><th rowspan="2">Zn</th><th rowspan="2">Constants</th><th>Other</th></tr>
<tr><th>Bit</th><th>Word</th><th>Bit</th><th>Word</th><th>DY</th></tr>
<tr><td>Ⓓ</td><td colspan="7">○</td><td>—</td><td>○</td></tr>
</table>

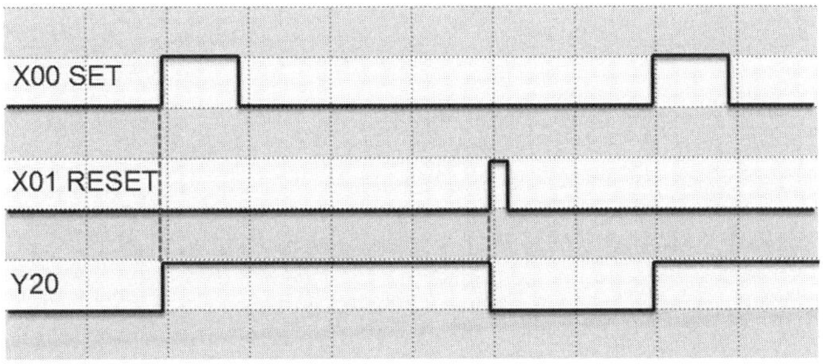

3.1.5 상승 펄스, 하강 펄스 출력(PLS, PLF)

PLS : 실행 지령이 OFF→ON으로 변경될 때 출력으로 지정된 디바이스를 1스캔 시간 동안만 ON 시킨다. PLF : 실행 지령이 ON→OFF로 변경될 때 출력으로 지정된 디바이스를 1스캔 시간 동안만 ON 시킨다.

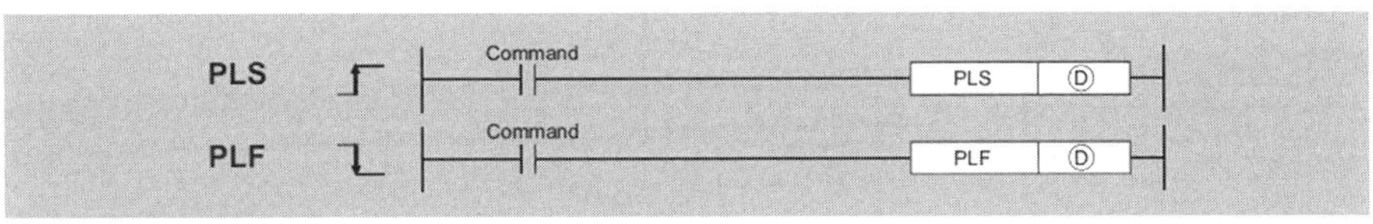

Ⓓ : Pulse conversion device (bits)

<table>
<tr><th rowspan="2">Setting Data</th><th colspan="2">Internal Devices</th><th rowspan="2">R, ZR</th><th colspan="2">J□\□</th><th rowspan="2">U□\G□</th><th rowspan="2">Zn</th><th rowspan="2">Constants</th><th>Other</th></tr>
<tr><th>Bit</th><th>Word</th><th>Bit</th><th>Word</th><th>DY</th></tr>
<tr><td>Ⓓ</td><td colspan="6">○</td><td colspan="2">—</td><td>○</td></tr>
</table>

PLS

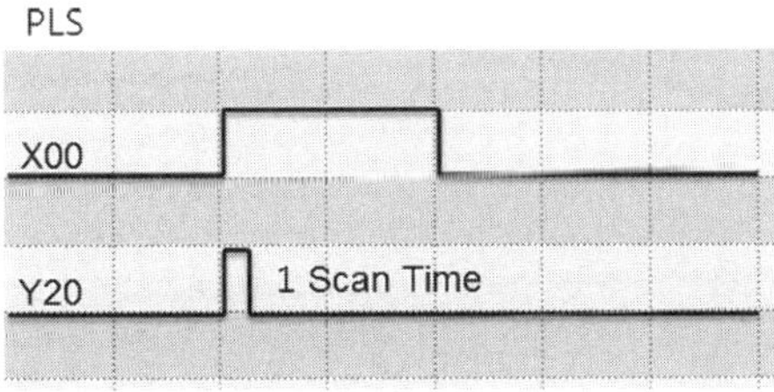

PLF

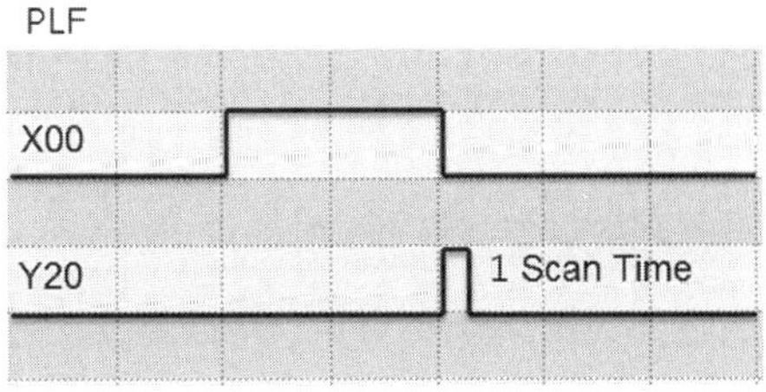

PLS 명령어의 동작을 같이 살펴보도록 하자.

위와 같은 프로그램을 만들었다고 생각해 보자. PLS 출력 명령어를 사용하여 M0를 ON 시키고 이 M0 신호를 입력으로 받아 Y20과 Y21을 ON 시키려는 프로그램이라는 것을 쉽게 이해할 수 있다. M0 신호를 출력으로 만들어서 ON을 할 수 있는 Y 출력은 ④의 Y20이 유일하다. Y21은 이 프로그램으로는 절대로 ON 시킬 수 없다. 그 이유를 생각해 보자.

먼저 PLS라는 명령어를 잘 이해했다고 한다면 출력으로 지정한 디바이스(여기에서는 M0가 되겠다.)를 1Scan Time만 ON 시킬 수 있다고 하였으므로 프로그램 하단의 END 명령어를 만나면 OFF 된다는 것을 알 수 있다. 위에서 예로 든 프로그램의 ⑤의 M0는 ①의 X0 스위치를 ON하면 다음 Scan에서 동작하는 Bit 신호이므로 ON 될 수 없는 신호임을 알 수 있다. 따라서 X0 스위치를 ON 하면 Y20만 ON 되는 프로그램이다.

3.1.6 비트 디바이스 출력 반전(FF)

실행 지령의 OFF → ON 시 출력으로 지정된 디바이스 상태를 반전한다. FF는 Flip Flop의 약자이다. 동작을 쉽게 이해하려면 엘리베이터에 있는 버튼을 생각해 보자. 가고자 하는 층의 버튼을 눌렀는데 실수를 하여 다른 층의 버튼을 눌렀을 경우, 눌렀던 버튼을 다시 누르면 선택이 해제되었다는 의미로 버튼의 램프가 꺼지지 않은가? 이러한 동작이 비트 디바이스 출력 반전(FF)을 사용한 대표적인 사례이다.

Ⓓ : Device number of the device to be reversed (bits)

<table>
<tr><th rowspan="2">Setting Data</th><th colspan="2">Internal Devices</th><th rowspan="2">R, ZR</th><th colspan="2">J□\□</th><th rowspan="2">U□\G□</th><th rowspan="2">Zn</th><th rowspan="2">Constants</th><th rowspan="2">Other DY</th></tr>
<tr><th>Bit</th><th>Word</th><th>Bit</th><th>Word</th></tr>
<tr><td>Ⓓ</td><td colspan="6">○</td><td colspan="2">—</td><td>○</td></tr>
</table>

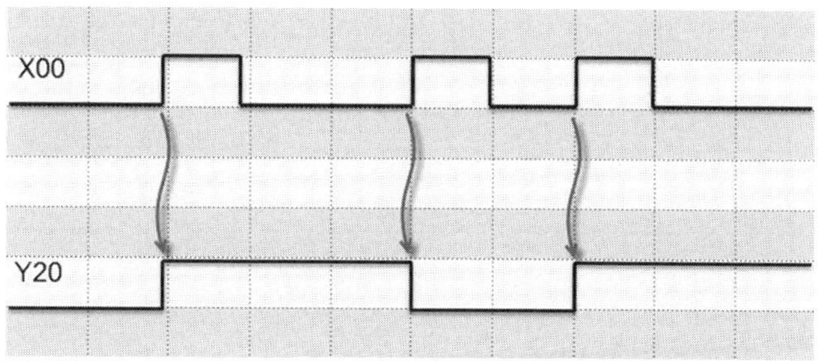

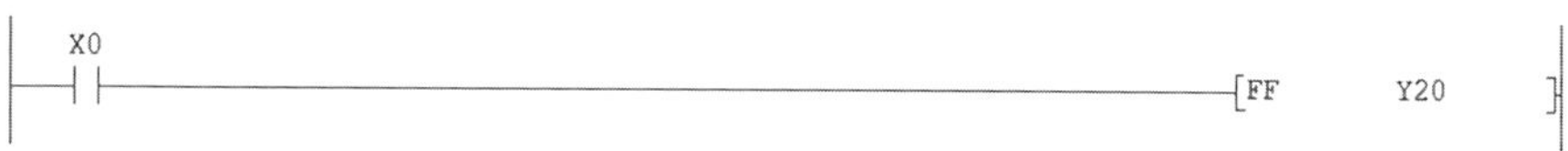

위의 상승 펄스, 하강 펄스 출력(PLS, PLF) 명령어를 사용하면 동일한 동작을 하는 결과를 얻을 수 있다.

다음 프로그램을 분석해 보도록 하자.

먼저 PLC가 위의 프로그램을 수행하는 순서에 대해 알아보면 좌에서 우, 위에서 아래로 단계적으로 수행하므로 ① → ② → ③ → ④ → ⑤ → ⑥ → ⑦ → ⑧ → ⑨ 의 순서가 된다. 이제 동작에 대해 살펴보자.

X0 스위치를 누르기 전

①의 X0 스위치를 누르지 않은 상태의 M0와 M1의 ON/OFF 상태를 알아보면 다음과 같다. ②의 PLS 명령이 동작하지 않았으므로 M0는 OFF 상태이다. ③의 M0 a접점은 OFF 상태이고 ⑤의 M0 b접점은 ON 상태가 된다. ④의 M1 b접점은 ON 상태 ⑥의 M1 a접점은 OFF 상태이다. 그리고 ⑦의 M1출력은 OFF 상태이다.

첫 번째 X0 스위치를 누름

①의 X0 스위치를 누르면 ②의 PLS 명령으로 M0는 프로그램 하단의 END 명령어까지 ON 된다.

③의 M0는 ON 상태가 되고, ④의 M1은 아직 ⑦의 M1이 ON 상태가 아니고 b접점이므로 ON 상태이다. ⑤의 M0는 b접점이므로 OFF가 되며 ⑥의 M1은 OFF 상태이다.

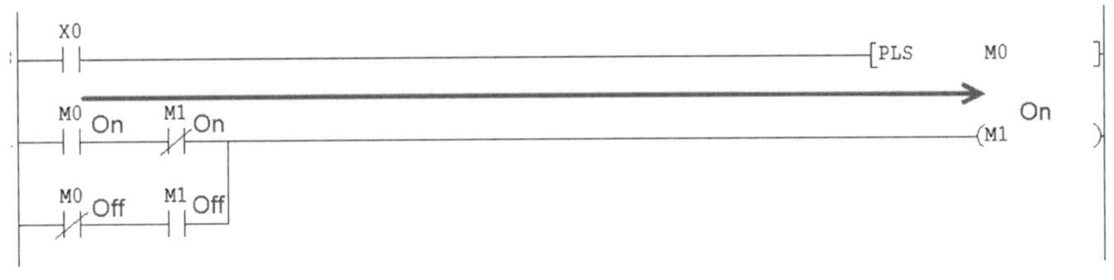

X0 스위치에서 손을 떼었을 때

①의 X0 스위치에서 손을 떼어 보자.

②의 PLS 명령어의 출력인 M0는 OFF 상태가 된다. ③의 M0는 OFF이다. 하지만 ⑦ 출력 M1은 동작하지 않았지만 위에서 M1이 ON 상태로 만들어 놓았기 때문에 PLC 메모리상에 ON 상태로 등록되어 있다. 따라서 M1은 ON 상태가 된다. 따라서 ④의 M1은 b접점으로 사용하였으므로 OFF 상태가 된다. 다음 ⑤의 M0의 b접점은 ③의 M0가 OFF 상태이므로 ON 상태이며 ⑥의 M1은 ON 상태가 된다. 결론적으로 ⑤의 M0 b접점과 ⑥의 M1이 ON 상태가 되므로 ⑦의 M1의 출력이 ON으로 된다.

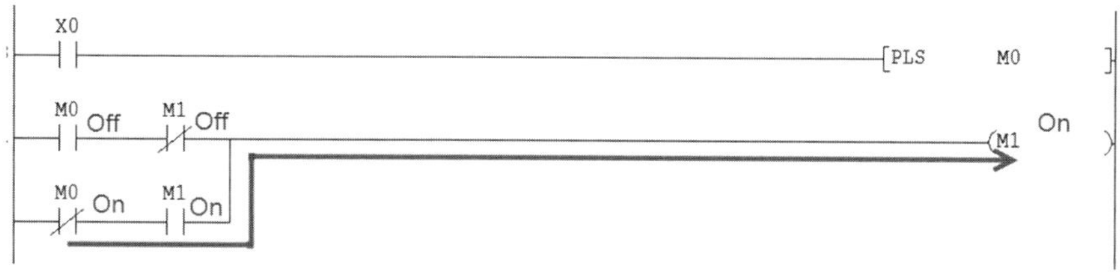

두 번째 스위치 X0 스위치를 누름

다시 한번 ①의 X0 스위치를 눌러 보자.

②의 PLS 명령으로 M0는 프로그램 하단의 END 명령어까지 ON 된다. ③의 M0는 ON 상태가 되고 ④의 M1은 PLC 메모리상에 ON 상태로 등록되어 있고 b접점이므로 OFF 상태가 된다. ⑤의 M0는 b접점이므로 OFF가 되며 ⑥의 M1은 ON 상태이다.

⑦의 M1의 출력은 ③의 M0는 ON, ④의 M1은 Off 상태, 그리고 ⑤의 M0는 OFF, ⑥의 M1은 ON 상태이므로 OFF 상태가 된다.

X0 스위치에서 손을 떼었을 때

이제 ①의 X0 스위치에서 손을 떼어 보자.

②의 PLS 명령어의 출력인 M0는 OFF 상태가 된다. ③의 M0는 OFF이다. 그리고 ⑦ 출력 M1은 동작하지 않았고 위에서 M1이 OFF 상태로 만들어 놓았기 때문에 PLC 메모리상에 OFF 상태로 등록되어 있다. 따라서 M1은 OFF 상태가 된다. 따라서 ④의 M1은 b접점으로 사용하였으므로 ON 상태가 된다. 다음 ⑤의 M0의 b접점은 ③의 M0가 OFF 상태이므로 ON 상태이며 ⑥의 M1은 OFF 상태가 된다.

결론적으로 ③의 M0는 OFF, ④의 M1은 ON 상태, 그리고 ⑤의 M0는 ON, ⑥의 M1은 OFF 상태이므로 ⑦의 M1의 출력은 OFF 상태가 된다. 이 프로그램을 테스트하기 위해 설명을 시작했던 스위치 X0를 누르기 전의 초기 상태로 바뀌었다.

위에서 설명한 동작을 타임 차트로 그려 보면 아래와 같다.

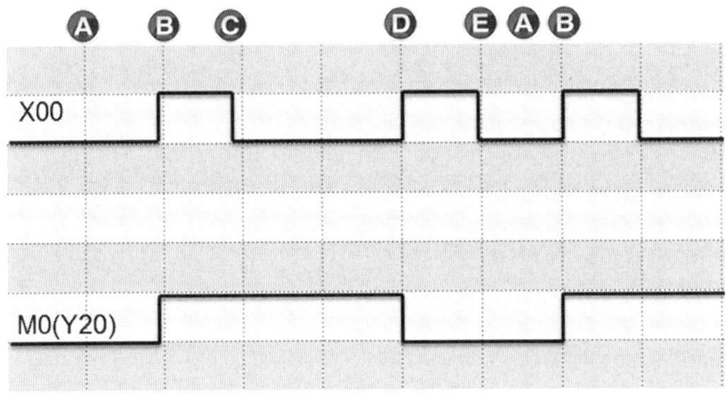

3.2 기본 명령어

3.2.1 비교 연산 명령 (=, <>,>, <=, <,>=)

두 데이터를 비교하여 결과를 조건으로 사용한다. 비교의 대상은 주로 숫자 데이터이다. 따라서 (S1)과 (S2)로 지정되는 대상은 숫자와 숫자 정보를 보관하고 있는 워드형 디바이스가 된다.

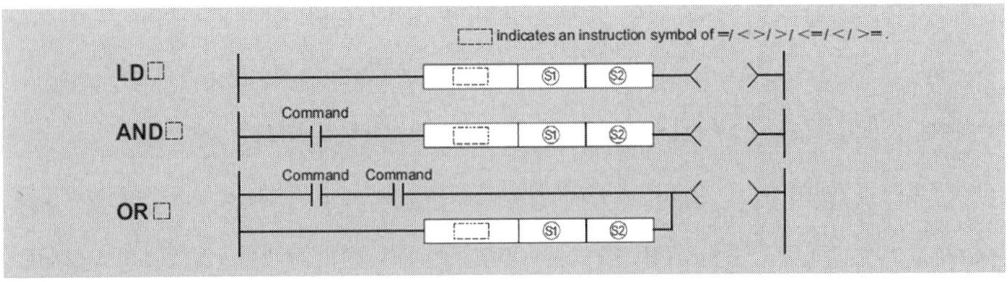

S1, S2: Data for comparison or head number of the devices where the data for comparison is stored (BIN 16 bits)

<table>
<tr><th rowspan="2">Setting Data</th><th colspan="2">Internal Devices</th><th rowspan="2">R, ZR</th><th colspan="2">J□\□</th><th rowspan="2">U□\G□</th><th rowspan="2">Zn</th><th rowspan="2">Constants K, H</th><th rowspan="2">Other</th></tr>
<tr><th>Bit</th><th>Word</th><th>Bit</th><th>Word</th></tr>
<tr><td>S1</td><td colspan="8">○</td><td>—</td></tr>
<tr><td>S2</td><td colspan="8">○</td><td>—</td></tr>
</table>

몇 가지 예를 살펴보면 다음과 같다.

	수학적인 의미	PLC에서 의미	PLC 프로그래밍
(S1) < (S2)	(S1)이 (S2)보다 작다	(S1)이 (S2)보다 작으면	[< (S1) (S2)]
(S1) > (S2)	(S1)이 (S2)보다 크다	(S1)이 (S2)보다 크면	[> (S1) (S2)]
(S1) ≤ (S2)	(S1)이 (S2)보다 같거나 작다	(S1)이 (S2)보다 같거나 작으면	[≤ (S1) (S2)]
(S1) = (S2)	(S1)과 (S2)는 같다	(S1)과 (S2)가 같으면	[= (S1) (S2)]
(S1) ≠ (S2)	(S1)과 (S2)는 같지 않다	(S1)과 (S2)가 같지 않으면	[〈〉 (S1) (S2)]

위와 같이 수학적인 의미를 살펴보면 결론으로 표현이 되지만, PLC에서는 '~ 하면' 이라는 의미의 조건으로 사용한다. 즉 PLC에서 비교연산 명령어는 출력이 아닌 조건으로 사용하는 명령어라는 것을 알 수 있다.

다음과 같이 20초까지 동작하는 타이머를 만들어 보자.

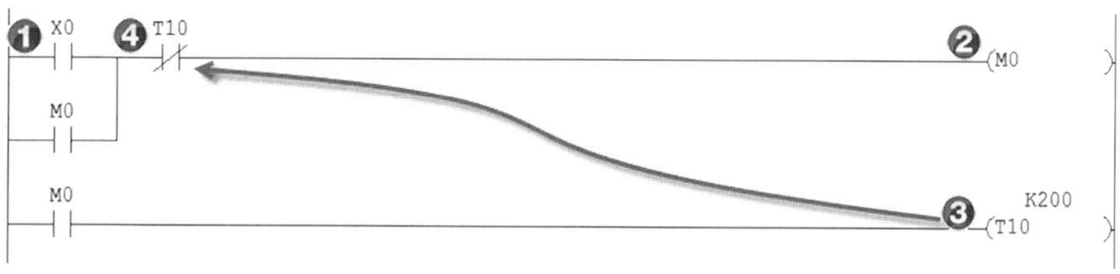

①의 X0 시작 스위치를 누르면 ②의 M0가 자기 유지되어 계속 ON 상태를 유지한다. 이 M0 신호를 입력으로 ③의 타이머 T10도 동작하여 설정값이 K200이므로 K200× 100ms = 20,000(ms) = 20(sec)이므로 타이머 T20은 20초 뒤에 타임업된다. ④의 T10 b 접점은 20(sec) 뒤에 자기유지회로를 끊어 주기 때문에 타이머의 입력이 OFF 되고 타이머 T10은 초기화된다.

이 타이머가 동작 중에 5초 이상인 경우 Y20에 연결된 적색 Lamp를 ON 하려면 다음과 같이 비교연산 명령어를 사용하면 된다.

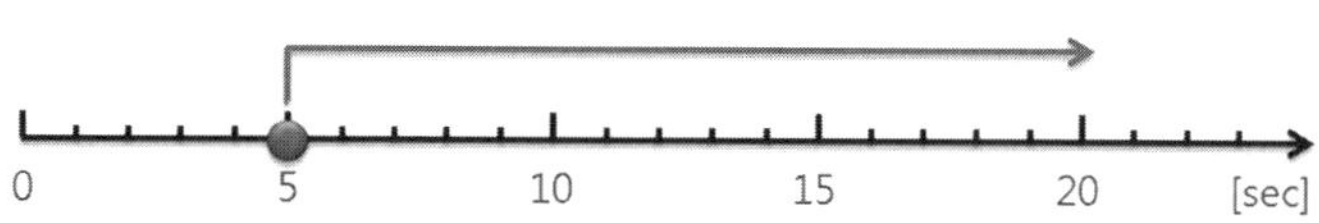

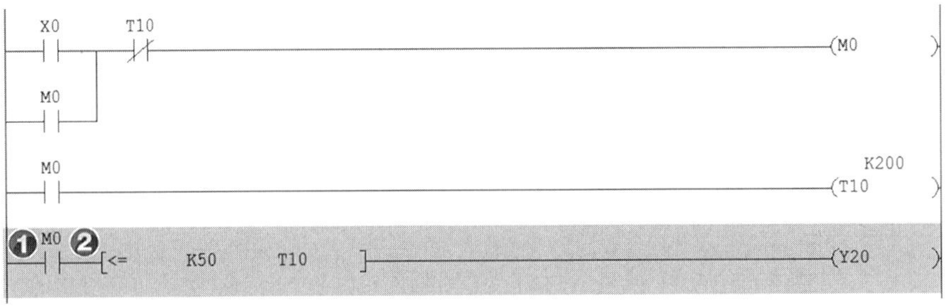

①의 M0는 타이머가 동작 중에는 ON이 되므로 타이머가 동작 중이라는 의미로 사용하였다. 조건으로 넣지 않아도 상관은 없지만 의미가 분명해지기 때문에 첨부하였다.

②는 그래프의 내용을 순서대로 옮겨 놓았다. 비교하는 대상은 5초라는 의미와 타이머 T10(Word의 의미이므로 타이머가 동작하면 계속 시간이 변경되는 값이 저장된다.)에 저장되는 시간이다. 그래프의 눈금은 단위가 초(sec)이고 프로그램에서 사용한 타이머는 저속 일반 타이머이므로 100ms 단위, 즉 0.1초(sec)마다 시간이 변경된다. 따라서 프로그램에서 5초는 K50이라고 표시하는 것이 맞는 표현이다. 즉 K50 ≤ T10이라고 표시하면 되겠다.

비교연산에서는 부등호(등호)의 기호를 제일 먼저 표시하므로 기호를 먼저 쓰고 다음 순서대로 비교 대상을 나열하면 간단하게 비교연산 명령을 사용할 수 있다.

여기에서는 5초도 포함되어 비교하므로 등호도 같이 표시하였다. 또한, 타이머가 동작 중에 15초 미만인 경우 Y21에 연결된 청색 Lamp를 ON 하려면 다음과 같이 비교연산 명령어를 사용하면 되겠다.

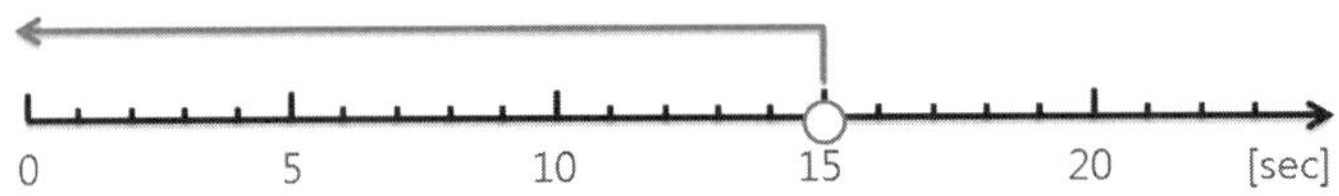

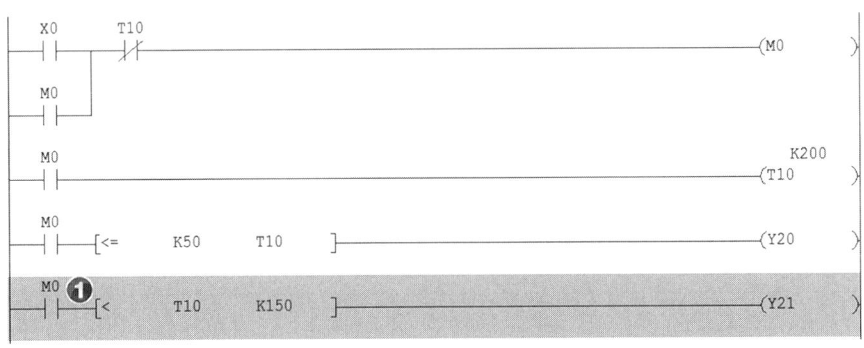

①은 타이머 T10이 동작하여 경과되는 시간 값(경과치)와 15초를 비교한 것이다.

타이머가 동작하기 시작해서 15초 미만까지의 시간에서 Lamp 출력 Y21을 ON 하여야 하므로 T10 < K150의 범위라고 생각할 수 있다. PLC에서 비교연산을 사용할 때에는 먼저 비교에 해당하는 기호부터 사용하여야 하므로 < 기호가 먼저 오고 나머지 비교 대상은 순서대로 써넣으면 되겠다.

마지막으로 타이머가 동작 중에 5초 이상 15초 미만인 경우 Y22에 연결된 황색 Lamp를 ON 하려면 비교연산 명령어를 어떻게 사용하면 되겠는지 알아보자.

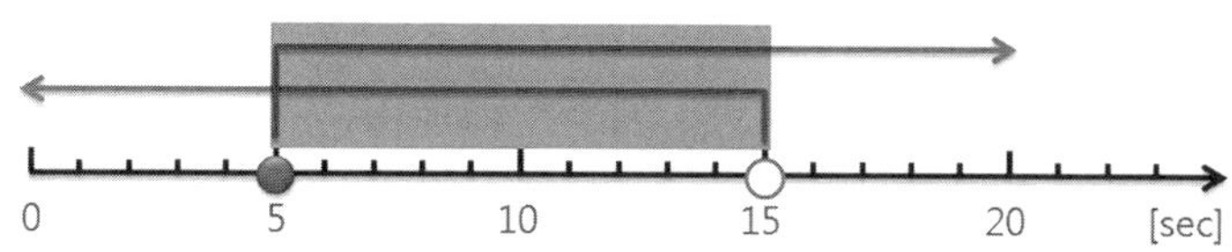

그림으로 표시하면 위와 같은 범위가 될 것이다. 위의 그래프를 살펴보면 앞에서 설명한 범위가 서로 겹쳐져 있는 공통 범위라는 것을 알 수 있다. 이것은 앞에서 사용했던 각각의 비교연산을 논리적으로 연결해 주면 된다는 의미이므로 위의 그래프를 보고 다시 생각해 보자.

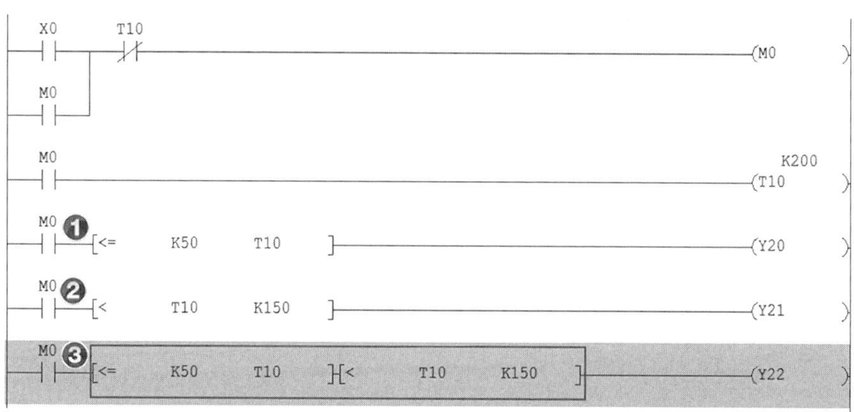

먼저 공통 범위를 나타내는 논리부터 생각해 보면 ⓐ라는 영역과 ⓑ라는 영역의 공통 범위는 ⓐ영역이면서 ⓑ영역인 부분으로 표현할 수 있다. '~ 이면서, ~이고'라는 의미는 AND 논리라는 것을 알 수 있다. 반면에 '~ 이거나, 또는'이라는 표현은 OR 논리이다.

위에서 각각의 그래프의 공통 범위이므로 첫 번째 같이 살펴본 K50 ≤ T10인 영역과 두 번째에서 살펴본 T10 < K150의 영역의 AND 영역인 것을 알 수 있다. ③과 같이 표현하면 되겠다.

3.2.2 산술 연산

산술 연산은 우리가 이미 알고 있는 덧셈, 뺄셈, 곱셈, 나눗셈을 PLC 명령어로 만들어 놓은 것이다. 문법에 맞도록 사용하면 쉽게 사용할 수 있다.

(1) 덧셈 · 뺄셈 연산

덧셈과 뺄셈 연산을 실행하기 위해서는 더하거나 빼기를 하기 위한 숫자 또는 이 숫자가 저장되어 있는 Word형 디바이스가 지정되어 있어야 하고, 계산된 결과가 저장될 보관 영역, 즉 Word형 디바이스가 지정되어야 한다. 다음 그림은 이 사항을 나타낸 것이다.

S : Source 숫자, 숫자가 저장되어 있는 디바이스를 지정할 수 있다.
(워드형 디바이스와 숫자 데이터 모두 사용할 수 있다)
예를 들어 K100, H100, D100, K4X00 등

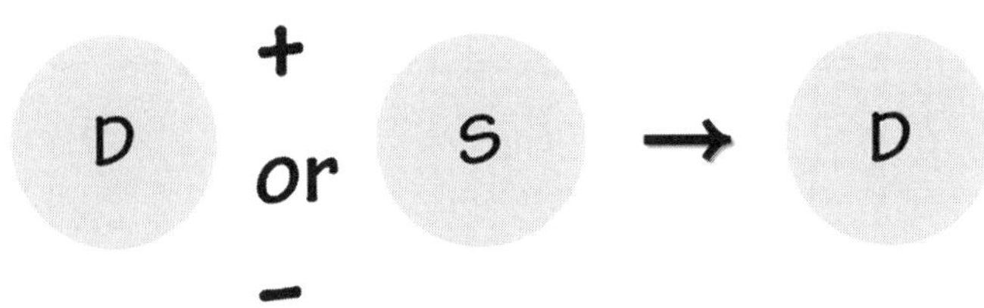

D : Destination 숫자를 저장할 수 있는 디바이스를 지정할 수 있다.
(워드형 디바이스는 모두 사용할 수 있다)
예를 들어 D200 K4M00 등

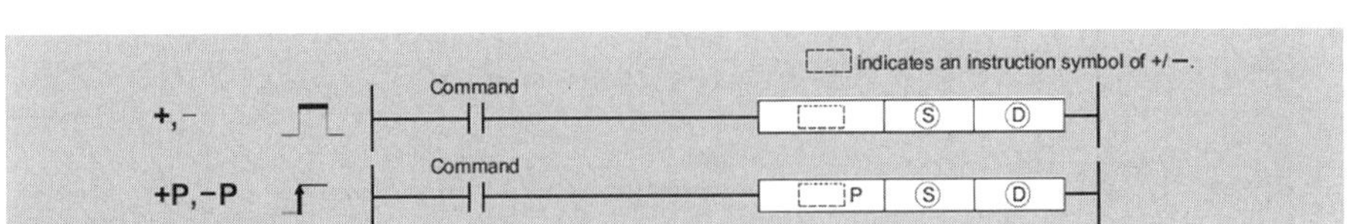

Setting Data	Internal Devices Bit	Internal Devices Word	R, ZR	J□\□ Bit	J□\□ Word	U□\G□	Zn	Constants K, H	Other
Ⓢ	○							○	—
Ⓓ	○							—	—

① 항목이 2개인 경우의 덧셈 연산

(D)로 지정된 Word형 디바이스에 저장된 값과 (S)로 지정된 숫자 또는 Word형 디바이스에 저장된 값을 덧셈 연산하여 그 결과값을 (D)로 지정된 Word형 디바이스에 저장한다.

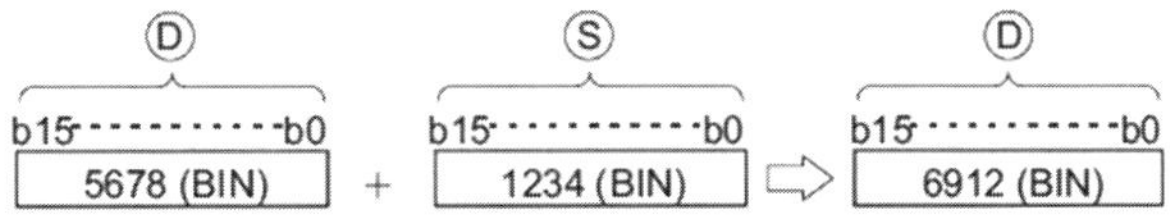

연산 항목이 2개인 경우의 덧셈 연산의 특수한 경우로 다음과 같은 프로그램을 생각해 보자.

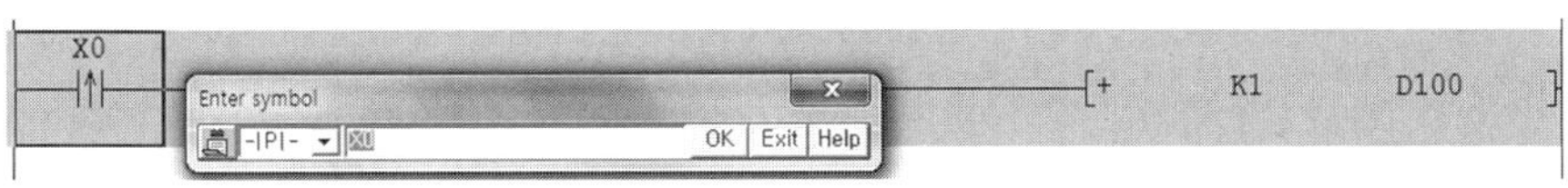

입력 X00를 펄스화하였다.

위의 덧셈 연산에서 입력 조건 X0가 ON 될 때마다 D100에는 1씩 수치가 증가되어 저장된다. 즉 Ⓓ+Ⓢ→Ⓓ의 연산을 하므로 Ⓢ는 K1이고 Ⓓ에 저장되어 있는 초깃값이 0이라고 가정하면 스위치 X0가 ON 되면 0+K1되어 Ⓓ에는 1이 저장된다.

두 번째 스위치 X0가 ON 되면 1+K1되어 Ⓓ에는 2이 저장된다. 스위치 X0를 누를 때마다 D100에는 1씩 수치가 증가되어 저장되는 것을 알 수 있다. 이것은 앞에서 학습했던 카운터와 동일한 동작을 한다.

주의할 점은 스위치 입력이 1 Scan 시간 동안만 동작할 수 있게 신호를 만들어 주어야 한다. 다음 그림을 보면서 이유를 생각해 보자.

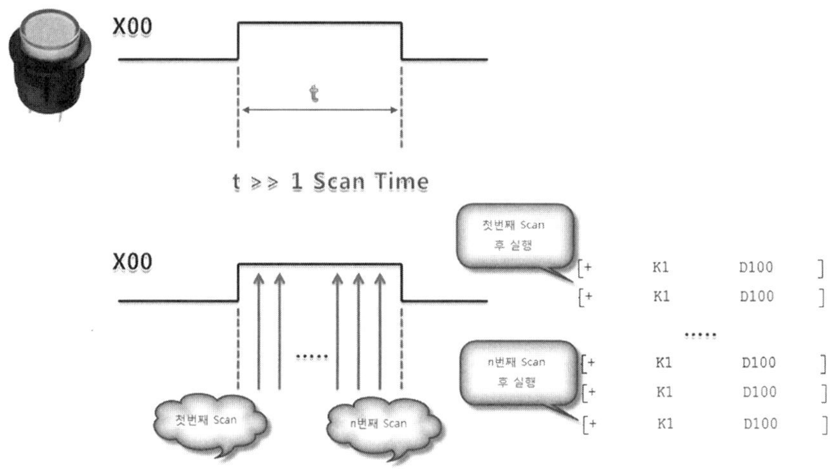

스위치 X00이 ON 되는 시간을 아무리 짧게 누른다고 하더라도 PLC의 Scan 시간과 비교하면 상당히 긴 시간이 된다. PLC CPU는 프로그램을 실행하기 위해서 매 Scan마다 X00의 ON 되어 있는지 확인하고 출력을 만들어 낼 것이다. 매 Scan마다 X00가 ON 되어 있으면 D100에 저장되는 값은 증가될 것이고 이것은 우리가 의도하는 바와는 전혀 다른 결과를 만들게 된다.

따라서 이러한 현상을 방지하기 위해서 입력 신호를 펄스화시키는 방법을 사용한다. 바로 상승 엣지 신호를 만들어 주는 것이다. 또 다른 방법으로는 출력 명령을 펄스화시키는 것으로 모든 명령어의 뒤에 'P'라고 표시를 덧붙여 주면 출력 명령이 펄스화된다.

앞에서 살펴본 것과 동일한 동작을 하는 명령어가 있다. 같이 알아 두면 유용할 것이다.

참고할 명령어 INC, DEC 명령

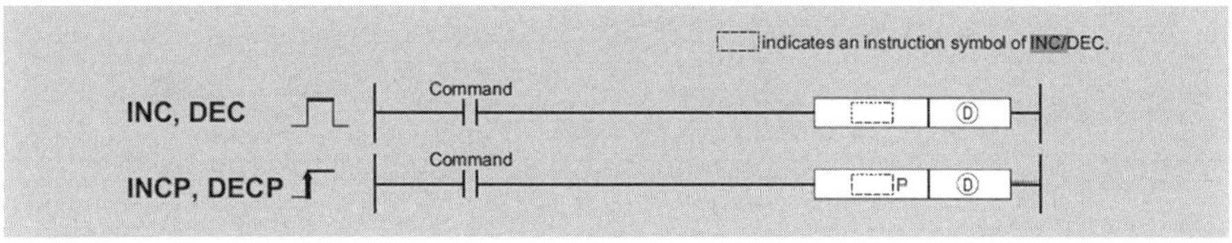

Ⓓ : Head number of devices for INC (+1)/DEC (-1) operation (BIN 16 bits)

Setting Data	Internal Devices		R, ZR	J□\□		U□\G□	Zn	Constants	Other
	Bit	Word		Bit	Word				
Ⓓ	○							—	

영어단어에 '증가하다'라는 의미의 동사 Increase가 있다. 이 단어의 의미를 사용하여 INC라는 명령어를 만들었다. 입력 조건이 ON 될 때마다 (D)로 지정된 디바이스에 1씩 값을 증가시키는 동작을 한다. 아래는 입력하는 방법과 위와 동일한 동작을 하는 프로그램이다.

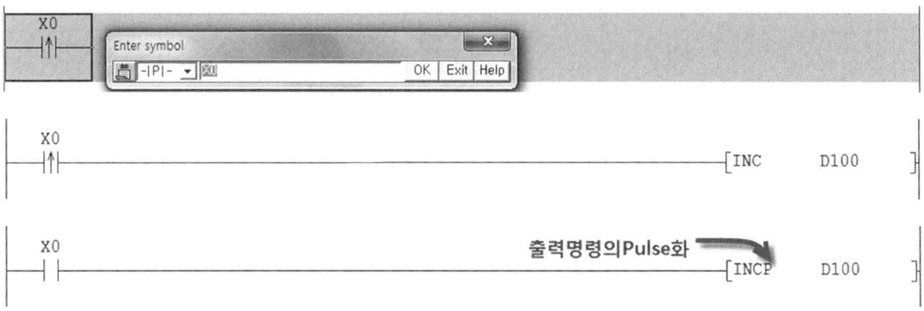

또한, 영어단어에 '감소하다'라는 의미의 동사 Decrease가 있다. 이 단어의 의미를 사용하여 DEC라는 명령어를 만들었다. 입력 조건이 ON 될 때마다 (D)로 지정된 디바이스에 1씩 값을 감소시키는 동작을 한다. 프로그램 예는 뺄셈 연산에서 하도록 하겠다.

② 항목이 2개인 경우의 뺄셈 연산

(D)로 지정된 Word형 디바이스에 지정된 값에서 (S)로 지정된 숫자 또는 Word형 디바이스에 저장된 값을 뺄셈 연산하여 그 결괏값을 (D)로 지정된 Word형 디바이스에 저장한다.

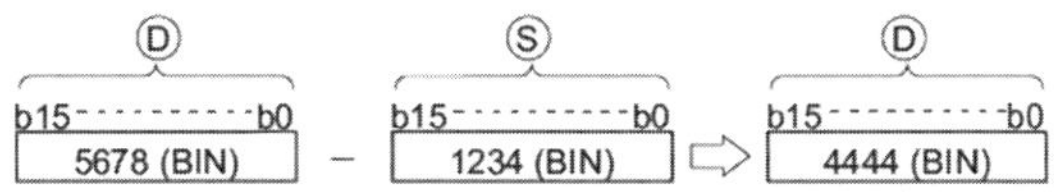

덧셈 연산에서와 마찬가지로 연산 항목이 2개인 경우의 뺄셈 연산의 특수한 경우로 다음과 같은 프로그램을 생각해 보자.

위의 뺄셈 연산에서 입력 조건 X0가 ON 될 때마다 D100에는 1씩 수치가 감소되어 저장된다. 즉 Ⓓ－Ⓢ→Ⓓ의 연산을 하므로 Ⓢ는 K1이고 Ⓓ에 저장되어 있는 초깃값이 100이라고 가정하면 스위치 X0가 ON 되면 100 － K1 되어 Ⓓ에는 99가 저장된다.

두 번째 스위치 X0가 ON 되면 99 － K1 되어 Ⓓ에는 98이 저장된다. 스위치 X0를 누를 때마다 D100에는 1씩 수치가 감소되어 저장되는 것을 알 수 있다. 이것은 역으로 카운터 동작을 한다는 것을 알 수 있다.

※ 연습문제

앞에서 학습한 덧셈 · 뺄셈 연산과 비교연산 명령어를 이용하여 주차장에 주차한 차량 수를 표시할 수 있는 시스템을 만들어 보자.

주차장에 진입하거나 진출하는 차량을 카운트하기 위해 입구와 출구의 바닥에 센서를 설치하였다. 주차장에 주차 가능 차량의 수량은 100대이고 이 숫자를 표시하는 표시 장치에는 0~100까지의 숫자만 표시가 되어야 한다.

진입로의 차량감지용 센서를 X10, 진입로의 차량감지용 센서를 X11이라고 하자. 차량의 수량은 터치 패널을 이용하여 표시하는 것으로 하자.

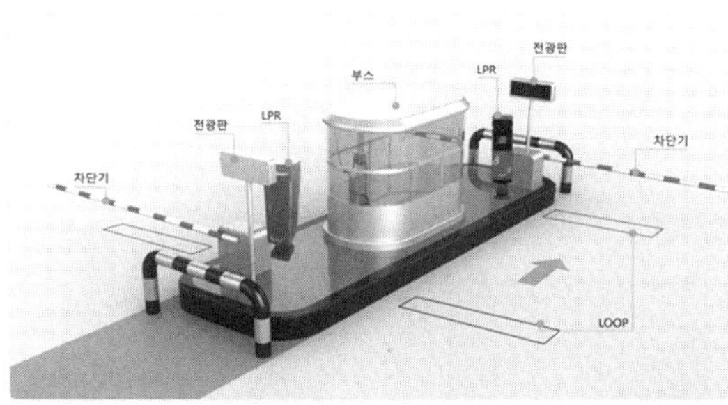

차량이 진입하여 진입 감지용 센서 X10이 ON 되면 D300에 1씩 증가할 수 있게 프로그램하였다. 중요한 것은 센서가 감지될 때 1만 증가하여야 하므로 입력 조건이나 출력 명령을 펄스화하여 사용해야 한다는 점이다. 여기에서는 ①과 같이 출력 명령을 펄스화하여 사용하였다.

차량이 진입하여 진출 감지용 센서 X11이 ON 되면 D300에 1씩 감소할 수 있게 ②와 같이 프로그램하였다. 주차장에 들어가거나 나오는 차량의 수량을 보관하는 디바이스는 동일한 번호로 사용하는 것이 좋을 것 같다. 다른 디바이스에 각각 진입 차량 수와 진출 차량 수를 보관하면 현재 주차장에 주차하고 있는 차량의 수를 다시 계산해 주는 프로그램이 필요하기 때문에 동일한 디바이스에 진입하고 진출하는 차량 수를 보관하는 것이 좀 더 편한 방법이 될 것이다.

프로그램상으로 보아 진입하는 차량을 감지하여 1씩 증가시키고 진출하는 차량을 감지하여 1씩 감소시키는 동작이 무리 없이 잘될 것 같다. 여기에서 하나 더 생각을 해야 할 것이 있다. 위의 문제에서 "주차장의 주차 가능 수가 100이라고 하였으므로 이 숫자를 표시하는 표시 장치에는 0~100까지의 숫자만 표시가 되어야 한다."라는 조건이 있다는 것이다. 이런 조건에 대한 표현을 하기 위해 비교연산 명령어가 필요한 것이다.

진입하는 경우를 먼저 생각해 보자. 주차장에 차량이 없는 상태부터 생각하면 D300에 저장된 값은 0이고 이후 첫 차량이 주차장에 들어왔다고 하면 D300에 1이 될 것이다. 즉 D300에 값이 0인 경우 출력 명령어를 동작시킬 수 있는 조건이 된다는 말이다.

동일한 방법으로 계속 조건을 생각해 보자. 이제 주차장에 차량이 1대 주차되어 있다. 다시 말해서 D300에 값이 1이 되었다. 이때 또 다른 차량이 진입할 경우 출력 명령어를 동작시킬 수 있는가? 물론 진입 가능하다. 진입하면 D300에 값이 2로 변경되니 조건을 만족한다. 이런 식으로 계속 차량이 진입하였다고 할 경우 D300에 저장되는 값이 99가 되었을 때를 생각해 보면 차량이 한 대 더 진입할 경우 주차장은 만차가 된다. 즉 D300에 저장되는 값이 100이 된다. 이제 더 이상 주차장에 차량의 진입을 허가한다면 주차가 불가능한 차량이 발생된다.

위의 설명한 내용을 다시 정리해 보면, 주차장에 진입하는 경우 조건으로 사용할 수 있는 D300의 값의 범위는 0보다 같거나 크고 99보다 같거나 작은 경우라고 할 수 있다.

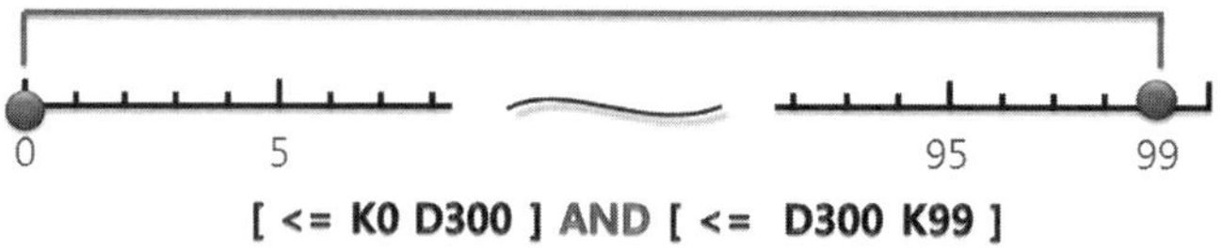

프로그램으로 표시해 보면 다음과 같다.

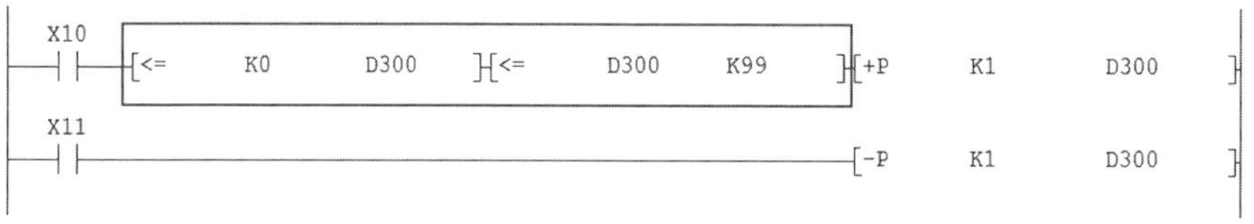

진출하는 경우도 같은 방식으로 생각해 보자. 진출하는 경우는 주차장이 만차된 상황부터 생각하면 조건을 잡는데 좀 더 편리할 것 같다. 주차장이 주차한 차량으로 가득 채워졌으므로 D300에 저장된 값은 100이다. 주차했던 차량이 1대 빠져나갔다고 한다면 D300에는 99로 값이 변경된다.

계속 차량이 빠져나가 차량이 1대 남았다. 이 차량이 주차장에서 나가면 D300에 저장된 값이 0으로 변경된다. 이제 차량 진출 센서가 어떤 물체에 감지가 되더라도 출력 명령이 동작해서는 안 된다. 진출 시 사용할 조건은 D300에 저장된 값의 범위는 1보다 같거나 크고 100보다 같거나 작은 경우가 된다는 것을 알 수 있다.

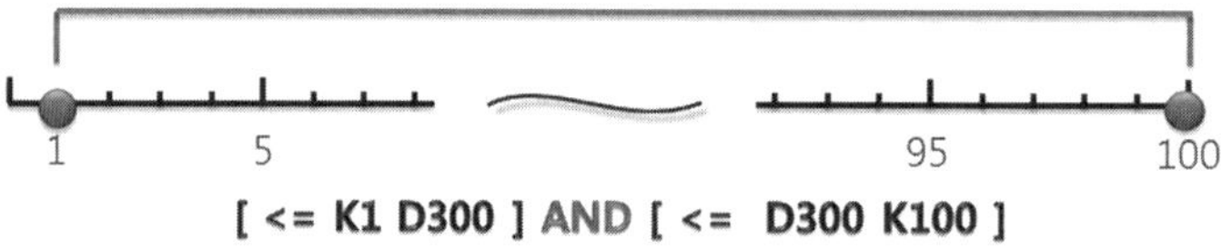

프로그램으로 표시해 보면 다음과 같다.

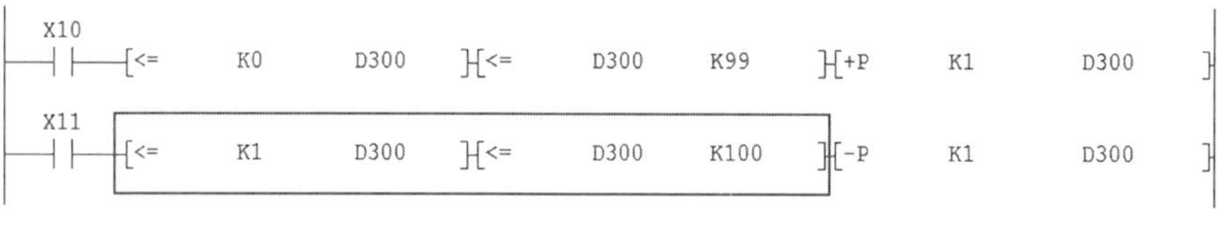

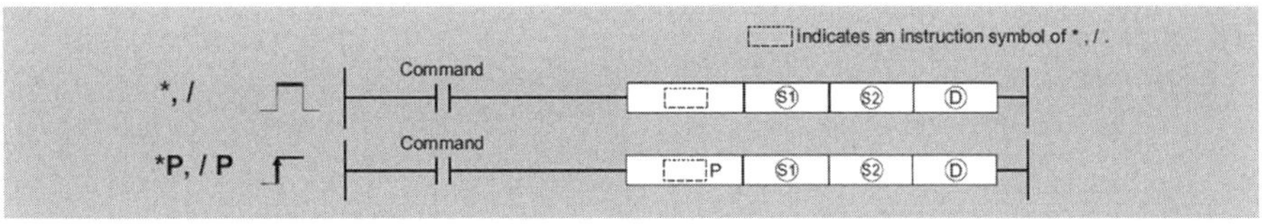

<table>
<tr><th rowspan="2">Setting Data</th><th colspan="2">Internal Devices</th><th rowspan="2">R, ZR</th><th colspan="2">J□\□</th><th rowspan="2">U□\G□</th><th rowspan="2">Zn</th><th rowspan="2">Constants K, H</th><th rowspan="2">Other</th></tr>
<tr><th>Bit</th><th>Word</th><th>Bit</th><th>Word</th></tr>
<tr><td>(S1)</td><td colspan="7">○</td><td>○</td><td>–</td></tr>
<tr><td>(S2)</td><td colspan="7">○</td><td>○</td><td>–</td></tr>
<tr><td>(D)</td><td colspan="7">○</td><td>–</td><td>–</td></tr>
</table>

③ 항목이 3개인 경우의 덧셈 연산

(S1)로 지정된 숫자 또는 Word형 디바이스에 저장된 값과 (S2)로 지정된 숫자 또는 Word형 디바이스에 저장된 값을 덧셈 연산하여 그 결괏값을 (D)로 지정된 Word형 디바이스에 저장한다.

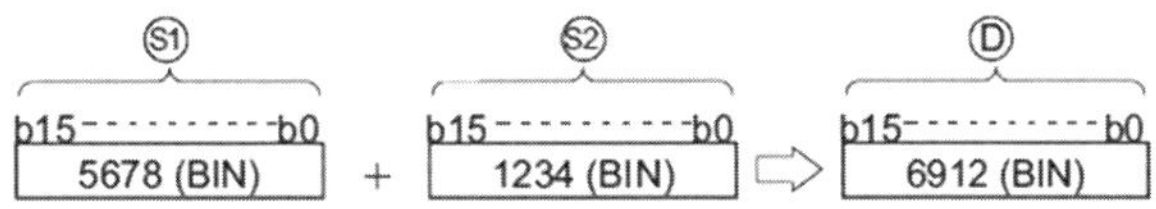

④ 항목이 3개인 경우의 뺄셈 연산

(S1)로 지정된 숫자 또는 Word형 디바이스에 저장된 값과 (S2)로 지정된 숫자 또는 Word형 디바이스에 저장된 값을 뺄셈 연산하여 그 결괏값을 (D)로 지정된 Word형 디바이스에 저장한다.

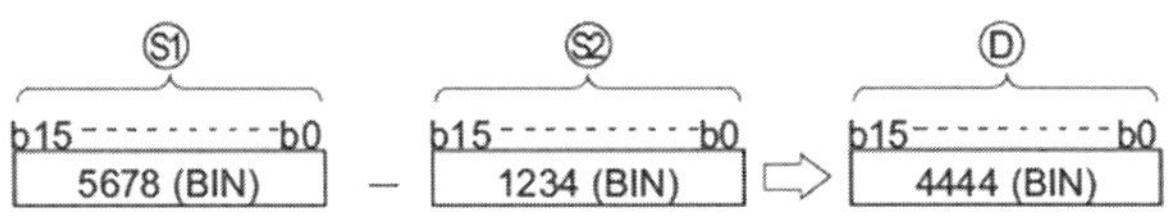

3.2.3 곱셈 · 나눗셈 연산

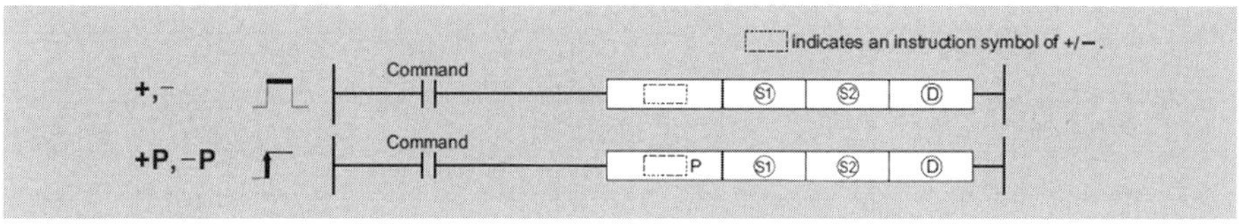

Setting Data	Internal Devices Bit	Internal Devices Word	R, ZR	J□\□ Bit	J□\□ Word	U□\G□	Zn	Constants K, H	Other
S1	○							○	—
S2	○							○	—
D	○							—	—

(1) 곱셈 연산

(S1)로 지정된 숫자 또는 Word형 디바이스에 저장된 값과 (S2)로 지정된 숫자 또는 Word형 디바이스에 저장된 값을 곱셈 연산하여 그 결괏값을 (D)로 지정된 Word형 디바이스에 저장한다.

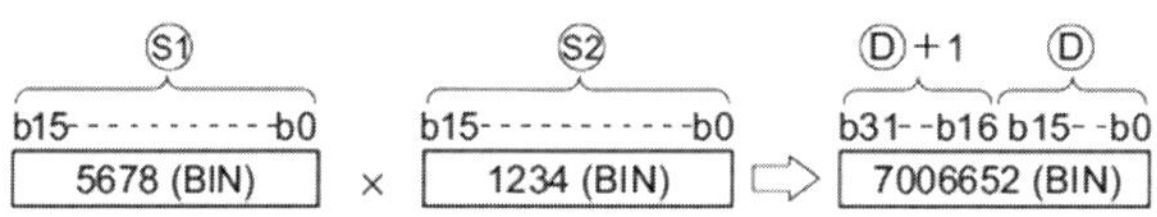

곱셈 연산에서 주의할 것은 저장하는 (D)영역이 2 Word(Double Word)라는 것이다. 간단하게 설명해 보면 예를 들어 (S1)에 저장되어 있는 값이 K10(정수값 10)이고 (S2)에 저장되어 있는 값이 K10이라면 (D)에 저장되는 값은 K100이 된다. 이 값은 1Word에 저장될 수 있는 값이다. (1Word에 저장할 수 있는 값의 범위는 -32768 ~ +32767 범위이다.)

또 다른 예를 하나 더 들면 (S1)에 저장되어 있는 값이 K1000이고 (S2)에 저장되어 있는 값이 K1000이라면 (D)에 저장되는 값은 K1000000이 된다. 이 값은 (D)영역이 1Word라고 한다면 저장 범위를 벗어나는 결과를 초래한다.

따라서 곱셈 연산에서 계산 결괏값이 커지는 것을 알기 때문에 자연스럽게 1 Word에 해당하는 영역을 추가로 지정해 놓았다. 그래서 위의 그림과 같이 계산된 결괏값은 (D), (D+1)의 연속된 영역인 2 Word(Double Word)에 저장된다.

(2) 나눗셈 연산

(S1)로 지정된 숫자 또는 Word형 디바이스에 저장된 값과 (S2)로 지정된 숫자 또는 Word형 디바이스에 저장된 값을 나눗셈 연산하여 그 결괏값을 (D), (D+1)의 연속된 영역로 지정된 Word형 디바이스에 저장한다.

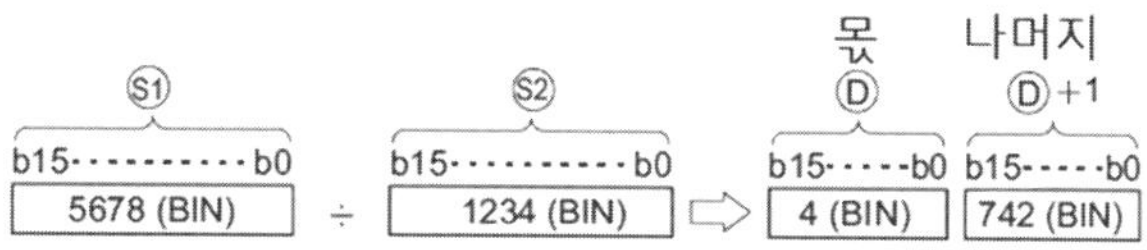

PLC에서 나눗셈 연산은 우리가 일반적으로 생각하는 나눗셈이 아닌 몫과 나머지를 구해 주는 연산임에 주의하자. 즉 (S1)에 5라는 값이 저장되어 있고 (S2)에 3이라는 값이 저장된 상태에서 나눗셈 연산을 실행하면 (D)에는 몫에 해당하는 1이 저장되고 (D+1)에는 나머지에 해당하는 2가 저장된다.

※ 연습문제

스톱워치 프로그램을 위에서 만들어 보았다. 이 프로그램을 조금 수정하여 나눗셈 연산 명령어를 연습해 보도록 하자.

다음 전자시계 그림처럼 시간, 분, 초를 표시하려 한다. 이렇게 표현하기 위해서 1초단위로 계속 ON/OFF를 반복하는 신호를 받아들여 이 신호를 60으로 나눗셈 연산을 실행할 것이다. 몫에 저장되는 값은 '분(minute)'에 해당하는 값 ①이 저장이 될 것이며, 나머지에 해당하는 값은 '초(sec)'가 될 것이다. 1초단위로 신호는 계속 만들어 질 것이며 위에서 나눗셈 연산을 하여 '분(minute)'에 해당하는 값이 저장되는 값도 어느 시기에는 60을 초과하여 저장된다. 이 값을 다시 60으로 나눗셈 연산을 해 보자. 역시 몫과 나머지에 해당하는 값이 연산된다. 여기에서 몫은 '시간(hour)'에 해당되며 나머지는 '분(minute)'에 해당하는 값 ②가 된다.

앞에서 언급했던 ①의 '분(minute)' 값은 사용하면 안 되는 값이다. 이유는 60을 초과하여 저장되는 값이므로 시계에 표시하는 값은 ②에서 계산되어 나온 0~59 범위의 값을 표시해 주어야 된다. 위와 같은 방법으로 연장하여 사용하면 '일(day)' 단위의 값도 계산이 된다. 이때에는 24라는 값으로 나눗셈을 해주면 되겠다.

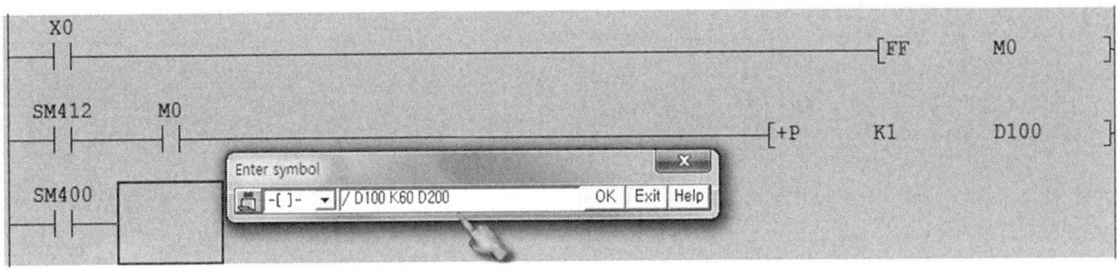

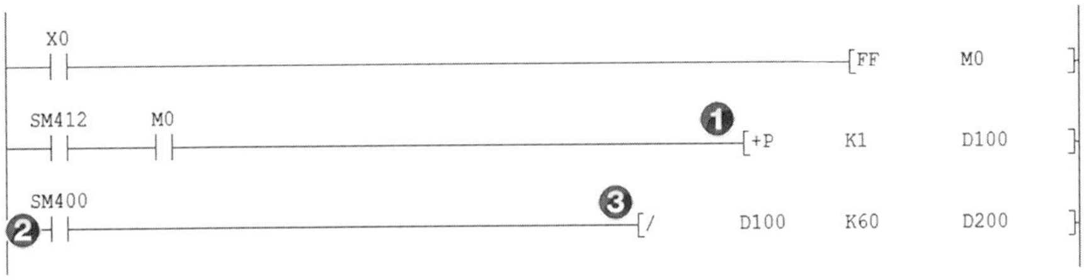

프로그램을 살펴보자. ①은 1초 클락 펄스 신호인 SM412 특수 릴레이에서 입력을 받아 D100에 1씩 값을 증가시킨다. SM412의 신호를 1초마다 1번씩 받아들이기 위해 덧셈 연산 명령어에 펄스화 기호인 'P'를 붙여서 사용하였다. ②의 SM400 특수 릴레이는 PLC에 전원을 인가하여 동작을 시키면 계속 ON 신호를 만들어 주는 '항상 ON' 되는 신호를 만들어 준다. 스위치를 계속 ON 시켜 입력을 만들어 주는 동작이 필요하므로 이 특수 릴레이를 사용하였다.

③의 나눗셈 연산을 보자. D100에 1씩 계속 증가되는 값을 K60으로 나누어 만들어지는 몫과 나머지에 해당되는 데이터를 D200과 D201에 각각 저장한다. D100에 저장되는 값은 1Word 크기에 저장되는 값의 범위에 해당하는 숫자까지 증가되므로 이 값을 K60을 나눗셈을 하면 몫에 해당하는 값이 저장되는 D200은 우리가 원하는 '분(minute)'이 표시되는 값의 범위인 0~59의 숫자를 넘어선 값이 저장된다. 그러므로 이 D200에 저장된 값을 '분(minute)'이라고 생각하고 사용하면 안 된다.

D201에 저장된 값은 나눗셈 연산의 나머지 값이 저장된다. 저장되는 값의 범위는 '초(sec)'가 표시하는 0~59의 값이다. 이 D201에 저장되는 데이터는 시계에 '초(sec)'를 표시하는 데 사용할 수 있는 데이터가 맞다.

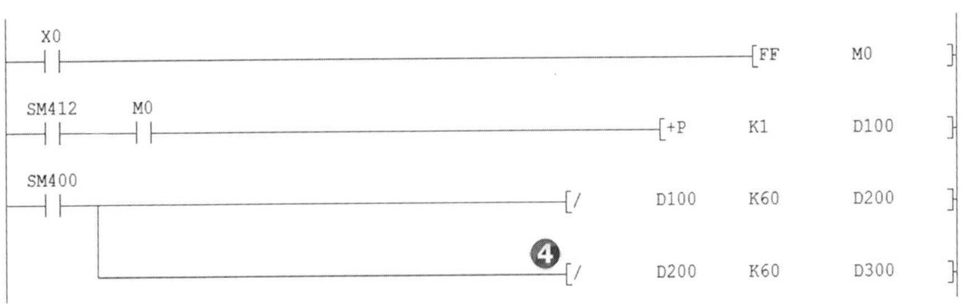

이제 ④처럼 프로그램을 한 줄 추가하였다. D200에 계산되어 저장된 분단위로 증가하는 데이터 값을 다시 K60으로 나눗셈 연산을 하여 D300부터 저장하는 프로그램이다.

앞에서도 언급을 하였듯이 D200에 저장되는 값은 '분(minute)'이 표시되는 값의 범위인 0~59의 숫자를 넘어선 값이 저장되므로 이 데이터 값을 '분(minute)'이라고 생각하면 안 되므로 K60으로 나누어 사용하여야 한다. K60으로 나눗셈 연산을 하였으므로 D300에 몫이 저장되고 D301에 나머지에 해당하는 값이 각각 저장된다. 우리가 '분(minute)'이라고 표시해야 하는 데이터는 몫에 저장되는 값이다. 즉 D301 나머지에 저장되는 값이 '분(minute)'이라고 표시해야 하는 데이터이다.

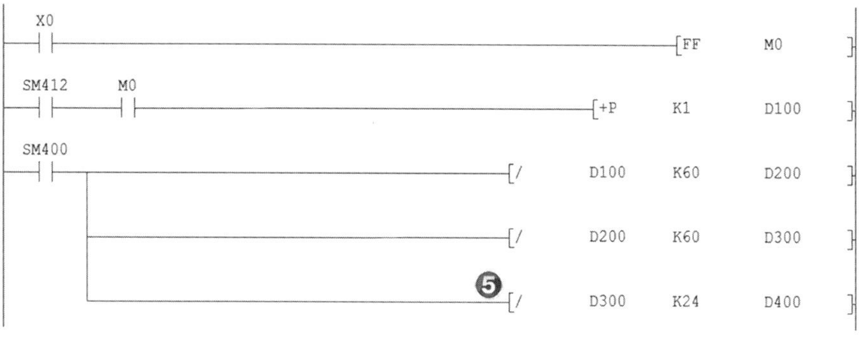

그리고 D300에 저장되는 값은 0에서 시작하여 계속 증가하는 값이 저장된다. 이 값을 가지고 '시간(hour)'을 표시하여야 한다. 그러면 어떠한 값으로 나눗셈 연산을 해야 하는지 생각해 보자. '시간(hour)'에 해당하는 값의 표시 범위는 0~23이다. 즉 K24로 나눗셈을 실행해야 된다. ⑤와 같이 D300에 저장되는 값을 K24로 나눗셈을 하여 나머지에 해당하는 데이터 값을 표시하면 이 값이 '시간(hour)'에 해당되는 데이터가 된다.

여기에서 생각을 조금만 더 확장해 보자. 전자시계는 시간이 표시되는 값이 0~23의 범위로 표시되는 Mode와 0~11의 범위와 AM/ PM을 함께 표시하는 Mode의 2가지 종류가 있다. 첫 번째 Mode는 위와 같은 방식으로 사용하면 될 것이고 두 번째 Mode는 조금 더 생각하여 보아야 한다.

비교 연산 명령어를 추가해서 생각해 보자. AM이라는 표시를 하려면 시간은 0시 00분 00초부터 11시 59분 59초까지의 범위가 되면 될 것이고, PM이라는 표시는 12시 00분 00초부터 23시 59분 59초까지의 범위에 있으면 된다는 것을 알 수 있다.

그리고 AM/PM Mode를 표시하기 위해서는 Mode 선택용 스위치가 하나 더 필요하다. 비트 디바이스 출력 반전 FF 명령어를 사용하면 쉽게 해결할 수 있겠다. AM · PM Mode가 선택되었다면 시간 표시하는 방법을 달리하여야 한다. 즉 시간을 표시하기 위해 K24로 나눗셈을 실행하였지만 여기에서는 K12로 나누어 주어야 한다.

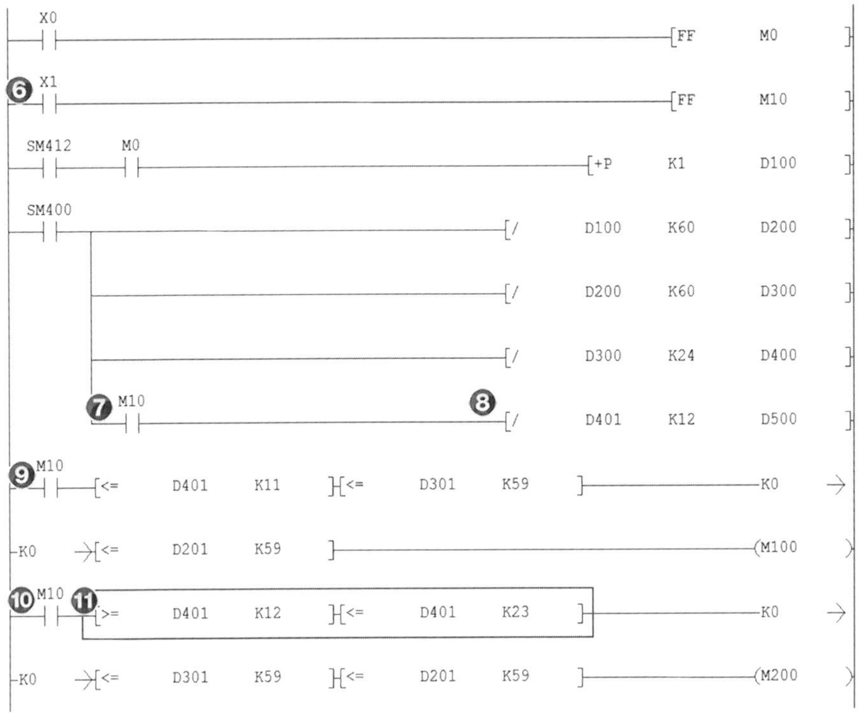

⑥ 스위치 X1을 눌러 AM/PM Mode를 선택한다. 비트 디바이스 출력 반전 FF 명령어를 사용하여 M10이 ON 되면 Mode가 선택되게 하였다.

⑦ AM/ PM Mode가 선택되어 졌을 때만 ⑧의 나눗셈 연산이 동작되도록 한다. ⑨ 표시되는 시간의 범위가 0시 00분 00초부터 11시 59분 59초까지일 경우 AM이라는 램프를 ON 시킨다. 이때 램프의 어드레스는 M100을 사용한다. ⑩ 12시 00분 00초부터 23시 59분 59초까지의 범위에 있으면 PM이라는 램프를 ON 시킨다. 이때 램프의 어드레스는 M200을 사용한다.

⑪ 은 시간이 12시에서부터 23시 사이에 있을 경우를 의미한다.

※ 연습문제

1초씩 증가하는 데이터를 시간, 분, 초로 표시할 수 있는 또 다른 방법을 고안해 보면 다음과 같다.

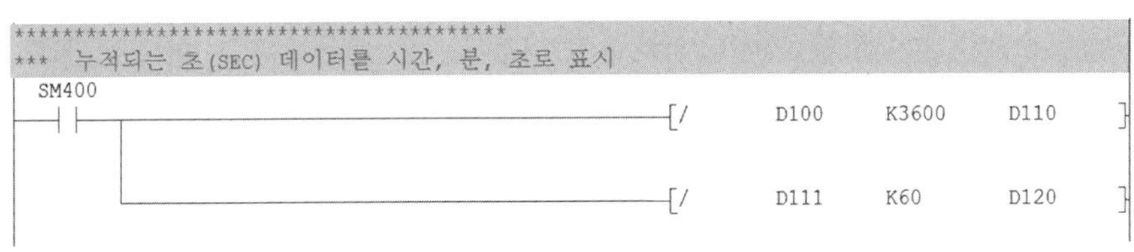

시간은 초로 환산하면 3600이다. 3600으로 1씩 증가되는 값을 나눗셈 연산을 하면 나머지는 최대 3599가 된다. 이 나머지에서 '분'에 해당하는 값을 또 걸러낼 수 있다. 즉 3599를 분은 60초이니 60으로 나누면 분과 초로 분리가 된다.

1. Step
   시간에 해당하는 3600으로 나눗셈을 실행하면
   몫 : 시간, 나머지는 0~3599초
2. Step
   1. Step의 나머지에서 '분'을 걸러내기 위해 분에 해당하는 60으로 나눗셈을 실행한다.
   몫 : 분, 나머지는 0~59초

앞에서 설명한 프로그램보다는 조금은 간단하게 표현해 보았다.

3.3 데이터 전송 명령어

3.3.1 16비트 · 32비트 데이터 전송[MOV(P), DMOV(P)]

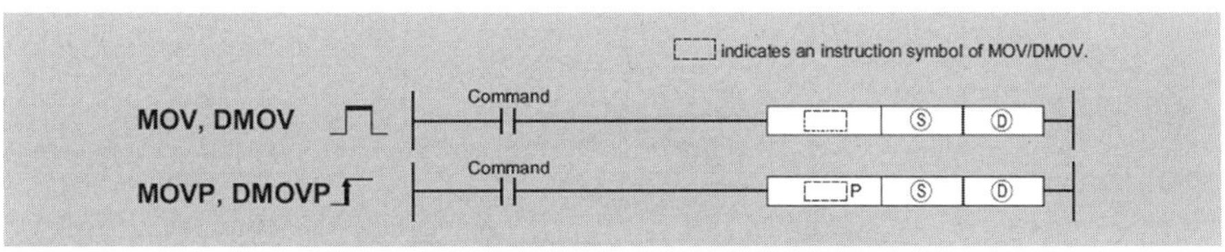

Ⓢ : Data to be transferred or the number of the device where the data to be transferred is stored (BIN 16/32 bits)
Ⓓ : Number of the device where the data will be transferred (BIN 16/32 bits)

Setting Data	Internal Devices		R, ZR	J□\□		U□\G□	Zn	Constants K, H	Other
	Bit	Word		Bit	Word				
Ⓢ	○							○	—
Ⓓ	○							—	—

(S) 로 지정된 디바이스의 16비트 데이터를 (D)로 지정된 디바이스에 전송한다.

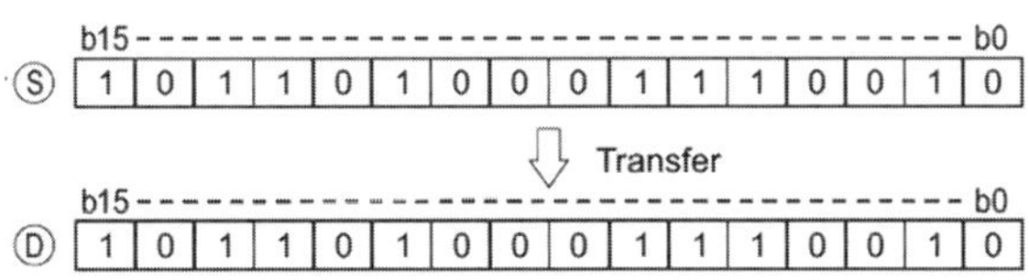

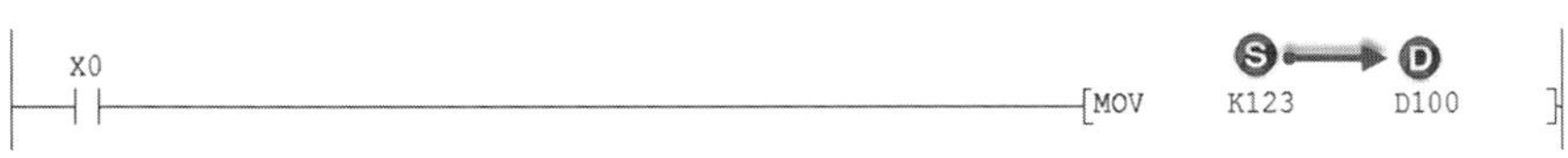

(S)로 지정된 K123을 (D)로 지정된 D100으로 이동시킨다. 이동시킨다고 하여 (S)에 지정된 K123에 해당하는 데이터가 없어지는 것은 아니다. 의미상으로 복사하여 복사한 데이터를 (D)로 지정된 디바이스에 써넣는다고 이해하면 좋겠다.

변화하는 데이터를 읽거나 쓸 경우 MOV 명령을 사용하고 데이터 설정이나 이상 발생 시의 데이터 불러오기 등과 같은 순간 전송에는 MOVP 명령을 사용한다.

다음과 같은 문제를 생각해 보자. 조명을 제어하기 위해 16개의 램프를 PLC 출력 Y20부터 연결하였다. 아래와 같은 프로그램을 작성하여 실행시킬 경우 ON 되는 램프의 개수는 몇 개인가?

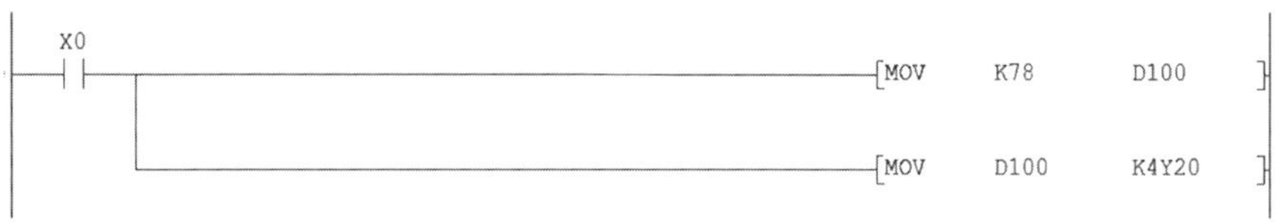

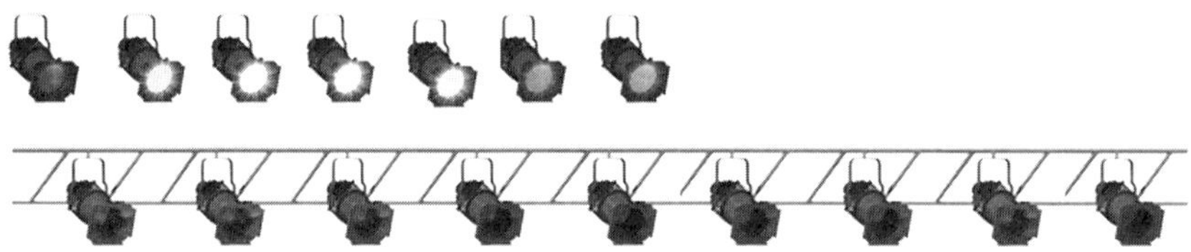

이 문제를 해결하기 위해서 10진 정수를 2진수(Binary) 데이터로 변경할 수 있어야 한다.

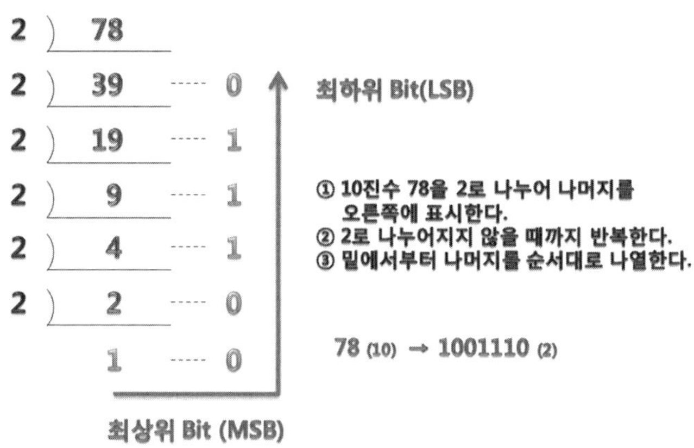

위의 방법이 어렵다고 생각하면 Windows에서 제공하는 계산기 프로그램을 이용하면 된다.

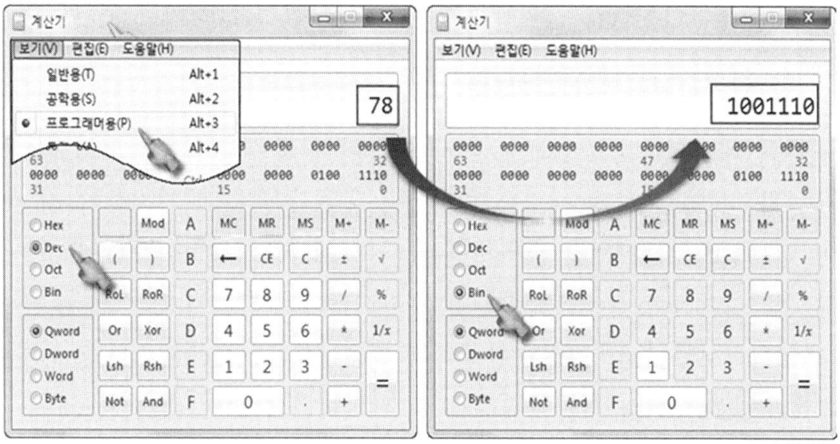

PLC는 Digital 기기이다. 즉 처리할 수 있는 숫자는 2진수만이 가능하다. 10진수로 지정한 78이라는 값은 D100에 저장될 때 2진수로 변경이 되어 저장이 된다는 의미이다. 위에서 2진수로 변경한 10진수 78을 계산하였다. 1001110(2)이 된다. D100에 저장은 그림과 같이 된다.

K4Y20는 Y20에서부터 Y2F까지의 16개의 Bit를 의미한다.

D100에 저장된 2진수 1001110(2) 값이 MOV 명령을 통해 K4Y20에 전송이 된다.

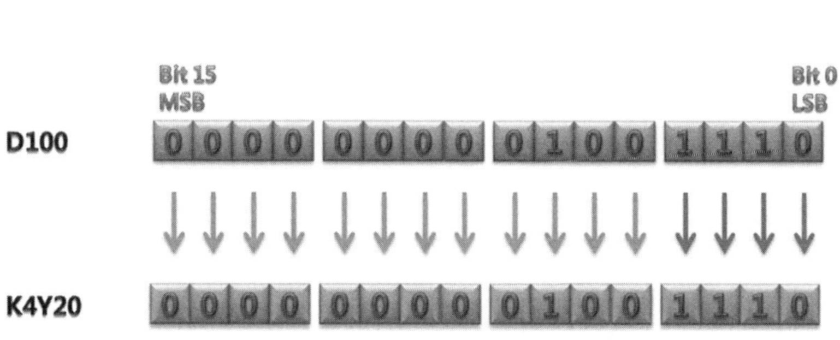

전송된 결과 1이 있는 Bit는 ON 상태이고 0이 있는 Bit는 OFF 상태이므로 Y21, Y22, Y23, Y26의 Lamp가 ON 된다는 것을 알 수 있다.

다른 사용 예를 하나 더 들어 보자. 타이머나 카운터를 사용할 경우 설정값을 반드시 K123처럼 정숫값으로 지정할 필요는 없다. 설정값을 간접적으로 지정하여 사용하는 방법도 있다. 동일한 설비에서 생산하는 제품의 종류가 여러 가지일 경우 열처리 시간이나 프레스(Press)하여 압력을 가해 주는 시간 등이 제품마다 달라지는 경우가 있을 것이다. 이러한 경우에는 타이머의 설정값을 숫자를 저장할 수 있는 Word형 디바이스로 대체하여 프로그램할 수 있다.

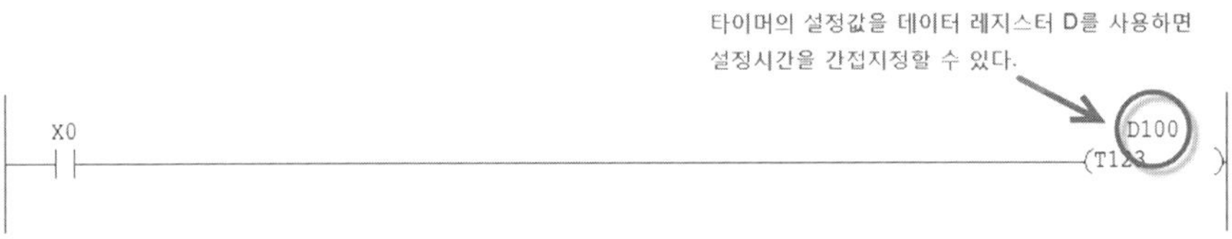

다음과 같은 Press Machine이 있다. 이 Press에서는 제품을 A모델, B모델, C모델의 3가지 타입을 생산한다. 각 모델별로 가공하는 시간이 다르기 때문에 제품을 선택하면 Press 하는 시간을 다시 설정해 주어야 한다.

Press 하는 시간을 생산 모델이 변경되는 시점에 매번 노트북을 연결하여 수정해 주어야 하는 번거로움이 생긴다.

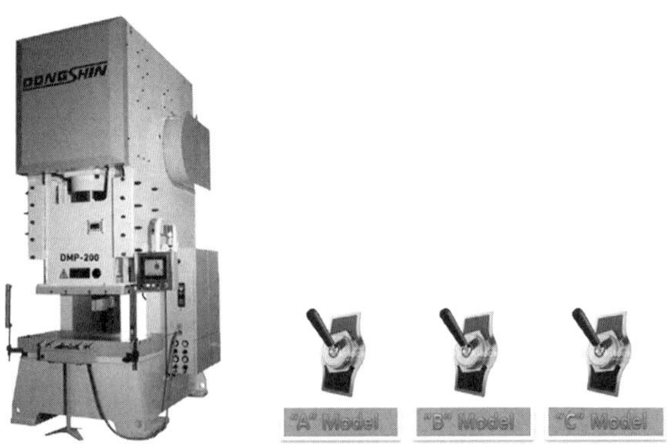

프로그램을 다음과 같이 수정하여 보았다. 타이머의 설정값은 간접 지정으로 사용할 수 있으므로 MOV 명령어를 사용하여 선택하는 모델에 따라 설정값을 전송하도록 기능을 추가하였다.

먼저 생산하는 ③, ⑤, ⑥ 모델 선택 스위치를 누르면 타이머의 설정값을 ②의 D100에 저장하도록 ④와 같이 MOV 명령을 사용하였다.

모델 선택 스위치는 동시에 선택할 수 없도록 인터록을 걸어 주었다. Press 시작 신호의 보조 조건으로 타이머의 설정값이 0이 아닌지 확인할 수 있도록 하였다.

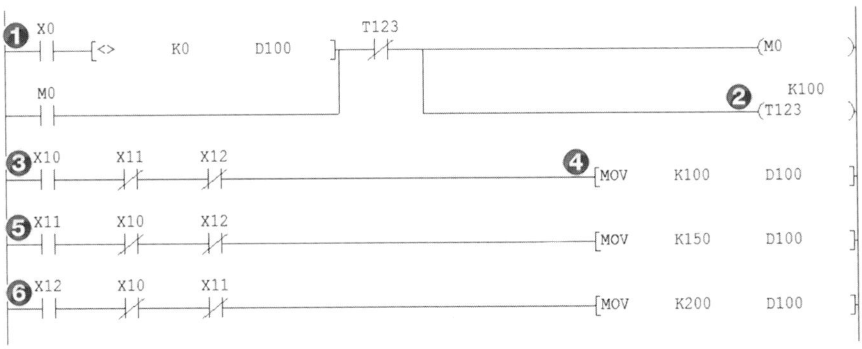

3.3.2 문자열 전송($MOV(P))

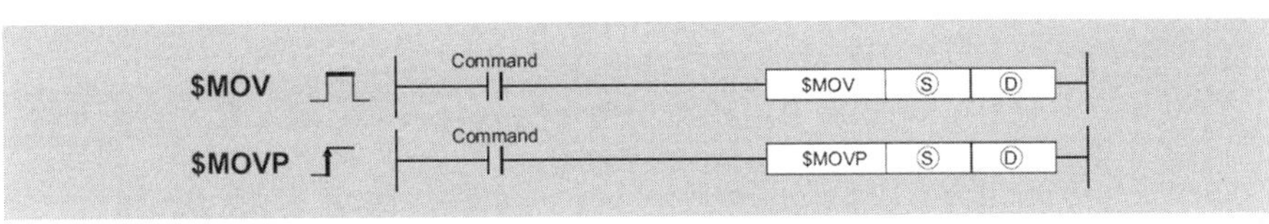

Ⓢ : Character string to be transferred (maximum string length: 32 characters) or head number of the devices where the character string to be transferred is stored (character string)

Ⓓ : Head number of the devices where the transferred character string will be stored (character string)

Setting Data	Internal Devices		R, ZR	J□\□		U□\G□	Zn	Constants	Other
	Bit	Word		Bit	Word			$	
Ⓢ	—	○		—				○	—
Ⓓ	—	○		—				—	—

(S)로 지정된 문자열 데이터를 (D)로 지정된 디바이스 번호 이후에 전송한다. 문자열의 전송에서는 (S)로 지정된 "(이중 인용부호)로 둘러 싸인 문자열 또는 디바이스 번호부터 "문자열의 마지막을 나타내는 00"가 저장되어 있는 디바이스 번호까지의 문자열을 한꺼번에 전송한다.

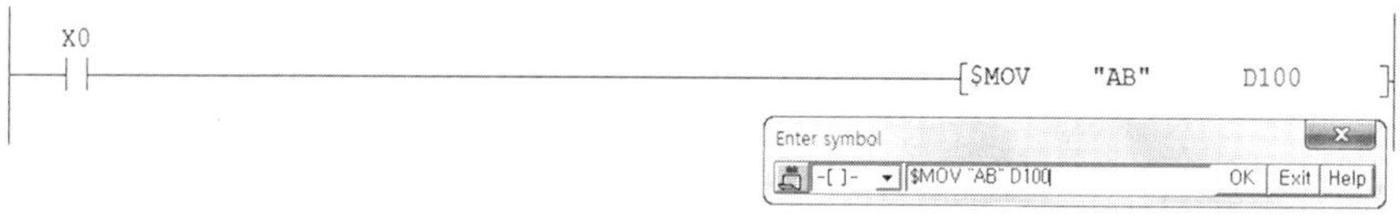

문자열 전송[$MOV(P)] 명령어를 모른다면 아래 표시한 ASCII Code 표가 필요한 것이다. 읽는 방법은 찾고자 하는 문자를 확인하고 좌측 끝과 상단 끝줄의 Code라고 표시한 부분의 16진수로 표시한 숫자를 연결하여 표시하면 된다.

즉 아래 ASCII Code 표에서 " A " 를 나타내려면 16진수로 41(H41 숫자 앞의 H는 16진수를 의미한다.)을 PLC에 입력하면 되겠다. 하지만 여러 개의 문자를 표시한다고 할 경우 이 방법은 대단히 번거롭다. 또 실수를 하여 표시하려는 문자와는 다른 결과를 표시할 수도 있다.

ASCII Code

Code	...0	...1	...2	...3	...4	...5	...6	...7	...8	...9	...A	...B	...C	...D	...E	...F
0...	NUL	SOH	STX	ETX	EOT	ENQ	ACK	BEL	BS	HT	LF	VT	FF	CR	SO	SI
1...	DLE	DC1	DC2	DC3	DC4	NAK	SYN	ETB	CAN	EM	SUB	ESC	FS	GS	RS	US
2...	SP		"	#	$	%	&	'	(	)	*	+	,	-	.	/
3...	0		2	3	4	5	6	7	8	9	:	;	<	=	>	?
4...		A	B	C	D	E	F	G	H	I	J	K	L	M	N	O
5...	P	Q	R	S	T	U	V	W	X	Y	Z	[	\	]	^	_
6...	`	a	b	c	d	e	f	g	h	i	j	k	l	m	n	o
7...	p	q	r	s	t	u	v	w	x	y	z	{	|	}	~	DEL

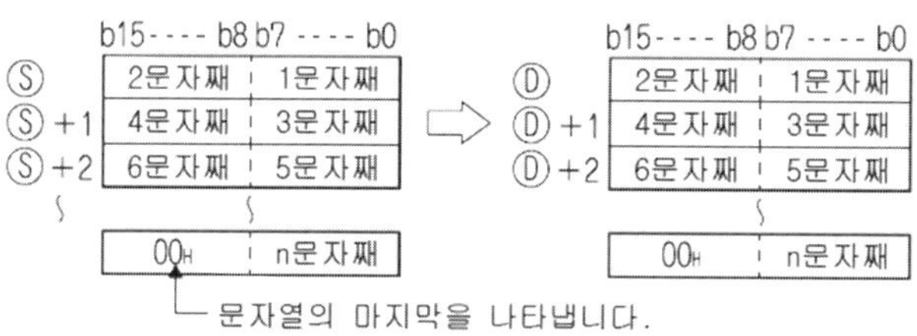

X0을 ON 하였을 때, D10 ~ D12에 저장되어 있는 문자열 데이터를 D20 ~ D22에 전송하는 프로그램이다. D10부터 D11까지 데이터를 먼저 입력해 놓았다.

위에서 설정한 데이터가 각각 D10, D11에 저장되어 있고 D12에는 데이터가 0인 경우 $MOV 명령을 작성하여 아래와 같은 프로그램을 실행하였다고 하자. 실행 결과는 다음 그림과 같다.

D10에 저장되어 있는 ASCII문자 M * 는 D20에 저장되고 D11에 저장되어 있는 E E는 D21에 저장이 된다. D12에 저장되어 있는 데이터 0은 문자열의 끝을 알려주는 역할을 한다. 역시 D22에 저장된다. 즉 문자열의 끝을 알려주는 데이터 0이 나올 때까지의 연속된 데이터의 전송이 이루어진다.

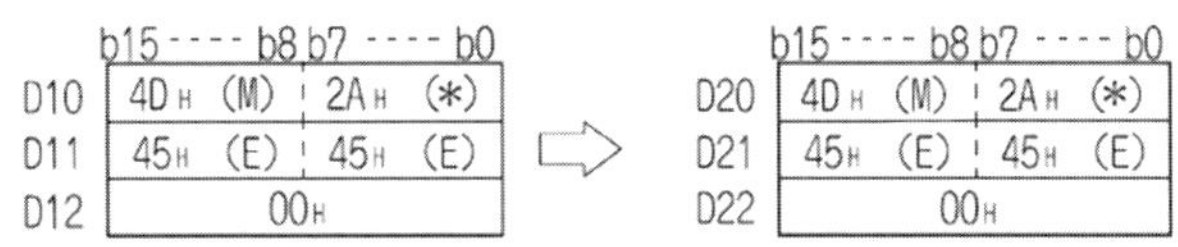

보통 문자열 전송은 기계 동작 중에 전달하고 싶은 메시지를 표시할 때 사용한다. 예를 들어 기계의 동작 상태를 알려주는 경우 준비 완료 상태, 동작 중, 알람 발생 중 등의 메시지를 표시할 수 있다.

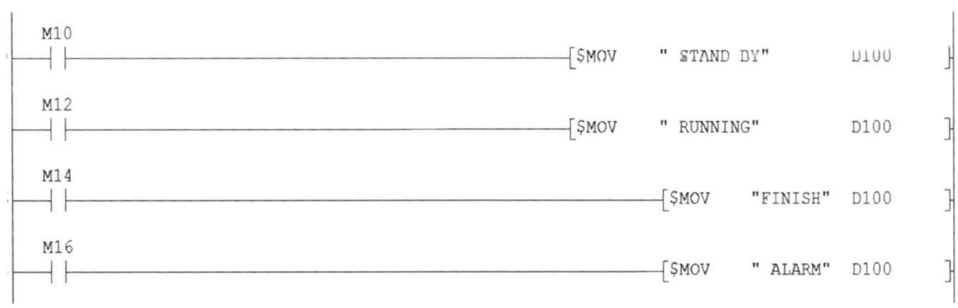

M10 입력이 기계의 준비 완료에 해당하는 신호라고 가정하면 M10이 ON 상태이면 설비가 준비 완료 상태이므로 터치 패널의 문자 표시창에 어드레스를 D100이라고 지정하고 문자의 길이를 여유 있게 10정도 설정해 보자. "STAND BY"에 해당하는 글자가 표시될 것이다. 인용부호 " " 안에 입력한 1개의 문자의 크기는 1Byte 즉 8Bit에 해당한다. "STAND BY"의 경우 문자는 스페이스 문자를 포함하여 총 8문자이다. 이 문자들을 저장하려면 2문자가 1개 Word의 메모리가 필요하므로 총 4Word의 디바이스가 필요하다. 위의 프로그램에서 D100부터 이 문자를 저장하라는 의미이므로 D100부터 시작하여 D103까지 4개 Word의 메모리가 자동으로 할당된다.

같은 방식으로 M12 입력이 기계의 가동 중임을 알려 주고 M14 입력이 기계의 동작 완료 상태를 마지막으로 M16이 기계에 알람이 발생되었다고 한다면 각각의 상황에 맞게 터치 패널상에 문자로써 기계의 상태를 표시할 수 있다.

3.3.3 블록 16비트 데이터 전송(BMOV(P))

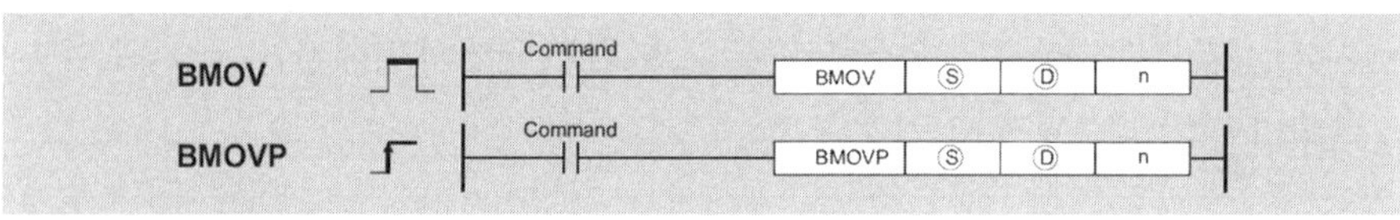

Ⓢ : Head number of the devices where the data to be transferred is stored (BIN 16 bits)
Ⓓ : Head number of the devices of transfer destination (BIN 16 bits)
n : Number of transfers (BIN 16 bits)

Setting Data	Internal Devices		R, ZR	J□\□		U□\G□	Zn	Constants K, H	Other
	Bit	Word		Bit	Word				
Ⓢ	○						—		—
Ⓓ	○						—		—
n	○						○		—

(S)로 지정된 디바이스부터 n점의 16비트 데이터를 (D)로 지정된 디바이스부터 n점 분량만큼 일괄 전송한다.

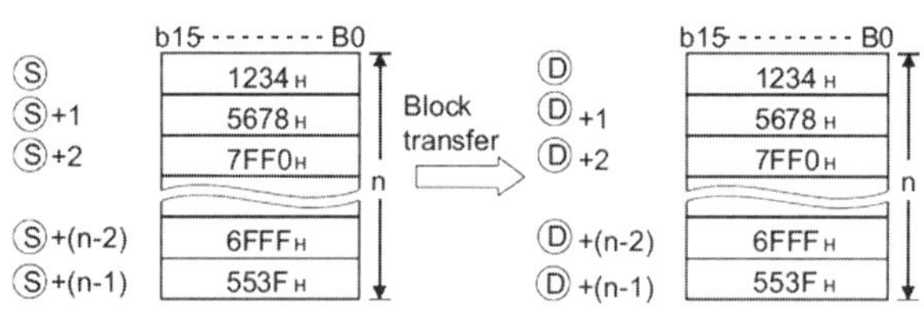

BMOV 명령어를 알지 못하는 상태에서 (S)에 저장되어 있는 데이터를 (D)로 지정된

디바이스로 여러 번 전송시켜야 한다고 생각해 보자. MOV라는 명령어를 n번 만들어서 실행할 것인가? 너무나 번거로운 일을 스스로 한다고 생각되지 않는가?

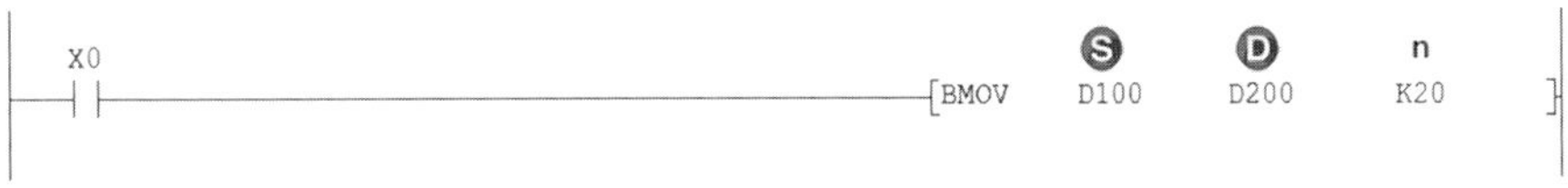

(S)로 지정된 디바이스 D100부터 n으로 지정한 K20개만큼, 즉 D100부터 D119까지의 데이터를 (D)로 지정한 D200부터 역시 n에 해당하는 K20만큼, 즉 D200부터 D219까지 일대일로 데이터를 전송하라는 의미이다. 다시 풀어서 설명한다면 입력 조건 X0가 ON 되면 D100에 저장되어 있는 데이터를 D200에 전송하고 D101에 저장되어 있는 데이터를 D201에 전송하고… 이런 식으로 데이터의 마지막인 D119에 저장되어 있는 데이터를 D219에 전송하라는 의미의 명령어이다.

명령어의 "B"라는 의미는 BLOCK을 말한다. 이 BLOCK이라는 것은 어떤 범위를 내포하고 있는 말이라고 생각해 두자.

한 가지 예를 들어 보도록 하겠다. 공장에서 생산하는 제품들은 언제, 어디서(어느 공장 어떤 생산라인에서), 어떤 재료들을 사용해서, 어떤 작업자가 만들었는지 등의 정보를 제품의 포장지 등에 표기를 하고 있다. 이것을 LOT라고 한다.

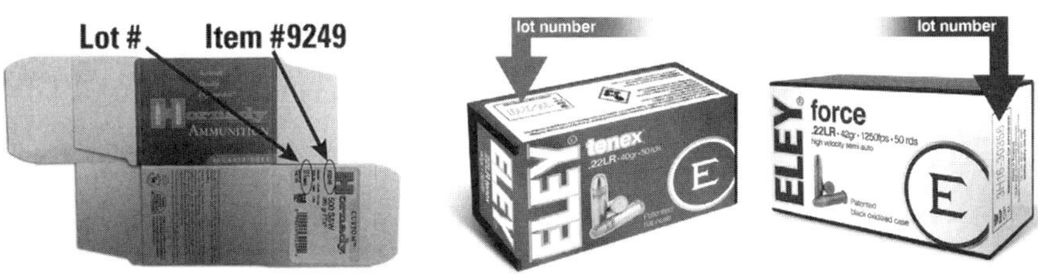

인터넷 위키백과에서 그 의미를 찾아보면 다음과 같이 설명되어 있다.

제조단위 또는 LOT라 함은 동일한 제조 조건하에서 제조되고 균일한 특성 및 품질을 갖는 완제품, 구성 부품 및 원자재의 단위를 말한다. 일정한 제조단위 분에 대하여 제조관리 및 출하에 관한 모든 사항을 확인할 수 있도록 표시된 숫자 문자 또는 이들을 종합한 것을 말한다.

이 LOT 정보를 PLC에 저장하여 생산을 하고 새로운 LOT 번호의 제품을 생산하게 된다고 하면 새로운 제품을 생산하기 전에 이전의 제품의 정보를 다른 곳에 저장을 해두어야 하는 절차가 필요하다. PLC를 사용한 기계에서 생산에 관련된 정보를 새로운 디바이스 영역에 옮겨 놓아야 한다는 것이다. D100 영역에 생산 수량을 저장해 놓았고 D101 영역에는 작업 Line의 번호, D102 영역에는 제조시간, D103 영역에는 사용한 재료의 정보를… 등등 여러 정보를 저장하고 있을 경우 새로운 제품을 생산하기 전에 BMOV라는 명령어를 사용하여 새로운 저장 영역에 이러한 정보를 저장해 두는 경우에 많이 유용할 것이다.

많은 데이터를 명령어 한 번으로 이동시킬 수 있으므로 BMOV 명령은 LOGIN 데이터 파일 또는 생산 데이터[LOT별로 생산한 제품의 정보(양품율, 가동 시간…)]나 귀중한 데이터(예 : 자동 운전용 데이터, 측정 데이터 등)의 래치 영역으로의 대피와 같은 데 사용하면 편리하다. 예를 들어 파라미터에서 정전 유지용으로 설정한 데이터 레지스터로 대피시켜 정전으로 인한 데이터 소멸을 방지할 수 있다.

D66~D69의 하위 4비트의 데이터를 Y30~Y3F에 4점 단위로 출력하는 프로그램의 예이다.

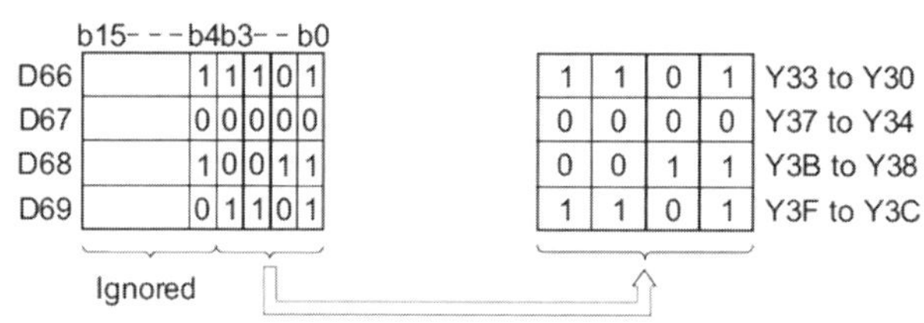

(D)로 지정된 디바이스를 보면 K1Y30으로 지정이 되어 있다. 즉 K1로 표시된 것은 4Bit를 의미하므로 (S)로 지정된 디바이스 D66에서부터 D69까지 4개 Word에 저장된 데이터를 Bit 단위로 생각하여 b0~b3까지의 4bit가 전송 명령에서 대상이 된다.

또 다른 예를 들어 보면 X20~X2F의 데이터를 4점 단위로 D100~D103에 전송하는 프로그램이다.

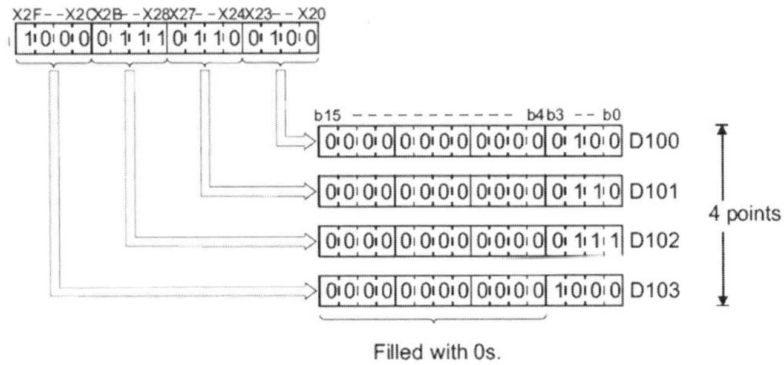

(S)로 지정된 데이터는 4Bit 단위이다. 이 데이터를 Word 단위의 (D)에 전송하는 프로그램이다.

위의 두 가지 예에서 보는 것과 같이 BMOV 명령어를 사용할 경우 (S)로 표시된 전송원 또는 (D)로 표시된 전송처가 4Bit 단위로 지정되는 경우 Word 단위로 지정된 (S) 또는 (D)는 b0~b3까지의 4Bit가 대상이 된다는 것을 알 수 있다.

3.3.4 동일 16비트 데이터 블록 전송(FMOV(P))

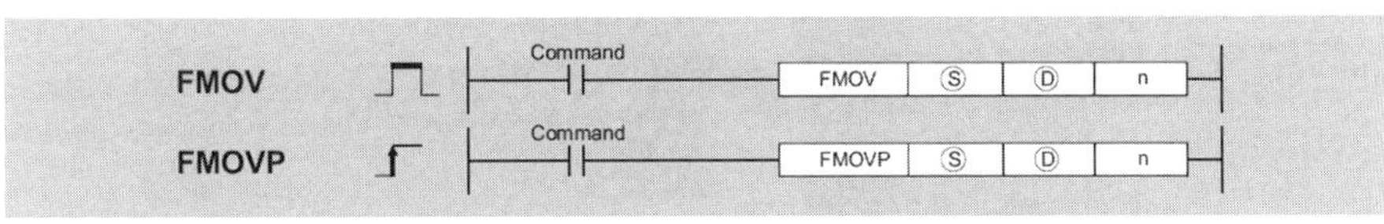

Ⓢ : Data to be transferred or the head number of the devices where the data to be transferred is stored (BIN 16 bits)

Ⓓ : Head number of the devices of transfer destination (BIN 16 bits)

n : Number of transfers (BIN 16 bits)

<table>
<tr><th rowspan="2">Setting Data</th><th colspan="2">Internal Devices</th><th rowspan="2">R, ZR</th><th colspan="2">J□\□</th><th rowspan="2">U□\G□</th><th rowspan="2">Zn</th><th rowspan="2">Constants K, H</th><th rowspan="2">Other</th></tr>
<tr><th>Bit</th><th>Word</th><th>Bit</th><th>Word</th></tr>
<tr><td>Ⓢ</td><td colspan="6">○</td><td colspan="2">○</td><td>—</td></tr>
<tr><td>Ⓓ</td><td colspan="6">○</td><td colspan="2">—</td><td>—</td></tr>
<tr><td>n</td><td colspan="6">○</td><td colspan="2">○</td><td>—</td></tr>
</table>

(S)로 지정된 디바이스의 16비트 데이터를 (D)로 지정된 디바이스부터 n점에 전송한다.

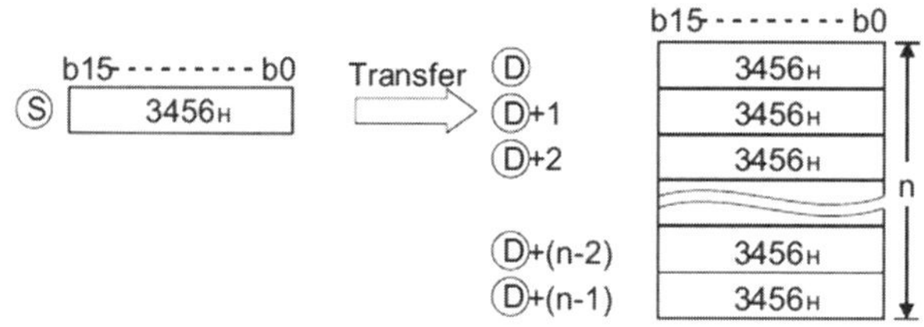

(S)로 지정된 데이터는 수량이 1개이다. 이 데이터를 (D)로 지정한 디바이스부터 n개 수량만큼 복사하여 전송하는 명령이다. 명령어의 이름에서 알 수 있듯이 "동일 데이터 블록 전송" 동일한 즉 1개의 데이터를 블록 전송한다는 것이니 앞서 BMOV 명령어에서 같이 알아보았듯이 B는 BLOCK을 의미하고 이는 어떤 범위를 포함하는 의미라는 것을 알고 있다. 동일한 데이터를 지정한 수량만큼의 여러 개의 전송처에 전송하는 명령어라는 것을 알 수 있다.

복사기를 생각해 보자. 복사하려는 원본 문서를 Scan 장치에 올려놓고 복사하려는 장수만큼 설정한 뒤에 복사를 하지 않는가? 동일 데이터 블록 전송[FMOV(P)]의 동작과 얼추 비슷한 동작을 한다는 것을 알 수 있다.

PLC 프로그램에서 사용하는 대표적인 예로 사용하고자 하는 Word형 디바이스를 초기화하는 용도로 많이 사용한다.

Word형 디바이스에 수치 데이터를 작성하는 프로그램을 만들었다고 가정하자. 각각의 디바이스에 초깃값은 대부분 0이라는 것을 생각하고 프로그램을 작성하였고 실행하는데 반드시 초깃값이 0인 것은 아니다. PLC CPU 제조 공정에서는 Test라는 단계를 거쳐 소비자에게 판매가 된다. 이 Test 과정에서 CPU 메모리, 즉 디바이스 메모리에 데이터를 읽고 쓰는 과정을 반복하여 실행한다. Test가 완료되면 사용했던 디바이스 메모리를 모두 지워 주는 과정이 필요한데, 이 과정이 제대로 실행이 되지 않는 상태에서 소비자에게 판매가 되는 경우 Test했던 디바이스 메모리에 데이터가 남아 있게 된다. 이러한 데이터를 '쓰레기 데이터(값)'이라고 부르기도 한다. 이러한 이유로 프로그램을 작성하고 데이터를 디바이스에 저장하기에 앞서 사용할 디바이스를 미리 초기화, 즉 저장되어 있는 값을 0으로 만들어 주고 프로그램을 실행하는 것이 필요하다.

이때 사용하는 명령어로 동일 데이터 블록 전송[FMOV(P)]을 자주 사용한다.

PLC에 전원을 인가하고 나서 자동으로 위의 동작을 실행하고 싶으면 X0 스위치 대신에 특수 릴레이 SM403을 사용하여도 좋겠다.

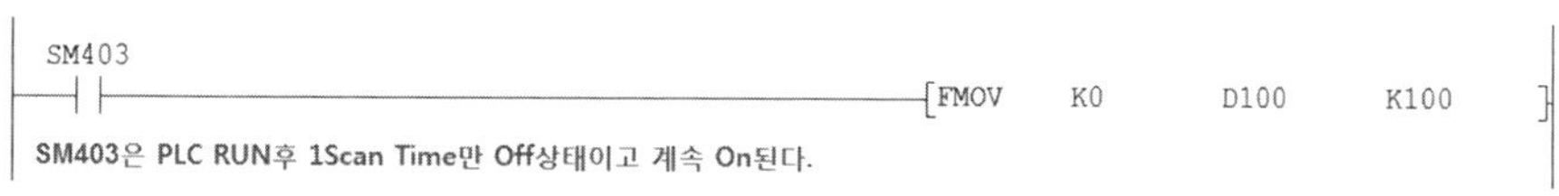

(S)에 해당하는 값이 0이다. 이 0이라는 값을(D)로 지정한 D100부터 n에 해당하는 K100, 즉 100개만큼(D100~D199)을 모두 0을 전송한다는 의미이므로 모두 초기화하는 프로그램이라고 생각할 수 있다.

몇 가지 특이한 경우의 예를 들어 보겠다. (S)가 워드 디바이스, (D)가 비트 디바이스인 경우 (S)의 워드 디바이스는 비트 디바이스의 자리 지정에서 지정한 비트 수가 대상이 된다. (D)에 K1Y30이 지정되었을 때, (S)의 워드 디바이스의 하위 4비트가 대상이 된다.

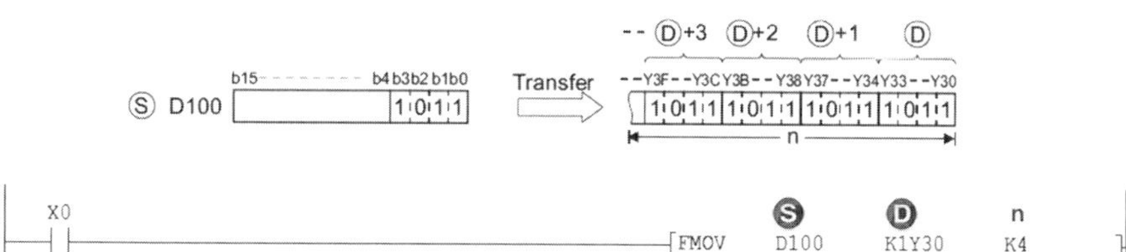

D0의 하위 4비트의 데이터를 Y10~Y23에 4비트 단위로 출력하는 프로그램 예이다.

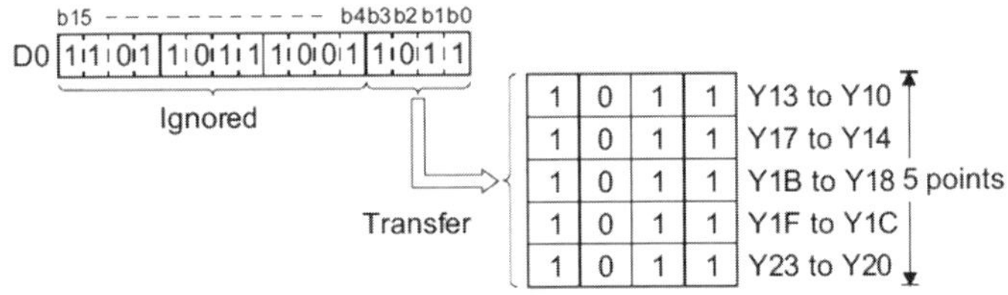

X20 ~ X23의 데이터를 D100~D103에 출력하는 프로그램 예이다.

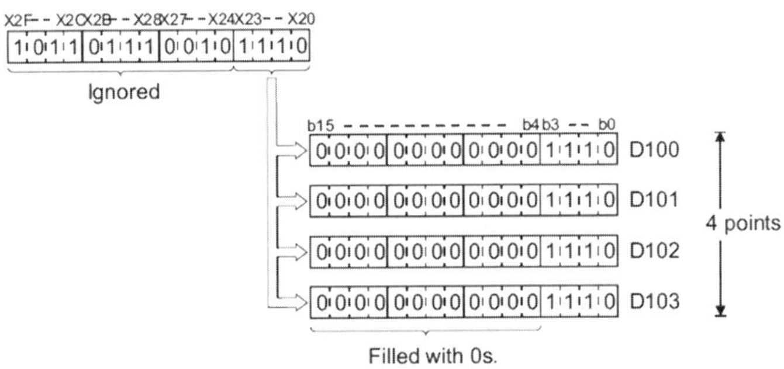

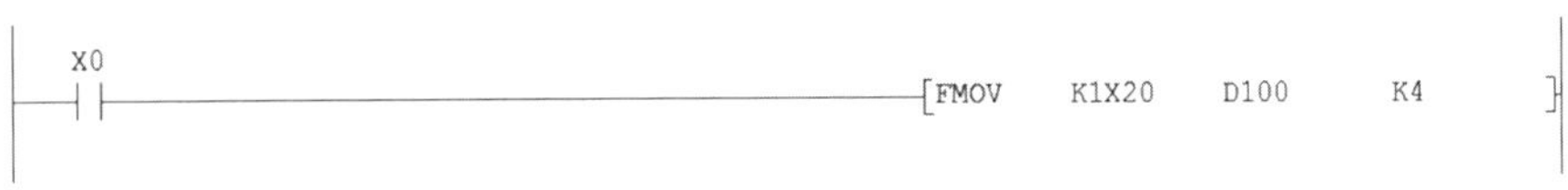

04

MELSEC PLC Program

실린더 동작 실습

CHAPTER
04

MELSEC PLC Program Foundation & Application

실린더 동작 실습

4.1 실린더 동작 실습

실린더 3개를 순차적으로 전진, 후진 동작을 하도록 프로그램을 작성하고 부가 조건을 추가하도록 한다. 실습에 사용할 실린더는 복동형 실린더이다. 실린더를 PLC 출력 신호에 의해 구동할 수 있도록 복동형 솔레노이드 밸브를 동일 수량으로 준비하도록 한다. 복동형 실린더는 메모리 기능이 있기 때문에 솔밸브에 전기신호가 없어지더라도 현재 상태를 유지할 수 있다는 점이 단동형 실린더와의 차이점이 된다. [단동형 실린더는 내부에 스프링이 장착되어 있기 때문에 솔레노이드 밸브에 전기신호를 차단하면 원상태(후진 위치)로 복귀된다.] 이러한 특성이 있어 현장에서는 단동형 실린더보다는 복동형 실린더가 더 많이 적용된다.

4.1.1 실습 구성도

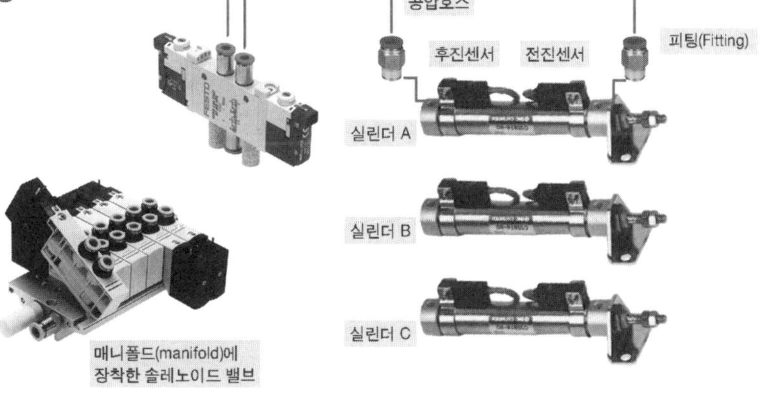

4.1.2 솔레노이드 밸브(전자 밸브)

공기압 실린더 등의 구동기기는 압축 공기의 공급과 배기를 통하여 동작한다. 이것을 하기 위해 공기 흐름 방향의 제어(전환)를 하는 것이 솔레노이드 밸브이다. 실린더 등의 동작 제어를 주로하고 시스템에 압축 공기의 공급과 배기를 실시한다.

솔레노이드 밸브는 복동 에어실린더의 조작용으로 많이 사용하는 5포트 솔레노이드 밸브이다. 2/3포트 솔레노이드 밸브는 에어블로어(Air Blower)나 에어모터의 구동에 사용된다.

※ **솔레노이드**(Solenoid)

솔레노이드의 뜻은 원통형으로 감은 전기 코일(Electrical Coil)을 의미한다.
코일을 원형으로 감고 전류를 흘리면 원의 내측에 자기장(Magnetic Field)이 생기는데 여기에 자성 물질을 접근시키면 원의 중심부로 순간 이동하게 된다.
코일에 전기 에너지를 인가함으로써 기계 에너지, 즉 왕복 운동 에너지로 변환시키는 장치, 즉 코일과 자성물질(쇠 막대)를 합쳐서 솔레노이드라 한다.

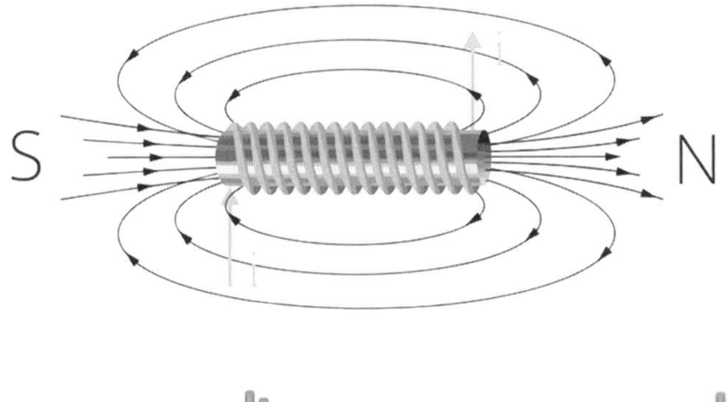

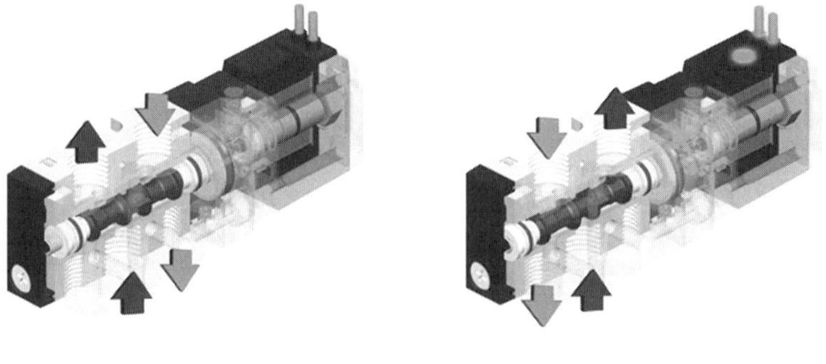

(1) 전자 밸브의 분류

종류	2포트	3포트	5포트
용도	**유량 조정** 각종 유체 제어 (물, 기름, 증기, 가스 등)	**신호** 단동실린더의 구동 제어나 탱크의 충진 방출 등	**구동기기 제어** 전자 밸브의 용도 중 대다수를 차지하는 것이 액 구동기기 등을 제어하는 것이다. 구동기기 등을 동작시키기 위해서는 5포트 밸브가 적합하다. 2개의 출력포트에서 교대로 급기와 배기를 실시하고 액추에이터를 구동한다.
사용 예	에어블로어, 에어 모터 라인스톱 밸브	단동실린더 구동	실린더 구동
	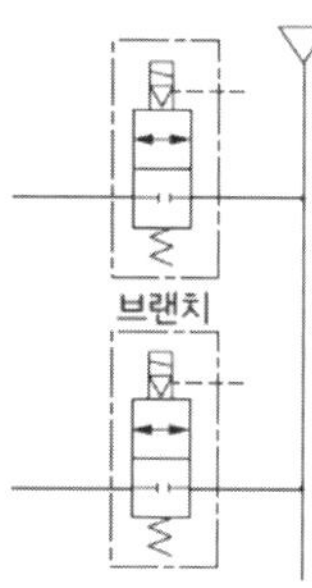	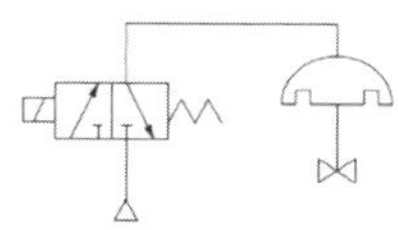	
동작	한 방향 흐름, 밸브를 전환시켜 출력하거나 멈추게 한다.	흐름은 왕복 출력하거나 배기한다.	전자 밸브와 실린더 사이의 배관이 2개로 편측 공급 시 다른 쪽은 배기, 공급과 배기를 동시에 실행시켜 차압으로 움직인다.

① 위치 수(전자밸브가 만들 수 있는 흐름의 상태 수)

2포트와 3포트 전자 밸브에는 N.C 타입(상시 닫힘)과 N.O 타입(상시 열림)이 있다.
N.C 타입은 밸브 조작력이 가해지지 않을 때(비통전시) 밸브가 닫혀 있는 타입이다. 또 N.O타입은 밸브 조작력이 가해지지 않을 때(비통전시) 밸브가 열려 있는 타입이다.
5포트 전자밸브에는 2위치와 3위치가 있으며 2위치에는 싱글, 더블, 3위치에는 Close Center, Exhaust Center, Pressure Center의 3종류가 있다.

2포트(2위치)

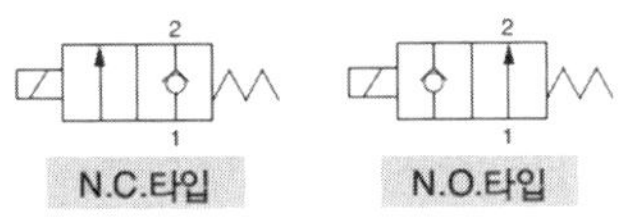

3포트(2위치)

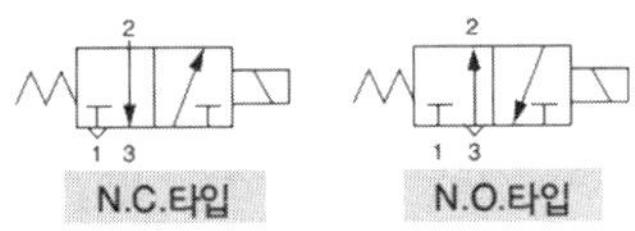

5포트 2위치		5포트 3위치		
싱글(S)	더블(D)	3위치(3P)		
2위치 싱글	2위치 더블	3위치 Center	3위치 Exhaust Center	3위치 Pressure Center
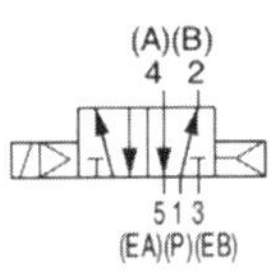	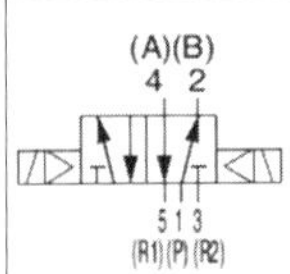	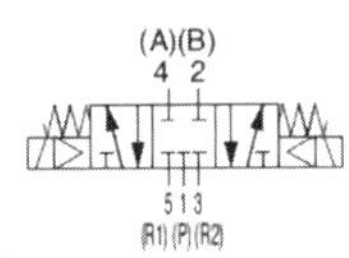	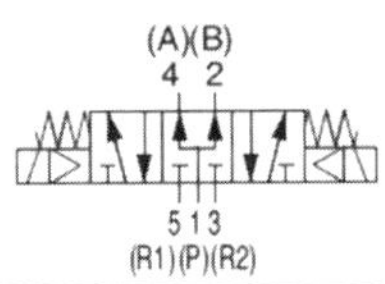	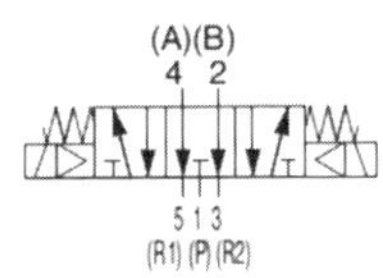
전원 OFF 하면 실린더는 원위치로 복귀한다.	전원 OFF 하여도 전환되지 않는다.	전원 OFF 하면 에어회로를 차단한다.	전원 OFF 하면 실린더의 양포트를 가압한다.	전원 OFF 하면 실린더의 압력을 배기한다.

(2) 전환 방식

전자 밸브에는 솔레노이드 힘으로 직접 밸브 본체를 전환하는 직동식과 압축 공기의 힘을 이용하여 전환하는 파일럿식이 있다. 전자 밸브는 파일럿식이 주류가 되고 있다.

	직동식	파일럿식
솔레노이드	크다	작다
소비전력	많다	적다
사이즈	크다	작다
최저 사용압력	0MPa	0.1 ~ 0.2MPa 이상

(3) 작동 방식

종류	설명
내부 파일럿(표준)	공급 압력을 전자 밸브의 내부로 통과시켜 파일럿 밸브에 작용시키는 타입
외부 파일럿	공급 압력으로부터 차단되어 있고 별도 파일럿 밸브의 압력을 외부에서 공급받는 타입 메인 압력이 최저 사용 압력 미만 혹은 진고으이 용도에 사용
직동방식	솔레노이드 작용력으로 메인 밸브를 조작하는 방식

(4) 수동 방식

Non Lock Push 방식(표준)	Lock방식/드라이버 조작형(옵션)	Lock방식/수동형(옵션)
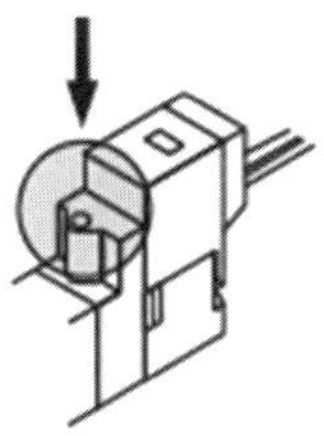	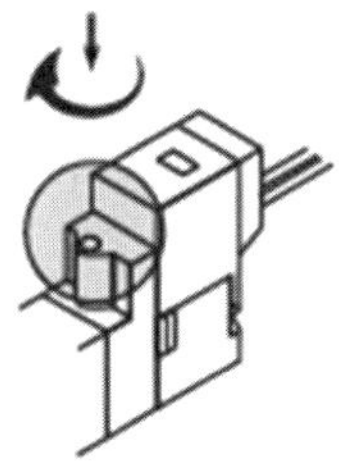	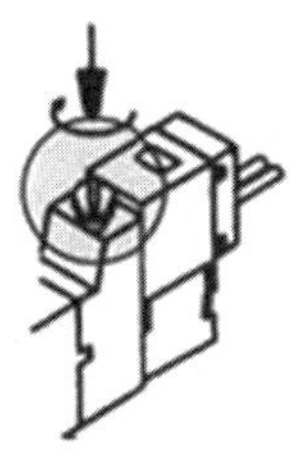

(5) 밸브 몸체의 종류

직접 배관	밸브 몸체에 포트가 있고 직접 배관하는 타입	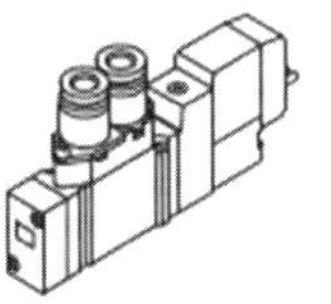
베이스 배관	밸브 몸체에 포트가 없고, 매니폴드 베이스나 서브 플레이트에 탑재하여 사용하는 타입 메인터넌스가 용이하다.	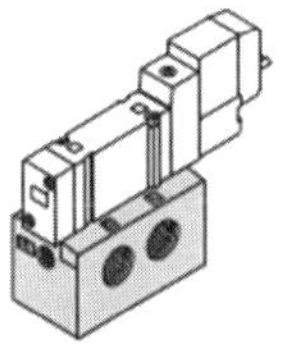
카세트 타입	밸브 몸체의 에어 통로를 직접 연결하고 DIN 레일에 장학하는 매니폴드 타입 베이스가 없으므로 높이가 낮아진다(높이 축소형).	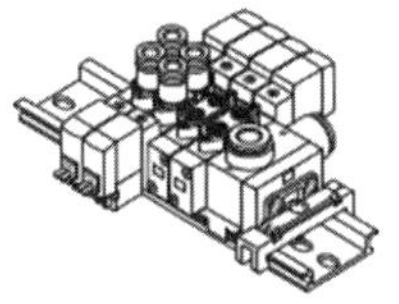

(6) 배선 사양

<table>
<tr><th colspan="2">플러그 인 방식</th></tr>
<tr><td colspan="2">베이스 측의 커넥터에 밸브를 삽입하고 배관부를 집약, 메인터넌스가 용이하다.</td></tr>
<tr><td>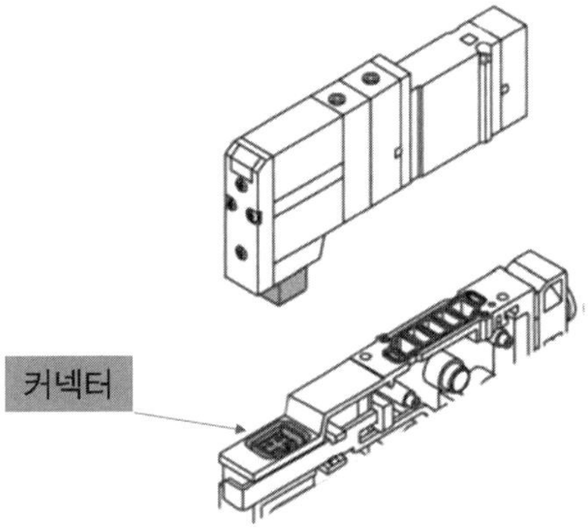
</td><td></td></tr>
</table>

<table>
<tr><th colspan="3">개별 배선[논 (NONE) 플러그 인] 방식</th></tr>
<tr><td rowspan="3">전기배선을 모두 밸브측에서 하는 타입
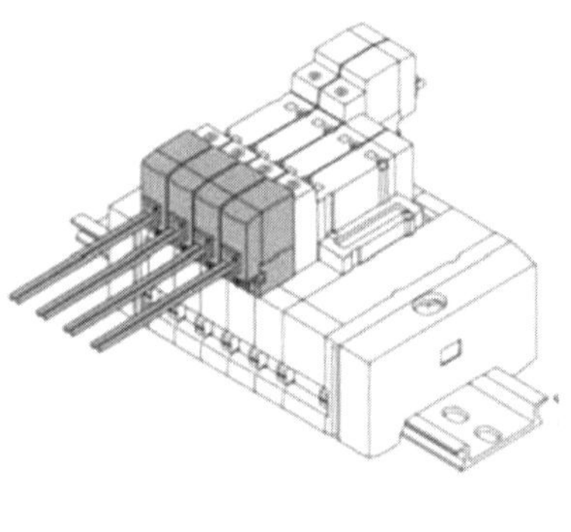</td><td>그로메트</td><td>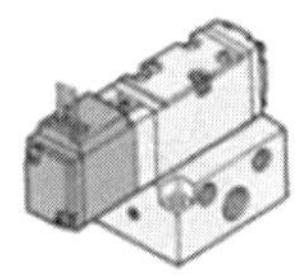</td></tr>
<tr><td>플러그 커넥터</td><td>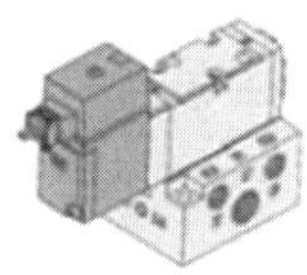</td></tr>
<tr><td>DIN 커넥터</td><td>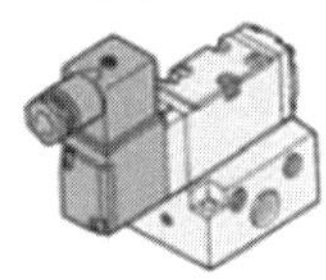</td></tr>
</table>

(7) 외부 장치와의 배선 사양

① 개별 배선 : 밸브 1대 1대를 외부 장치와 배선

② 집중 배선 : 각 밸브의 리드선을 매니폴드 1개로 정리하여 외부 장치와 배선

단자대	D-서브 커넥터	커넥터 박스	플랫 케이블	멀티 커넥터
단자대에 개별 배선하는 타입	MIL규격 커넥터	박스 내에 소형 단자대가 있는 타입	MIL규격 커넥터	멀티 커넥터 (26핀)에 대응
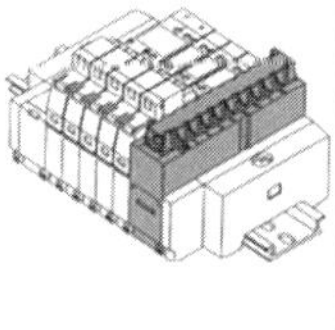	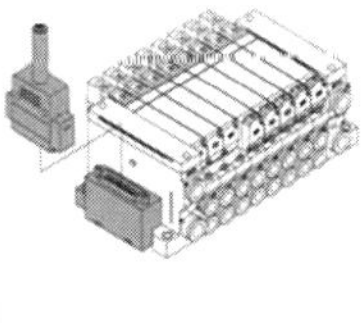	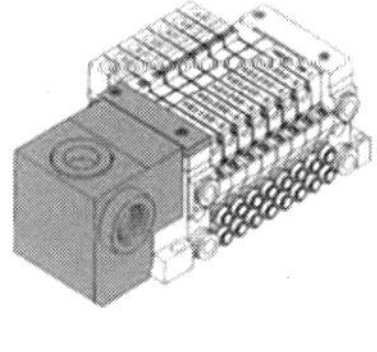	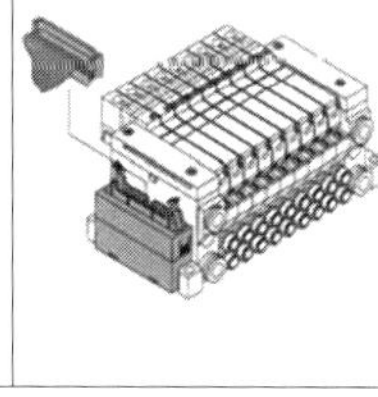	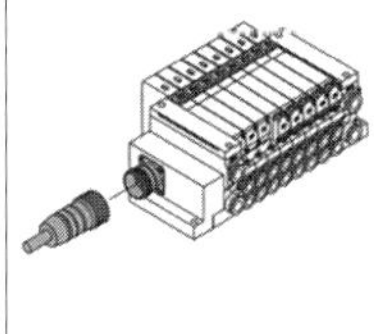

4.1.3 매니폴드(Manifold)

매니폴드(Manifold)란 밸브나 배관(특히 분배기 - distributor)을 여러 개 나열해 놓은 것이다. Manifold란 Many(많은) + fold(끼다)의 합성어이다. 다기관이라는 기계적 의미가 있다. 공압에서는 여러 개의 밸브를 좁은 공간에서 사용하거나 배관 · 제어를 용이하게 하기 위하여 사용한다.

① 직접 배관형

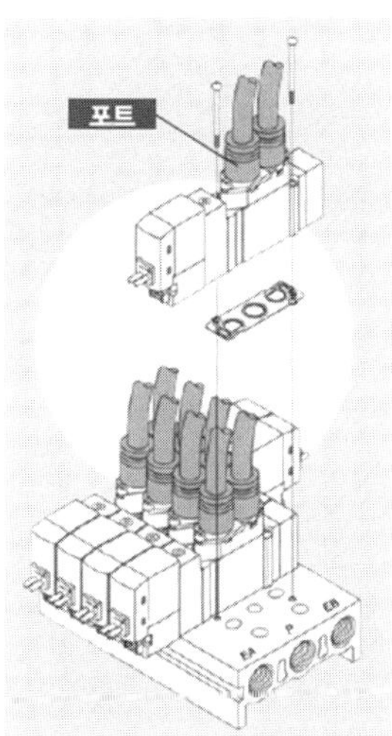

밸브 몸체에 포트가 있어 직접 배관이 가능하다.

② 베이스 배관형

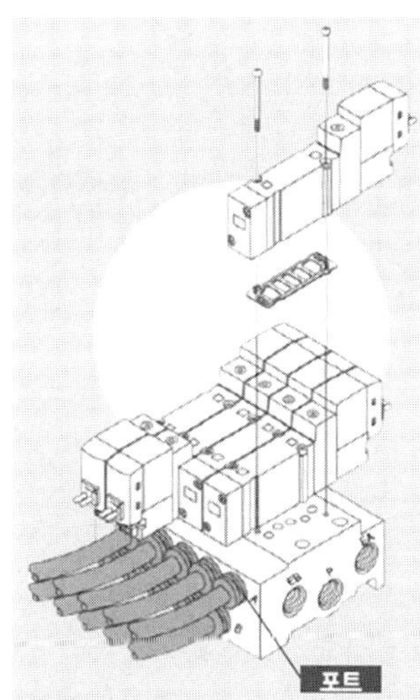

매니폴드 베이스의 포트를 이용하여 배관한다. 전자 밸브 개별은 에어배관에 관계없이 교환 가능하여 메인터넌스가 간단하다.

4.1.4 순차 제어(Sequence Control) 동작 표현 방식

실린더의 시퀀스 동작 순서를 표현하는 방법으로는 서술식, 표(Tabular Form)를 이용하는 방법, 벡터(Vector) 표시 방법, 약호를 사용하는 방법, 동작 단계 선도(Motion Step Diagram) 등이 있다.

① **서술식** : 동작 상태를 글로써 기술

ex) A번 실린더가 전진하고, 그다음 B번 실린더가 전진한 후 A번, B번의 순서로 후진한다.

② 표(Tabular Form)

	실린더 A	실린더 B
1	전진	·
2	·	전진
3	·	후진
4	후진	·

③ 벡터(Vector) 표시

$$\overrightarrow{A} \quad \overrightarrow{B} \quad \overleftarrow{B} \quad \overleftarrow{A}$$

④ 약호

A+, B+, B-, A-

⑤ 동작 단계 선도(Motion Step Diagram)

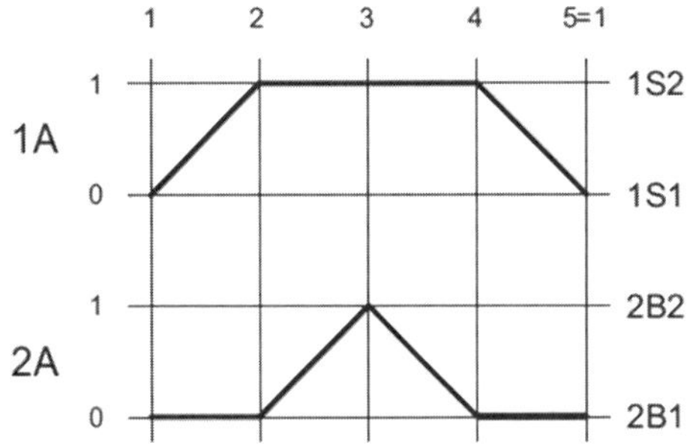

4.1.5 실습 동작 순서

실습에 사용할 실린더의 수는 3개이다. 실린더의 전진과 후진을 각각 서술식으로 표현하려면 오랜 시간이 필요할 것이다. 물론 동작 설명을 듣는 사람도 올바르게 인지할 수 없는 경우가 생길 수 있다. 만약 외국인에게 동작 설명을 한다면 이미 전달은 아마도 어려울 것이다. 서술식은 장점보다는 단점이 많은 표현 방식이라는 것을 알 수 있다.

표, 약호, 벡터 방식 모두 실린더의 동작 설명에는 아주 간단한 방법임을 알 수 있다. 이들 방식의 공통점은 각 실린더의 동작 순서만을 알 수 있다는 것이다. 여기에 실린더의 동작 시간(전진 또는 후진 시 소요 시간, 실린더의 전진 또는 후진 유지 시간 등), 실린더에 장착되어 있는 센서의 ON/OFF 상태, 실린더 상호 간의 동작 관계 등의 정보를 전달할 수 있는 방식이 동작 단계 선도(Motion Step Diagram)이다.

다음은 동작 단계 선도로 표시한 실린더의 동작 내용이다. 동작 내용을 이해할 수 있는지 스스로 분석해 보도록 하자.

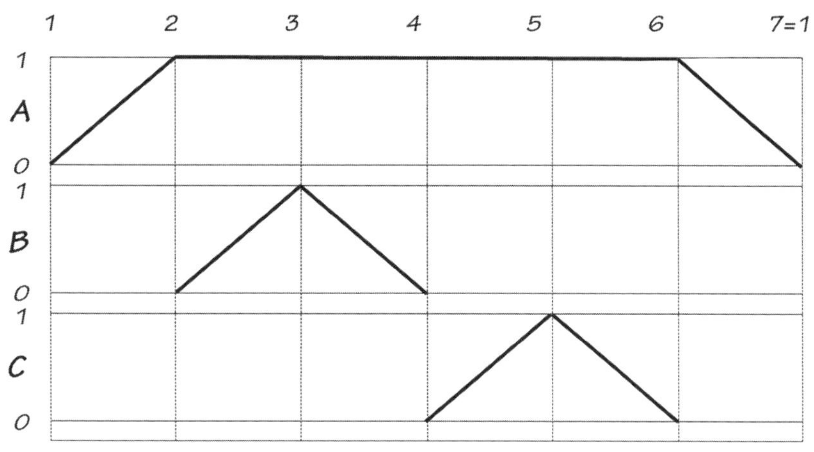

분석한 결과가 다음과 같은 내용이었는가?

실린더는 모두 3개(A, B, C)이다. 동작 순서는 약호 방식을 적용해서 표현해 보면 A+, B+, B-, C+, C-, A-이다. 여기에서 (+)기호는 실린더의 전진 동작을 (-)기호는 실린더의 후진 동작을 의미한다. 그리고 실린더 A는 전진 후 전진 상태를 유지하다가 실린더 C가 후진한 뒤 후진 동작을 시작함을 알 수 있다. 또한, 좌측의 1, 0으로 표시한 것은 각 실린더의 전진단과 후진단에 설치되어 있는 센서를 의미한다. 보통 0이 후진단 센서, 1

이 전진단 센서를 의미한다. 그리고 상부의 1~7의 의미는 Step을 표시한다. 각 Step마다 동작 시간을 표시한다면 실린더 A, B, C의 전진과 후진 동작의 시간을 알 수 있게 된다. 예를 들어 각 Step의 단위시간이 1초라고 가정한다면 실린더 A는 시작 신호가 입력되면 1초 동안 전진 동작을 하고 이후 4초 동안 전진 상태를 유지하게 된다. 그리고 1초 동안 후진동작을 하게 됨을 알 수 있다. 그리고 각 Step별로 시간이 다르게 설정될 수도 있다. 예를 들어 2Step에서 3Step으로 이행되는 시간은 1초로 3Step에서 4Step으로 이행되는 시간은 2초로 설정한다든지 물론 각 Step 사이의 간격도 시간에 맞게 크기를 달리할 수도 있다.

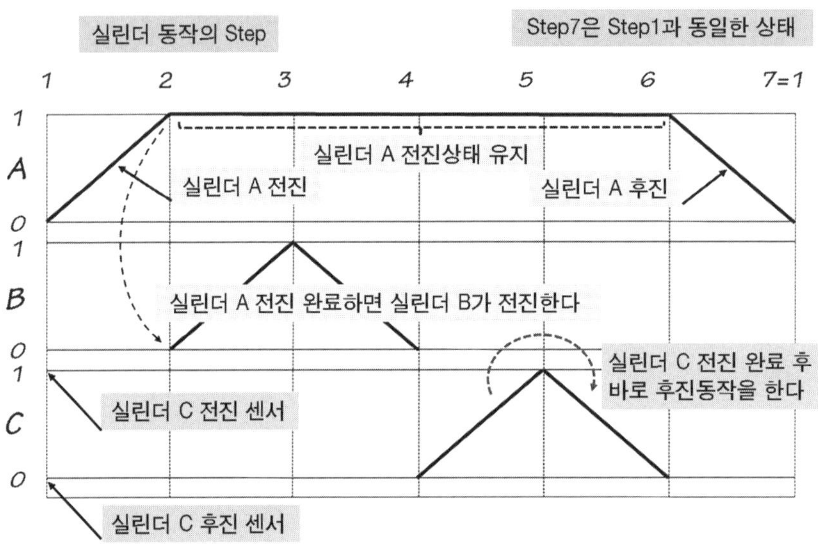

4.1.6 PLC의 입력 요소와 출력 요소

이제 실린더 동작 순서에 대한 정의를 하였다. 이 순서에 맞게 PLC 프로그램을 작성하면 된다. 프로그램 작성을 하려면 PLC의 입력 요소와 출력 요소에 대한 구분이 필요하다. 다음과 같은 표로 만들어 보면 프로그램 작성 시 도움이 될 것이다.

PLC 입력	내용
X00	실린더 A 후진단 센서
X01	실린더 A 전진단 센서
X02	실린더 B 후진단 센서
X03	실린더 B 전진단 센서
X04	실린더 C 후진단 센서
X05	실린더 C 전진단 센서
X06	비상정지

PLC 출력	내용
Y20	실린더 A 전진 솔레노이드 밸브
Y21	실린더 A 후진 솔레노이드 밸브
Y22	실린더 B 전진 솔레노이드 밸브
Y23	실린더 B 후진 솔레노이드 밸브
Y24	실린더 C 전진 솔레노이드 밸브
Y25	실린더 C 후진 솔레노이드 밸브
Y26	부저

시작, 정지, 리셋 등의 입력과 각종 상태 표시용 램프 등은 터치 패널에 스위치, 램프를 만들어서 사용하기로 한다. 사용할 터치 패널은 GOT2000 시리즈 중 8인치 제품(GT25**S)이다.

먼저 입력 모듈 QX41 모듈과 외부 기기(여기에서는 실린더 전 · 후진 감지 센서: 오토스위치)와 연결 방법에 대해 알아보도록 한다.

(1) 입력 모듈과 입력 디바이스와의 연결

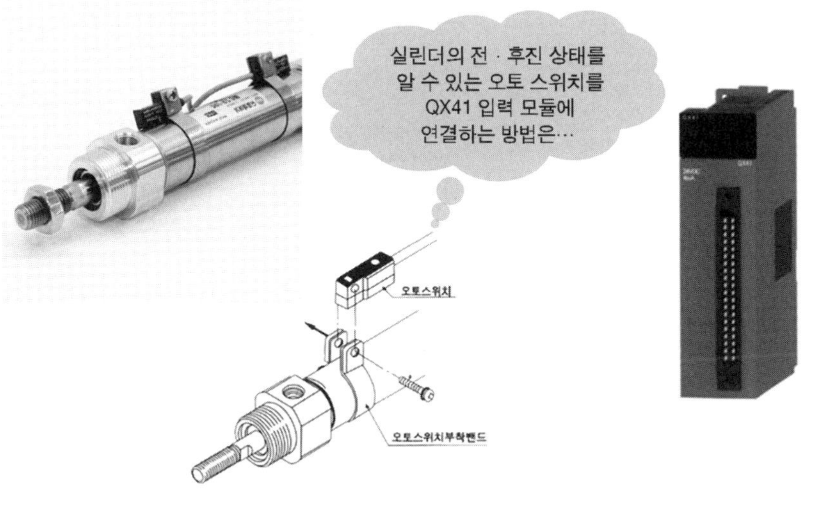

다음 그림에서 알 수 있듯이 QX41 모듈은 32점 모듈이라서 입력 모듈에 직접 외부 기기를 연결할 수 없다. 이 때문에 별도의 부품(인터페이스 단자대와 케이블)이 필요하다.

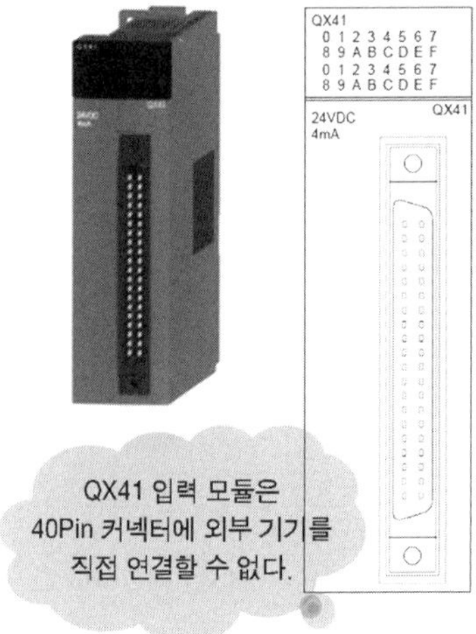

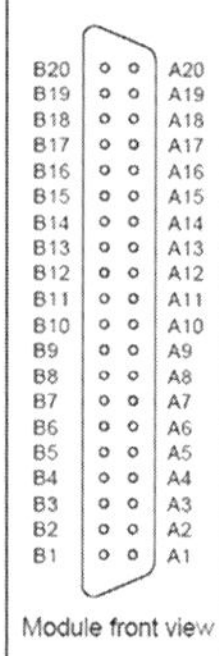

Pin-Outs	Pin No.	Signal No.	Pin No.	Signal No.
	B20	X00	A20	X10
	B19	X01	A19	X11
	B18	X02	A18	X12
	B17	X03	A17	X13
	B16	X04	A16	X14
	B15	X05	A15	X15
	B14	X06	A14	X16
	B13	X07	A13	X17
	B12	X08	A12	X18
	B11	X09	A11	X19
	B10	X0A	A10	X1A
	B09	X0B	A09	X1B
	B08	X0C	A08	X1C
	B07	X0D	A07	X1D
	B06	X0E	A06	X1E
	B05	X0F	A05	X1F
	B04	Vacant	A04	Vacant
Module front view	B03	Vacant	A03	Vacant
	B02	COM	A02	Vacant
	B01	COM	A01	Vacant

Pin 배열을 살펴보면 X00에서 X0F까지 B20에서 B05가 매칭되어 있고 COM 단자는 B01, B02임을 알 수 있다. X10에서 X1F까지도 동일한 배열이다.

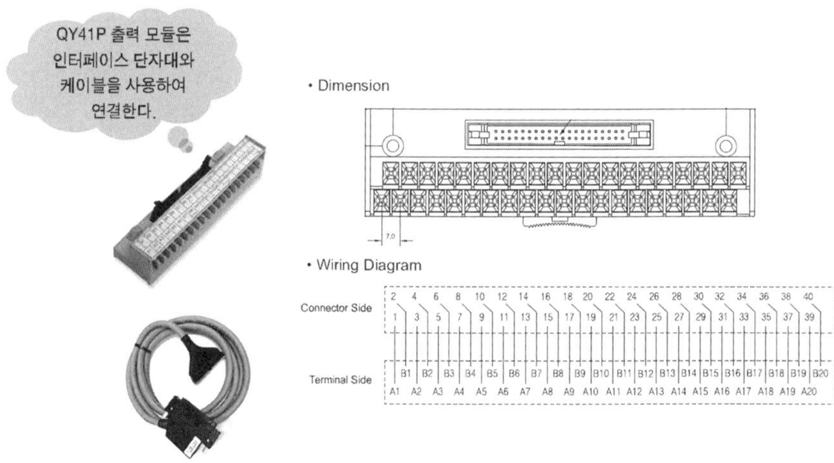

인터페이스 단자대의 Pin 배열을 살펴보면 PLC 입력 모듈 QX41의 Pin 번호(Terminal Side) A1에서 A20, B1에서 B20까지가 실제 나사 고정형 단자대(Connector Side)의 1에서 40까지 매칭되어 있다.

즉 X00은 B20이므로 Pin 번호 40에 해당한다. 하지만 인터페이스 케이블에서 Pin 번호가 역으로 변환되는 타입을 사용하면 Pin 번호 2로 사용할 수 있다. 입력 모듈의 COM 단자는 B01, B02이므로 38,40이 실제 COM단자가 된다.

즉 좌측 상단에서부터 X00, X01… 순이고 좌측 하단은 X10, X11… 순이 된다.

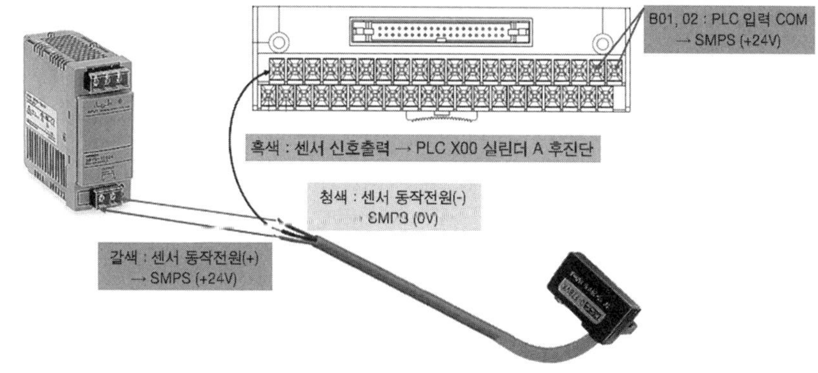

입력 모듈 QX41에 연결한 인터페이스 단자대에 실린더 센서(오토 스위치)를 연결하는 방법은 센서의 선이 3가닥인 경우 전선의 피복 색은 갈색, 청색, 흑색이다. 이 피복 색은 전 세계 메이커의 공통이므로 갈색과 청색은 센서의 동작 전원을 공급하므로 각각 (+)전원과 0V를 연결하면 된다. 그리고 흑색 선은 센서에서 출력되는 신호선이다. 이 흑색 선이 PLC 입력 모듈과 연결되어 프로그램에서 실린더의 현재 위치를 알 수 있게 된다. 또한, PLC 입력 모듈의 COM 단자에는 (+)24V전원이 공급되도록 SMPS의 (+)출력 단자와 연결하면 된다.

2선식 센서의 경우 전선은 갈색과 청색으로 되어 있다. 이러한 경우 갈색은 (+)24 전원에 연결하고 청색은 PLC 입력 모듈의 X00, 01..의 단자에 연결하면 된다.

2선식

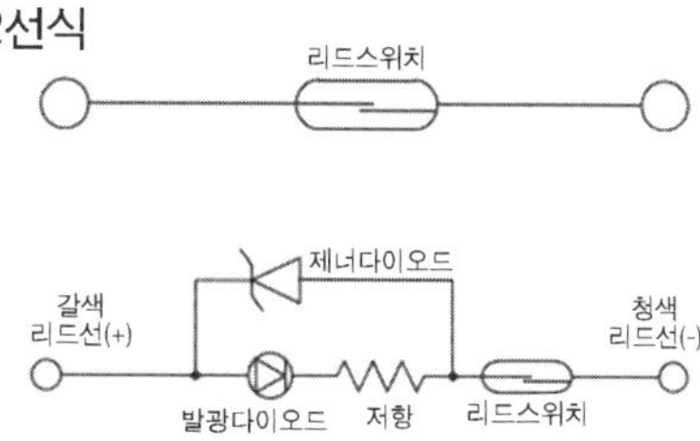

3선식

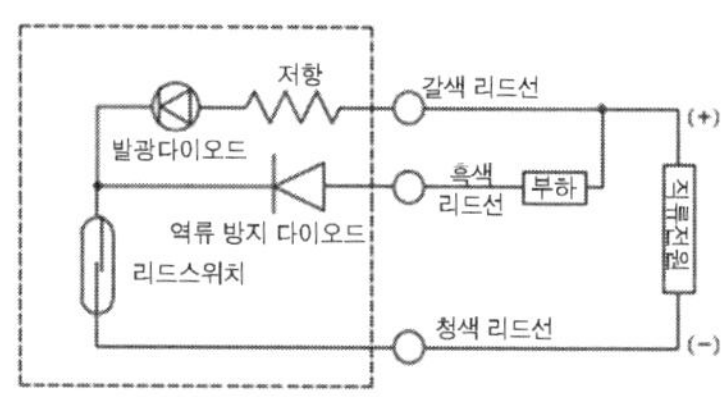

※ PLC Common

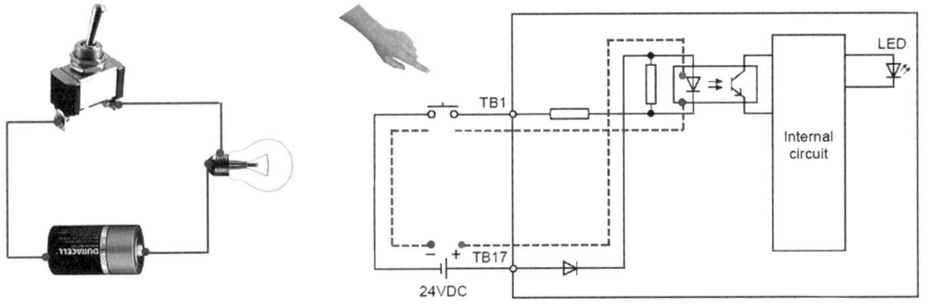

PLC의 입력 모듈에 스위치 등의 입력신호 부품을 연결하는 것은 PLC 입력 모듈 내의 다이오드(Diode)를 동작시켜 외부에서 발생한 신호를 받아들이는 것이다.
즉 좌측 그림과 같이 스위치를 조작해서 램프를 On/Off하는 것과 동일한 작동이다.

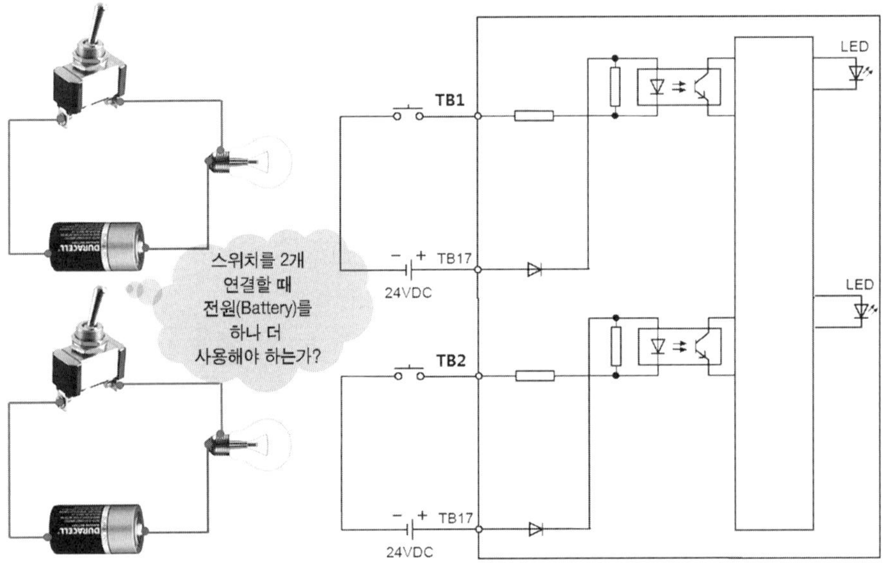

스위치를 PLC 입력 모듈에 추가적으로 연결하기 위해서 또 다른 DC전원을 사용해야 하는 것은 PLC 입력 모듈의 단자의 수량이 증가되어야 함은 물론 내부 회로가 복잡해진다. 추가적인 전원의 사용은 전원 공급 장치(파워 서플라이)의 전위(0V)의 레벨이 서로 다르기 때문에 기준이 되는 전원의 레벨을 설정해야 PLC 입력 모듈에서의 신호 처리가 가능해진다.

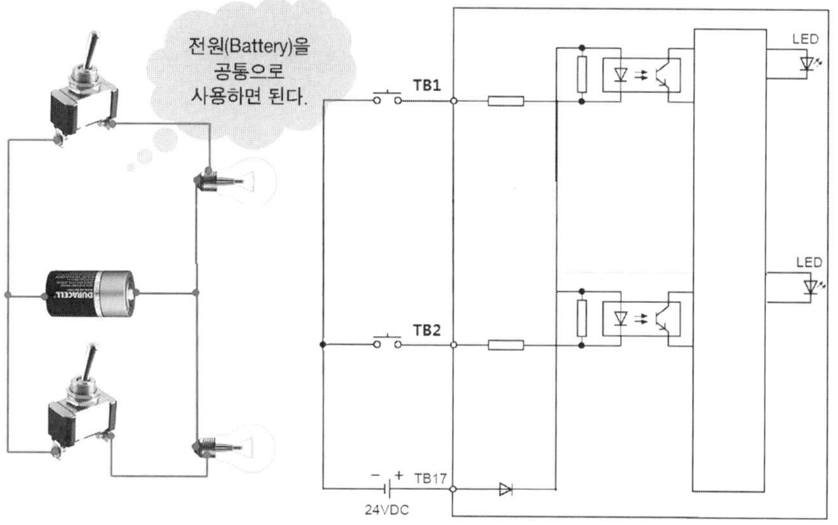

전원을 공통으로 사용하는 것은 회로의 복잡성을 피할 수 있고 PLC 입력 모듈의 배선과 신호 처리에도 상당히 유리하게 된다.

QY40 DC Input Module

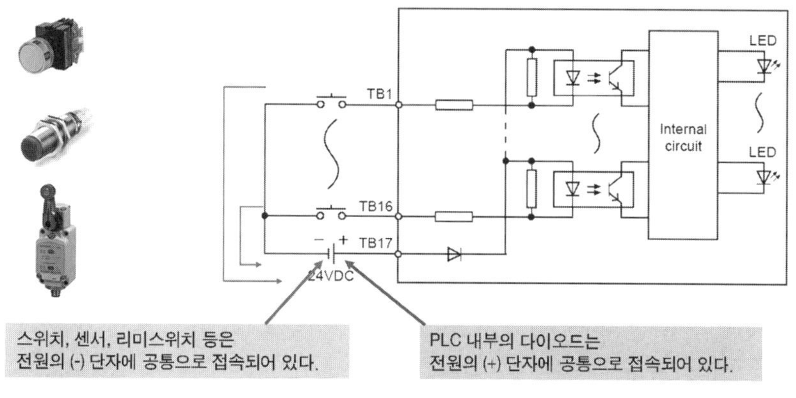

QX40 DC 입력 모듈의 예를 들면

TB17 단자가 입력 모듈의 COM 단자이다. 외부 전원 공급 장치의 (+)극에 연결되어 있음을 도면을 통해 알 수 있다. 전원의 (+)극이 COM 단자가 되는 이유는 PLC 입력 모듈의 내부 회로에 사용된 다이오드의 연결 방향에 의해 결정된 것이다. 다이오드는 전기의 흐르는 방향과 관계 있는 소자이다.

전기 배선에서의 "Common을 잡는다"라는 말은 전기적으로 같은 성질의 (+24V 또는 0V 그 이외의 어떤 전압 등) 전기가 흐르는 선들을 동일한 선으로 연결한다는 말과 같다.

다음은 PLC 출력 모듈에서의 COM 단자에 대한 내용이다.

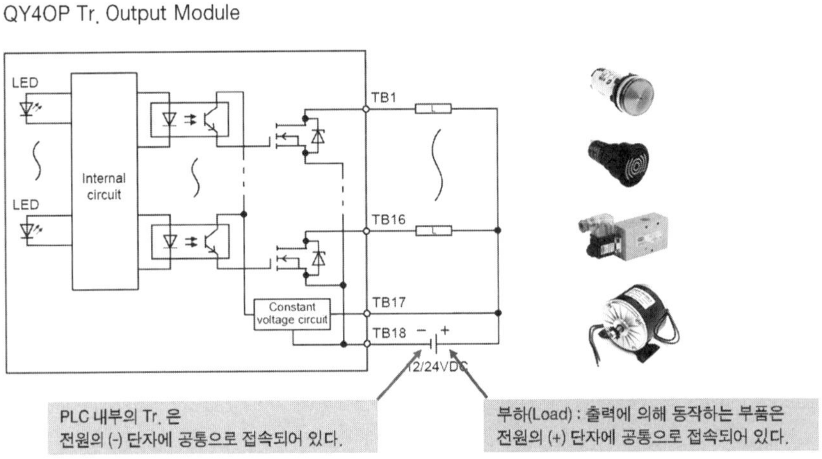

(2) 출력 모듈과 출력 디바이스와의 연결

출력 모듈 QY41P 모듈과 외부 기기(여기에서는 실린더 전 · 후진 솔레노이드 밸브와 부저에 해당)의 연결 방법에 대해 알아보도록 한다.

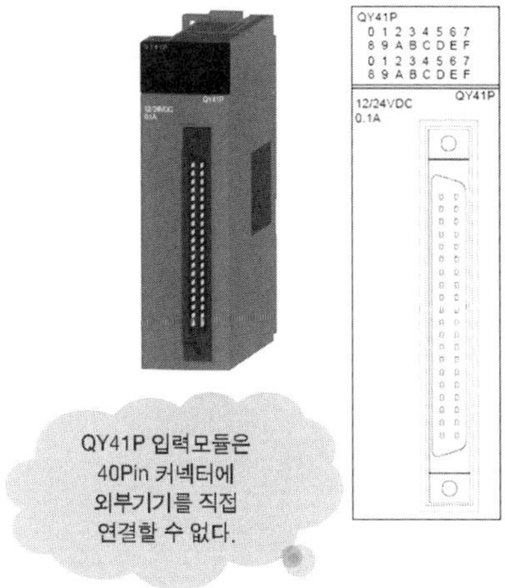

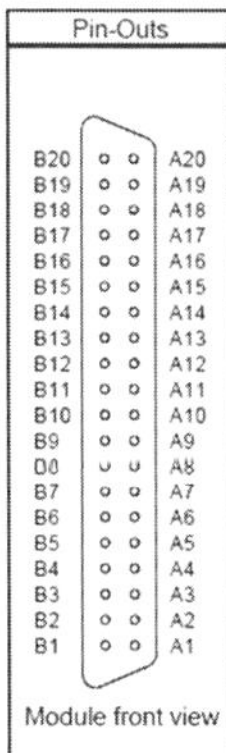

Pin No.	Signal No.	Pin No.	Signal No.
B20	Y00	A20	Y10
B19	Y01	A19	Y11
B18	Y02	A18	Y12
B17	Y03	A17	Y13
B16	Y04	A16	Y14
B15	Y05	A15	Y15
B14	Y06	A14	Y16
B13	Y07	A13	Y17
B12	Y08	A12	Y18
B11	Y09	A11	Y19
B10	Y0A	A10	Y1A
B09	Y0B	A09	Y1B
B08	Y0C	A08	Y1C
B07	Y0D	A07	Y1D
B06	Y0E	A06	Y1E
B05	Y0F	A05	Y1F
B04	Vacant	A04	Vacant
B03	Vacant	A03	Vacant
B02	12/24VDC	A02	COM
B01	12/24VDC	A01	COM

Pin 배열을 살펴보면 Y00에서 Y0F까지 B20에서 B05가 매칭되어 있고 COM 단자는 A01, A02임을 알 수 있다. Y10에서 Y1F까지도 동일한 배열이다.

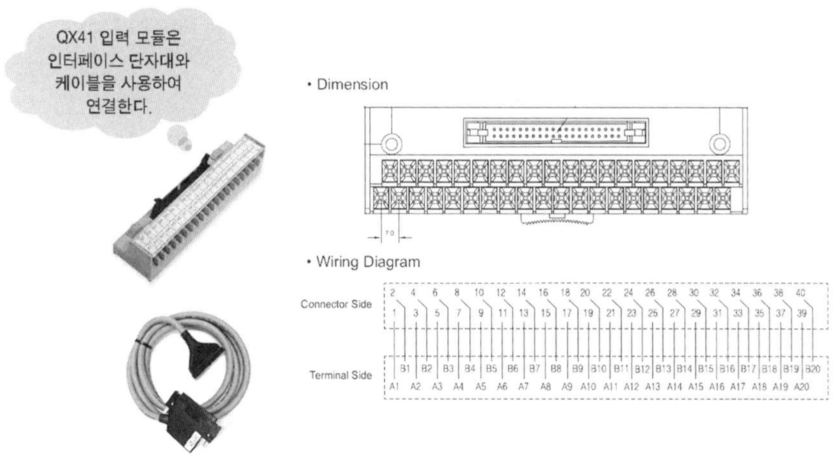

인터페이스 단자대의 Pin 배열을 살펴보면 PLC 입력 모듈 QY41P의 Pin 번호(Terminal Side) A1에서 A20, B1에서 B20까지가 실제 나사 고정형 단자대(Connector Side)의 1에서 40까지 매칭되어 있다.

즉 Y00은 B20이므로 Pin 번호 40에 해당한다. 하지만 인터페이스 케이블에서 Pin 번호가 역으로 변환되는 타입을 사용하면 Pin 번호 2로 사용할 수 있다. 출력 모듈의 COM 단자는 A01, A02이므로 38,40이 실제 COM 단자가 된다.

즉 좌측 상단에서부터 Y00, Y01… 순이고 좌측 하단은 Y10, Y11… 순이 된다.

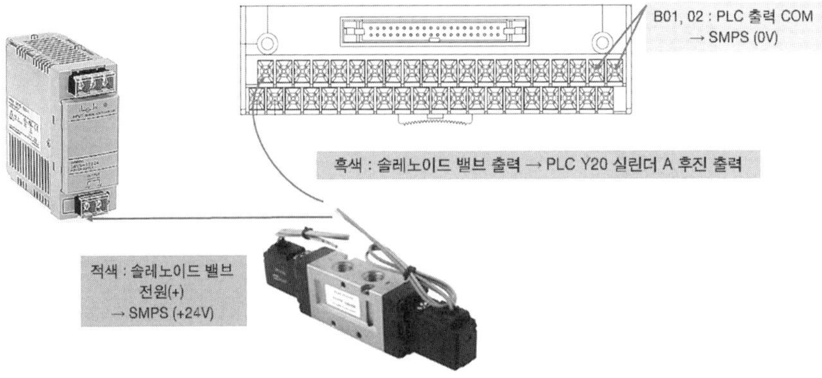

출력 모듈 QY41P에 연결한 인터페이스 단자대에 실린더 전후진용 솔레노이드 밸브를 연결하는 방법은 솔레노이드 밸브에서 나오는 선이 2가닥의 전선으로 피복 색은 적색, 흑색이다. 이 피복 색은 전 세계 메이커의 공통이므로 적색은 SMPS의 (+)전원과 연결하고 흑색선은 PLC 출력 신호(0V 신호가 된다)를 연결하면 되므로 단자대의 Y20에 연결한다. 또한, PLC 출력 모듈의 COM 단자에는 0V전원이 공급되도록 SMPS의 (-)출력 단자와 연결하면 된다.

부저(Buzzer)도 PLC에서 보았을 때 출력에 해당하는 부품이다. 연결 단자에 별도의 극성이 없는 경우에는 상관이 없지만 (+), (-)극성이 표시된 제품에는 전원의 극성을 맞게 연결해야 한다. 이러한 경우에도 (+)극성은 SMPS의 (+)단자에 연결하고 (-)극성은 PLC 출력 모듈의 Y26 단자에 연결하면 된다.

이상과 같이 PLC의 입력 모듈과 출력 모듈에 연결할 부품들의 배선 방법에 대해 간략하게 알아보았다. 대부분 입력으로 사용하는 부품은 센서류이다. (물론 스위치도 있겠지만 스위치 입력 신호는 터치 패널을 통해서 신호를 입력한다고 생각하면 된다. 산업계에서 사용하는 입출력 장치의 대표적인 것이 터치 패널이 되었고 가격도 비교적 저렴해져서 대부분의 장비에는 기본적인 설치 부품이 되었다.) 센서의 배선은 3선식 결선이므로 앞에서 설명한 센서 신호선의 선 색상의 의미를 항상 기억하고 있으면 배선에는 어려움이 없을 것이다.

그리고 출력 부품의 경우 그 종류가 방대하지만 PLC 출력 모듈의 관점에서 보았을 때 모두 부하(Load)이므로 대부분 연결하는 선은 2개이다. 즉 한쪽 선(보통 붉은 피복의 전선)은 (+)에 해당하는 전원을 그리고 다른 한쪽(보통 검정 또는 청색)은 (-)에 해당하는 전원을 공급하도록 되어 있다. 전원의 극성이 별도로 표시된 부품은 반드시 전원의 (+), (-)를 구분하여 연결하여야 부품이 정상적으로 작동하고 또 오배선에 의한 고장도 피할 수 있다.

4.1.7 Test Run 순서

(1) 전원 공급라인 확인

① PLC에 공급되는 전원의 전압과 터미널의 연결 상태를 확인한다.
② 입출력 장치(I/O)에 공급되는 전원의 전압과 터미널의 연결 상태를 확인한다.
③ 전원 공급 장치를 On한다. (전원을 투입한다.)

(2) I/O 결선 확인

① PLC는 Program상의 Manual Mode에서 강제 ON/OFF 기능을 사용하여 출력 장치의 결선 상태를 확인한다.
② PLC 입력 모듈의 LED 또는 설치된 Programming Tool(GX-Works2)에서 입력 장치의 결선 상태를 확인한다.

(3) Test Run

설계한 동작 시퀀스를 확인한다. (프로그램상의 Step Mode를 활용한다.)

(4) 디버깅(Debugging)

프로그램상의 감지된 에러나 오류를 수정한다.

(5) 프로그램을 저장한다.

① 컴퓨터에 테스트 완료된 프로그램을 저장한다.
② Print 출력물을 생성하고 Hard Copy를 보관한다.

PLC의 입출력 모듈에 실습에 필요한 부품들을 모두 배선하였으면 정상적인 동작을 하는지 테스트를 해볼 필요가 있다. 현장에서는 I/O 테스트(입출력 테스트)라고 한다. 배선 시에 설계자의 도면에 표시된 내용과 일치하게 구현되었는지에 대한 점검 활동이다. 전원을 투입하기 전에 DC 전원과 AC 전원 연결 위치가 정확한지 전선의 혼촉에 의해 단락(Short)이 발생되지 않는지 전원단의 각종 차단기(Breaker)의 1차측과 2차측을 테스터(Tester)의 도통 테스트 기능을 활용하여 점검한다. 차단기의 전원 측 단자(1, 3, 5, N)와 부하 측 단자(2, 4, 6, N)의 위치를 번갈아 가며 확인한다. 예를 들어 전원 측의 1 단자와 부하 측의 2, 4, 6, N 등 차례로 확인하여 연결 순서와 연결 상태를 확인한다. 이때에는 전원이 투입되지 않은 상태에서 실행하여야 한다.

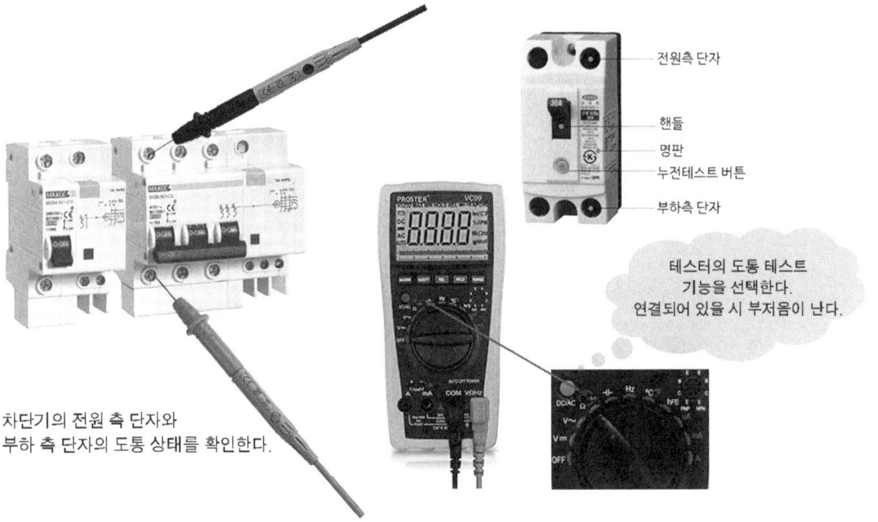

그리고 PLC의 입력 모듈과 연결되어 있는 각종 센서류의 동작 확인 전에 하드웨어(Hardware)적인 배선이 올바르게 되었는지 PLC 입력 모듈의 X00, 01, 02··· 등의 단자들과 센서의 신호 출력 선(흑색)이 단자대에 연결되는 부분을 우선 확인한다. 이와 동일하게 PLC의 출력 모듈과 연결되어 있는 각종 부하들과의 연결 상태도 확인하도록 한다. 물리적인 연결이 올바르게 되었음을 확인 후 전원을 투입하여 실제적인 신호의 발생과 동작 상태를 다음과 같이 테스트할 수 있다.

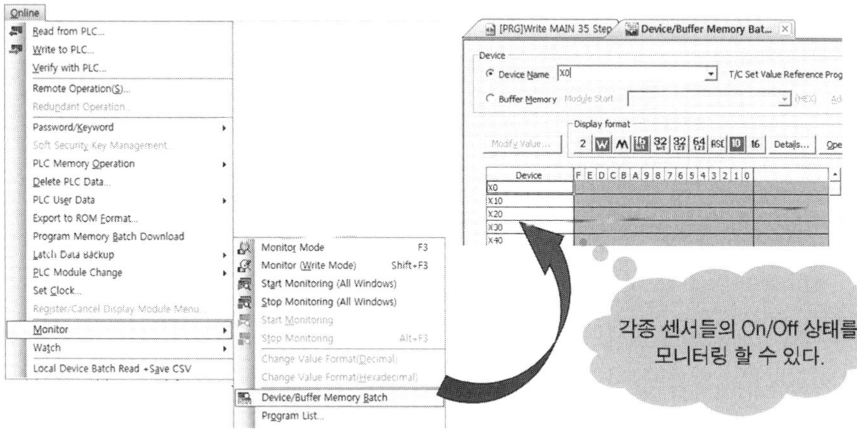

GX-Works2에서 Online 항목을 보면 Monitor 메뉴의 [Device/Buffer Memory Batch] 기능을 활용하면 각종 센서들의 ON/OFF 상태를 모니터할 수 있다. Device 항목에 모니터할 디바이스명을 입력하고 엔터(Enter) 키를 입력하면 X00부터 16점 단위로 센서들의 상태를 보여 준다. 숫자 1은 입력이 ON 되어 있음을, 0은 OFF 상태를 의미한다.

출력의 확인은 Debug 메뉴의 [Forced Input Output Registration/Cacellation] 기능을 활용하면 각종 부하들의 ON/OFF 상태를 강제로 실행할 수 있다. 강제로 ON/OFF 하려는 출력 접점을 등록한 뒤 Force ON/Force OFF 버튼을 클릭하여 실행할 수 있다.

Debug 메뉴의 [Forced Input Output Registration/Cacellation..] 기능을 선택한다.

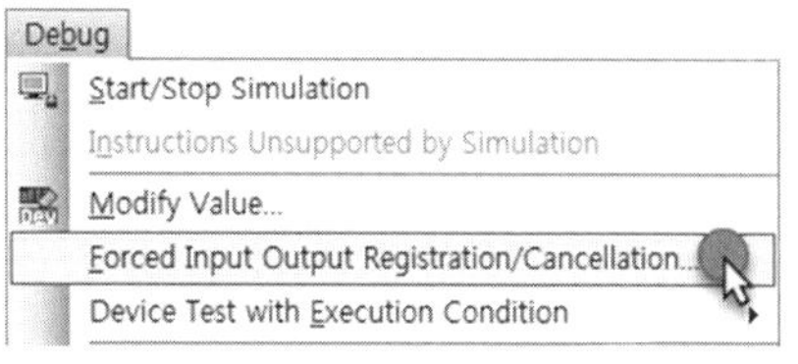

Device 항목에 강제 ON/OFF 할 대상 디바이스를 타이핑하여 입력한다. Register Force ON/OFF 버튼을 클릭하면 해당 디바이스의 접점은 강제 ON/OFF 할 수 있다.

하단의 Update Status 또는 Batch Cancel Registration을 활용하여 현재 강제 출력 상태를 갱신하거나 등록한 디바이스 접점을 모두 삭제할 수 있다.

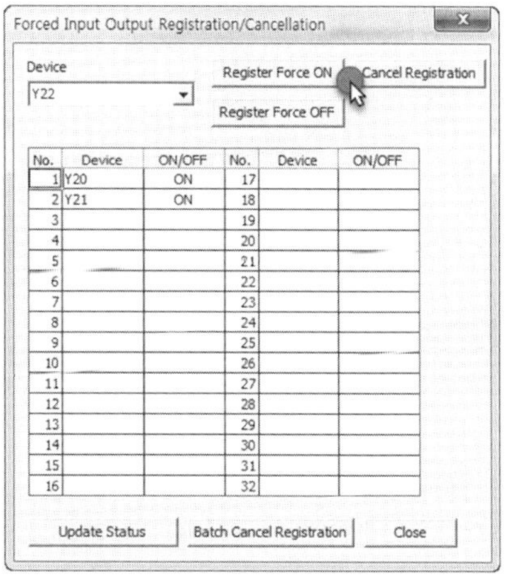

강제 ON/OFF 출력은 인접한 기구물의 간섭 현상을 충분히 파악한 뒤 실행하여 테스트 중에 기구물이 망가지지 않도록 주의하여야 한다. 대개의 경우 2인 1조로 조작과 실제 움직임을 활용하는 방법을 사용한다. 조작하는 사람은 관찰자의 신호에 의해서만 조작을 하여야 하고 조작 시 관찰자가 인지할 수 있도록 신호를 하여야 한다.

다음은 간단하게 PLC 프로그램을 작성하여 각 실린더의 동작 상태를 확인하도록 하자. 개별적인 동작을 통하여 실린더의 전 · 후진 위치를 감지할 수 있는 센서의 정확한 위치를 파악하고 센서의 위치를 수정할 수 있다. 또한, 솔레노이드 밸브의 동작을 확인하고 공압 호스의 연결 상태와 실린더의 전 · 후진 시 속도를 스피드 콘트롤러의 조작을 통하여 설정할 수 있다. 최종적으로 이 수동 동작을 통하여 각종 기구물의 배치 위치가 자동 운전 동작 시 간섭 현상이 발생되는지에 대한 사전 확인 작업을 할 수 있다.

4.1.8 오토 스위치 올바른 부착 방법

오토 스위치의 가장 이상적인 부착 방법은 동작 범위(ON일 때의 범위)의 1/2 지점이 최고감도 위치이다. 동작 범위 끝부분에 부착할 경우 (ON, OFF, 교착 부근)동작이 불안전해지는 경우가 있으므로 스위치를 가급적이면 최고감도 위치에 스위치를 고정한다.

동작 범위 및 최고감도 위치는 다음 그림과 같이 설정할 수 있다.

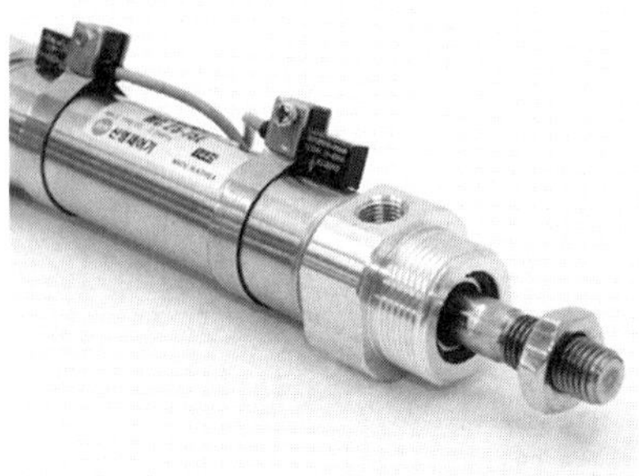

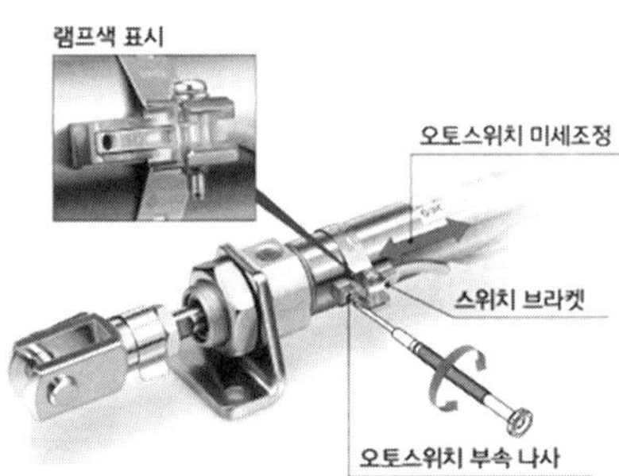

[오토 스위치 이동 방향]

A 지점 : OFF 상태에서 ON 되는 지점

B 지점 : ON 상태에서 OFF 되는 지점

C 지점 : 최고감도 위치 지점 A와 B의 1/2 지점

스위치 1. 위험한 위치

스위치 2. 가장 좋은 위치

스위치 3. 위험한 위치

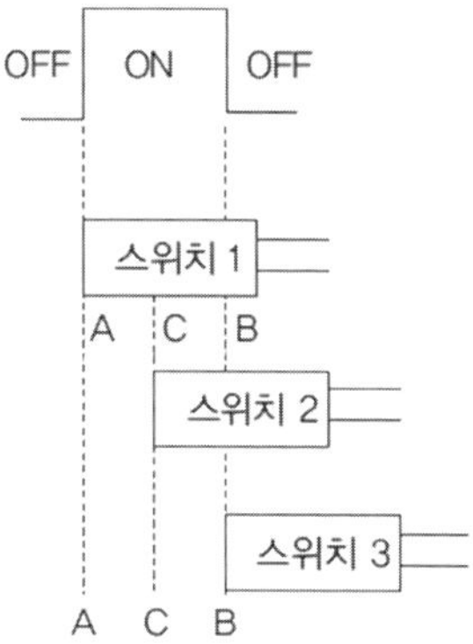

(1) 실린더 형태별 오토 스위치 장착하는 방법

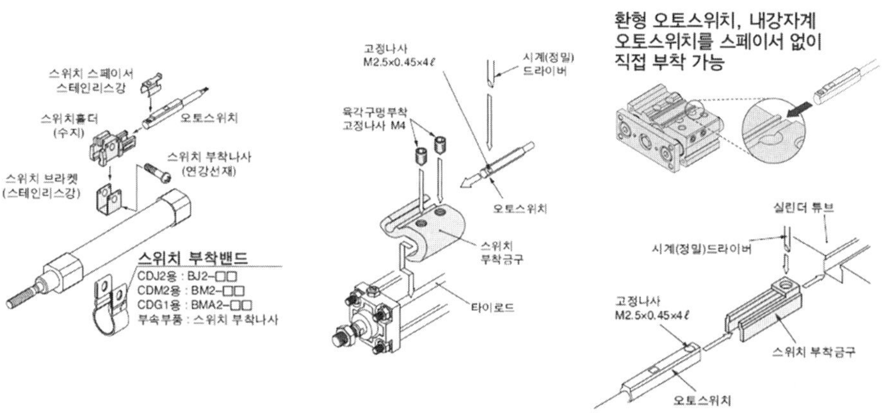

4.1.9 속도 제어 밸브(Speed Controller)

일반적으로 스피드 컨트롤러라 불리는 밸브이다. 교축 밸브에 체크 밸브를 부착한 형태로 공압회로에서 실린더의 속도를 제어하기 위한 밸브이다.

액추에이터에 공급되는 공기를 교축하는 미터인 방식과 배기되는 공기를 교축하는 미터 아웃 방식이 있다. 일반적으로 미터 아웃 방식을 사용하는 것이 올바른 방식이며 액추에이터 배기구 근처에서 가장 가까운 곳에 설치하는 것이 바람직하다.

※ 교축 밸브(throttle valve)는 관로의 단면적을 교축(조이거나 풀어)하여 유량을 제어하는 밸브이다. 공압회로 내에 설치하여 공기의 유량, 압력 등을 변화시킨다. 공기탱크와 같이 사용하여 타이머로 사용되기도 한다.

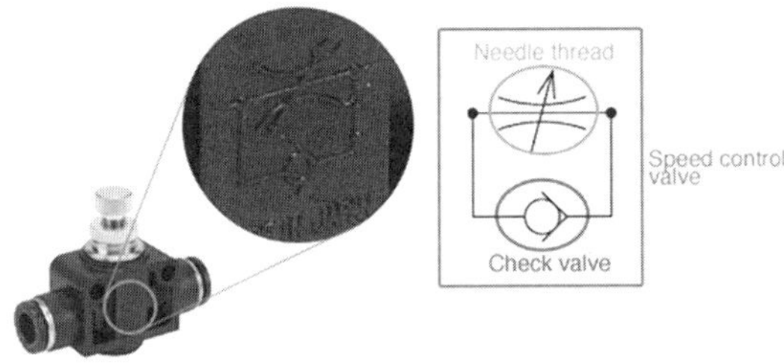

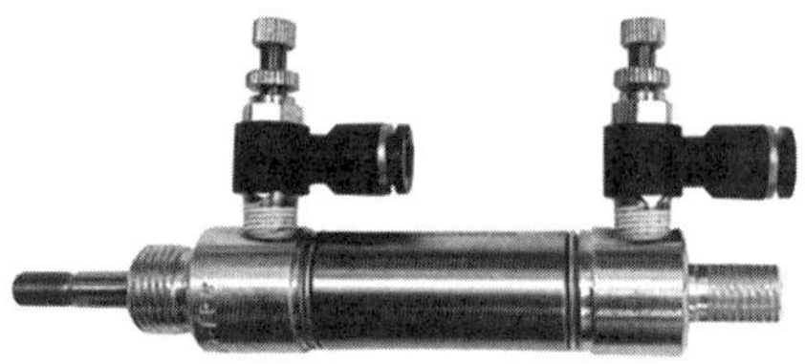

(1) 미터 인 방식과 미터 아웃 방식

Controlling method	Meter-out control	Meter-in control
	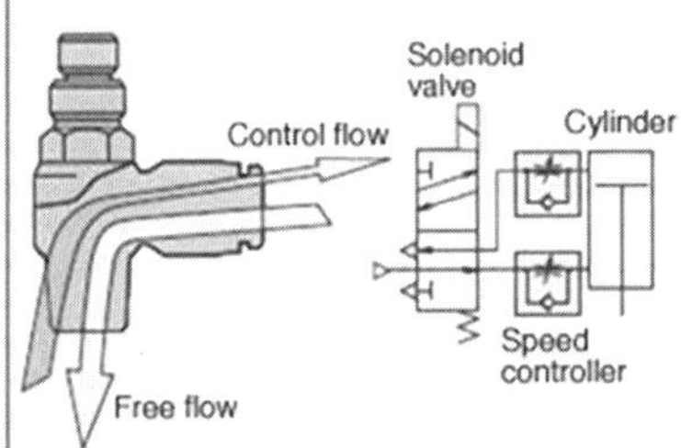	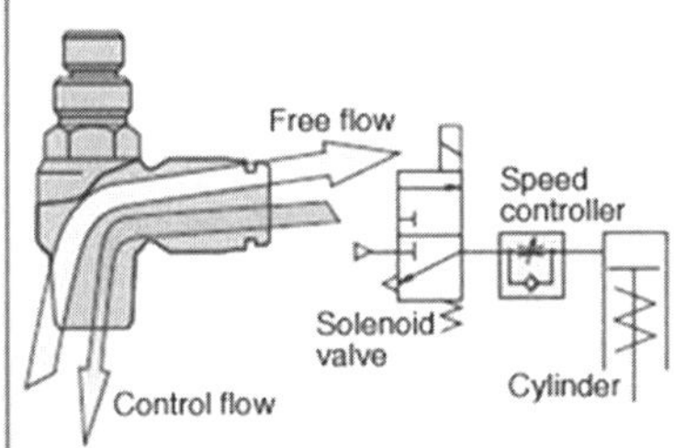
Lock nut color	White (Primary color)	Black
	The flow rate of the air entering from the thread side can be controlled,whereas air entering from the joint side comes out from the thread side without the flow rate controlled.	The flow rate of the air entering from the joint side can be controlled, whereas air entering from the thread side comes out from the joint side without the flow rate controlled.

4.2 수동 프로그램

4.2.1 터치 패널 화면 구성

터치 패널 화면을 구성하도록 하자. 터치 패널에는 실린더 3개의 전진과 후진을 가가할 수 있도록 총 6개의 스위치와 실린더의 전 · 후진 상태를 표시할 수 있는 램프를 배치하도록 한다.

Object → Switch → Bit Switch를 클릭하여 베이스 화면에 스위치를 배치한다.

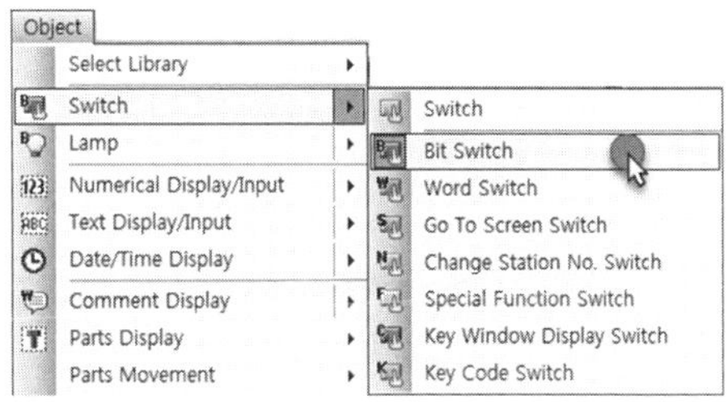

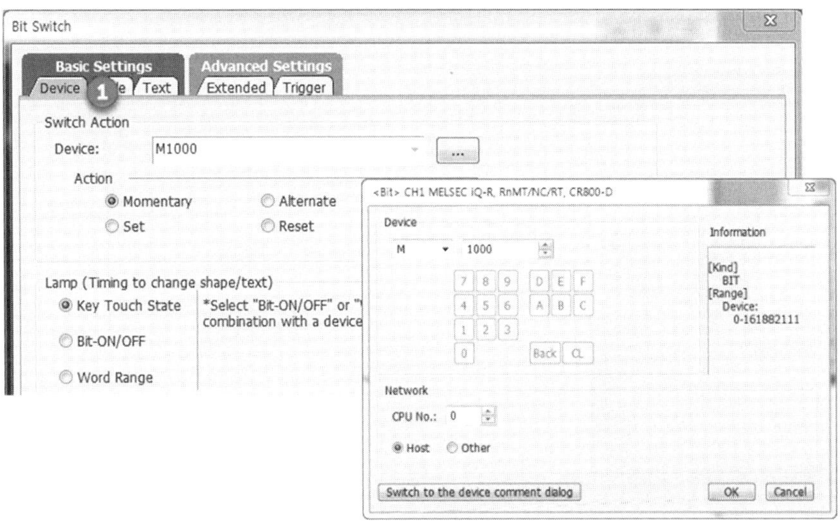

① Basic Setting에서 Device Tab을 클릭하여 비트 스위치의 디바이스와 번호를 입력한다. 그림과 같이 M디바이스에 1000 어드레스를 할당하였다. 스위치 형태(Action)는

스위치를 누르고(터치) 있을 때만 설정된 디바이스가 ON 될 수 있도록 Momentary 스위치 기능을 부여하고 스위치에 설정되어 있는 램프는 스위치를 누를 때만 ON 되도록 [Key Touch state]로 선택하였다.

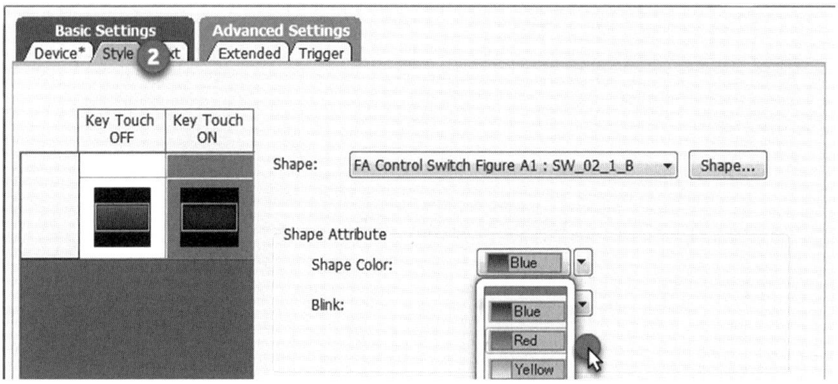

② Style Tab은 스위치의 모양에 관련된 기능을 설정할 수 있다.

스위치의 ON/OFF 되는 형태가 각각 표시되도록 스위치의 색상을 설정한다. Key Tocuch OFF와 Key Tocuch ON에 해당하는 색상은 Shape Attribute의 Shape Color에서 설정할 수 있다. ① 항목의 Lamp 설정과 연결되는 부분이다. 보통 스위치를 터치하였을 때 ON 상태가 되므로 OFF 상태와 구분하기 위해서 붉은 색 계열을 설정하는 것이 좋다.

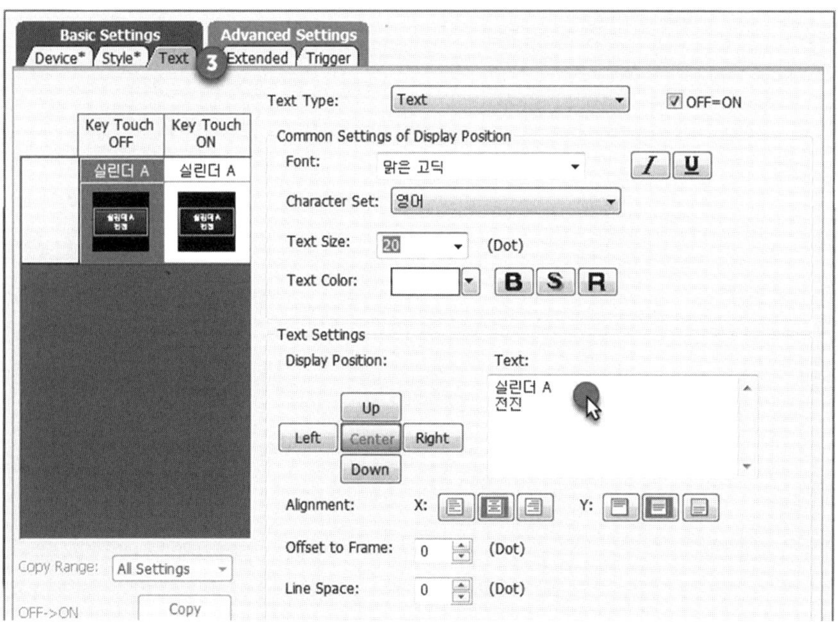

③ Text Tab에서는 스위치에 표시할 글자를 입력한다.

Text Settings의 Text 항목에 입력하면 스위치에 글자가 표시된다. 이후에 만들 나머지 5개의 스위치도 지금 만든 스위치를 복사해서 사용할 것이므로 글자의 폰트 등을 설정을 신중하게 하면 스위치의 형태가 통일성 있게 보여 보기가 좋은 화면을 구성할 수 있다.

이상과 같이 스위치 [A 실린더 전진]를 하나 생성하였다. 동일한 기능의 6개의 스위치를 만들어야 하므로 생성된 스위치를 복사하는 것이 편리하다. 여기에서는 [연속 복사] 기능을 사용하도록 한다.

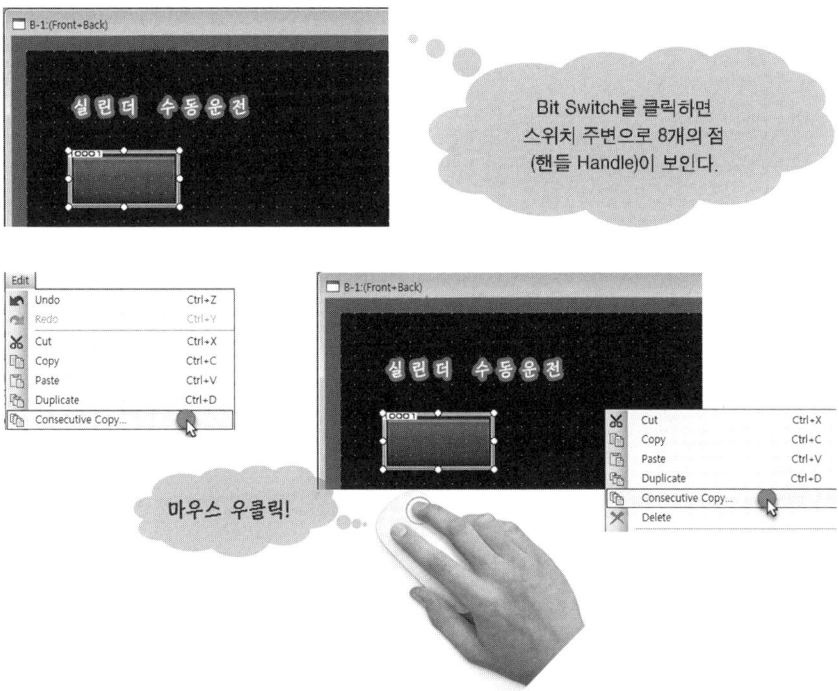

연속 복사를 위해 복사할 대상을 마우스 클릭하여 선택한다. Menu에서 Edit를 클릭하여 연속 복사[Consecutive Copy..]를 선택하거나 마우스 우클릭하여 표시되는 [Consecutive Copy..]를 선택하여도 된다.

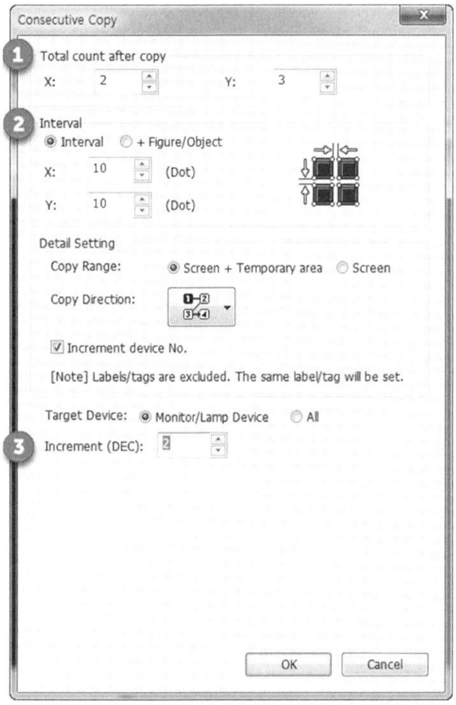

① Total count after copy : 복사 후 총수량을 X축과 Y축으로 구분하여 입력한다. 그림과 같이 X : 2, Y : 3으로 설정하면 X방향으로 2개씩 Y방향으로 3줄이 생성되어 총 6개가 만들어진다.

② Interval : 복사 시 X축과 Y축 간의 거리를 Dot 단위로 입력한다.

③ Increment : 스위치에 할당한 디바이스 어드레스의 증가값을 입력한다. 그림과 같이 2를 설정할 경우 첫 번째 스위치의 M1000에서부터 시작하여 다음 스위치는 M1002, M1004와 같이 어드레스의 증가량이 2씩 된다. 입력은 10진수로 한다.

복사 완료된 스위치의 Text를 수정하여 그림과 같이 완성하도록 한다.

추가적으로 통신 확인용 램프를 배치하도록 한다.

미쓰비시의 GOT는 PLC와 통신이 되지 않더라도 화면에 구성한 Text, 스위치 등의 항목은 표시가 된다. 다만 PLC의 데이터가 필요한 램프, 수치 표시, 문자 표시 등의 항목은 표시되지 않는 특성이 있다.

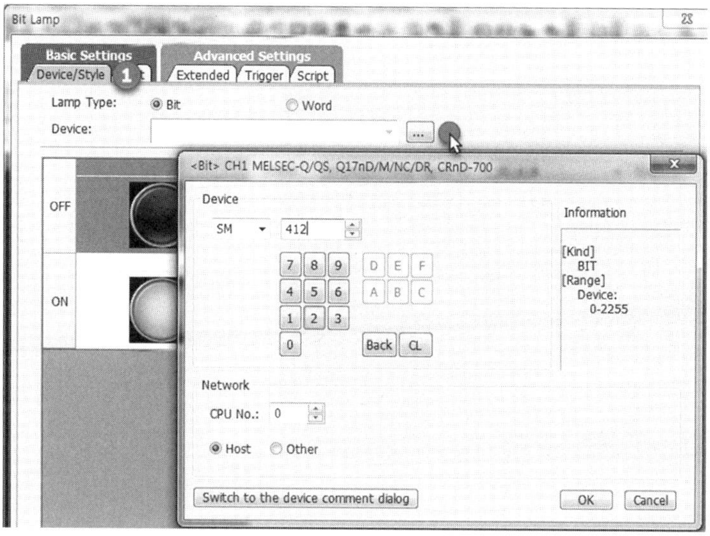

① Device/Style Tab에서의 설정은 램프의 ON/OFF와 관련된 디바이스 어드레스와 램프의 모양에 관한 것이다. PLC와 연결이 되면 SM412(1초 클락)는 0.5초 간격으로 ON/OFF 신호를 반복적으로 만들어 주기 때문에 이 신호를 터치 패널에서 받아 램프를 점멸할 수 있다.

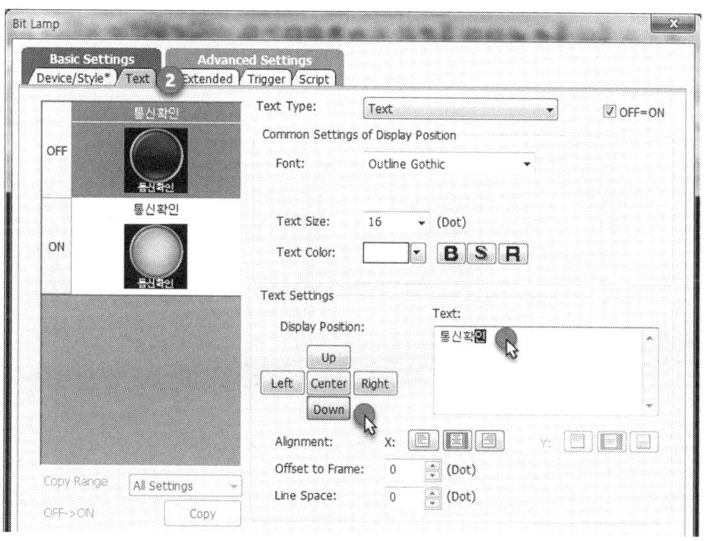

② Text Tab에서의 설정은 램프에 표시되는 글자를 입력하는 것이다. 보통의 경우 램프의 중앙의 위치에는 글자를 표시하지 않으므로 이를 피해서 Display Position 항목에 Down 버튼을 클릭하고 Text 입력창에 표시할 글자를 입력한다. 여기에서는 "통신 확인"이라고 입력하였다. 입력이 완료되면 램프의 하단에 입력한 "통신 확인" 글자가 나타난다.

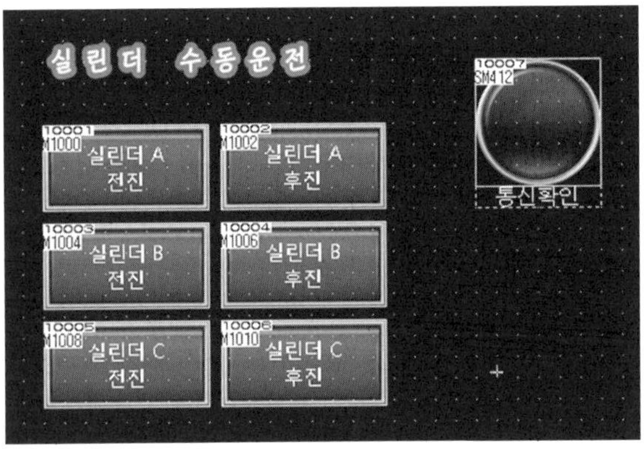

추가적으로 실린더의 위치를 알 수 있도록 실린더의 오토 스위치(실린더 센서)와 램프를 생성하여 연결하도록 하자.

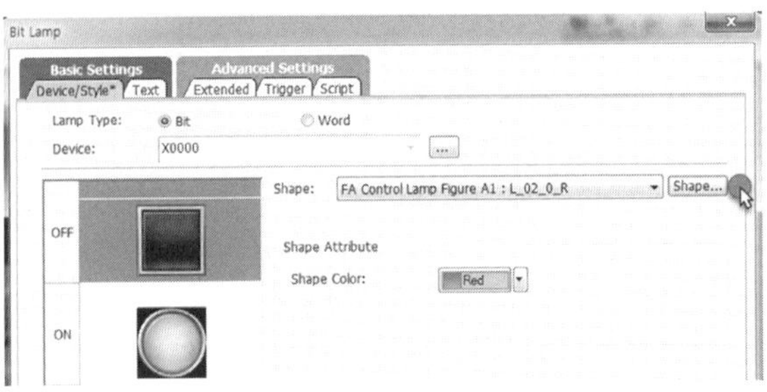

램프의 모양을 사각형으로 변경하려면 Shape 버튼을 클릭하여 미리 만들어져 있는 램프 중에서 선택하면 된다.

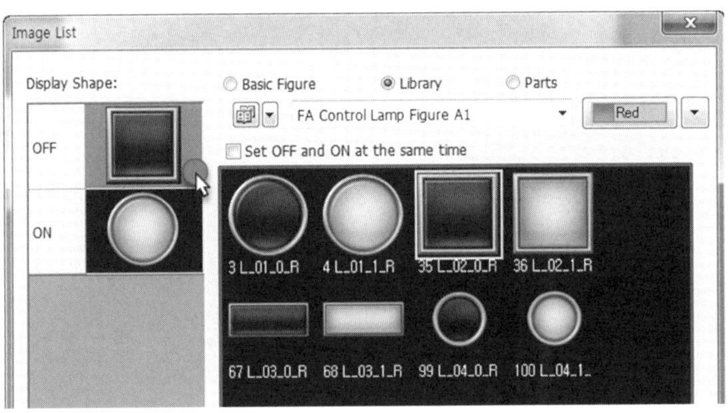

좌측에 표시되는 Display Shape의 램프의 OFF 상태의 형태와 ON 상태의 모양을 오른쪽의 램프 모양으로 변경한다. 먼저 OFF 상태의 램프 그림을 클릭하고 오른쪽 "Set

Off and On…" 항목으로 그림을 클릭하면 변경된다. ON 상태의 램프 그림도 동일한 방법으로 좀 더 밝은 색상의 램프 모양을 선택한다.

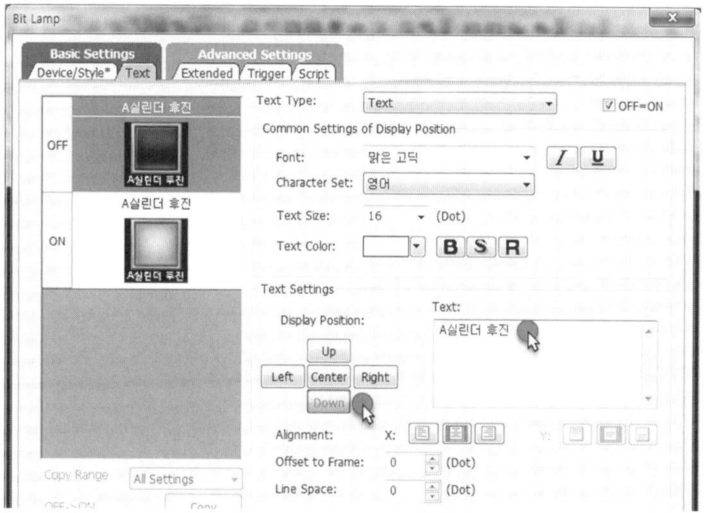

램프에 설정한 X00는 실린더 A의 후진 상태를 표시하는 오토 스위치이다. 램프의 Text Tab에 "A 실린더 후진"이라고 입력한다. 입력하는 방법은 이전의 통신 확인 기능의 램프를 만들 때와 동일하다.

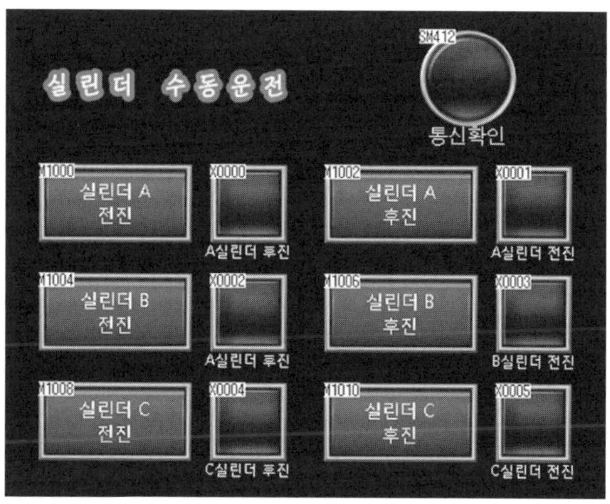

연속 복사 기능을 사용하여 실린더 A, B, C의 전 · 후진 상태를 표시하는 램프를 생성하도록 한다.

(1) 통신 설정 항목

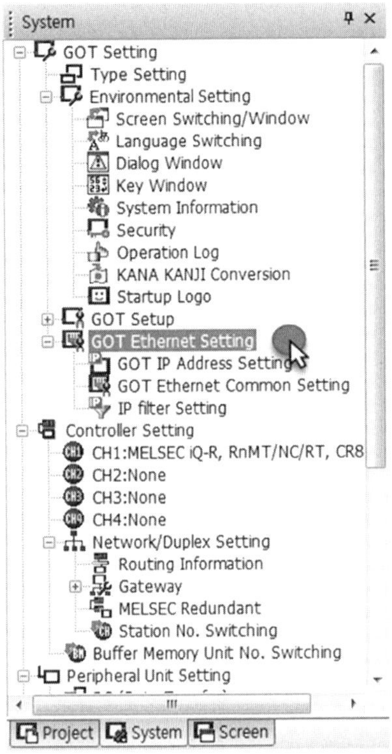

GOT2000 시리즈부터는 이더넷 통신 설정 항목이 기존 Cotroller Setting에서 새로이 GOT Ethernet Setting이 분리되어 설정되었다. (본 교재의 GT Designer 3의 Ver.은 1.178L 이다.)

System Tab에서 GOT Ethernet Setting 〉GOT의 IP Address의 설정을 하도록 하자.

별도의 IP Address의 지정이 없는 경우 기본 설정된 IP Address를 사용하도록 한다.

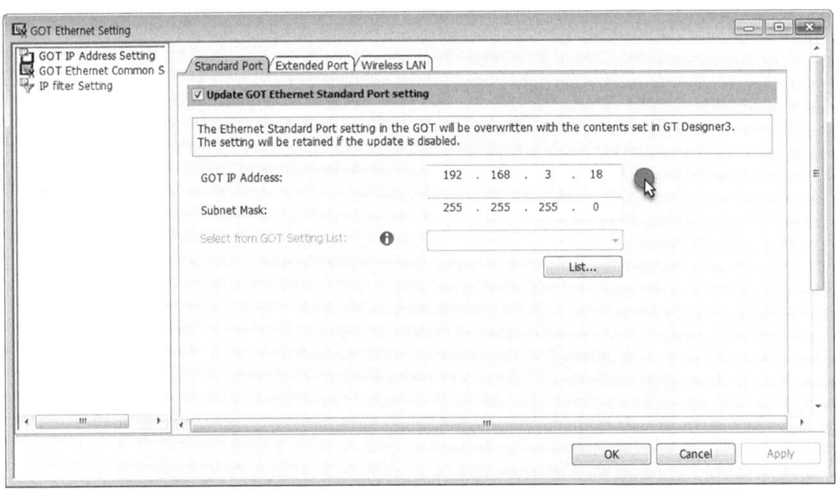

다음은 터치 패널과 연결하는 PLC 설정(Controller Setting)이다.

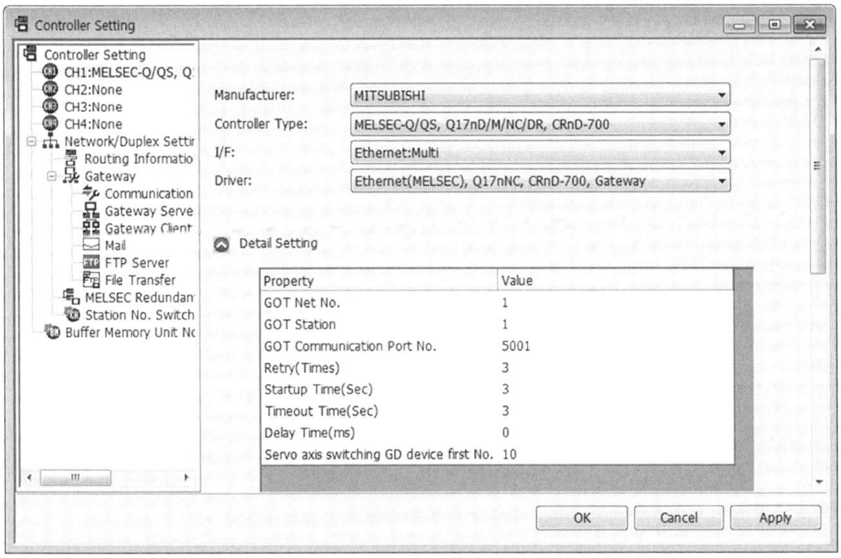

① Manufacturer : 제조사는 미쓰비시

② Controller Type : CPU 내장된 이더넷 포트를 사용하므로 CPU 명칭을 선택하면 된다. Melsec Q 시리즈이므로 그림과 같이 MELSEC-Q/QS… 항목을 선택한다. 최근들어 MELSEC iQ 시리즈를 많이 사용하므로 사용하는 CPU 명칭을 잘 확인하기 바란다.

③ I/F : 인터페이스 항목은 이더넷을 사용하므로 Ethernet을 선택한다.

④ Driver : 드라이버 역시 이더넷 통신이므로 Ethernet을 선택한다.

Detail 항목에 해당하는 부분은 복수대의 GOT를 사용하는 경우의 설정이므로 설정하지 않는다.

터치 패널로 작성한 프로젝트를 전송하도록 하자.

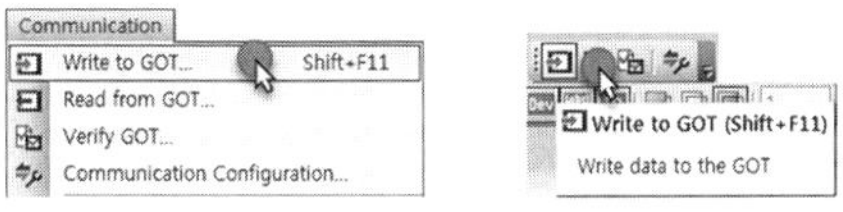

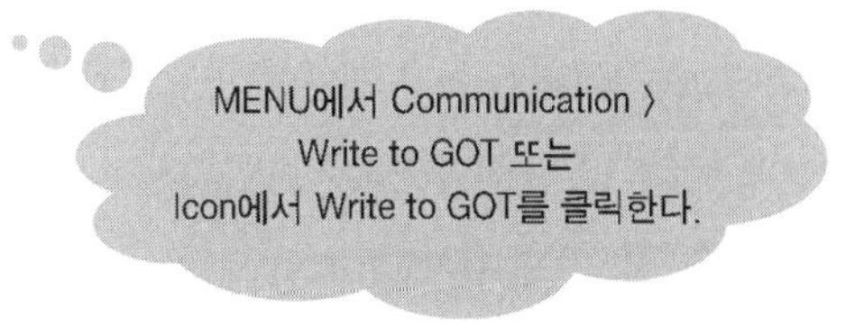

4.2.2 PLC 프로그램 작성

(1) 수동 운전 프로그램

실린더의 수동 운전을 위한 PLC 프로그램은 다음과 같이 작성하면 된다.

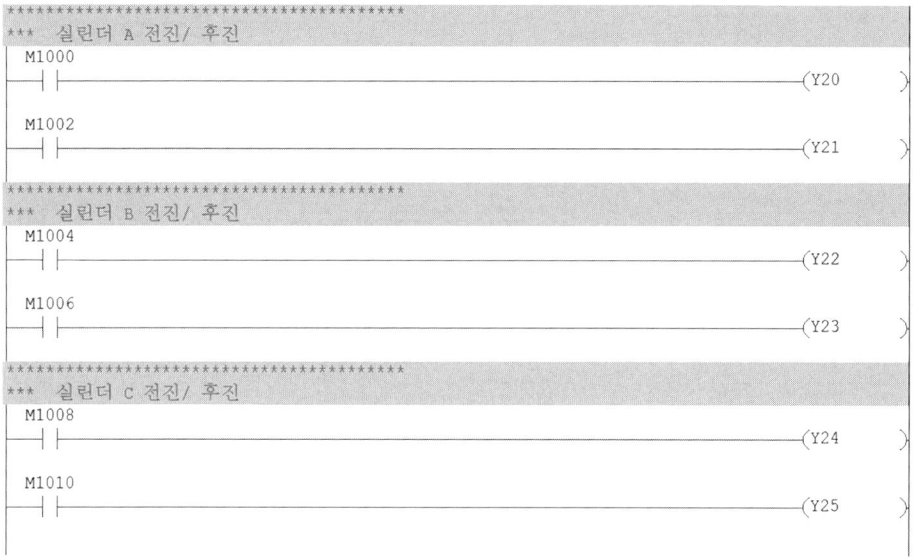

터치 패널에 작성한 각 실린더마다 전 · 후진용 스위치를 조작하면 실린더에 공기의 흐름을 바꾸어 주면서 전진과 후진이 되는 솔레노이드 밸브에 연결된 PLC 출력 모듈의 Y20에서부터 Y25까지의 외부 출력이 연결될 수 있는 프로그램이다. 단순하게 입력과 출력은 1대 1로 연결한 형태이므로 동작을 이해하는 데는 무리가 없을 것이다.

물론 실린더의 배치가 서로 교차가 되는 형태에서 간섭이 생기는 경우는 위와 같이 단순하지는 않을 것이다. 교차되어 배치되어 있는 경우 예를 들어 A실린더가 전진한 상태에서는 실린더 B가 전진하면 안 되는 경우에는 A실린더의 후진단 오토 스위치가 ON 상태(후진 상태)에서만 B실린더의 전진이 되도록 조건을 추가하거나 출력Y 앞단에 인터록 회로를 구성해야 한다.

실린더의 전 · 후진을 표시하는 램프는 별도의 프로그램을 작성할 필요가 없다. 실린더의 오토스위치 신호를 받아서 램프를 ON/OFF 하는 설정이므로 오토스위치가 고장이 나지 않는 상태에서는 실린더의 위치 표시를 정확히 해 줄 것이다.

위와 같은 프로그램에 기능을 추가해 보도록 하자. 수동 운전에서 실린더의 전 · 후진 동작을 하다가 실린더를 후진 상태로 되돌려 놓으려면 후진용 스위치를 각각 조작하여야 한다. 스위치 한 개를 추가하여 일제히 후진 동작이 되도록 하려면 어떻게 프로그램을 수정해야 하겠는가?

방법은 의외로 간단하다. 후진을 위한 출력 신호의 입력단에 OR 회로를 구성하여 추가된 스위치의 신호를 걸어 주면 된다.

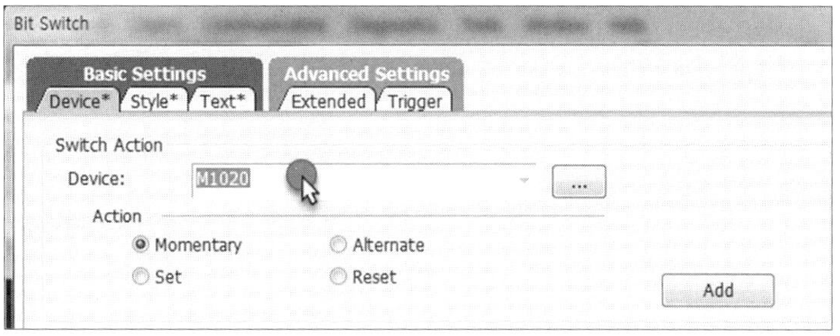

실린더를 모두 한 번에 후진시킬 스위치의 디바이스 어드레스는 "M1020"으로 지정한다.

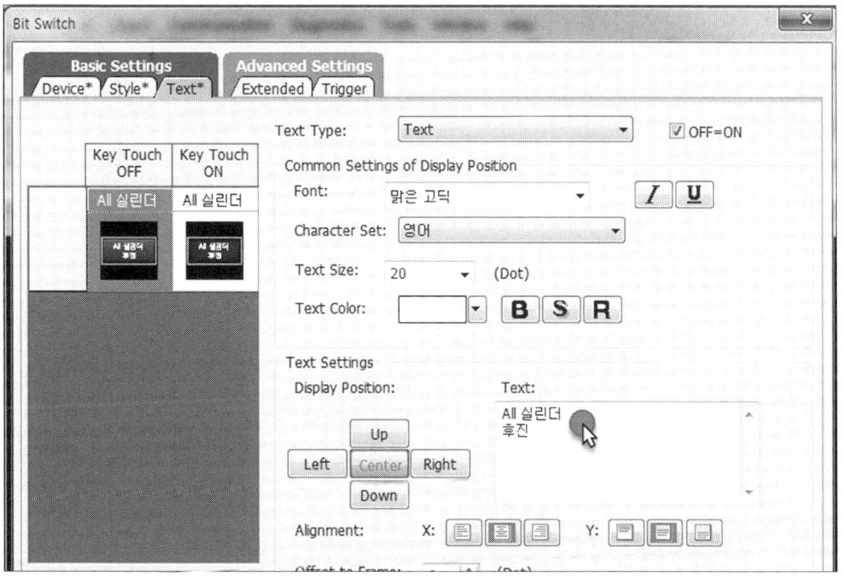

스위치에 표시할 Text는 "All 실린더 후진"으로 입력하도록 한다.

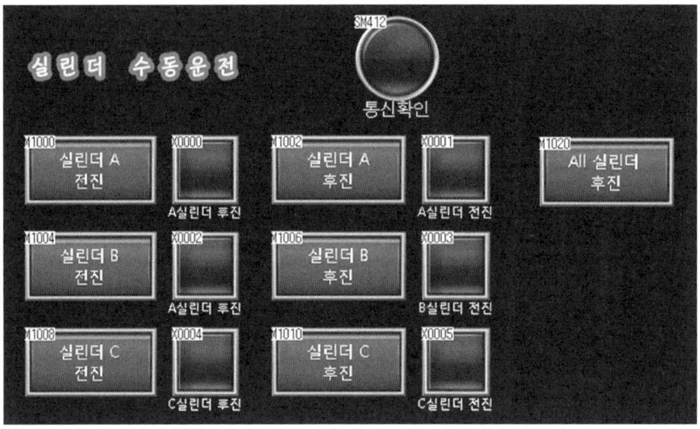

새로 추가한 스위치를 적당한 위치에 배치한다.

PLC 프로그램은 다음과 같이 수정하도록 한다.

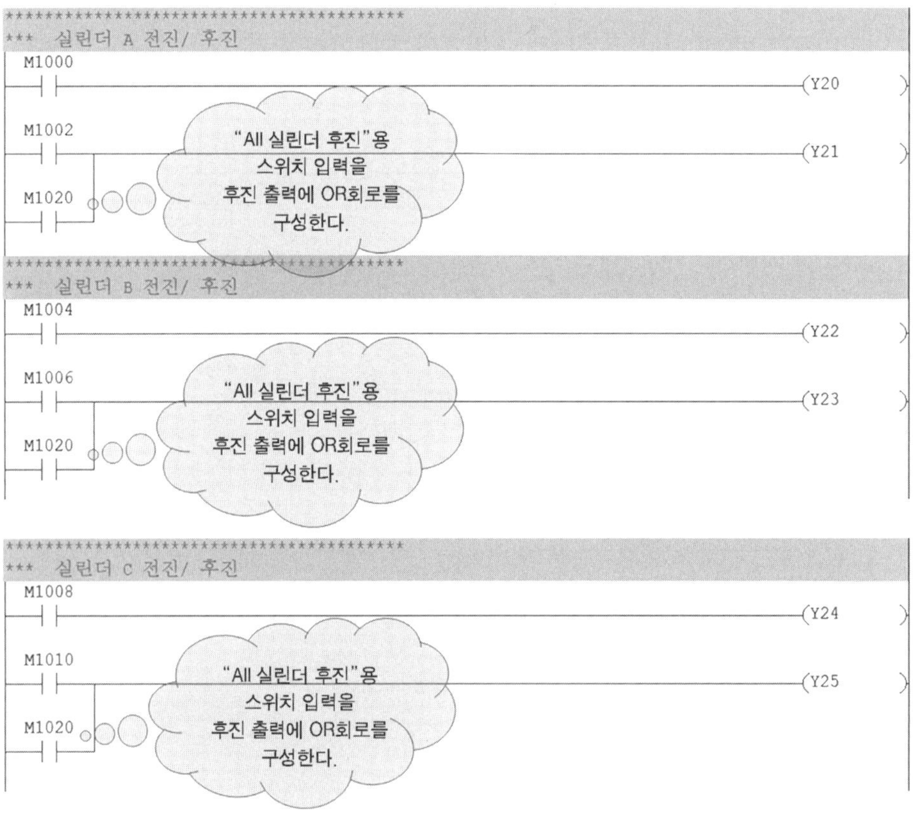

실린더의 전 · 후진 수동 동작을 반복하면서 실린더 오토 스위치의 최고감도 위치 지점을 설정해 보고 스피드 컨트롤러를 조작하여 실린더의 전 · 후진 속도를 조절하여 실린더의 연속 운전 조건을 설정해 보도록 한다.

앞에서 실린더의 시퀀스 동작 순서를 표현하는 방법에 대해 알아보았었다. 지금 설명하려 하는 내용은 실린더 3개의 동작 순서를 미리 설정하고 동작을 구현하는 프로그램을 작성하는 방법에 대하여 설명하려 한다.

동작 단계 선도(Motion Step Diagram)로 표현한 시퀀스 동작 순서이다.

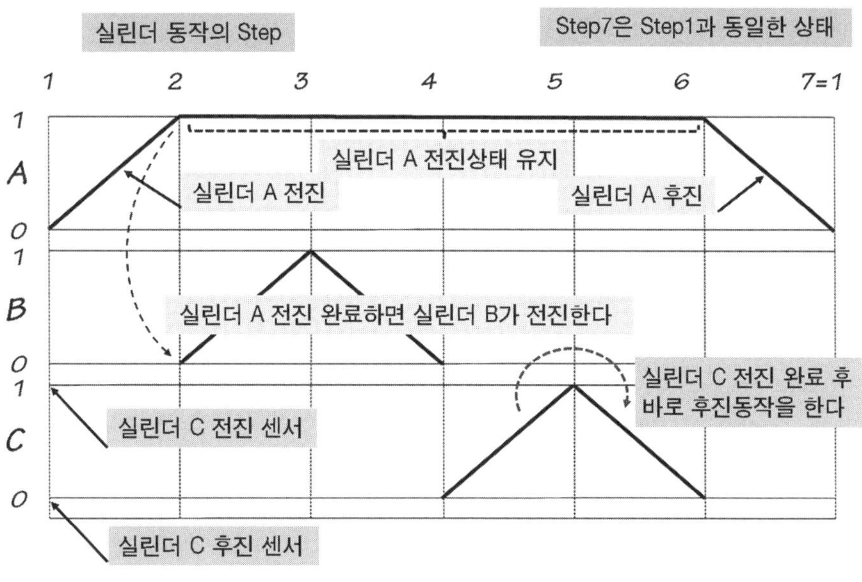

약호를 사용하여 표시해 보면 (+)기호는 실린더의 전진을 (-)기호는 실린더의 후진을 의미하므로 시작 스위치를 누르면 A+, B+, B-, C+, C- 의 순서로 실린더가 동작함을 의미한다. 프로그램을 작성하기 위해서 자기유지회로를 이용하는 방법을 설명하면 각 스텝마다의 동작을 하나의 자기유지회로를 사용하여 구현한다. 즉 실린더 3개의 전/ 후진을 제어하기 위해서는 총 6개의 자기유지히로를 사용하면 된다. 그리고 필자가 추천하는 것은 최종 동작이 완료되었다는 의미의 자기유지회로를 하나 더 추가하는 것이다. 결과적으로 총 7개의 자기유지회로를 구성할 것이다. 사용하는 실린더는 복동 타입이고 솔레노이드 밸브는 양솔 방식이다. 복동 타입의 실린더는 솔레노이드 밸브에 전기적인 신호가 차단되더라도 현재의 위치(전진 또는 후진)를 유지하고 있는 “메모리 기능”이 있다. 이 때문에 실린더의 전진 또는 후진 동작이 완료되면 자기유지회로를 해제하더라도 실린더의 동작은 최종 위치가 유지된다는 점에 착안하여 프로그램을 작성한다. (현장에서 사용하는 실린더는 대부분이 실습에서 사용하는 복동 타입이다.)

(2) 사이클 운전 프로그램

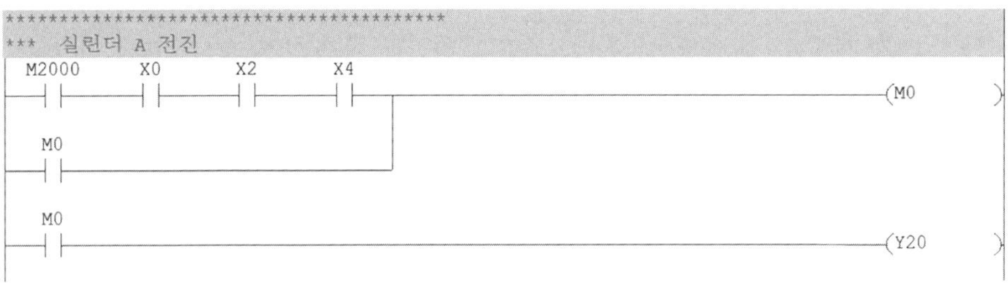

M2000은 실린더 시퀀스의 시작 지령용 스위치로 터치 패널에 구성한다. 실린더의 동작을 시작하는 시점은 실린더의 위치가 모두 후진 상태에서만 가능하도록 실린더 A, 실린더 B, 실린더 C 모두가 후진 센서가 ON 상태가 조건으로 사용되었다. 조건이 만족되었다면 시작 스위치를 누르면 코일 출력 M0가 ON되고 이어 바로 자기유지되어 계속 ON 상태를 유지하게 된다. M0를 입력 신호로 사용하여 실린더 A의 전진용 솔레노이드 밸브 Y20 코일을 동작시키면 실린더는 압축 공기가 공급되어 전진하게 된다.

첫 번째 동작이 구현되었다. 두 번째 동작을 시작하기 위해서 어떠한 신호를 사용해서 두 번째 자기유지회로를 구동할 것인지 생각해 보자. 두 번째 동작이 이루어지기 위해서는 첫 번째 실린더 A의 동작이 완료되어야 한다. 실린더 A의 동작이 이루어지는 동안에 두 번째 동작이 시작된다면 경우에 따라서는 실린더 시퀀스의 순서가 뒤죽박죽되어 목표로 하고 있는 시퀀스 동작을 구현하지 못할 것이다.

첫 번째 동작은 실린더 A의 전진이다. 동작이 완료되었다는 신호는 실린더의 오토스위치 X01의 ON 상태로 알 수 있다. 따라서 두 번째 자기유지회로의 시작 신호는 X01이 된다. 그런데 X01신호만 사용하기에는 어딘가 부족한 느낌이 들지 않는가? X01은 실린더 A가 전진했다는 의미일 뿐 시작 스위치 M2000을 조작하여 시퀀스 동작의 첫 번째 동작인 실린더 A의 전진이 완료되었다는 의미와는 다르다. 그렇다. 두 번째 시퀀스 동작은 실린더 A가 전진 완료된 다음 이루어지는 동작이므로 M0의 신호가

ON 된 상태에서 실린더 A의 전진 동작을 하는 것이고 이를 확인하는 센서로써 X01을 사용해야 한다는 것이 중요하다.

두 번째 자기유지회로의 시작 신호는 M0와 X01을 AND 논리를 취하여 표현해야 한다. 프로그램으로 표현하면 다음과 같다.

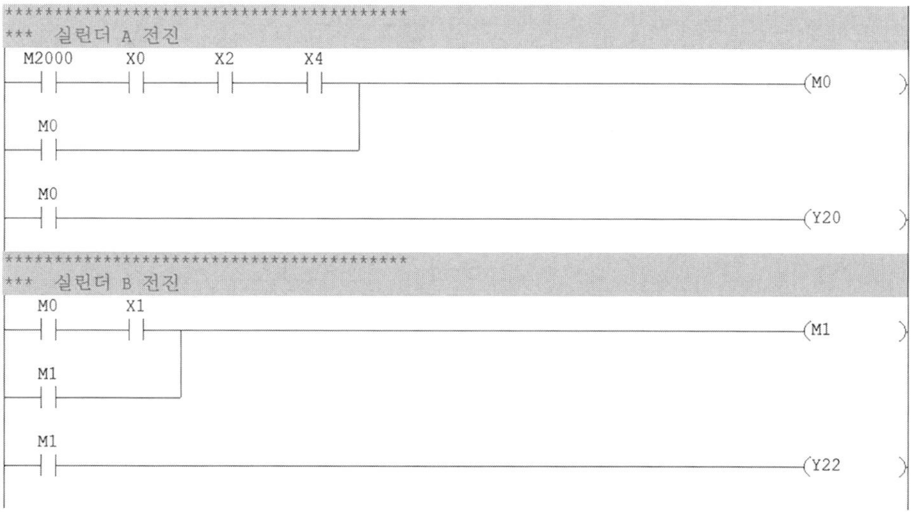

실린더 A의 전진이 완료되면 두 번째 동작인 실린더 B의 전진이 이루어져야 한다. 즉 두 번째 자기유지가 동작하기 위한 조건으로 실린더 A의 전진 신호 M0가 ON 되어 실린더가 전진하고 전진 완료되었다는 의미의 실린더 A의 전진단 오토스위치 X01이 ON 되어야 한다.

두 신호 M0와 X01은 AND 조건으로 사용해야 한다. 시퀀스 프로그램의 중요한 포인트는 이와 같이 한 개의 동작이 완료되기 전에는 다음 동작이 시작되면 안 된다는 것이다. M0와 X01 신호가 동시에 ON 되는 시점에 새로운 자기유지회로 M1이 구동되었다. 이 M1으로 실린더 B의 전진 동작을 위한 솔레노이드 밸브 Y22의 출력을 만들어 주면 실린더 B가 전진하게 된다.

이제 고려해 보아야 할 사항이 하나 발생했다. 첫 번째 자기유지회로의 신호를 계속 ON 상태로 두어야 하는 문제이다. 예를 들어 설명하고 있는 시퀀스 동작에서는 아직까지는 이상이 없지만 실린더 A의 후진 동작을 해야 하는 경우에는 문제가 발생한다. 실린더나 모터는 전진 동작과 후진 동작(모터는 정회전과 역회전)을 동시에 할 수 없으므로 어느 하나의 신호는 OFF되어야 한다는 것이다. 앞에서 복동 실린더의 경우에는 메모리 기능이 있어 신호가 OFF되더라도 최종 위치의 상태가 유지된다고 언급하였었다.

이러한 특징을 이용하여 첫 번째 동작하기 위한 자기유지회로는 두 번째 자기유지회로가 동작하면 해제해 주는 방법으로 프로그램을 구성하도록 하면 된다. 즉 다음과 같은 방법으로 프로그램을 작성하면 된다.

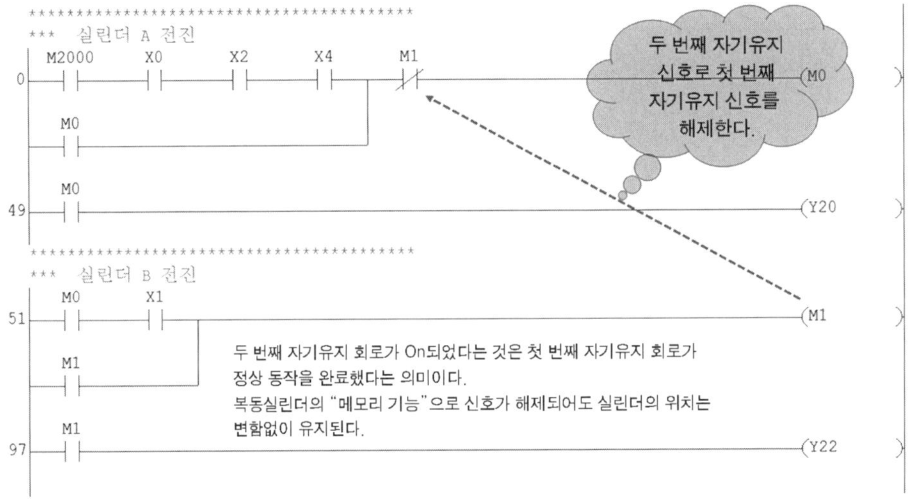

복동 실린더의 메모리 기능을 이해하고 있으면 첫 번째 자기유지회로는 두 번째 자기유지회로가 구동되면 더 이상 ON 상태를 유지할 필요가 없다는 것을 알 것이다. 이 때문에 첫 번째 자기유지회로는 두 번째 자기유지회로의 코일 출력신호로 해제하는 형태의 프로그램을 작성하도록 한다. 이러한 구조는 나머지 실린더 동작에도 동일하게 적용된다.

동일한 방법으로 나머지 실린더 동작도 프로그램을 작성할 수 있다. 프로그램을 작성해 보면 다음과 같은 형태가 된다.

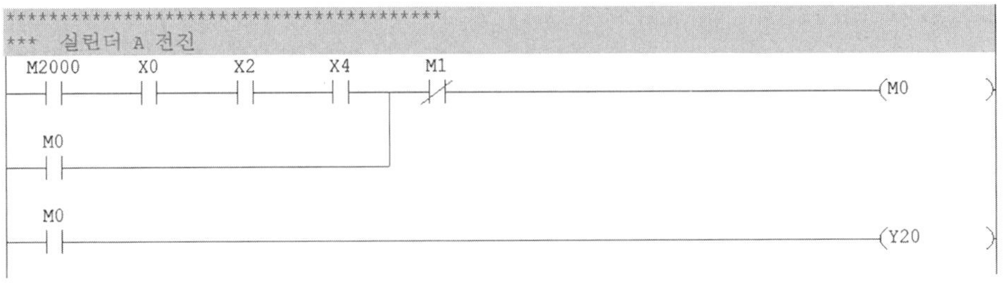

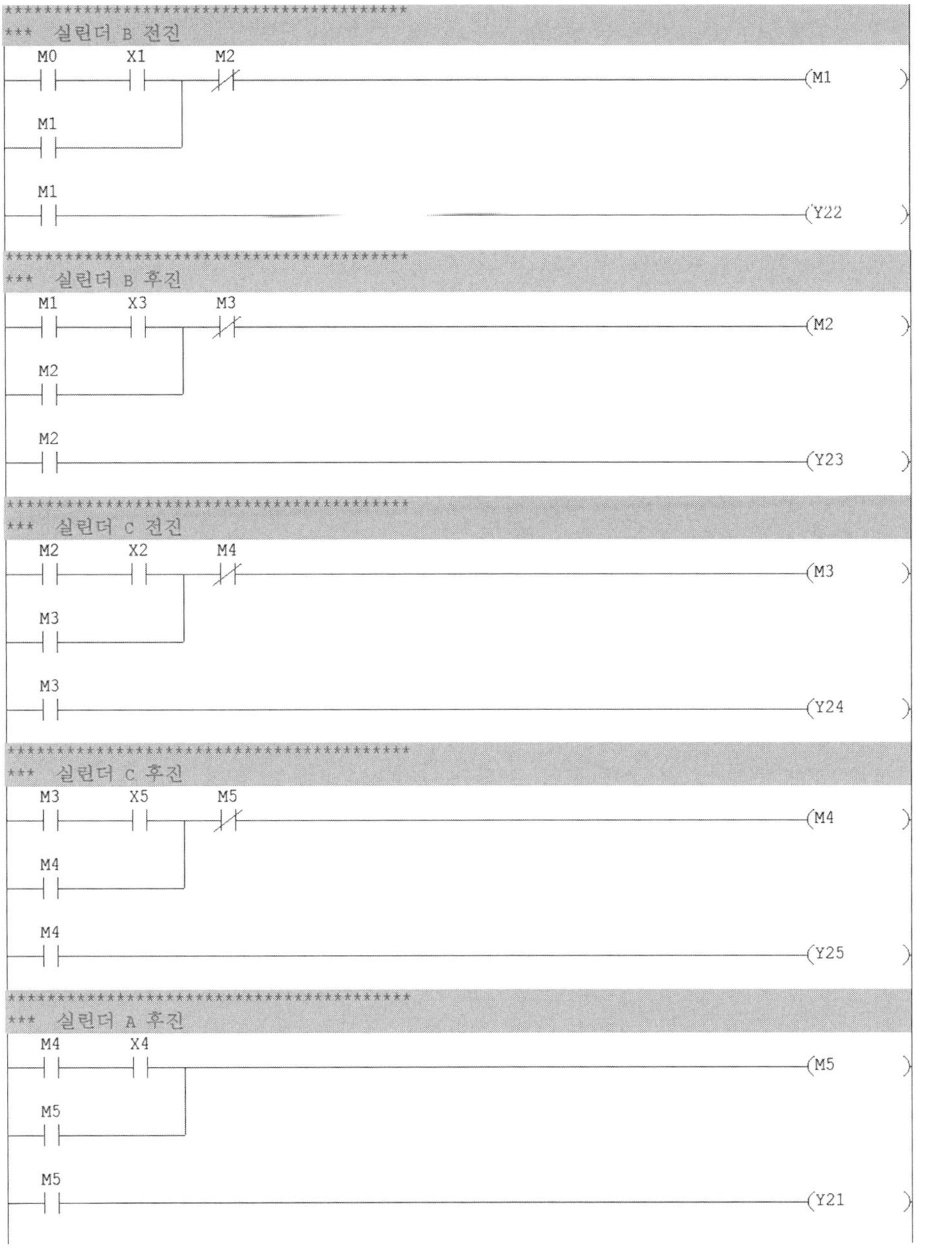

실린더 시퀀스 동작의 마지막 스텝인 실린더 A 후진 동작이 완료되면 자기유지회로를 해제할 신호가 뒤에 없다. 이러한 경우에 실린더의 시퀀스 동작 A+, B+, B-, C+, C- 의 완료 신호를 하나 더 만들어 주면 해결이 가능하다.

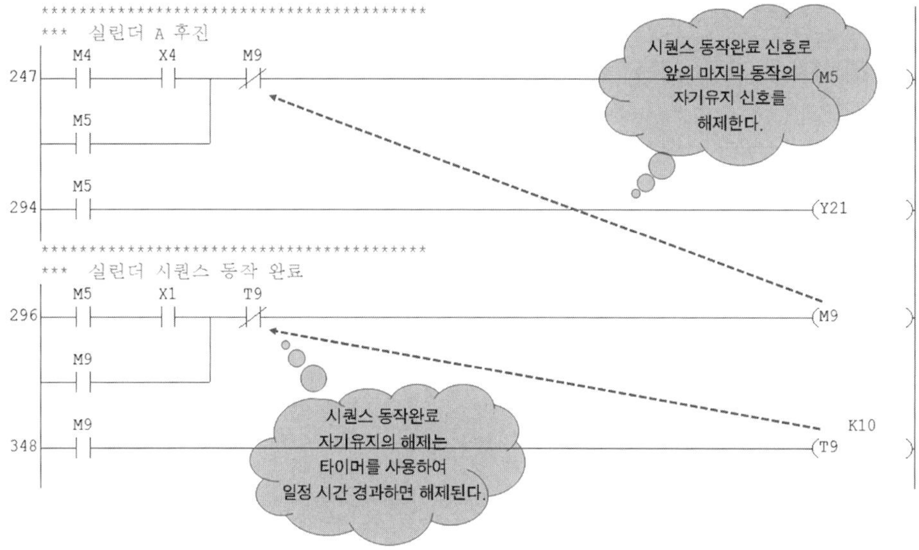

실린더 시퀀스 동작이 완료되었다는 의미의 자기유지회로를 하나 추가하였다.

실리더 시퀀스 동작이 1회 시행이 되었다는 것을 "1 사이클 완료(또는 엔드) 1 Cycle End"라고 한다. 이 신호는 시퀀스 동작의 마지막 단계인 실린더 A의 자기유지회로를 해제하는 목적으로 사용할 수 있으며 타이머를 사용하여 일정 시간이 경과되면 자동적으로 자기유지회로가 해제될 수 있도록 프로그램을 작성하면 되겠다. 또 다른 용도로는 새로운 사이클 동작을 할 수 있다는 "사이클 시작 허가" 신호이다. 출력 코일 M9를 터치 패널이나 설비의 램프에 연결하여 이 램프가 점등된 상태에서 시작 스위치를 누르게 할 수 있다. 실린더의 사이클 동작 중에 새로운 사이클이 시작되면 역시 처음 의도한 실린더의 시퀀스 동작이 오동작할 수 있으므로 이를 방지할 수 있다.

터치 패널 구성은 다음과 같이 하면 된다.

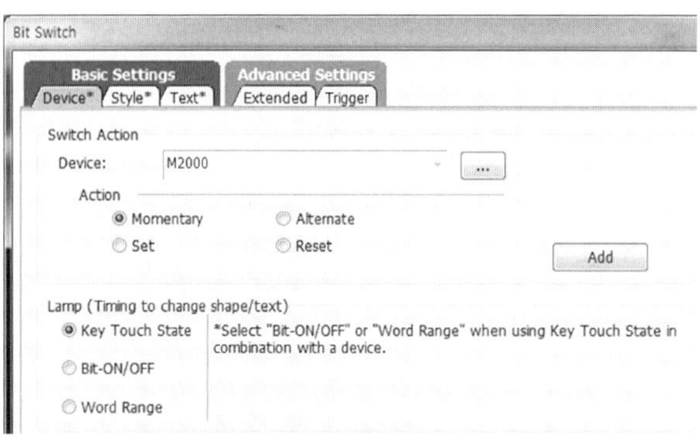

비트 스위치 아이콘을 클릭하여 베이스 화면에 배치하고 Device 항목에 M2000을 입력한다. 스위치는 Momentary 기능을 선택하며 Lamp는 스위치를 누를 때만 점등되도록 Key Touch State를 선택한다.

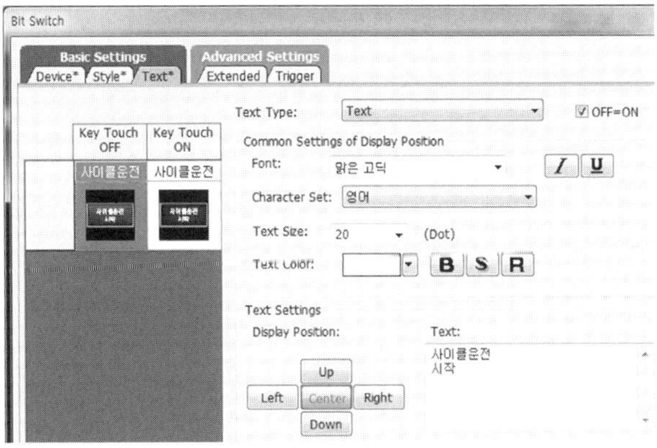

Text Tab에는 "사이클 운전 시작"이라고 입력한다.

베이스 화면에 표시된 "사이클 운전 시작"용 비트 스위치의 모습이다.

사이클 시작 허가 용도로 사용할 경우 1사이클 엔드 신호 발생용 자기유지회로를 프로그램으로 만들어 보면 다음과 같다.

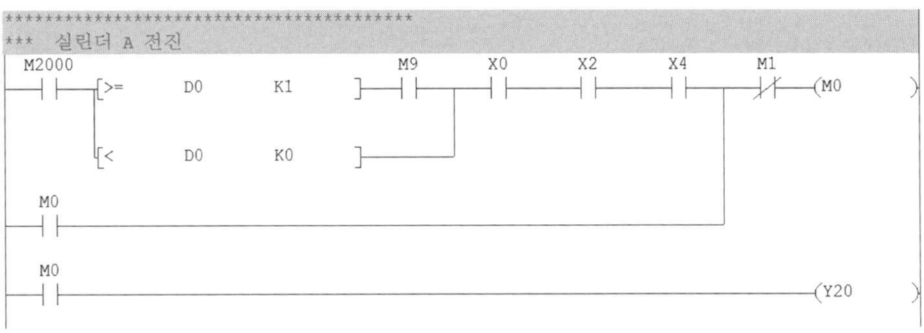

우선 시작 스위치의 신호에 의해 첫 번째 동작이 이루어지는 부분에 조건을 추가해 보았다. M9 1사이클 엔드 신호를 추가하여 이 신호가 ON 상태에서 동작할 수 있도록 조건을 만들어 주었고, 비교 연산을 이용하여 사이클 횟수가 1이상이 실행되었을 때 적용이 될 수 있도록 하였다. 물론 최초 실행 시에는 아래의 사이클 실행 횟수를 저장하고 있는 D0의 값이 0인 경우에는 M9 조건에 상관없이 실행될 수 있도록 하였다.

다음은 사이클 완료 신호를 만들어 주는 동작 완료 신호 발생용 자기유지회로 부분이다.

M9 신호를 사용하여 터치 패널 또는 설비에 장착되어 있는 램프를 "사이클 시작 허가"용으로 점멸할 수 있도록 SM412(1초 클락) 특수 내부 릴레이를 사용하여 새로운 출력 M1200을 만들어 주었다. 그리고 사이클이 실행되는 횟수를 카운트 할 수 있도록 INCP 명령을 사용하여 D0에 저장하였다. 실린더 시퀀스 동작 완료 신호용 자기유지회로는 시작 스위치가 ON 되면 해제되도록 수정하였다. 새로운 시작 신호가 입력되기 전까지는 램프는(M1200) 계속 점멸하고 있다.

새로운 시퀀스의 시작이 이루어지기 전까지는 램프가 점멸하고 있는 프로그램이다. 작업자는 이 신호를 확인하고 두 번째 사이클부터 시작 스위치를 누를 수 있다. 실린더의 사이클 동작 중에 새로운 시작 신호가 입력이 안 되도록 프로그램을 조건을 추가하기 위한 신호로 M9를 사용할 수 있다.

프로그램을 작성하다 보면 출력 코일 부분에 Y20, 21… 등의 실제 외부 출력 신호가 프로그램의 중간에 하나씩 만들어 주면 프로그램이 길어지는 경우 2중 코일이 발생하여 프로그램의 조건이 만족되지만 실제적으로 출력이 동작하지 않는 경우가 있다. 이러한 경우를 방지하기 위해 외부 출력 신호인 Y의 경우 프로그램의 하단에 위치하도록 하는 습관을 들이는 것이 좋다.

(3) 일시 정지 프로그램

이제 일시 정지 기능을 추가해 보자. 일시 정지는 동작하는 대상이 더 이상 진행하지 않고 일시 정지 신호가 발생된 시점의 동작까지만 실행하는 것이다. 이어서 진행하기 위해서는 일시 정지 기능을 해제하면 된다. 구현하는 기능은 간단하게 해결할 수 있다. 또다시 자기유지회로를 추가할 것이다. 자기유지회로의 출력 코일을 실제 출력 코일 앞단에 b접점 형태로 추가만 하면 된다.

일시 정지 신호에 의해 자기유지회로의 코일이 ON 상태를 유지하고 구동에 필요한 출력 코일 Y의 조건이 ON 되더라도 출력 Y까지 전달되지 않도록 하면 시퀀스 프로그램의 진행은 정지하게 된다.

우선 이 기능을 동작시키기 위해 터치 패널에 추가적으로 스위치와 램프를 구성하도록 하자. 구성할 스위치는 "일시 정지"와 "일시 정지 해제"이며 램프는 "일시 정지 중"이다.

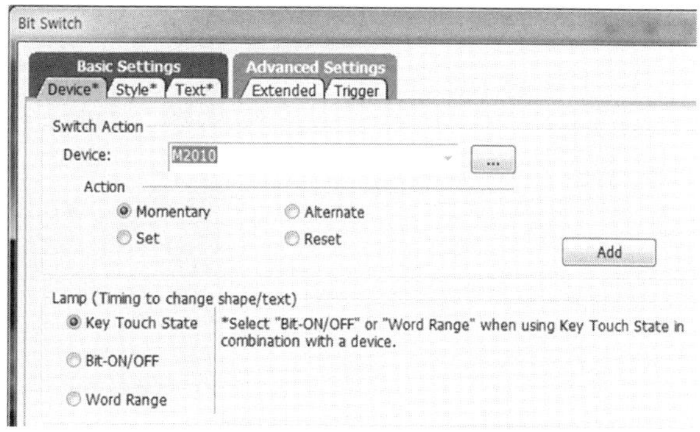

비트 스위치 아이콘을 클릭하여 베이스 화면에 배치하고 Device 항목에 M2010을 입력한다. 스위치는 Momentary 기능을 선택하며 Lamp는 스위치를 누를 때만 점등되도록 Key Touch State를 선택한다. Text Tab에는 "일시 정지"라고 입력한다.

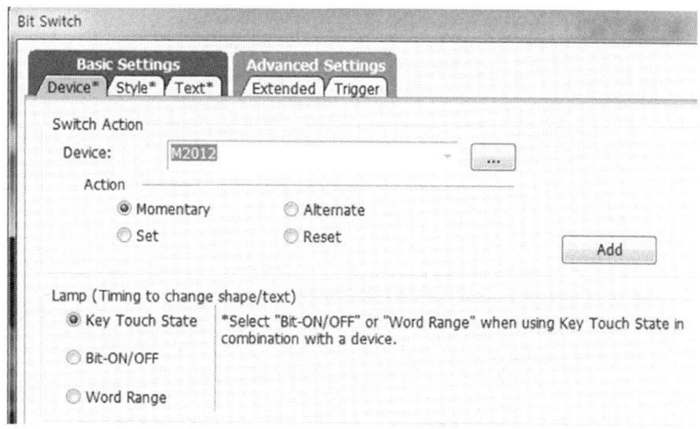

비트 스위치 아이콘을 클릭하여 베이스 화면에 배치하고 Device 항목에 M2012를 입력한다. 스위치는 Momentary 기능을 선택하며 Lamp는 스위치를 누를 때만 점등되도록 Key Touch State를 선택한다. Text Tab에는 "일시 정지 해제"라고 입력한다.

비트 램프 아이콘을 클릭하여 베이스 화면에 배치하고 Device 항목에 M1212을 입력한다. Text Tab에는 "일시 정지 중"이라고 입력한다.

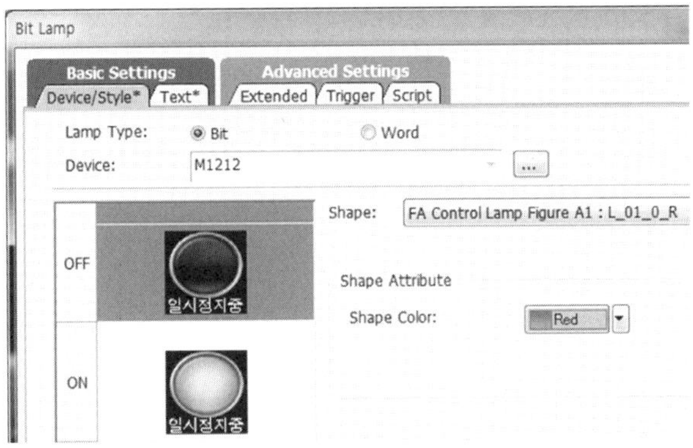

베이스 화면에 표시된 "일시 정지 기능에 관련된 스위치와 램프의 모습이다.

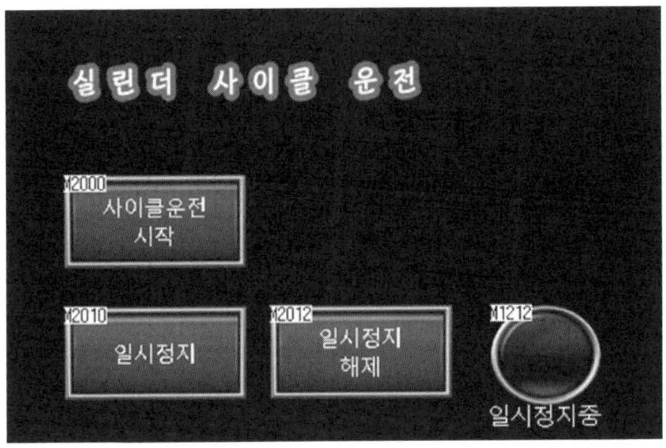

일시 정지 기능을 위한 프로그램은 다음과 같이 자기유지회로를 이용하여 작성하면 된다. M2010 일시 정지 스위치에 의해 자기유지 출력이 되며 M2012 일시 정지 해제 스위치에 의해 자기유지 출력이 해제된다. 출력 M10은 실제 외부 출력 Y20, 21, 22 …의 앞단에 b접점 형태로 추가된다. 또한, M10은 일시 정지 중이라는 의미의 신호를 만들어 주기 위해서 사용하였다.

일시 정지 출력 M10은 PLC 외부 출력 Y20부터 사용한 부분의 앞단에 b접점 형태로 추가하여 추가적인 시퀀스 동작이 진행되지 않도록 출력은 차단하는 기능으로 사

용된다. 실린더 실행의 프로그램의 구조를 살펴보면 이전 단계의 출력으로 실린더의 동작이 이루어지면 실린더의 오토스위치가 동작하여 새로운 자기유지회로가 구동된다. 출력이 ON 되지 않으면 실린더의 동작이 이루어지지 않으므로 실린더 오토스위치에서 ON 신호가 발생되지 않는다. 따라서 새로운 자기유지회로가 동작하지 않으므로 실린더는 정지 상태가 된다.

실린더뿐만 아니라 PLC 출력 신호에 의해 구동되는 접점형 출력에는 이러한 방법으로 일시 정지 기능을 구현할 수 있다.

실린더 동작 신호를 만들어 주는 PLC 외부 출력 Y20~25까지의 앞단에 일시 정지 출력 신호 M10을 b접점 형태로 추가하였다.

M0부터 M5까지 시퀀스 프로그램에 의해 출력 Y20부터 Y25까지와 연결되어 있다. 입력이 ON 상태이라도 일시 정지 출력 M10이 회로를 끊고 있어 실제 출력 신호 Y20부터 25까지는 연결이 되지 않으므로 실린더는 일시 정지 신호가 만들어진 시점 이후로는 동작하지 않는 정지 상태가 된다. 일시 정지 신호가 해제되어(일시 정지 해제 스위치를 누르면) M10의 b접점 신호가 회로를 이어주면 시퀀스 동작이 계속 진행된다. 시퀀스의 신호를 차단하는 방법이 아니므로 코일 출력을 만들어 주는 조건이 ON 상태임에도 시퀀스는 진행되지 않는다.

(4) GOT 코멘트 기능을 활용한 동작 상태 표시

터치 패널의 코멘트 기능을 활용하면 실린더의 동작 상태를 램프가 아닌 글자(Text)로 표시할 수 있다. 지금부터 기능을 만들어 보자.

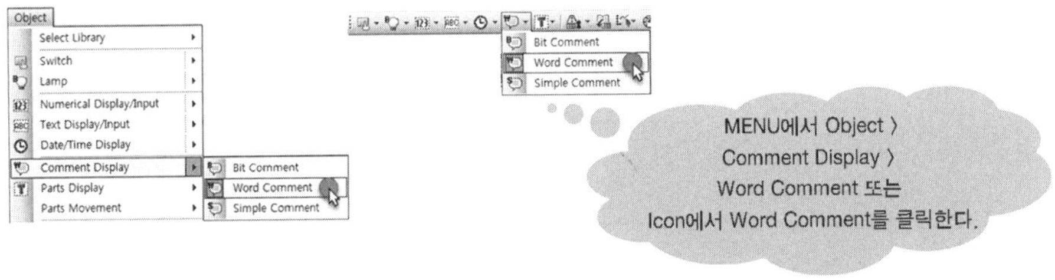

베이스 화면에 클릭하여 코멘트가 표시될 위치를 정한다. 표시되는 영역은 표시될 글자의 수에 맞게 조정하면 된다. 여기에서는 "실린더 A 전진", "실린더 B 후진", "일시 정지 상태" 등의 글자를 표시하려 한다.

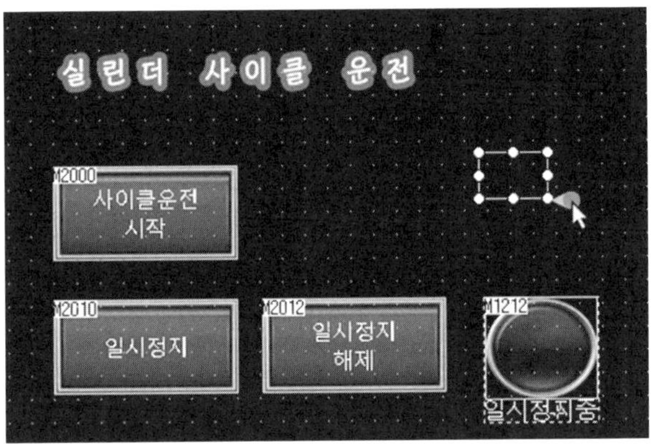

Word Comment Display 표시창을 더블 클릭하여 Device/Style 항목에서 디바이스를 D10으로 설정하자. 사용하는 기능은 "워드 코멘트"이므로 워드 디바이스를 사용해야 한다는 것을 주의하자. 여기까지 설정했으면 일단 하단의 "O.K" 버튼을 클릭하고 빠져나온다. 표시될 코멘트를 먼저 등록하는 것이 편할 것 같아 이 수순을 따른다.

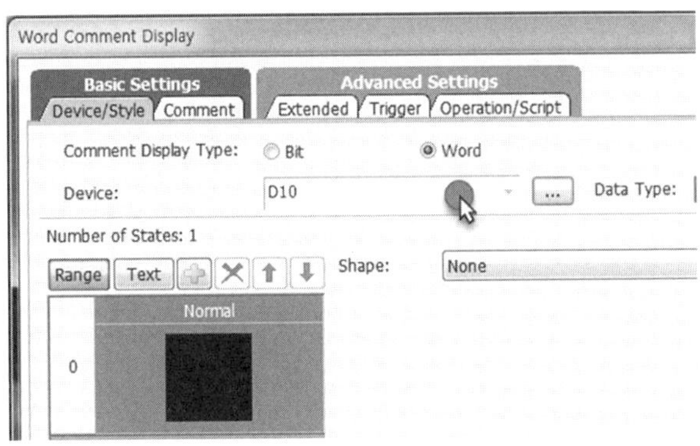

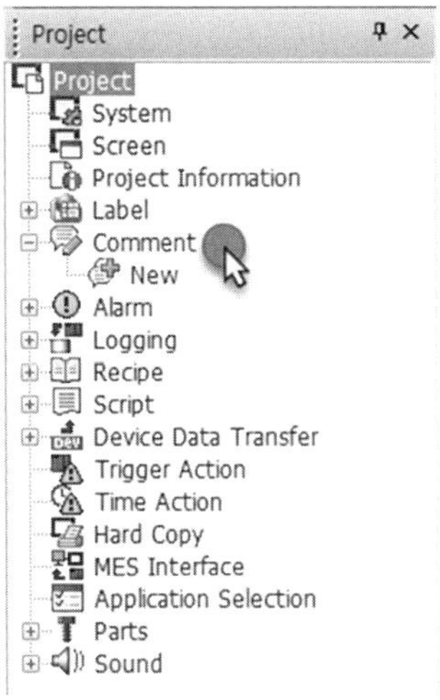

Docking Window의 Project Tab에 Comment 항목이 있다. [New]를 클릭하여 표시할 코멘트를 등록하도록 한다.

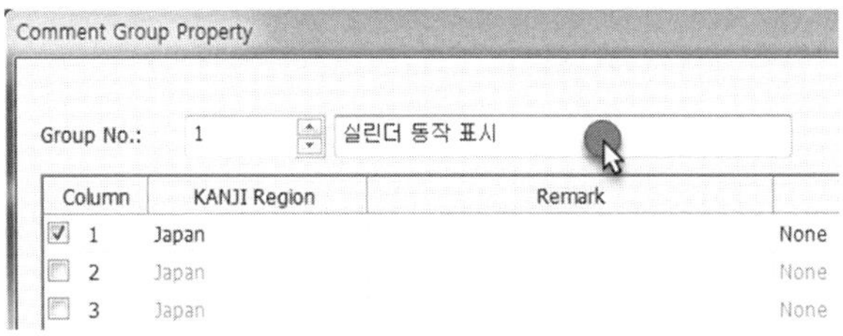

클릭하면 코멘트 그룹을 지정하는 항목이 표시된다. Group No. 1, "실린더 동작 표시"라고 제목을 입력하고 하단의 "O.K" 버튼을 클릭하고 빠져나온다.

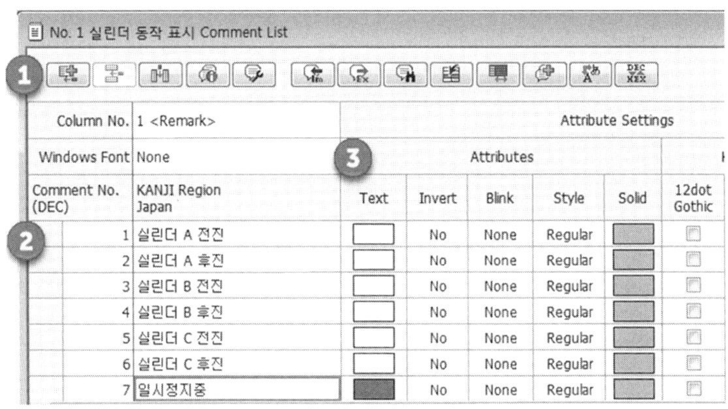

코멘트를 등록하는 창이 표시된다.

① ② 항목의 새로운 코멘트를 입력할 줄을 추가하는 아이콘이다.

② 등록할 실린더 동작을 입력한다.

③ 글자의 속성을 지정할 수 있다. 글자의 색상, 깜박임 효과 등 Window Font를 설정하여 표시되는 글자의 폰트를 지정할 수 있다.

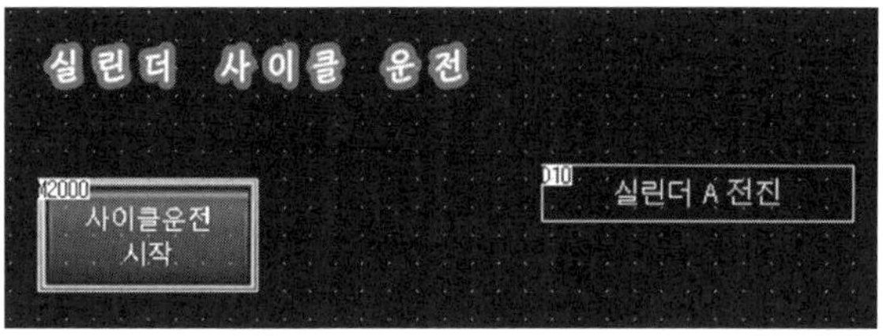

Word Comment Display 표시창에 등록한 글자가 보인다. 더블클릭하여 설정을 계속한다.

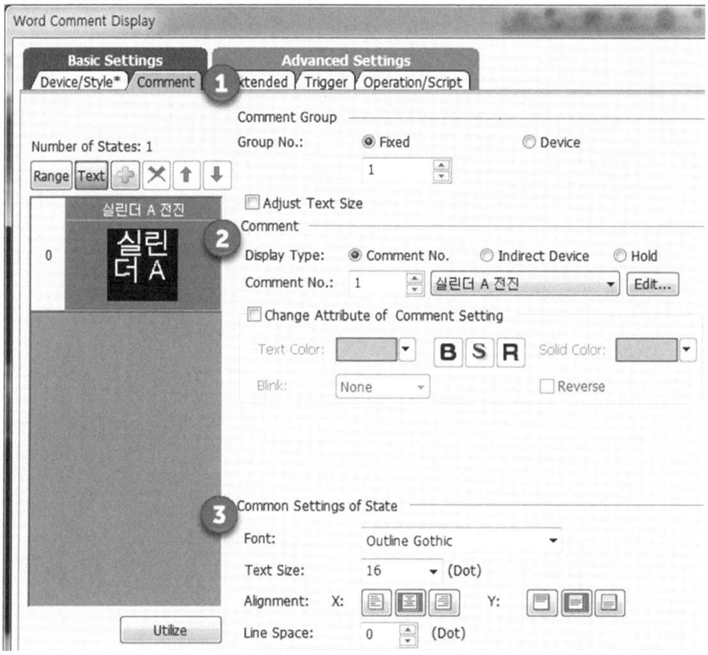

① Word Comment Display 설정창의 Comment Tab에서의 설정이다.

Comment Group은 등록한 코멘트의 위치를 선택하는 것이다. 등록은 그룹 번호 1에 했었다.

② 좌측의 Number Of States 1에 표시되는 Text를 코멘트 그룹에 등록된 어떤 코멘트인지 설정하는 부분이다. Comment No.를 변경하면서 표시할 코멘트를 선택한다.

③ 표시되는 코멘트의 Font와 Text Size를 선택할 수 있다.

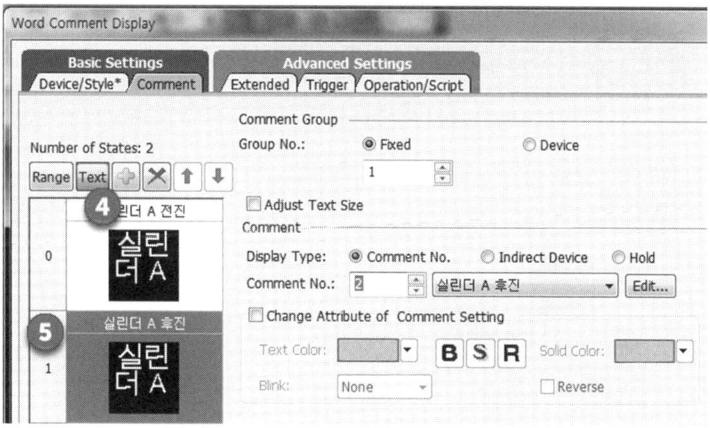

④ 노란색 +를 클릭하여 표시할 State를 추가할 수 있다.

⑤ 와 같이 추가하고 위의 ② 항목에서와 같이 표시할 코멘트를 설정한다. 이와 같은 방법으로 총 7개의 코멘트 표시 단계(State)을 등록한다.

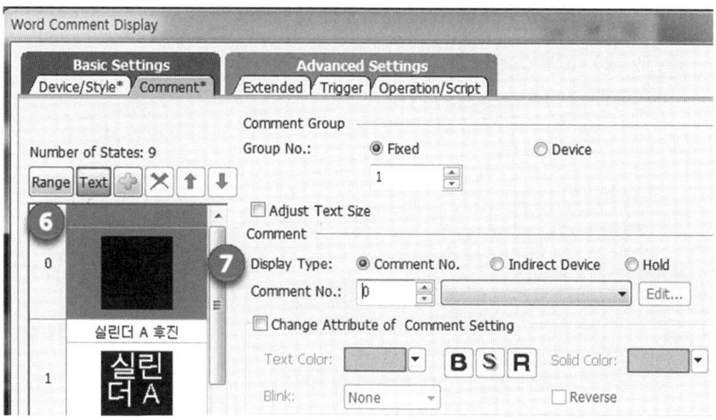

⑥ 좌측의 Number Of States 0에 표시되는 Text는 ⑦ Comment No.를 0으로 설정하여 표시되는 내용이 없도록 지정한다.

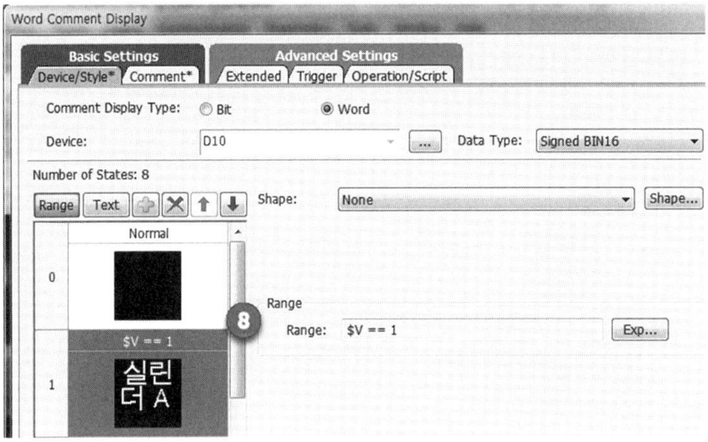

등록한 코멘트가 표시되는 조건을 설정하도록 한다. Device/Style Tab에서 좌측의 Number Of States 항목의 첫 번째 항목 "실린더 A 후진"을 클릭하면 ⑧과 같이 우측에 Range가 표시된다. Exp..버튼을 클릭하여 조건을 설정한다.

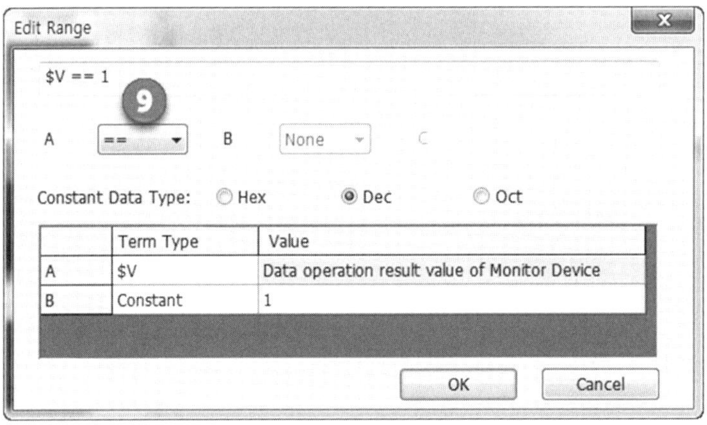

⑨ 버튼을 클릭하여 "=="을 선택한다. "A와 B 항목이 동일한 조건이면"라는 의미의 설정이다. 여기에서 A 항목은 $V이고 하단의 Value에 모니터 디바이스로 Word Comment에서 설정한 "D10"에 해당한다. B 항목은 상수(Constant) 1에 해당한다.

결론적으로 "D10에 1이 저장되어 있으면"에 해당하는 의미가 된다. A, B 항목은 언제든지 변경 가능하다.

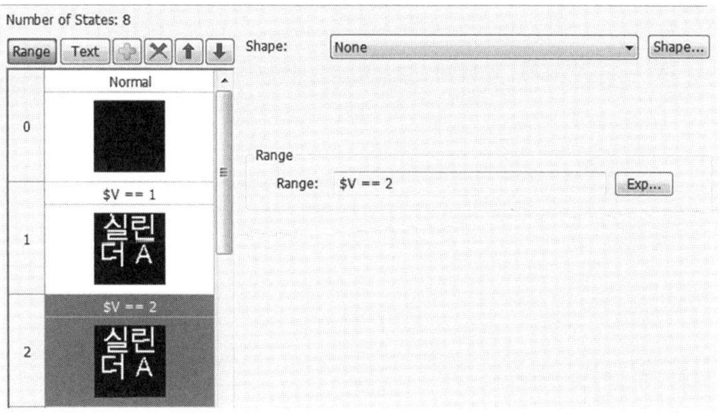

위와 같은 방법으로 나머지 6개의 코멘트도 조건을 설정하도록 한다.

이제 실린더가 동작할 때마다 터치 패널에 등록한 코멘트가 표시될 수 있도록 프로그램을 추가하도록 하자. 각 실린더 동작마다 MOV 명령을 사용하여 Word Comment 디바이스로 지정한 D10에 차례대로 1, 2, 3…의 데이터를 전송하는 프로그램이다.

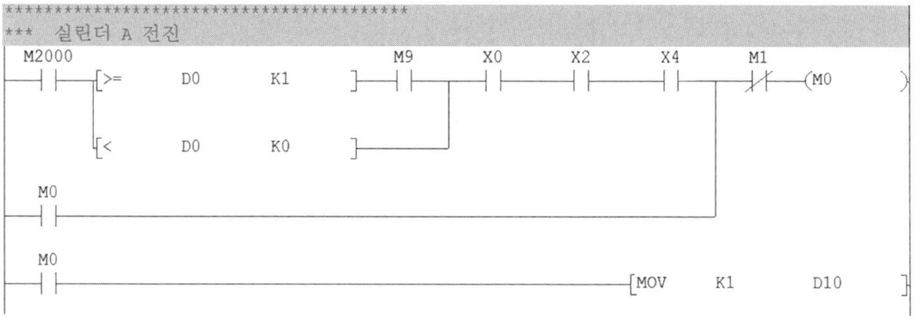

실린더 A 전진 동작과 동시에 D10(Word Comment 디바이스)에 1을 전송하도록 하면 터치 패널에 Text 형태로 "실린더 A 전진"이 표시된다. 기계 동작을 단계별로 진행사항을 알려줄 수 있는 기능이 된다.

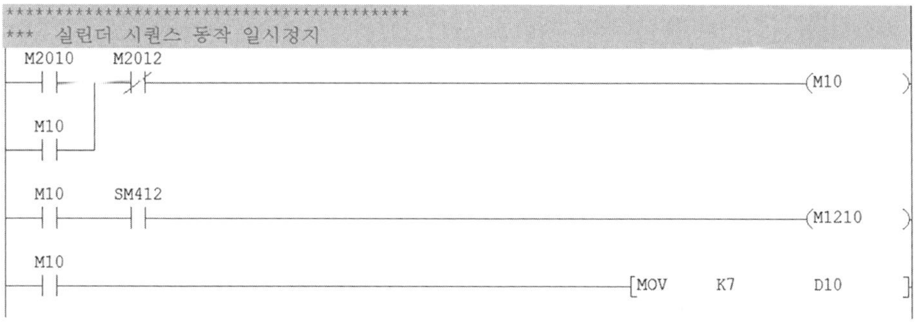

실린더 동작의 일시 정지를 표시하기 위해서는 D10에 7을 전송하면 된다. 일시 정지중 표시용 램프 M1210과 동시에 Text로 표시되어 작업자에게 설비의 상태를 전달할 수 있다.

추가적으로 실린더의 동작이 1회 진행 완료되었다는 의미로 앞에서 "1사이클 엔드"라는 용어를 설명했다. 이 기능도 추가할 수 있으므로 다음과 같이 이전 프로그램을 수정하도록 하자.

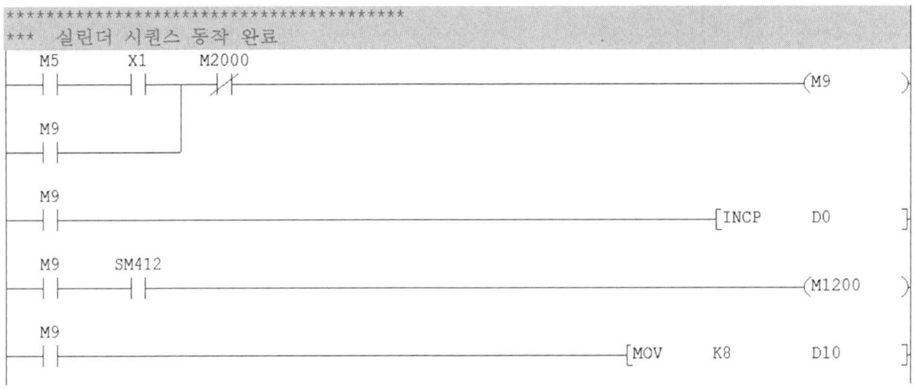

실린더 시퀀스 동작 완료를 표시하기 위해서는 D10에 7을 전송하도록 한다. 동작 완료 표시용 램프 M1200의 점멸 동작과 함께 터치 패널에는 코멘트에 등록한 "1사이클 엔드" 표시도 동시에 할 수 있다.

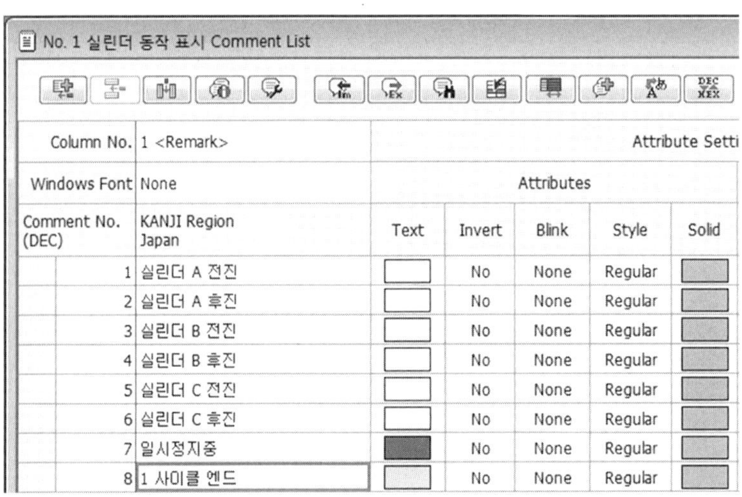

No. 1 실린더 동작 표시 Comment List

Column No.	1 <Remark>	Attribute Setti				
Windows Font	None	Attributes				
Comment No. (DEC)	KANJI Region Japan	Text	Invert	Blink	Style	Solid
1	실린더 A 전진		No	None	Regular	
2	실린더 A 후진		No	None	Regular	
3	실린더 B 전진		No	None	Regular	
4	실린더 B 후진		No	None	Regular	
5	실린더 C 전진		No	None	Regular	
6	실린더 C 후진		No	None	Regular	
7	일시정지중		No	None	Regular	
8	1 사이클 엔드		No	None	Regular	

터치 패널의 Comment를 새로이 등록한다. Comment No.8에 "1 사이클 엔드"라고 등록한다.

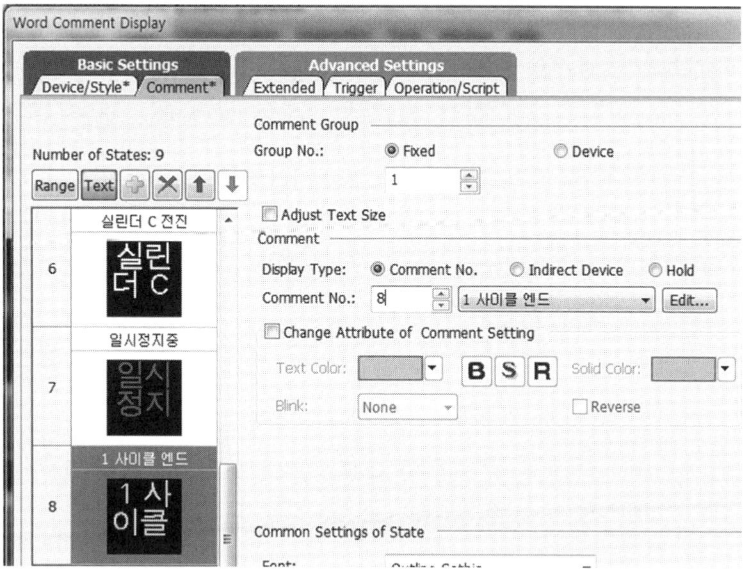

Word Comment Display 영역을 더블클릭하여 표시된 Comment Tab에서 노란색 + 아이콘을 클릭하여 새로운 State를 추가하여 표시되는 Comment를 선택하면 된다. Comment No.는 8에 "1 사이클 엔드" Text를 이전 단계에서 등록했었다.

이와 같이 설비의 동작 단계를 표시하는 기능에 대해서 설명해 보았다.

(5) 비상 정지 프로그램

앞에서 일시 정지 기능을 소개했었다. 그러면 비상 정지 기능은 어떻게 구현하는가에 대한 설명을 하면 다음과 같다. 우선 비상 정지라는 의미를 알아보면 비상 정지 신호가 입력된 이후에 추가적인 설비의 동작이 진행되지 않는 것이다. 앞에서 만들어 본 프로그램을 어떻게 조작하면 설비의 추가적인 동작이 진행되지 않을 것인가?

시작 스위치 신호가 PLC로 입력되면 내부 릴레이 M0, 1, 2, … 등이 작성한 프로그램과 같이 자기유지되면서 PLC 출력에 연결된 솔레노이드 밸브가 동작하고 이에 따라 실린더가 전진과 후진 동작을 연속적으로 행해지는 것이다. 따라서 내부 릴레이이의 신호가 ON 되는 것을 모두 OFF 상태로 만들어 버리면 PLC 출력에 연결되는 신호가 모두 사라지는 것이므로 설비의 동작이 정지 상태가 된다. 그러면 내부 릴레이를 OFF 상태로 만들 수 있는 방법을 생각해보자.

리셋(RST) 명령을 사용해도 ON 상태인 비트 디바이스를 OFF할 수 있다. 하지만 실린더 동작과 관련된 내부 릴레이를 일일이 리셋 명령을 사용한다는 것도 번거로운 일이다. 실린더 동작과 관련된 내부 릴레이는 M0에서부터 M5까지이다. 이것을 달리 표시하면 K2M0이라고 표시할 수 있다. 모두 OFF 상태로 만드는 방법은 MOV 명령을 사용하여 0을 전송하면 된다. 즉 프로그램으로 표시하면 다음과 같이 된다.

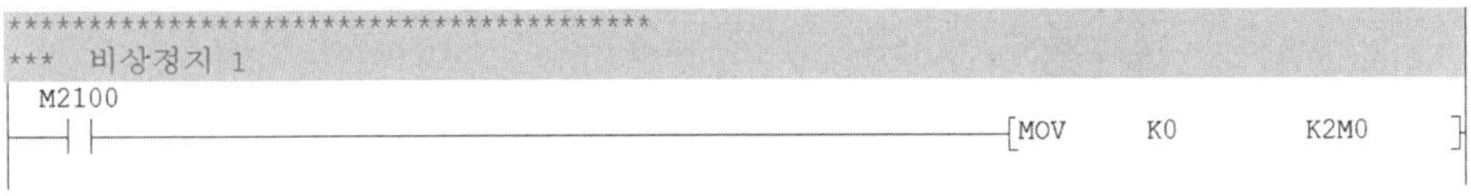

K2M0는 M0부터 M7까지 총 8개의 비트를 의미한다. MOV 명령을 사용하여 0을 전송하면 이 8개의 비트 신호는 모두 OFF 상태가 된다. 이것이 앞에서 설명한 실린더를 동작시키는 비트 신호를 모두 OFF 한다는 것과 같은 결과를 얻을 수 있으므로 실린더의 출력은 모두 정지된다.

여기에서는 실린더만 동작시키는 것에 한정해서 설명하고 있지만 실린더를 움직이는 솔레노이드 밸브 대신 DC 또는 AC 모터가 있더라도 모터는 정지하게 된다.

그리고 내부 릴레이를 모두 OFF 시킬 수 있는 명령어를 하나 살펴보도록 하자.

비트 디바이스의 일괄 리셋(BKRST(P))

Basic | High performance | Process | Redundant | Universal | LCPU

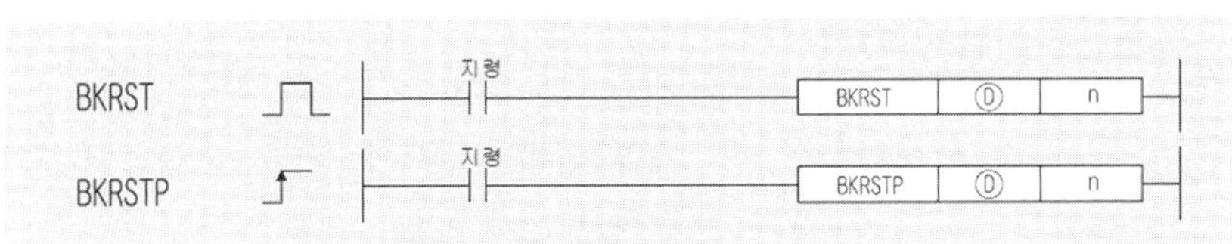

Ⓢ : 리셋하는 디바이스의 선두 번호(비트)
n : 리셋하는 디바이스수(BIN16비트)

설정 데이터	내부 디바이스		R, ZR	J□\W□		U□\G□	Zn	상수 K, H	기타
	비트	워드		비트	워드				
Ⓓ	○			—					—
n	○			○					—

명령어의 사용법은 D로 설정된 비트 디바이스로부터 n에 해당하는 수량만 리셋하는 용도로 사용한다. n으로 지정할 수 있는 숫자는 16비트 명령이므로 k16까지 가능하다.

다음은 사용 예제이다.

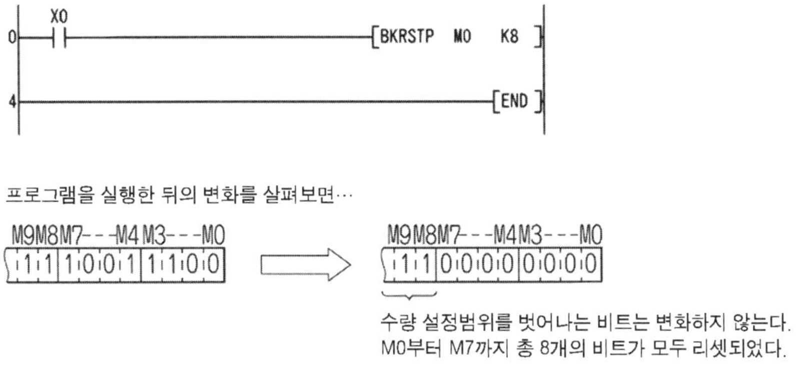

명령어를 사용하여 비상 정지 프로그램을 작성해 보면 다음과 같다.

BKRST 명령을 사용하면 리셋할 비트의 수량을 지정할 수 있으므로 MOV 명령어를 사용하여 K2M0를 모두 0으로 만드는 것보다는 리셋할 대상의 비트만 처리가 가능하다는 점이 다르다.

① EMO(Emergency Machine Off 또는 Emergency Off)

기계류 지침(Machinery Directive)에 따라 플랜트와 기계류에는 반드시 비상 정지 장비를 장착하여 비상 상황에서 위험을 방지하거나 감소시킬 수 있어야 한다.

산업용 기계류에서 일반적으로 비상 정지라 함은 비상 전원 차단(Emergency Switching Off)나 비상 정지(Emergency Stop)를 통칭해서 사용하고 있다. 하지만 비상 조작(Emergency Operation)에 관한 분류는 다음의 4가지가 있다.

- 비상 정지(Emergency Stop : EMS) : 위험한 공정 또는 동작을 정지하기 위한 비상 조작
- 비상 가동((Emergency Start) : 위험한 상태를 제거 또는 회피하기 위해 공정 또는 동작을 시작하기 위한 비상 조작
- 비상 전원 차단((Emergency Switching Off : EMO) : 감전 또는 기타 전기적 위험

과 관련된 경우 설비의 일부 또는 전체에서 전기 에너지의 공급을 차단하기 위한 비상 조작

- 비상 전원 투입(Emergency Switching On) : 비상 상황 시 사용하기 위한 설비의 일부에 전기 에너지를 공급하기 위한 비상 조작

위의 분류에서 알 수 있듯이 기계 특성에 맞게 비상 조작 방법을 선택해서 적용해야 한다. 비상 시 차단 범위는 기계 및 설비 특성과 주변 장치와의 연계성 등을 종합적으로 고려하여 판단해야 한다.

대부분의 기계류에서 비상 정지(EMO) 시 구동부 관련 전원은 일반적으로 차단되는 경우가 대부분이며 추가로 기계 특성에 따라서 히터나 조명전원 등도 차단시키는 경우도 있을 수 있다. 또한, 제어용 컴퓨터나 PLC의 경우 특성에 따라 전원 차단 범위에 넣을 경우도 있을 수 있다.

비상 정지 스위치를 눌렀을 때 처리해야 할 동작은 다음과 같은 내용이 된다.

- 프로그램을 즉시 중단해야 한다.
- 시퀀스를 중단한다.
- 작업 요소는 각 위치를 유지한다.
- 모든 작동 모드(수동, 자동, 연속 사이클 등) 사용이 불가능하다.
- 비상 정지 램프를 점등한다.

반도체 업계 안전 규격 SEMI와의 관련에 대하여

SEMI 규격이란 반도체 제조 장치나 플랫 패널 디스플레이 장치 및 재료 제조사에서 구성한 업계 단체의 가이드라인으로, 반도체 업계에서는 사실상 국제 표준과 동등히 취급하고 있다.

SEMI 규격(S2 0706)12.1항에서는 "장치에는 '긴급 차단 회로(EMO 회로: Emergency Off 회로)'를 설치해야 한다. EMO 액추에이터(버튼)가 작동하면 작업원이나 설비에 대해 새로운 위험 발생을 수반하지 않고 장치는 안전한 상태로 이행되어야 한다."고 기재되어 있다.

이것은 용제나 약제 등, 그중 위험 및 유해 물질 등도 포함되어 있기 때문에 처리용 동력 등이 멈추게 되면 2차적인 위험 상태가 발생하는 문제가 있기 때문이라 생각된다. 그 때문에 SEMI 규격에서는 동력도 포함한 에너지 공급을 차단시키는 일반 비상 정지 스위치와는 별개로, 위험 상태를 만들어 내는 부하 부분만을 차단하여 다른 안전 관련 장치(연기 탐지기, 누설 가스/수심 탐지기, 압력 측정 장치 등)의 운전을 유지시키는 긴급 차단 스위치를 설치할 것이 요구되고 있다.

잘못 조작할 위험이 있는 경우의 긴급 차단 스위치는, 가드가 장착되어 있고 직접 개로 동작을 갖는 스위치로 버튼 색은 적색이며 바탕은 황색, 조작부나 바탕에 EMO 표기가 있어야 한다.

SEM 긴급 차단용(EMO) 스위치를 반도체 제조 장치에 설치할 때는 838~1,638mm(33~64.5in.)의 높이 범위 내에서 설치한다. (SEMI S8-0705)

SEMI 규격에서는 작업 위치에서 3m 이내에 EMO 비상 정지 스위치를 설치해야 한다. (SEMI S2-0706 12.5.2)

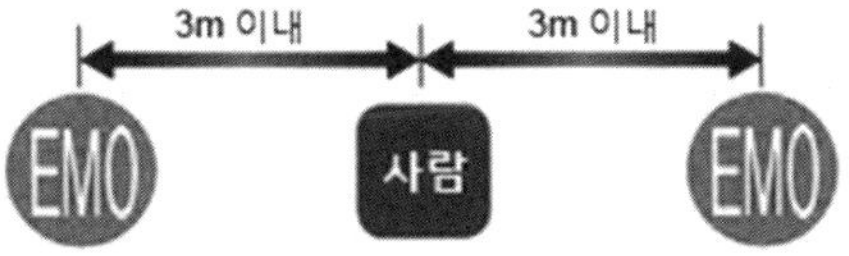

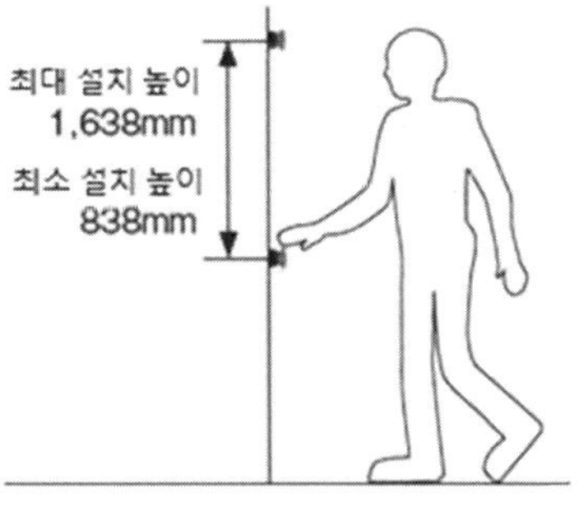

비상 정지 상태를 표시할 수 있는 램프 또는 부저의 동작에 대해서는 독자 여러분들이 프로그램을 작성해 보도록 하자.

(6) 원점 복귀 프로그램

비상 정지 기능에 의해 실린더는 모두 정지한 상태이다. 다시 사이클 운전을 하기 위해서는 실린더의 초기 위치 상태로 실린더를 되돌려 놓아야 할 필요가 있다. 시작 스위치를 눌러 M0 신호를 자기유지할 수 있는 프로그램 부분을 살펴보면 모든 실린더가 후진 상태로 위치해야 한다.

수동 모드에서 후진 스위치를 일일이 누를 것이 아니라 초기 위치로 동작하게 하는 것도 일련의 시퀀스 동작이므로 실린더의 후진 시 서로 간섭되는 동작이 없는지 확인하고 복귀 동작 순서를 정하도록 하자.

A-, B-, C-

단순하게 실린더 A후진, B후진, C후진 의 순서로 실린더가 동작하여 초기 위치로 복귀하는 프로그램을 작성하도록 하자.

여기에서는 BSFL 명령을 사용하는 방법을 사용하도록 하겠다. 이 명령어는 앞에서 언급한 내용이므로 기억이 나지 않다면 다시 한번 명령어에 대한 이해를 하고 이 부분을 볼 수 있도록 하자.

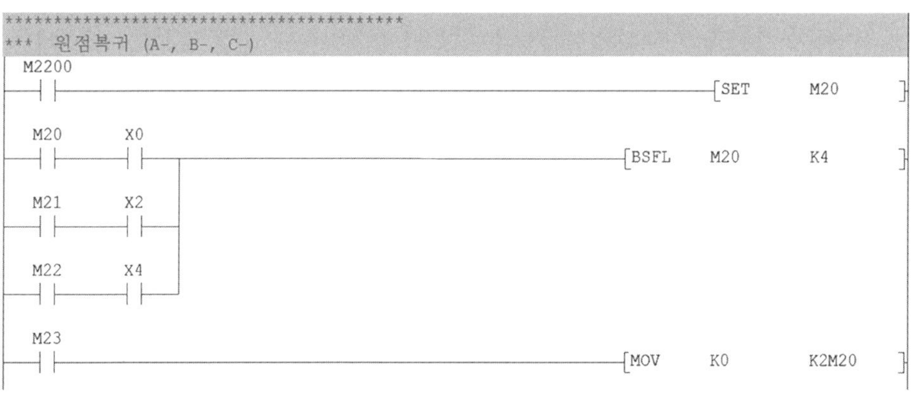

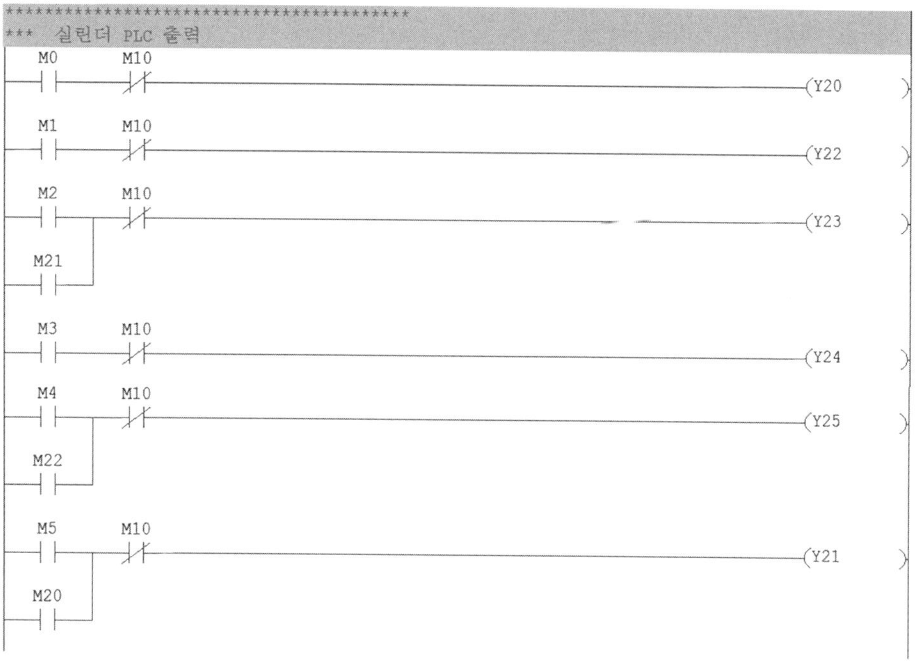

M2200 원점 복귀 지령 스위치를 누르면 M20이 ON 되고 이 신호를 이용하여 출력 Y21과 연결한다. M20에 의해 실린더 A가 후진하면 실린더 A 후진단 센서 X0이 ON 상태가 되면 BSFL 명령이 실행되고 비트가 M20이 OFF 되고 M21이 ON 되는 시프트 동작이 진행된다.

이제 M21 신호에 의해 실린더 B의 후진 출력인 Y23이 ON 된다. 실린더 A와 동일한 방법으로 BSFL 명령이 실행되고 차례대로 실린더 A, B, C의 순서로 후진 동작을 하게 된다.

그런데 여기에서 주의할 것은 실린더 A, B, C가 모두 전진 상태인 경우는 무리 없이 위의 프로그램이 동작하지만 어느 하나가 후진 상태인 경우는 BSFL 명령이 제대로 출력 Y까지 신호를 전달하는데 시간적으로 충분하지 못하여 원하는 실린더의 복귀 동작을 할 수 없다. 따라서 시간적인 딜레이를 줄 수 있도록 프로그램에 타이머를 하나씩 추가하여 다음과 같이 수정하도록 한다.

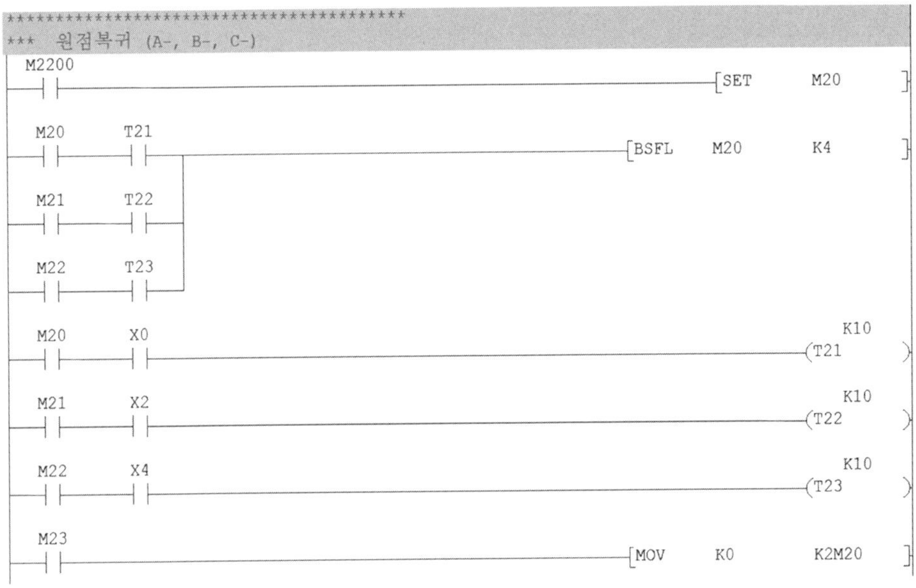

수정 전 프로그램과 비교해서 어느 부분을 변경했는지 알 수 있겠는가?

BSFL 명령을 실행하는 부분의 센서 접점을 바로 사용한 것이 아니라 타이머에 의해 지정된 시간이 경과되면 BSFL 명령이 실행되도록 시간적인 딜레이를 만들어 주었다. 즉 M20과 X0의 AND 신호에 의해 첫 번째 BSFL 명령을 실행하였지만 타이머 T20을 연결하여 1초간 시간이 경과한 뒤 타임업된 뒤 BSFL 명령이 실행되는 형태로 변경하였다. M21, M22 모두 동일하게 변경하였다.

이러한 구조로 일정한 딜레이 타임을 준 뒤 BSFL 명령이 실행되는 형태여야 일부 실린더가 후진된 상태에서의 원점 복귀 동작이 정상적으로 진행될 수 있게 된다. 설정된 타이머의 시간은 적절하게 변경해서 사용하면 된다.

위와 같은 딜레이 시간을 주고 순서대로 동작하는 프로그램 형태는 자기유지 형태로 동작하는 원점 복귀 동작에도 적용할 수 있다. M23 신호는 원점 복귀 동작이 완료되었음을 알려주는 신호이다. 이 신호로 M20부터 사용한 비트 신호를 모두 OFF 시키도록 한다.

그리고 이상과 같이 원점 복귀 프로그램을 이해한 상태라고 한다면 다음과 같은 사항을 한 번 생각해 보아야 한다. 원점 복귀 프로그램을 사용하는 경우가 꼭 비상 정지 동작을 한 뒤에 사용하는 것만은 아니다. 일반적인 연속 운전 중에도 프로그램의 실행이상이라든지 센서의 이상 동작에 의한 원인에 의해서든지 동작이 중간에 정지할 수 있다. 이러한 경우 원인을 찾고 조치를 취하기 위해 시스템의 전원을 차단하고 다시 시스템을 기동할 수도 있다.

이와 같은 경우에도 원점 복귀 동작이 필요한 것이다. 만약에 연속 운전 프로그램 중의 M0에서부터 실린더의 전진 동작에 해당하는 자기유지 출력이 ON 된 상태에서의 원점 복귀 동작은 정상적이지 못할 것이다. 실린더의 전진 신호와 원점 복귀의 후진 동작이 서로 ON 상태라면 어떠한 동작이 될 것인가. 이러한 경우를 염두에 두고 원점 복귀 동작의 실행 전에 실린더의 전진 동작에 해당하는 자기유지회로를 차단하는 조치가 필요하다.

원점 복귀 동작 전에 실린더의 전진 동작에 해당하는 자기유지회로의 차단은 다음과 같이 프로그램을 수정하면 된다.

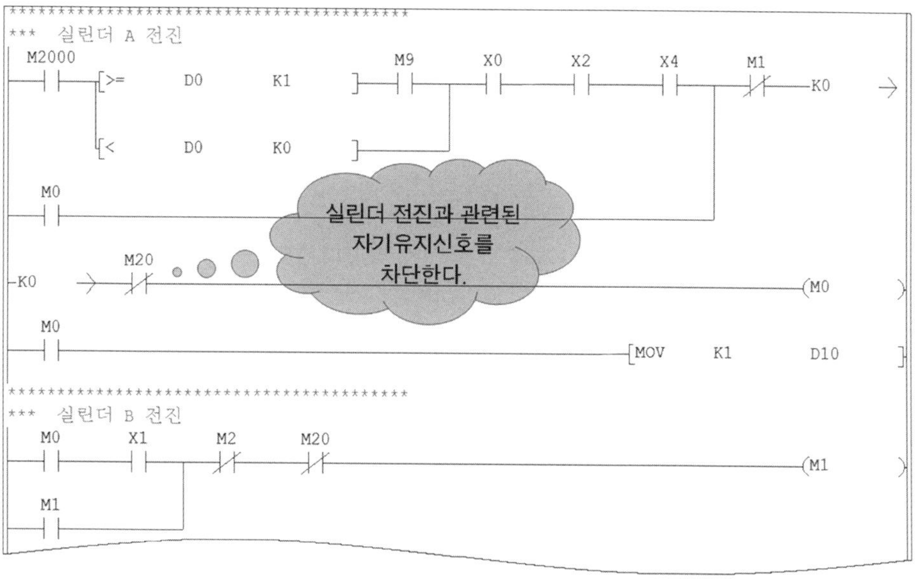

실린더 A, B, C의 전진에 해당하는 자기유지 신호 M0, M1, M3을 원점 복귀 프로그램의 M20 출력으로 차단하여 실린더의 전진 상태를 OFF로 만들어 준다. 이와 같이 하기 위해 기존의 원점 복귀 프로그램은 다음과 같이 수정한다.

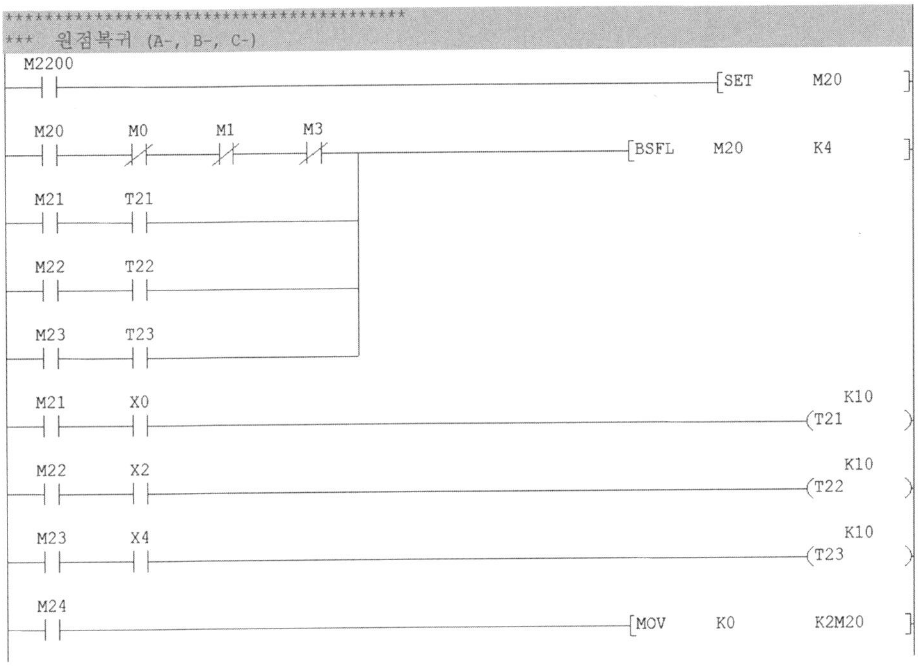

실린더의 전진용 자기유지 차단을 위한 신호로 M20을 사용하였다. 따라서 기존의 M20부터 연결되는 출력 신호는 하나씩 뒤로 밀리게 된다. M21은 실린더 A 후진 출력과 연결하고 M22는 실린더 B, 그리고 M23은 실린더 C의 출력 신호와 연결이 된다. M24는 실린더의 원점 복귀 완료 신호이다.

M20 신호로 실린더 전진에 해당하는 M0, M1, M3의 자기유지회로를 차단하였으므로 자기유지회로가 차단되었으면 이 신호들이 모두 OFF 상태이므로 이를 확인하고 BSFL 명령이 실행되도록 조건을 M0, M1, M3의 b접점 형태로 걸어 놓으면 확인이 가능하겠다.

(7) 에러 처리 프로그램

다음은 에러 발생 여부를 알 수 있는 프로그램 처리 방법에 대하여 알아보도록 하자. 실린더의 동작은 전진 또는 후진이다. 이러한 상태에서 발생할 수 있는 에러는 실린더의 전진 출력이 프로그램적으로 만들어졌지만 일정시간이 경과한 뒤에도 실린더 전진단 확인용 센서의 접점이 ON 되지 않는 경우이다. 이러한 원인은 실린더의 동작을 위한 솔레노이드 밸브의 오동작이나 실린더 자체의 로드가 외력에 의해 휘거나 망

가져 실제적인 실린더의 전진 동작이 안되거나 또는 실린더는 전진을 하였지만 이를 감지하는 실린더 오토스위치가 제대로 동작하지 않는 상태 등으로 정리해 볼 수 있다. 물론 여기에 추가적으로 PLC의 입력 모듈과 출력 모듈의 접점이 망가지는 경우도 포함해서 살펴볼 수 있다.

위와 같은 상태를 감지할 수 있도록 프로그램 방법은 다음과 같다.

M0는 실린더 A전진 출력 신호이다. 실린더 A의 전진 확인용 실린더 오토스위치는 X1이므로 정상적인 동작인 경우 타이머의 설정값(실제적으로 실린더 A의 동작 시간보다 조금 길게 설정한다)이 타임업되어 동작하기 전에 X1 신호가 ON 되므로 다음 줄의 M3000(실린더 A전진 이상)이 ON 되는 경우는 없다. 하지만 위에서 설명한 경우처럼 어떠한 이유에 의해 실린더가 제대로 동작하지 않는 상황인 경우에는 M3000은 자기유지 상태가 된다. 이러한 경우가 실린더 A전진 이상이라고 하는 에러가 발생되는 타이밍이다.

프로그램 하단의 M2300은 터치 패널에 만들어 놓을 '리셋' 스위치이다.

앞의 M3000 실린더 A전진 이상 출력이 ON 되어 있는 상태에서 리셋 스위치 M2300을 누르면 자기유지회로 M3000이 해제가 된다. 물론 물리적인 원인에 의해서 에러가 발생된 상황이므로 실제적인 에러 해제 조치를 취한 뒤 에러 리셋용 스위치를 눌러 에러를 해제하도록 한다. 일반적으로 리셋용 스위치는 하나이므로 에러가 발생되었을 때의 출력 접점과 AND 처리하여 프로그램하면 해당 에러의 리셋만 할 수 있다.

실린더 A 후진에 관련된 에러 감지용 프로그램도 위와 동일한 방법으로 작성할 수 있다. (실린더 B, 실린더 C에도 동일하게 프로그램을 작성하고 테스트할 수 있도록 해보자.)

알람이 발생되면 그 상태를 알려주기 위해서 부저 또는 알람 표시용 경광등(램프)을 동작시킨다. 어떠한 경우에 알람이 발생이 되었다는 것을 앞에서 설명한 방식대로 프로그램을 작성하면 해결할 수 있는데 개개의 알람 비트(여기에서는 M3000 : 실린더 A전진 이상, 그리고 추가적으로 프로그램을 작성한다면 M3001 : 실린더 A후진 이상, M3002 : 실린더 B전진 이상…, M3005 : 실린더 C 후진 이상이 될 것이다.)를 부저 또는 알람 표시용 램프에 연결한다면 프로그램의 형태가 관리하기에 좀 불편해질 것이다.

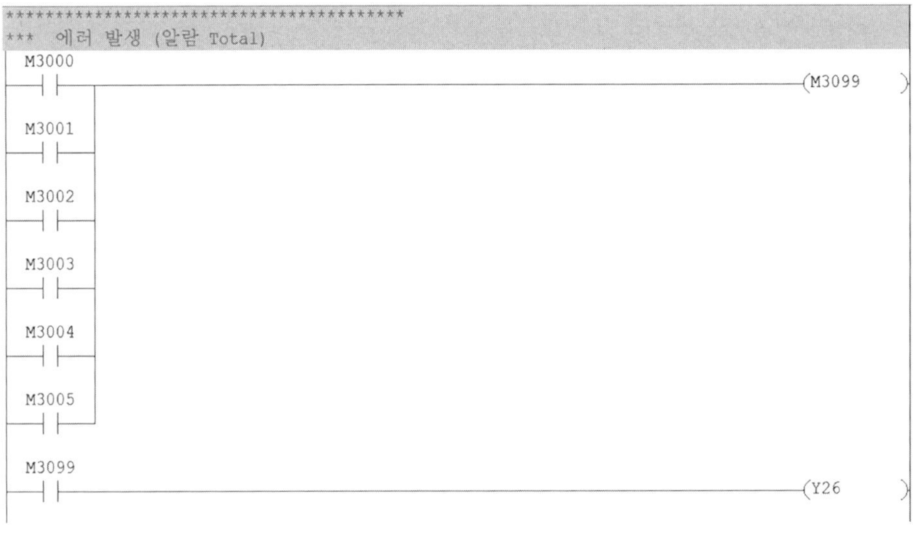

알람 수량이 실습에서는 총 6개이다. 알람이 발생하면 그와 연결하여 부저(Y26)를 동작시키는 프로그램 형태이다. 하지만 알람의 수량이 좀 더 많아진다면 한 화면에 모두 표시하여 모니터링하기에는 좀 불편한 형태의 프로그램이 된다.

좀 더 간편한 형태로 알람이 발생했다는 것을 종합해서 하나의 비트로 표시하고 이를 부저와 연결할 수 있는 방법에 대해 살펴보면 다음과 같다.

$$\overline{A \times B} = \overline{A} + \overline{B}$$ 드 모르가의 제1법칙 논리곱 → 논리합

$$\overline{A + B} = \overline{A} \times \overline{B}$$ 드 모르간의 제2법칙 논리합 → 논리곱

오거스터스 드모르간
(Augustus De Morgan, 1806~1871)
영국의 기호, 논리,수학자로
집합의 법칙인 드모르간의 법칙을
발견했다.

드 모르간의 법칙 중 제2법칙인 논리합을 논리곱으로 변형해 보자.

M3000부터 M3005까지 OR회로를 사용하여 표시되어 있으므로 이를 AND 논리 형태로 변형하면 쉽게 해결할 수 있다.

① $M3000 + M3001 + M3002 + M3003 + M3004 + M3005 = M3099$

등호(=) 양쪽에 부정 논리를 취한다.

② $\overline{M3000 + M3001 + M3002 + M3003 + M3004 + M3005} = \overline{M3099}$

OR논리의 부정은 AND논리가 된다. 각 항목은 부정이 된다. PLC에서는 a접점 ↔ b접점이 된다.

③ $\overline{M3000} \cdot \overline{M3001} \cdot \overline{M3002} \cdot \overline{M3003} \cdot \overline{M3004} \cdot \overline{M3005} = \overline{M3099}$

등호(=) 양쪽에 부정 논리를 취하여 출력에 해당하는 M3099 부정을 제거한다.
좌측항의 전체 부정은 (Reverse Operation Tresult [caF10])에 해당한다.

④ $\overline{\overline{M3000} \cdot \overline{M3001} \cdot \overline{M3002} \cdot \overline{M3003} \cdot \overline{M3004} \cdot \overline{M3005}} = M3099$

위와 같이 드 모르간의 법칙을 사용하여 변형한 형태의 결과를 PLC 프로그램으로 옮겨 놓으면 다음과 같은 형태의 프로그램이 된다.

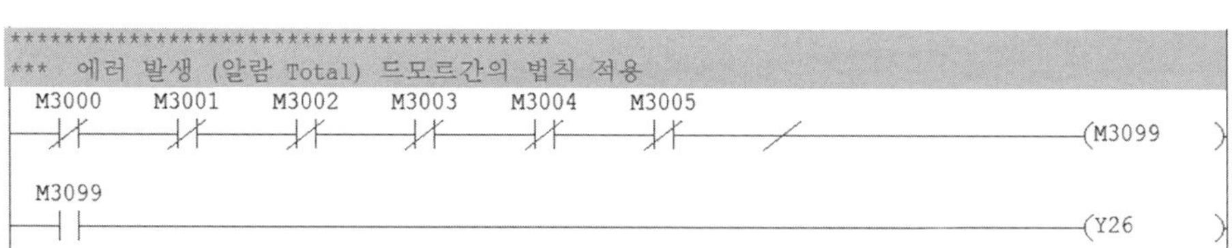

OR 논리를 이용하여 프로그램을 작성한 것보다는 한번에 살펴볼 수 있는 에러 관련 접점들의 상태를 쉽게 파악할 수 있는 장점이 있다.

그리고 알람이 새로이 발생했다는 신호가 필요한 경우가 있다. 예를 들어 M3000에 해당하는 실린더 A 전진 이상이라는 알람이 발생한 상태에서 새로이 실린더 B의 전진 이상이 발생했을 경우와 같이 새로운 알람이 발생했다는 신호 처리에 대한 설명을 하도록 하겠다. 이 부분은 터치 패널의 기능 중에 화면 전환 디바이스를 이용한 알람 발생 시 알람 표시 화면으로의 자동 전환과 관련이 있다.

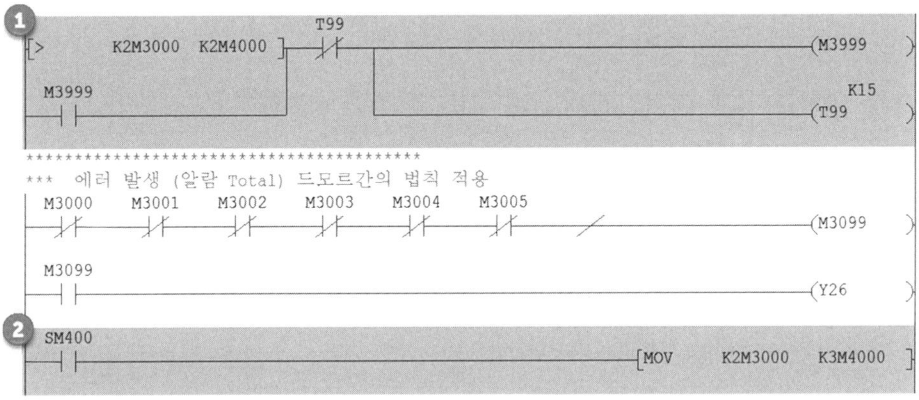

② 부분의 내용은 알람 발생 비트 M3000부터 M3005까지(여기에서는 디바이스 표현상 M3007까지가 된다. 그 때문에 M3006, M3007은 사용하지 않는 것을 전재로 한다.)의 신호를 계속 M4000부터 M4007까지 전송해 준다. 이것은 신호를 복사해서 저장해 놓는다는 의미이다. 이 프로그램으로 M3000부터 8개 비트가 M4000부터 8개 비트와 동일해진다. 하지만 이후 프로그램부터 새로운 스캔이 시작되어 다시 이 프로그램 부분이 실행되기까지 새로운 알람이 발생되거나 알람이 리셋되는 경우에는 두 영역의 내용이 달라질 수 있다.

①, ②의 프로그램 이후부터 새로운 알람이 발생되거나 리셋되는 경우 M3000부터 8개 비트는 M4000부터 8개 비트와 서로 달라질 수 있다. 이 중 새로운 알람이 발생되는 경우는 K2M3000에 저장되어 있는 값이 K2M4000에 저장되어 있는 값보다 크기 때문에 비교 연산 명령을 사용하여 M3999 '새로운 알람 발생'이라는 신호를 만들어 낼 수 있다. 이 신호는 타이머를 사용하여 설정된 시간만큼 유지하여 사용할 수 있다.

이제 알람의 발생을 감지하고 이를 표시할 수 있는 부분까지 설명이 되었다. 알람이 발생이 되면 동작하고 있는 기계는 정지를 하는 것이 올바른 순서이다. 그러면 기계를 정지시킨다는 의미는 비상 정지의 개념이 아닌 일시 정지의 개념으로 받아들여야 한다.

알람의 발생 원인을 찾아 조치를 취하고 리셋 스위치를 조작하여 정지된 시점부터 다시 시작해야 한다. 일시 정지에 해당하는 프로그램은 앞에서 만들어 놓았으므로 이를 활용하면 된다.

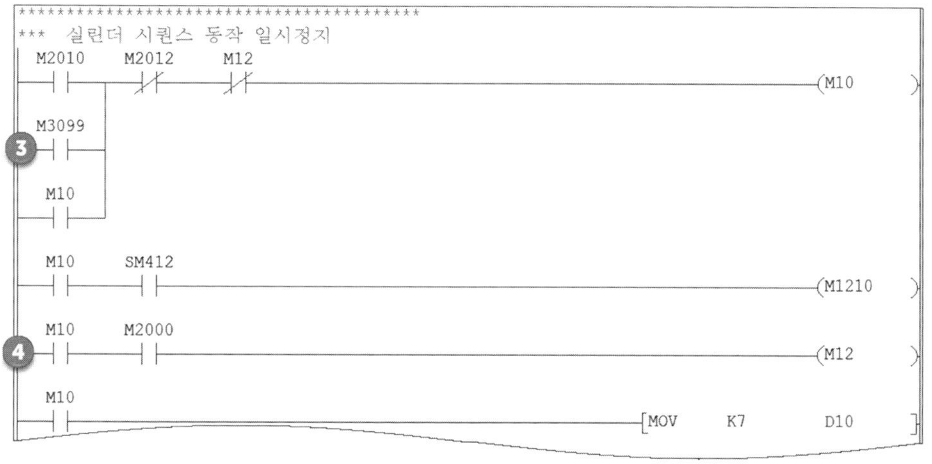

③ 알람이 발생되었을 때 ON 되는 알람 Total 신호를 일시 정지 지령 스위치와 OR 회로를 구성하여 일시 정지 출력 M10이 동작할 수 있도록 추가하였다. 이는 알람이 발생되면 실린더 동작은 일시 정지 상태로 된다.

④ 일시 정지 중일 때 시작 스위치 M2000을 조작하면 일시 정지 자기유지회로가 해제되도록 한다. 출력 M12는 M10 자기유지회로의 해제를 위해 사용되었다.

(8) 스텝 운전 프로그램

스텝 운전 모드에 대해 알아보도록 하자.

스텝 운전이라는 것은 수동 운전과는 다르게 연속된 동작의 실행을 한 단계씩 나누어 실행한다는 개념이다. 즉 스위치를 누를 때마다 한 단계씩 진행을 하는 것으로 실린더 A+, B+, B-, C+, C-, A-의 연속된 동작을 나누어 진행할 수 있다. 이러한 모드를 사용하면 연속된 프로그램을 실행하는 것보다 프로그램 확인이나 기구적인 동작을 자세하게 관찰할 수 있고 적절한 조치를 취할 수 있어 연속 운전하기 전 최종적인 프로그램 확인을 할 수 있다는 장점이 있다.

우선 운전 모드를 선택할 수 있도록 터치 패널에 셀렉터 스위치를 만들어 보자.

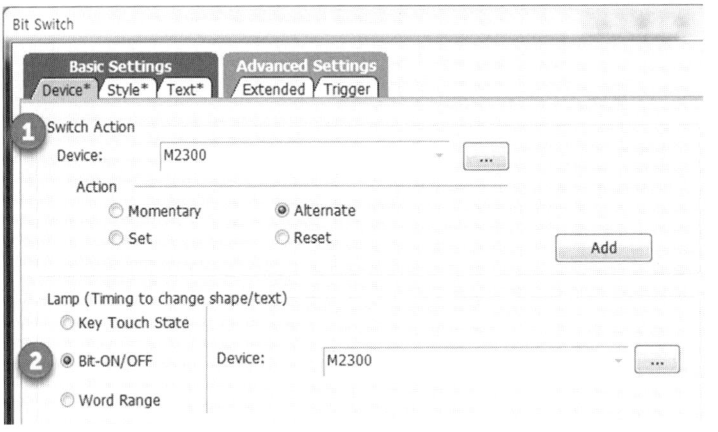

① Bit Switch의 Device Tab에서 M2300을 설정하고 셀렉터 스위치는 선택된 상태가 유지되는 스위치이므로 스위치 종류는 Aternate로 선택한다. ② 터치 패널에서 셀렉터 스위치의 경우 램프는 스위치 모양이 된다. 따라서 스위치를 조작했을 때의 디바이스 번호와 동일하게 램프 디바이스를 설정하면 된다.

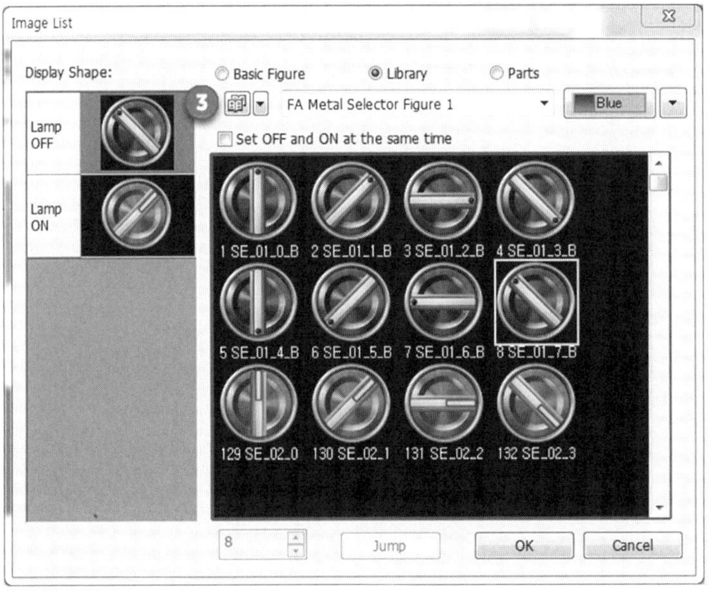

Style Tab에서 Shape 버튼을 클릭하면 상단에 스위치 모양을 분류해 놓은 창이 보인다. ③ 여기에서 Selector라고 표시되어 있는 아이템을 선택하면 셀렉터 스위치의 모양을 볼 수 있다.

스위치의 OFF 상태, ON 상태에 맞는 스위치 모양을 각각 선택하도록 한다.

터치 패널의 구성은 좌측과 같다. 운전 모드를 선택할 수 있는 셀렉터 스위치와 스텝 운전 지령을 내릴 수 있는 '스텝 운전' 스위치 그리고 기존에 사용했던 실린더 상태를 표시하는 Word Comment 항목을 '현재 동작 상태'라는 Text를 추가하여 표시해 보았다.

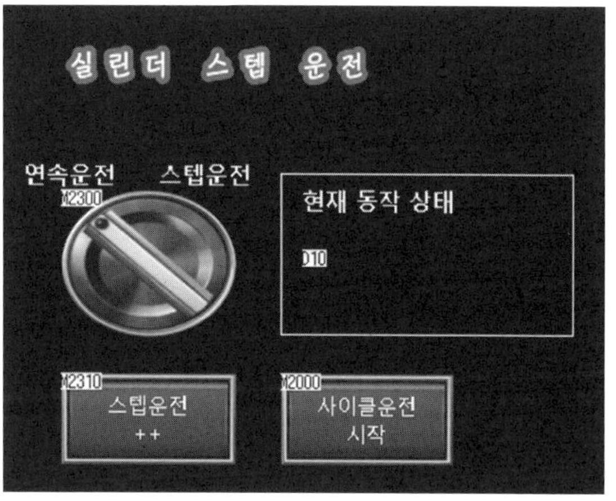

기존 프로그램에 다음과 같이 기능을 추가하도록 하자. 운전 모드 선택에 따라 기능이 달라져야 하므로 운전 모드별 시작 스위치의 동작이 각기 동작할 수 있도록 구분하였다.

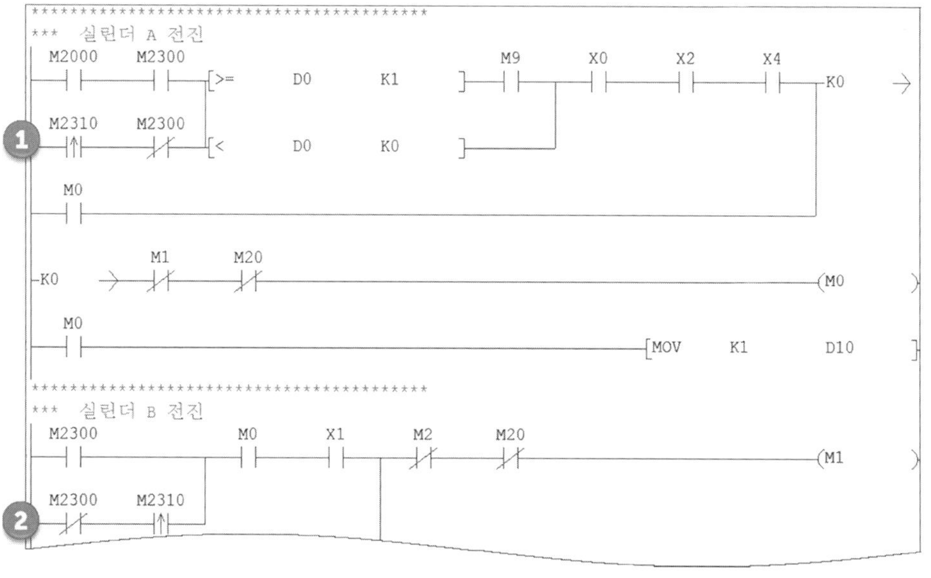

① 기존의 기동 스위치 M2000 옆에 운전 모드 선택을 할 수 있도록 셀렉터 스위치의 디바이스를 추가하였다. M2000 기동 스위치는 M2300 셀렉터 스위치가 '연속 운전' 모드에서만 동작할 수 있으며 M2310 '스텝 운전 ++'라는 스위치는 운전 모드가 '스텝 운전'에서만 동작할 수 있다. M2310 스위치는 상승 엣지 형태로 스위치를 눌렀을 때 한 단계 동작만 할 수 있게 짧은 시간만 ON 상태가 되도록 해야 한다는 점에 주의한다.

② 두 번째 스텝에서도 동일한 구조의 프로그램을 작성하면 된다. M0과 X1이 동작할 수 있는 것은 운전 모드 선택 M2300이 어떤 운전 모드 상태에 놓여 있는가에 따라서 실행되는 결과가 달라지게 된다. 연속 운전 모드의 상태에서는 기존 프로그램에서 동작과 동일하지만 스텝 모드에 있는 경우에는 M2310 '스텝 운전 ++' 스위치가 ON 되어야만 M1 실린더 B전진의 자기유지회로가 동작하게 된다.

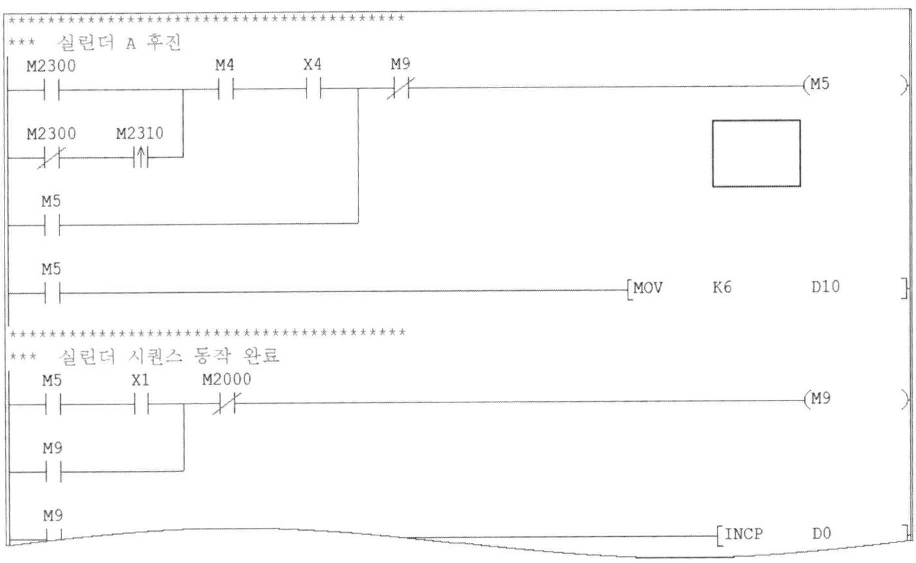

실린더 동작의 마지막 스텝인 실린더 A후진까지 동일한 구조의 운전 모드 선택 프로그램을 추가하면 된다. 실린더 시퀀스 동작 완료 부분은 이전의 프로그램과 동일하다.

(9) 전체 프로그램

지금까지 설명한 실린더 동작에 대한 전체 프로그램은 다음과 같다.

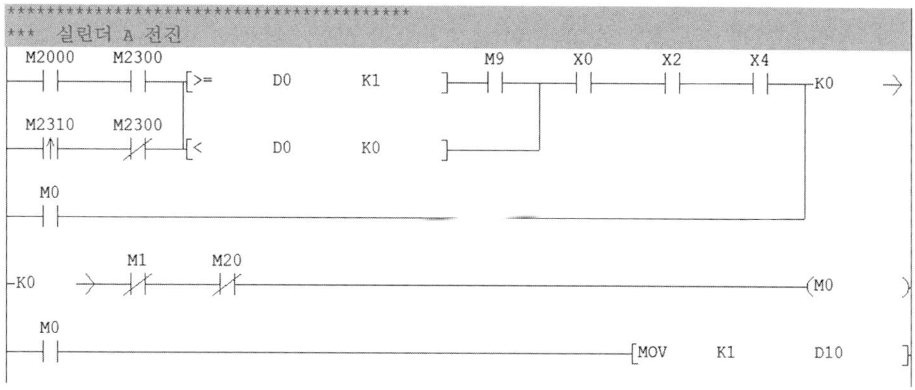
*** 실린더 A 전진
M2000 M2300 [>= D0 K1]
M9 X0 X2 X4 K0
M2310 M2300 [< D0 K0]
M0
K0 M1 M20 (M0)
M0 [MOV K1 D10]

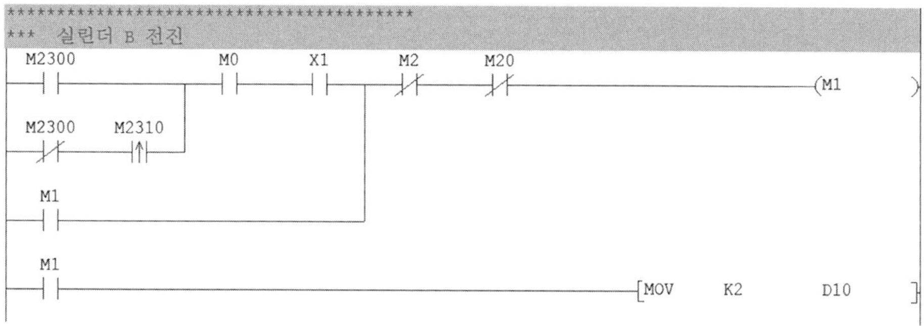
*** 실린더 B 전진
M2300 M0 X1 M2 M20 (M1)
M2300 M2310
M1
M1 [MOV K2 D10]

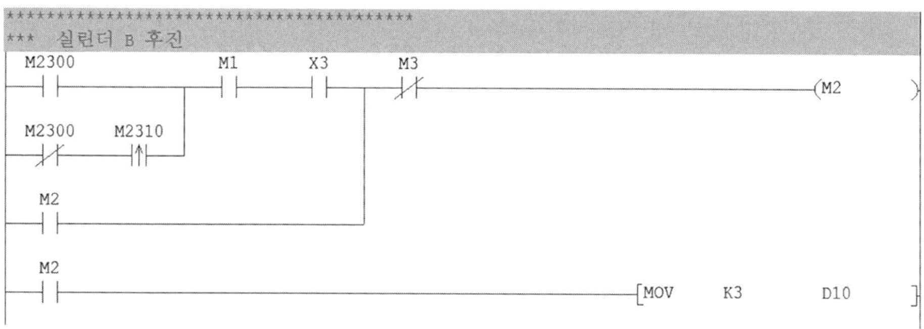
*** 실린더 B 후진
M2300 M1 X3 M3 (M2)
M2300 M2310
M2
M2 [MOV K3 D10]

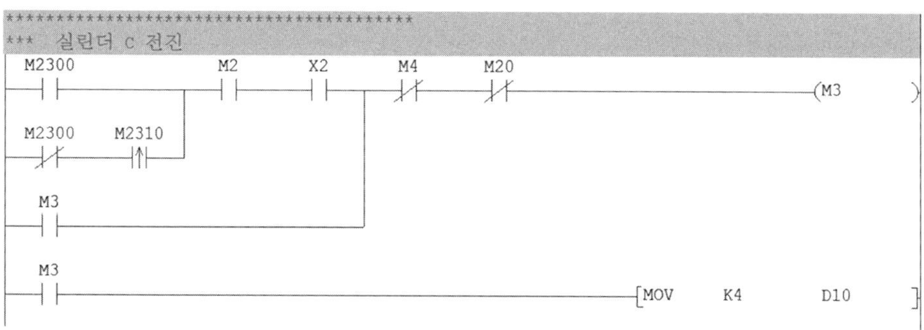
*** 실린더 C 전진
M2300 M2 X2 M4 M20 (M3)
M2300 M2310
M3
M3 [MOV K4 D10]

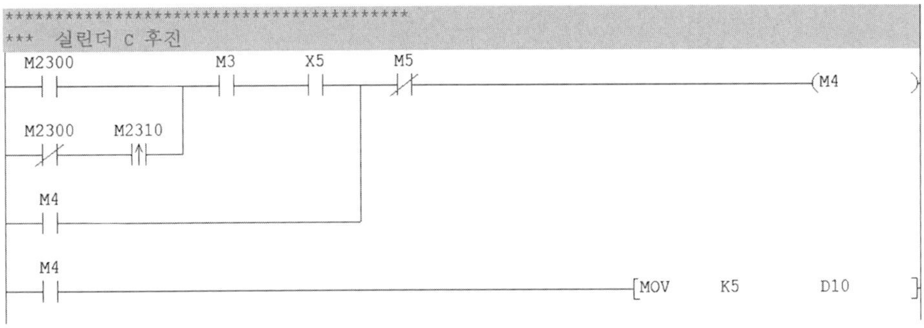
*** 실린더 C 후진
M2300
M3
X5
M5
M4
M2300
M2310
M4
M4
MOV K5 D10

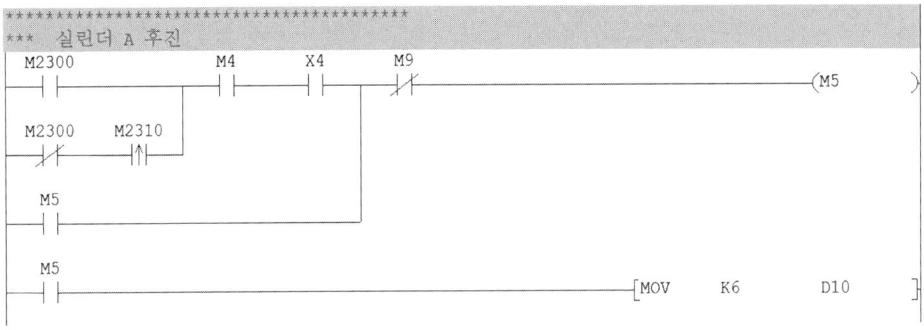
*** 실린더 A 후진
M2300
M4
X4
M9
M5
M2300
M2310
M5
M5
MOV K6 D10

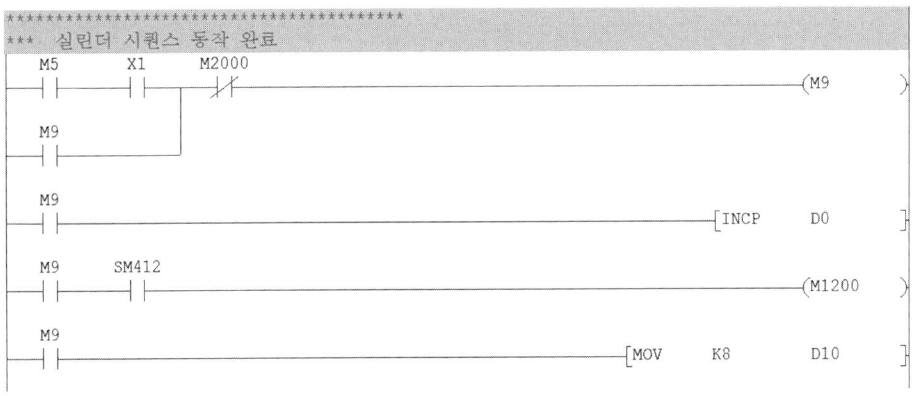
*** 실린더 시퀀스 동작 완료
M5
X1
M2000
M9
M9
M9
INCP D0
M9
SM412
M1200
M9
MOV K8 D10

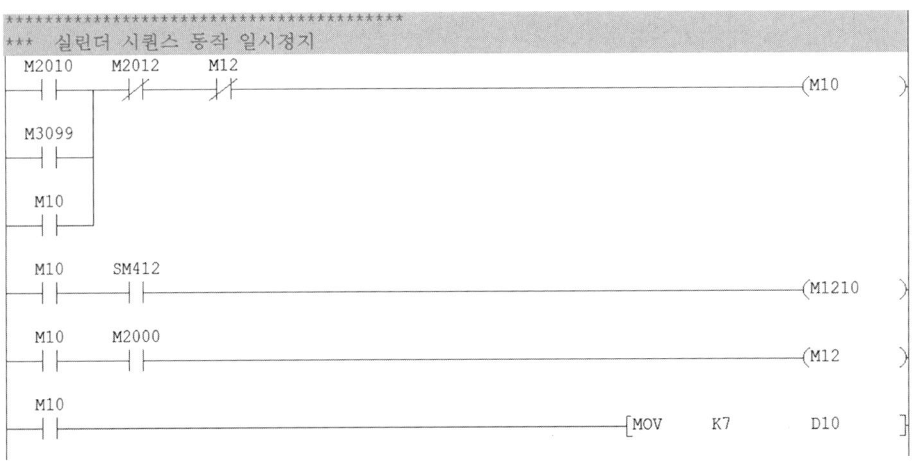
*** 실린더 시퀀스 동작 일시정지
M2010
M2012
M12
M10
M3099
M10
M10
SM412
M1210
M10
M2000
M12
M10
MOV K7 D10

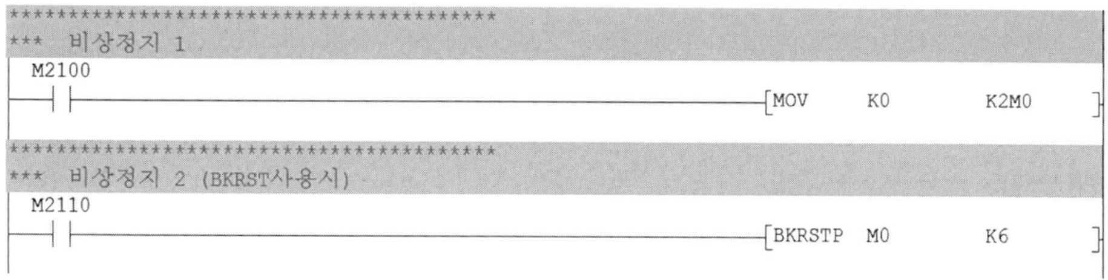
*** 비상정지 1
M2100
MOV K0 K2M0
*** 비상정지 2 (BKRST사용시)
M2110
BKRSTP M0 K6

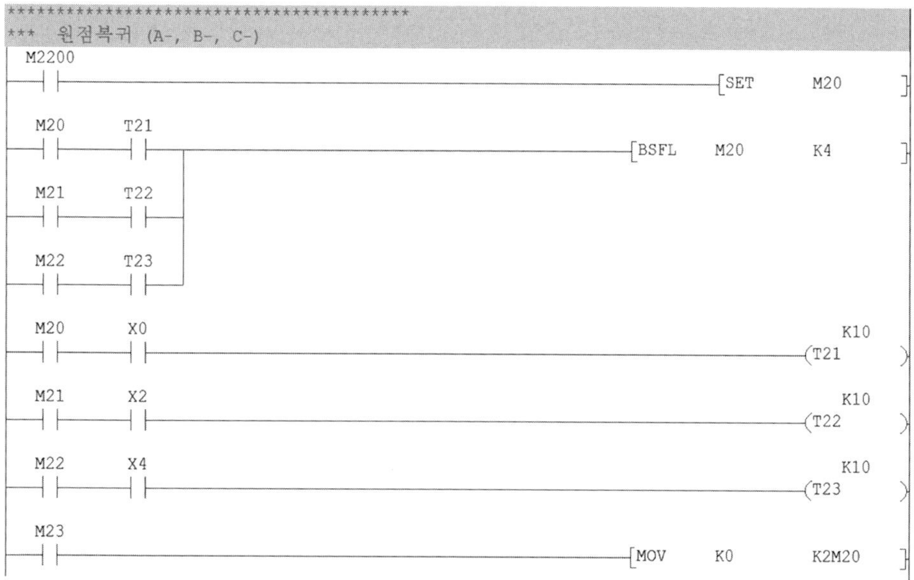
*** 원점복귀 (A-, B-, C-)
M2200
SET M20
M20 T21
BSFL M20 K4
M21 T22
M22 T23
M20 X0
K10
T21
M21 X2
K10
T22
M22 X4
K10
T23
M23
MOV K0 K2M20

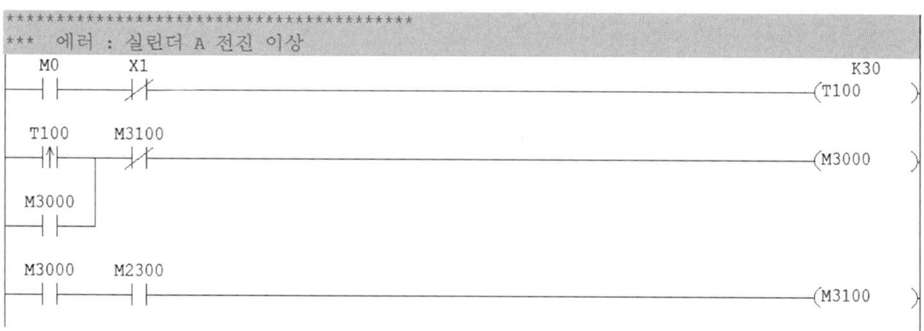
*** 에러 : 실린더 A 전진 이상
M0 X1
K30
T100
T100 M3100
M3000
M3000
M3000 M2300
M3100

*** 에러 발생 (알람 Total)
M3000
M3001
M3002
M3003
M3004
M3005
M3099
Y26

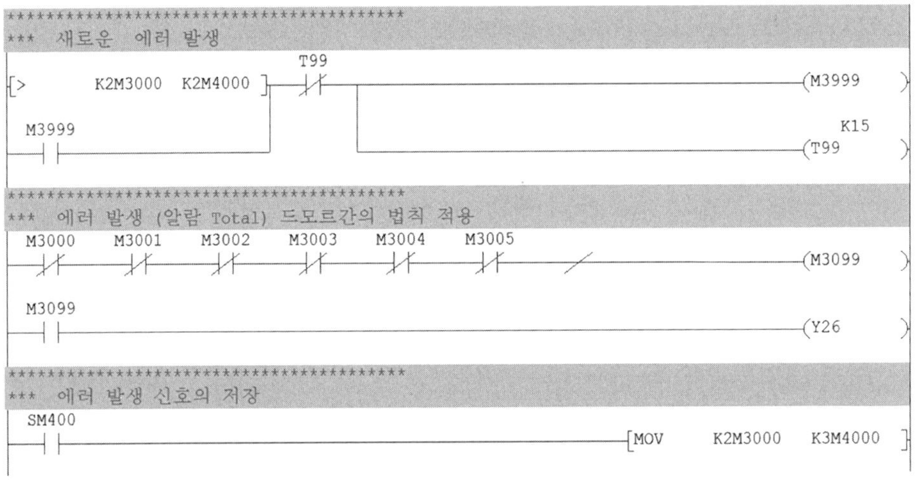
*** 새로운 에러 발생
> K2M3000 K2M4000
T99
M3999
K15
*** 에러 발생 (알람 Total) 드모르간의 법칙 적용
M3000 M3001 M3002 M3003 M3004 M3005
M3099
Y26
*** 에러 발생 신호의 저장
SM400
MOV K2M3000 K3M4000

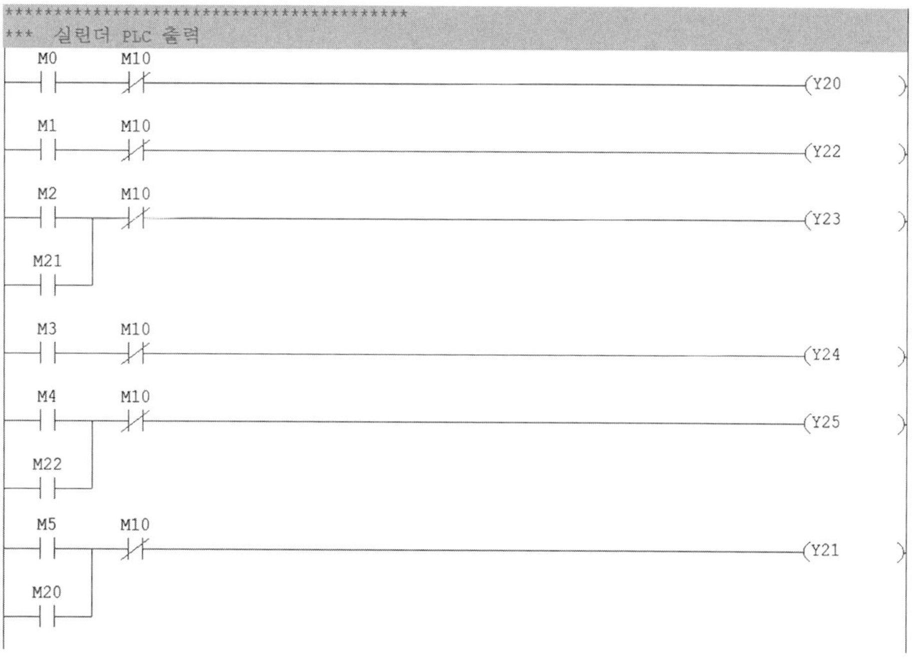

에러에 관련된 내용은 실린더 B, C의 전진, 후진 상태 모두 동일한 포맷이므로 실린더 A의 전진 상태 이상에 대한 내용만 표시하였으니 추가적인 내용은 독자분들의 실습 영역으로 남겨 놓도록 하겠다. 어려운 내용이 아니므로 충분히 그리고 쉽게 해결할 수 있을 것이라 믿는다.

05

MELSEC PLC Program

Pick & Place 프로그램

CHAPTER 05

MELSEC PLC Program Foundation & Application

Pick & Place 프로그램

5.1 Pick & Place 실습 1

5.1.1 Pick & Place란?

Pick & Place는 자동화 설비의 중요한 부분을 차지하고 있는 구성 요소이다. 자동화 설비는 제품의 조립 · 가공 · 분류(정렬) 등의 작업을 사람의 개입 요소를 최소화한 기계이다. 이 설비에 가공 대상이 되는 재료(물건)의 이동, 투입, 배출을 위한 부분에 찾아볼 수 있다.

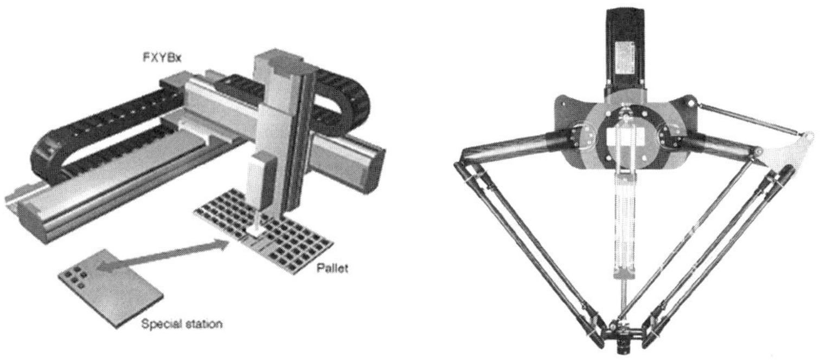

[그림 5-1] Pick & Place의 형태

실습에 사용할 Pick & Place는 그림과 같이 실린더 3개를 조합해서 만들 수 있는 간단하고도 현장에서 많이 볼 수 있는 형태이다.

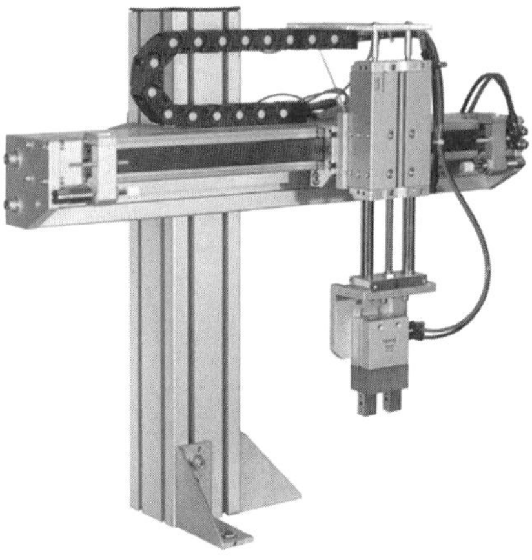

기능을 살펴보면 좌우로 움직일 수 있어야 하며 상하 이동도 가능해야 한다. 그리고 물건을 잡거나 놓을 수 있는 기능이 있어야 한다.

Pick and Place Machine은 생산 현장에서의 부품 이송 및 분류 자동화를 위한 장비이다.

5.1.2 Pick & Place의 구조

(1) 물건은 잡는 용도의 실린더

기능적으로 물체를 잡고 이동을 한 후 정해진 위치에 놓는 동작을 반복적으로 수행하는데 이동에는 높이의 변화가 있어야 하므로 직선으로 이동할 수 있는 실린더를 사용하고 거리적인 측면에서 이동은 직선 또는 회전운동을 할 수 있는 실린더가 필요할 것이다. 그리고 물체를 잡는 데는 물체의 형상에 맞는 실린더가 필요하다. 이러한 실린더를 척(Chuck) 실린더라고 한다. 이 기능을 구현하는데 진공 시스템이 적용되기도 한다. 물체를 잡는 것을 그립퍼(Gripper)라고 한다.

[그림 5-2] 물체의 형상에 따라 다양한 실린더가 필요하다.

[그림 5-3] 물체의 내측 · 외측을 잡는 방법

Chuck 실린더에 압축 공기를 공급하고 배출하는 동작은 일반적인 직선 운동을 하는 실린더와 달리 물체를 움켜잡을 수 있는 운동을 할 수 있다.

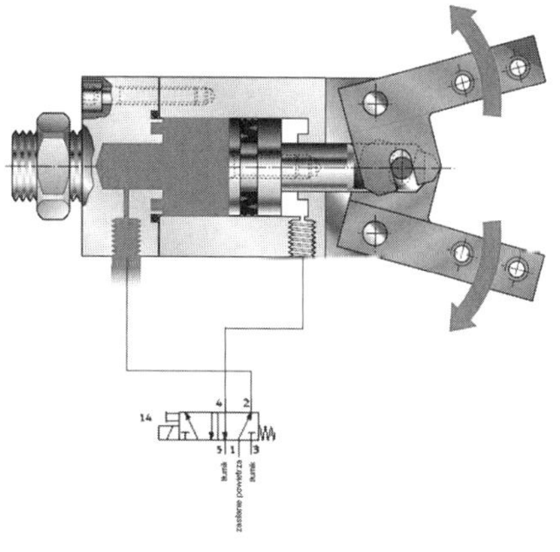

(2) 회전운동을 할 수 있는 실린더

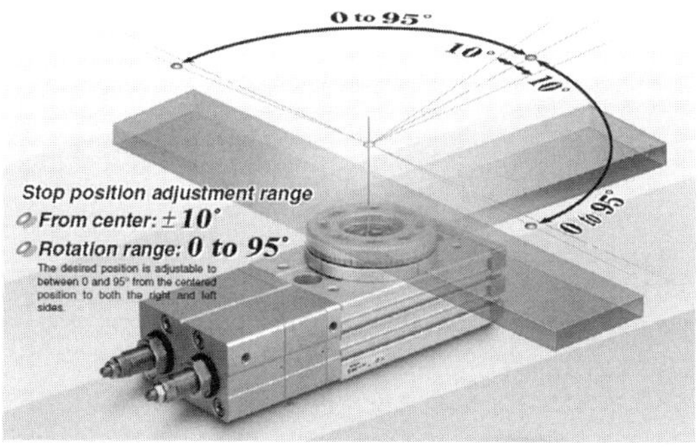

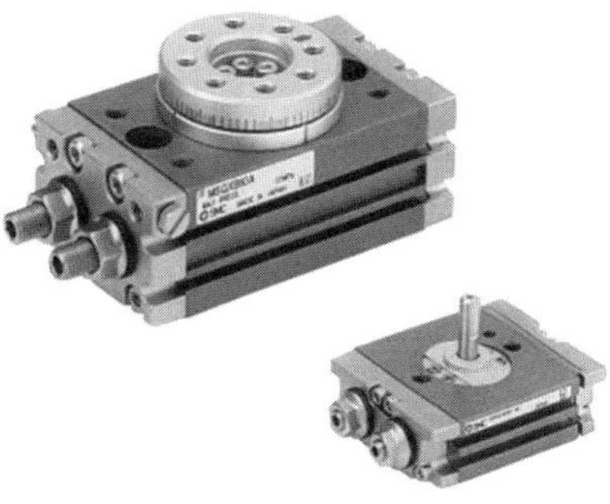

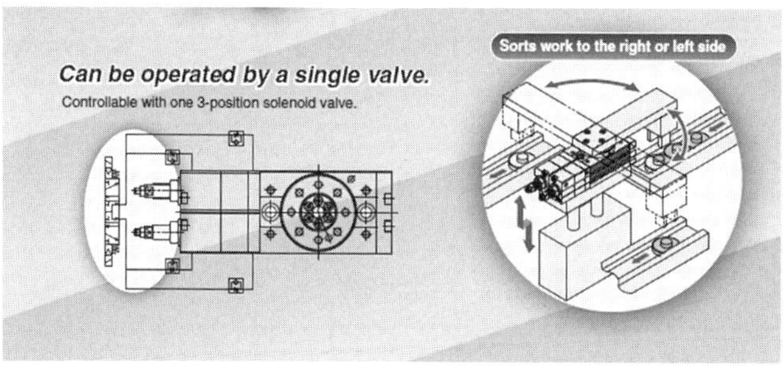

회전형 실린더는 로터리(Rotary) 실린더, Swing Cylinder 라고도 한다.

[그림 5-4] 회전형 실린더

공압 회전 실린더는 랙-피니언 형과 베이형 두 가지로 구분할 수 있다.

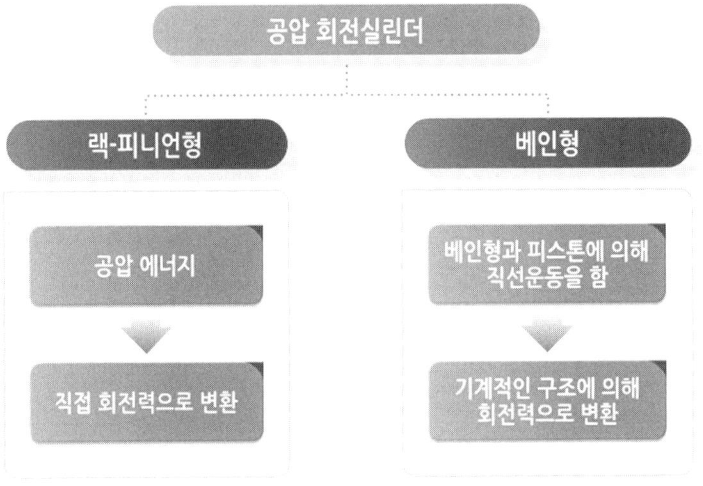

① 랙-피니언 형 회전 실린더

큰 회전 운동을 위해서 사용한다. 피스톤에 의해 얻어진 직선 추력은 회전 토크로 변환된다. 회전 범위는 45~720까지이며 조절 장치에 의해 행정 거리를 변화시키면서 회전각을 조절한다.

- 장점

- 회전 액추에이터 중에서 가장 효율이 좋다.
- 내부 완충 장치를 사용할 수 있다.
- 기밀 부분이 원통 모양이기 때문에 누설이나 마찰 손실이 적고 높은 효율을 얻을 수 있다.
- 토그는 압력, 피스톤 단면적과 기어의 비에 의해 결정된다.

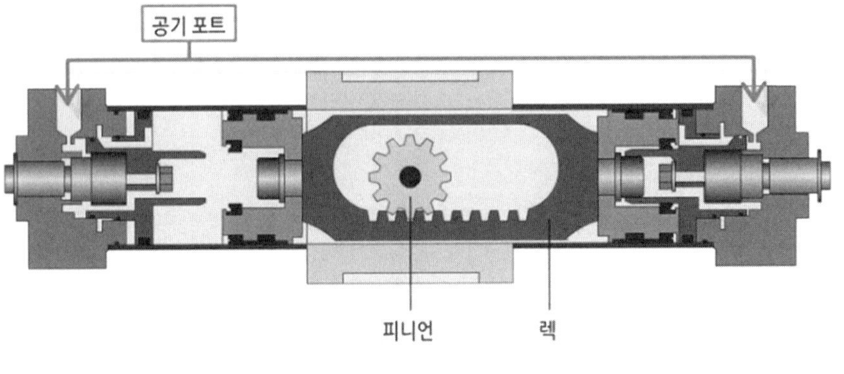

[그림 5-5] 랙-피니언 형 회전 실린더의 구조

② **베인형 회전 실린더**

원통형 케이스 내부에 출력축과 함께 회전 가능한 베인과 압력실을 분리하는 스토퍼를 삽입한 형태이다. 회전 각도가 제한되어 있다.

(참고 : vein은 've(부풀다, 비다)'와 in이 결합되어 '안이 빈 것'이라는 의미의 결합으로 '속이 비다'라는 개념이다.)

싱글형	더블형	3중 베인형
회전각도 270~300	싱글 베인형에 비해 2배의 축 토크를 얻을 수 있다. 회전각도 90~120	회전각도 60도 이내

[표 5-1] 베인형 회전 실린더의 종류

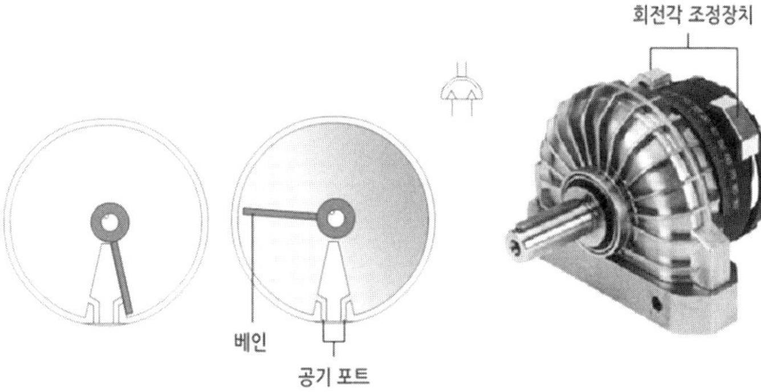

[그림 5-6] 베인형 회전실린더

※ Pick & Place의 시퀀스적인 동작 분석

동작 Sequence

① Up/Down 실린더 Down
② Gripper 실린더 Close
③ Up/Down 실린더 Up
④ Transfer 실린더 Forward
⑤ Up/Down 실린더 Down
⑥ Gripper 실린더 Open
⑦ Up/Down 실린더 Up
⑧ Transfer 실린더 Backward
⑨ 동작완료

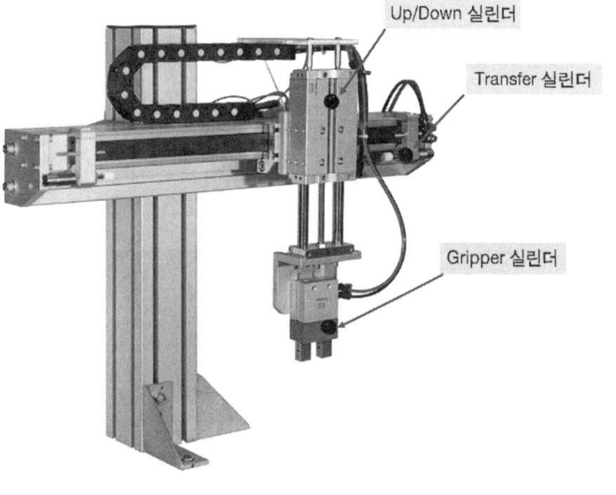

물체를 잡는 위치를 기준으로 하여 실린더의 초기 위치를 정할 수 있다. (동작 시간을 생각해 보면 Work 상단에서부터 동작이 시작되는 것이 전체 동작 시간을 단축하는 방법이 된다. 이 위치를 초기 위치로 생각하면 되겠다.)
Up/Down 실린더는 물체의 이동과 관련하여 Up(상승)한 위치에서 동작을 시작하는 것이 맞을 것이며 Transfer 실린더는 물체의 상단부, 즉 Backward 위치가 시작 위치가 된다. Gripper인 Chuck 실린더는 Open된 상태가 시작 위치이다. 이와 같은 실린더의 위치를 초기 위치로 정하고 물체(앞으로 Work라고 부르도록 하자)가 정 위치에 도착하면 Pick & Place가 동작을 시작하도록 프로그램을 작성하면 된다.

5.1.3 PLC의 입력 요소와 출력 요소 파악

프로그램을 작성하기 앞서 PLC의 입력 모듈과 출력 모듈에 연결할 신호들을 정리해 보도록 하자.

실린더는 복동 실린더를 사용하였다. 따라서 실린더의 동작 상태를 알 수 있도록 각 실린더마다 2개씩의 실린더 오토스위치가 부착되어야 하며 실린더를 동작시킬 수 있는 솔레노이드 밸브 역시 복동형으로 3개가 필요하다. 이외에 시작과 정지, 그리고 알람 리셋을 위한 복귀형 푸시 버튼 스위치와 비상 정지를 위한 비상 정지 스위치를 준비하면 될 것이고 출력에 부저를 연결하여 에러나 비상 정지 시 동작할 수 있도록 하드웨어를 구성하면 될 것이다.

PLC 입력	내용	PLC 출력	내용
X00	Up/Down 실린더 상승단 센서	Y20	Up/Down실린더 상승 솔레노이드 밸브
X01	Up/Down 실린더 하강단 센서	Y21	Up/Down실린더 하강 솔레노이드 밸브
X02	Transfer 실린더 후진단 센서	Y22	Transfer실린더 후진 솔레노이드 밸브
X03	Transfer 실린더 전진단 센서	Y23	Transfer실린더 전진 솔레노이드 밸브
X04	Gripper 실린더 Open 센서	Y24	Gripper실린더 Open 솔레노이드 밸브
X05	Gripper 실린더 Close 센서	Y25	Gripper실린더 Close 솔레노이드 밸브
X06	Work 감지 센서	Y26	부저
X07	시작 스위치	Y27	
X08	정지 스위치	Y28	
X09	리셋 스위치	Y29	
X0A	비상정지 스위치	Y2A	

[표 5-2] Pick & Place PLC 입, 출력 신호

실린더의 오토스위치 그리고 각종 스위치들은 PLC 입력 모듈에 연결하도록 한다. 솔레노이드 밸브와 부저는 PLC 출력 모듈에 연결하도록 한다. 배선 방법에 대해서는 실린더 3개를 이용한 동작 실습편을 참조하면 되겠다.

5.1.4 실습 동작 순서

앞에서 실습한 것과 동일하게 각 실린더의 동작을 파악하기 쉽도록 Motion Step Diagram을 이용하여 표시해 보도록 하자. 편의상 Up/Down 실린더는 A 실린더, Transfer 실린더는 B 실린더, 그리고 Gripper 실린더는 C 실린더로 표기하도록 하겠다.

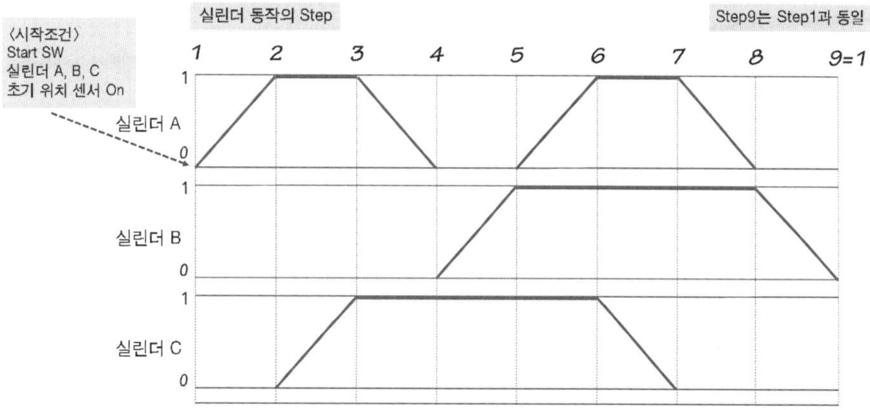

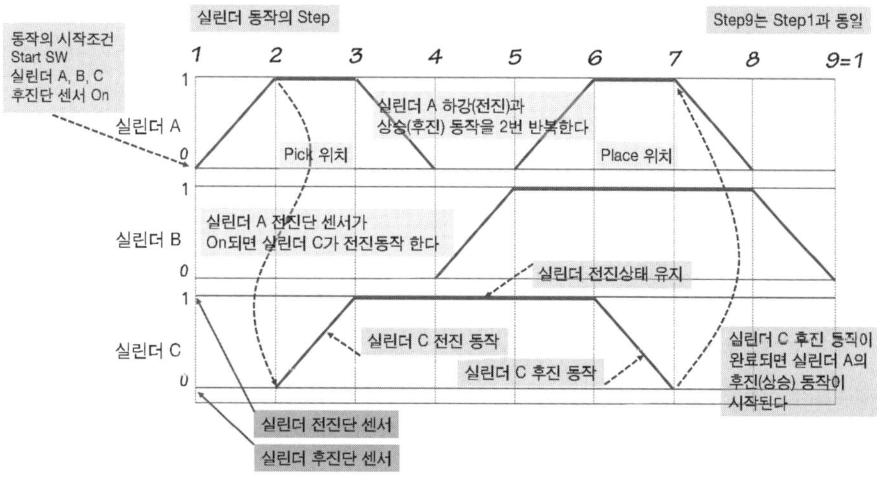

약호를 이용해 실린더 동작을 표시해 보면 다음과 같다.

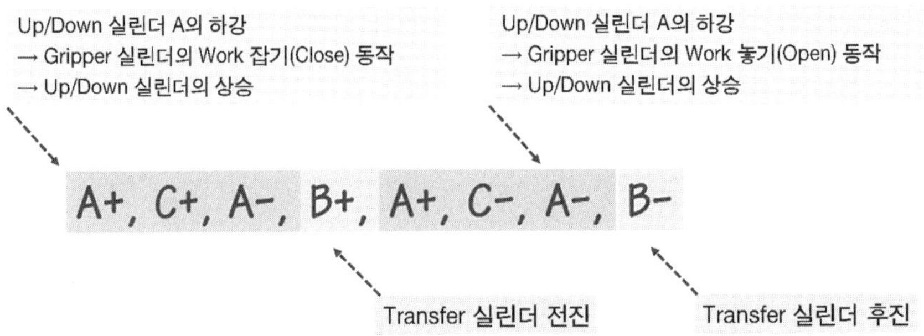

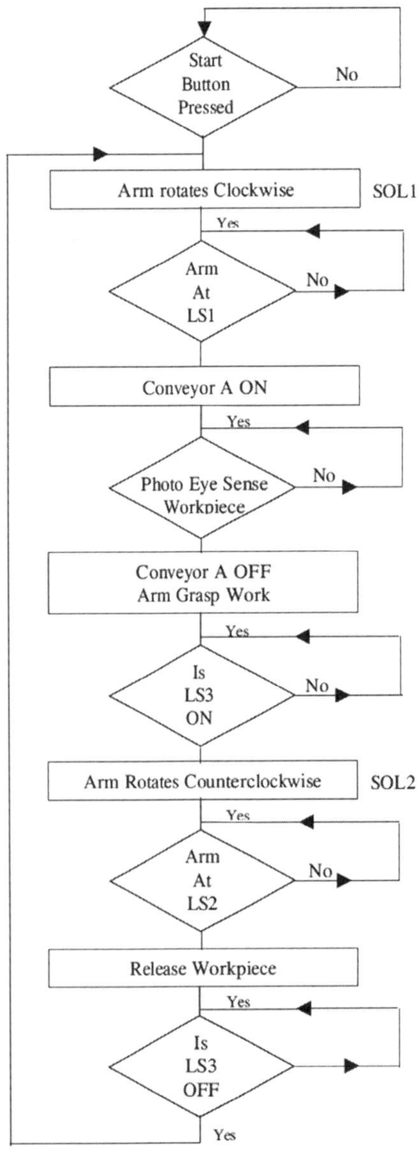

그리고 동작에 대한 내용을 Flow Cart를 이용하여 표현하는 방식도 있다.

플로우 차트(Flow Chart)를 이용하는 방법은 좀 더 많은 정보를 전달할 수 있다. 각 Step으로 진행되기 위한 조건의 만족 여부에 대한 내용이 추가되어 표시할 수 있으므로 사용한 센서와의 관계를 명확하게 파악하고 있어야 한다.

플로우 차트(Flow Chart)를 이용하여 동작 순서를 표시할 수 있다.

※ 예를 든 내용은 실습에서 사용한 기구의 명칭과 다르므로 참조만 하기 바란다.

5.1.5 기본 PLC 프로그램

정의한 동작에 대한 기본적인 프로그램을 작성해 보면 다음과 같다.

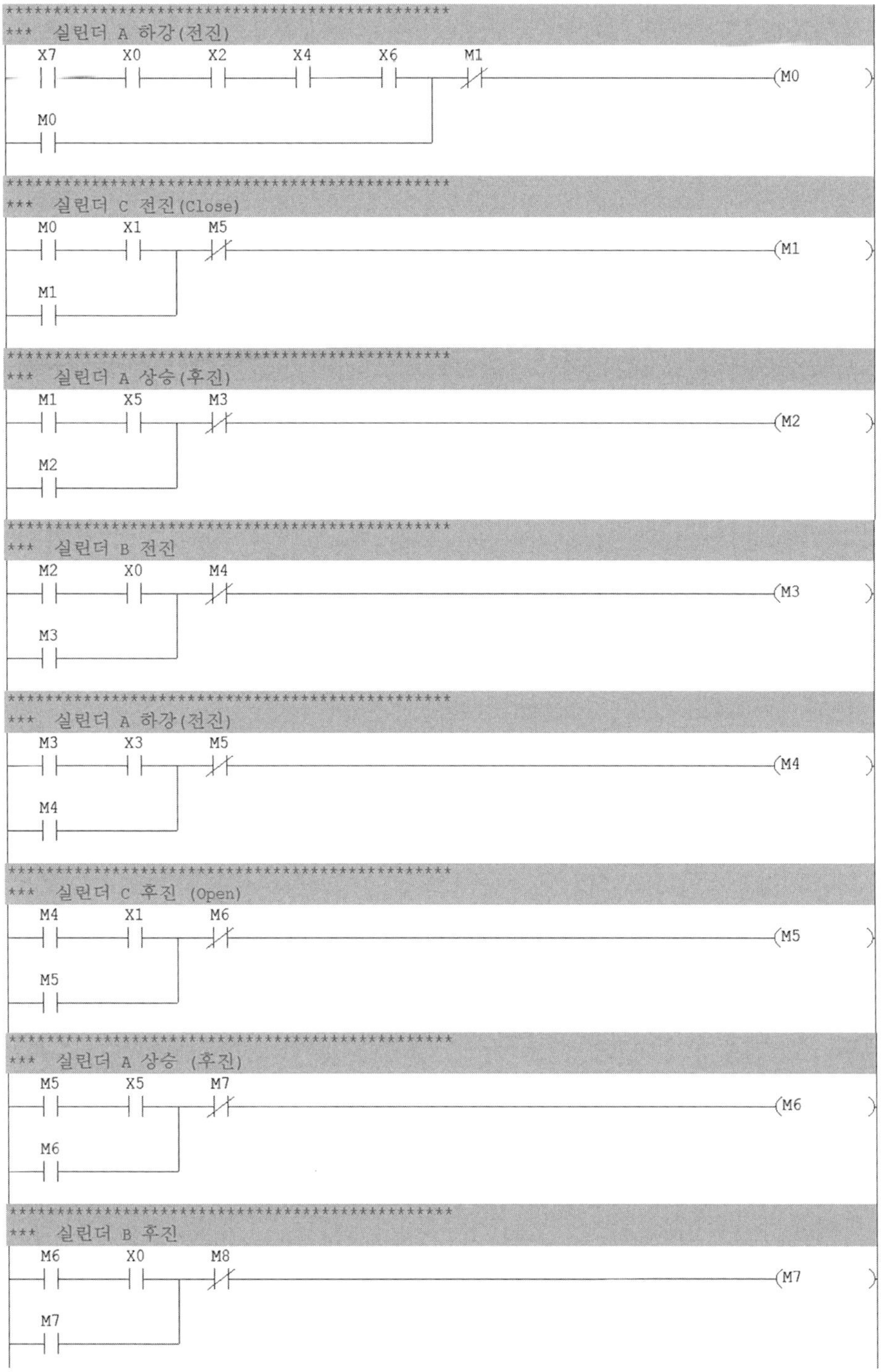

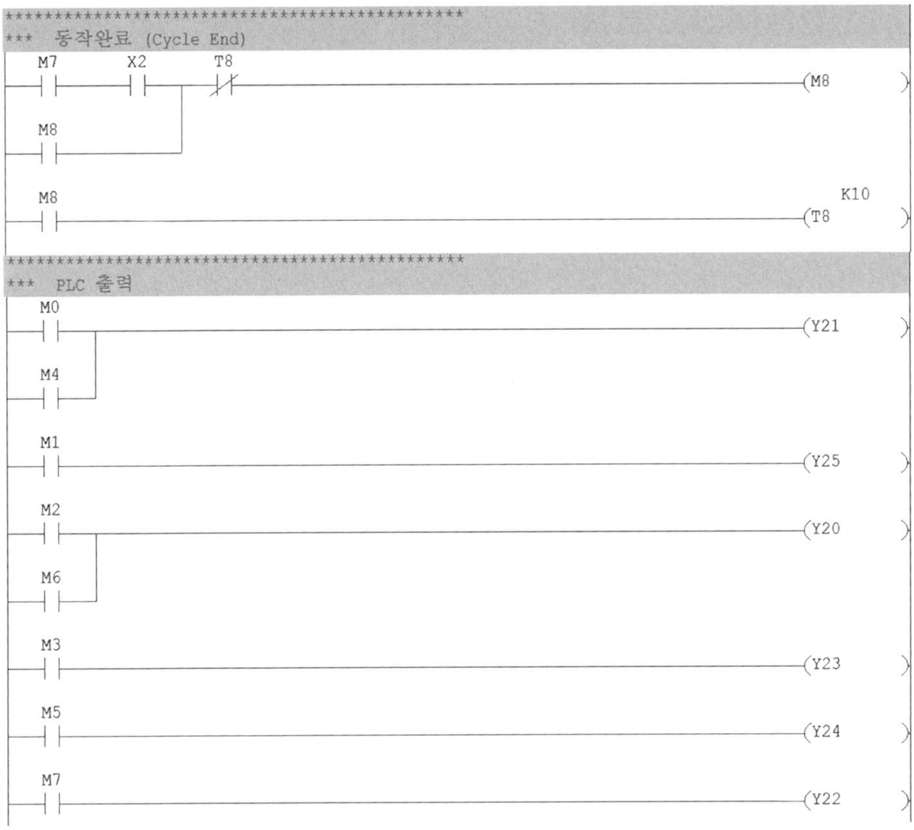

정의한 실린더의 동작을 구현하기 위한 최소한의 프로그램을 자기유지회로를 이용하여 작성해 보았다. 복동 실린더를 사용하였기 때문에 메모리 기능을 활용하여 동작이 완료되면 다음 스텝의 동작이 시작되는 시점에서 자기유지회로를 해제하는 방식으로 프로그램을 작성한 것이 해석될 것이다.

여기에서 주의할 것은 Gripper 실린더 B의 동작이다. Work를 잡고 트렌스퍼 실린더 B에 의해 Place 위치까지 이동할 때까지 Pick 위치에서 잡은 Work는 계속 잡고 있어야 한다는 점이다. 즉 M1에 해당하는 Pick 위치에서의 Gripper Close 동작은 M5 Place 위치에서의 Gripper Open 동작으로 해제되어야 한다는 것이다. M5 자기유지회로의 해제는 다음 스텝의 M6이 ON 되는 시점에서 해제하도록 한다.

그리고 Up/Down 실린더 A는 1사이클 동작 동안 2번 동작하게 된다. 이 때문에 상승과 하강에 해당하는 출력은 Pick 위치에서 M0(하강), M2(상승)과 Place 위치에서 M4(하강), M6(상승)이 2번 동작하므로 연결되는 PLC 출력인 Y21(하강)과 Y20(상승)이 "2중 코일 에러"가 발생하지 않도록 프로그램이 작성되어야 한다. 위와 같은 주의사항을 염두에 두고 프로그램을 작성한다면 기본적인 동작은 잘 실행이 될 것이다.

프로그램에서 사용한 내부 릴레이 M의 의미와 연결되는 PLC 출력은 다음과 같다.

내부 릴레이	프로그램상의 의미	연결할 PLC 출력	참고
M0	Up/Down 실린더 하강 (전진)_Pick 위치	Y21	2중 코일에러 주의
M1	Gripper 실린더 잡기 (Close)_Pick 위치	Y25	
M2	Up/Down 실린더 상승 (후진)_Pick 위치	Y20	2중 코일에러 주의
M3	Transfer 실린더 전진	Y23	
M4	Up/Down 실린더 하강 (전진)_Place 위치	Y21	2중 코일에러 주의
M5	Gripper 실린더 놓기 (Open)_Place 위치	Y24	
M6	Up/Down 실린더 상승 (후진)_Place 위치	Y20	2중 코일에러 주의
M7	Transfer 실린더 후진	Y22	
M8	작업 완료 (1 Cycle End)	-	
M9			

[표 5-3] 내부 릴레이 M의 의미와 연결되는 PLC 출력

작성한 프로그램을 간략하게 살펴보자.

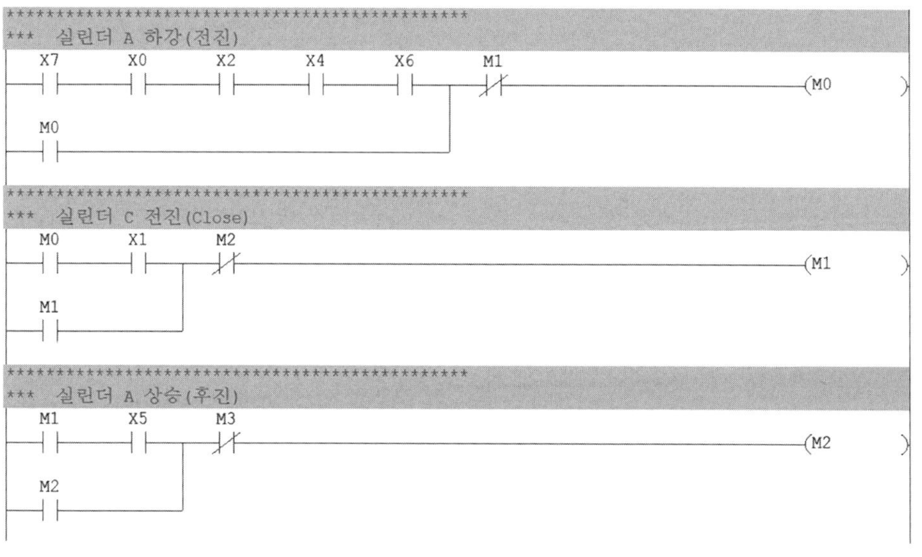

① 실린더 A (Up/Down 실린더) 하강_Pick 위치

Work(X6)이 센서에 감지되고 실린더 A, B, C의 위치가 모두 초기 상태일 때 시작 스위치(X7)을 누르면 Pick & Place의 동작이 시작된다. 여기에서 실린더 A의 초기 위치는 상승 상태이다. 실린더 A는 Up/Down 실린더이다. 실린더의 전진은 Pick & Place 구조상 실린더의 하강을 의미한다.

실린더 B는 Transfer 실린더이다. 초기 위치는 후진 상태, 즉 Work 상단의 위치가 된다. Work를 잡고 놓는 Gripper 실린더인 실린더 C는 Open된 상태가 초기 위치가 된다. 조건이 모두 만족된 상태에서 실린더 A는 하강 동작을 시작하여야 프로그램의 동작이 문제없이 정상적으로 움직이게 된다.

② 실린더 C (Gripper 실린더) Close

Up/Down 실린더 하강 동작이 완료된 후 동작하는 순서이다. 동작이 완료 신호는 M0 출력 코일이 ON 상태에서 PLC 출력 Y21과 연결되면 솔레노이드 밸브에 압축된 공기 실린더 A에 전달되고 실제적인 실린더 A의 하강 동작이 이루어진다. 실린더의 오토스위치는 이 전진 동작을 감지하는 센서(X1)이므로 이 센서가 ON 상태가 되면 첫 번째 동작이 모두 완료되었음을 알려주는 것이다. 따라서 M0 접점과 X1 접점이 모두 ON 되었는지 확인하면 알 수 있다. 이 두 개의 접점 상태에 의해서 두 번째 동작이 시작되면 된다.

두 번째 동작을 위한 자기유지회로가 ON 상태가 되었다. 앞 단계의 자기유지회로의 기능은 이미 끝난 상태이므로 더 이상 이 신호가 유지될 필요는 없으므로 자기유지회로를 해제해도 된다. M0 자기유지회로는 M1 자기유지회로가 ON 되면 해제가 되어도 된다. (복동 실린더의 메모리 기능)

Work는 Place 위치까지 옮겨져야 하므로 Gripper 실린더는 잡기 동작(Close) 상태가 이때까지 유지되어야 한다. 자기유지회로의 해제는 동작 순서상 Gripper 실린더 Open 동작이 이루어지는 M5에 의해서 실행하는 것이 의미상 맞지만 복동 실린더를 사용하였으므로 M2로 자기유지를 해제한다.

③ 실린더 A (Up/Down 실린더) 상승_Pick 위치

Gripper 실린더 Close 동작이 완료되면 M1(Gripper 실린더 Close를 위한 코일 출력)이 ON 상태이고 이 실린더의 동작을 확인하는 실린더 오토스위치는 X5이므로 이 두 개의 접점이 모두 ON 되었는지 확인하고 M2 자기유지회로를 ON 시키면 된다.

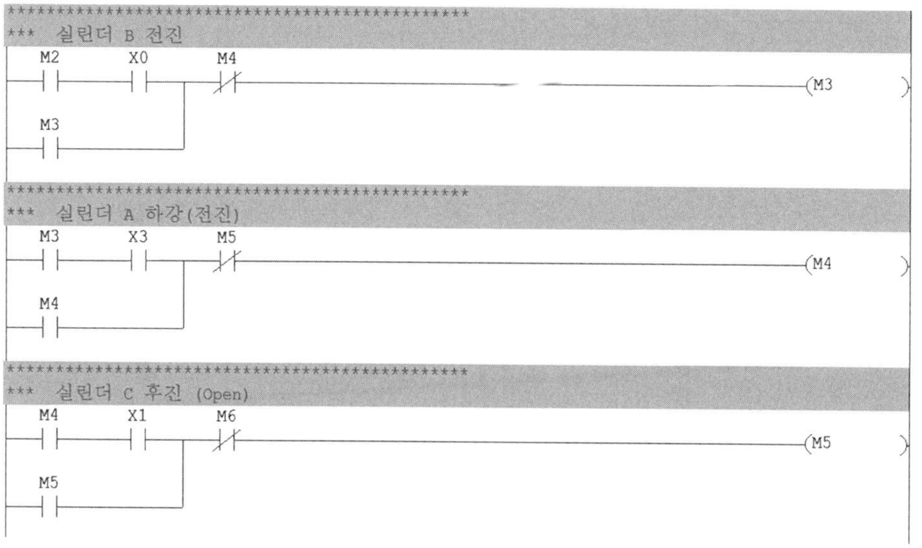

④ 실린더 B (Transfer 실린더) 전진

실린더 B는 Transfer 실린더이다. Gripper 실린더에 의해 Work를 잡고 있는 상태에서 Place 위치로 이동하기 위한 이동 동작을 한다. 실린더 B의 전진 동작을 하기 위한 조건은 이전 동작인 Up/Down 실린더의 상승이 완료된 상태를 의미하므로 M2와 이 동작의 확인용 센서 X0가 ON 된 상태이다.

⑤ 실린더 A (Up/Down 실린더) 하강_Place 위치

실린더 A의 하강과 상승 동작은 Pick 위치와 Place 위치에서 한 번씩 이루어진다. 전단계의 동작인 실린더 B(transfer 실린더)의 전진 동작에 의해 Place 위치로 이동이 완료되면 M3과 X3 조건에 의해 자기유지회로가 동작하면 된다.

⑥ 실린더 C (Gripper 실린더) Open

Place 위치에서의 실린더 A의 하강 동작이 완료되어 M4와 동작 완료 확인용 센서 X1이 모두 ON 된 상태에서 Work를 놓으면 된다. 이 신호가 ON 되는 시점이 앞의 Gripper 실린더는 잡기 동작(Close)의 자기유지회로가 해제되는 단계가 된다.

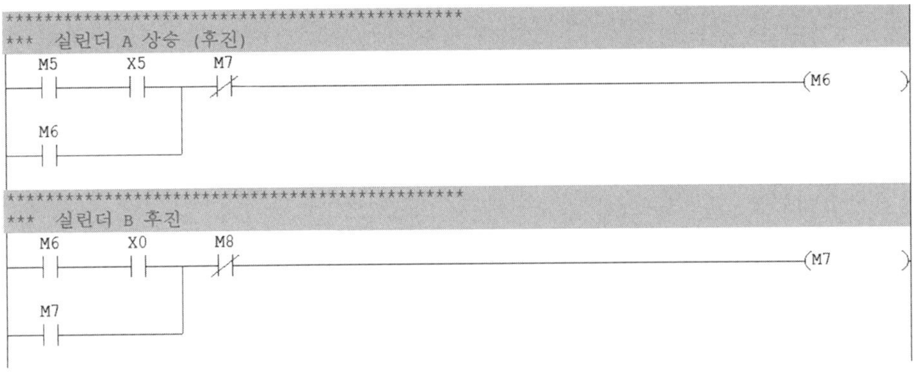

⑦ 실린더 A (Up/Down 실린더) 상승_Place 위치

Gripper 실린더의 놓기(Open) 동작에 의해 Work가 Place 위치에 놓여졌다. 이 동작이 완료된 후 실린더 A의 상승 동작이 이루어진다.

⑧ 실린더 B (Transfer 실린더) 후진

Place 위치에서 실린더 A의 상승 동작이 완료되면 실린더 B의 Transfer 실린더는 최초 위치인 Work의 Pick 위치로 이동하게 된다.

위와 같은 동작이 완료가 되는 시점은 실린더 B의 Transfer 실린더의 초기 위치인 후진 위치로 도착이 끝나야 한다. 실린더 B의 후진 확인용 오토스위치 X2가 ON 되었는지 확인하는 것이 필요하다. M8 자기유지가 되면 모든 동작이 1회 완료되었다는 신호가 된다. 이 신호는 타이머 T8에 의해 1초가 유지되고 사라지게 M8의 자기유지 해제 시점을 타이머 T8의 타임업 신호로 하였다.

⑨ PLC 출력

Pick & Place 동작 프로그램을 작성하여 실행하는 것만으로는 실린더가 실제 동작을 하지 않는다. 반드시 PLC 출력 모듈에 연결된 솔레노이드 밸브에 전기 신호가 도달하여야 실린더가 움직이는 것이다. 그 때문에 위와 같이 프로그램이 하단에 자기유지로 만든 신호 M0부터 M7까지의 코일 출력을 PLC 출력 모듈의 Y20부터 Y25까지 연결해주어야 한다.

실린더 A(Up/Down 실린더)의 하강과 상승 동작은 Pick 위치와 Place 위치에서 각각 한 번씩 실행이 되어야 하므로 출력 Y20과 21을 두 번씩 사용하지 않도록 주의하도록 하자.

⇒ 2중 코일 에러가 발생되면 제일 마지막에 사용한 출력만 실제적으로 동작하게 된다.

5.1.6 일시 정지 기능

일시 정지 기능은 설정된 동작이 순서대로 진행 중에 신호가 발생되면 추가적인 설비의 동작이 이루어지지 않고 다시 시작에 해당하는 신호에 의해 진행 중이던 동작을 이어서 진행하는 기능이다. 이와 같이 동작하기 위한 프로그램을 추가하도록 해본다.

일시 정지 시작용 스위치 M1000과 해제용 스위치 M1002를 터치 패널에 배치한다. 일시정지 시작용 스위치가 동작하면 자기유지되어 M10 코일 출력이 만들어진다. 이 신호를 PLC 출력의 앞단에 b접점 형태로 추가한다. PLC 출력은 M0부터 실린더의 동작에 해당하는 출력이므로 이 신호가 ON 상태가 되더라도 중간에 M10에 의해 최종적으로 전달이 되지 않으므로 실제적인 실린더의 동작은 이루어지지 않는다. 해제용 스위치를 누르면 자기유지회로는 해제가 되고 정지 상태 이후의 실린더 동작이 실행된다.

M10과 SM412(1초 클락 펄스)를 같이 사용하여 M12 신호를 만들어 주었다. 이 신호는 일시 정지 중이라는 의미로 터치 패널에 램프를 추가하여 설비 상태를 알려주는 기능으로 사용할 수 있다.

실린더의 동작을 만들어 주는 PLC 출력단 앞에 일시 정지에 해당하는 M10을 b접점 형태로 추가한다. 실린더뿐만 아니라 ON/OFF 신호에 의해 동작하는 Motor 등도 같은 동작을 만들 수 있다.

X07은 시작 스위치이고 X08은 정지 스위치이다. 이 스위치를 사용한다면 다음과 같이 프로그램을 만들어 보자.

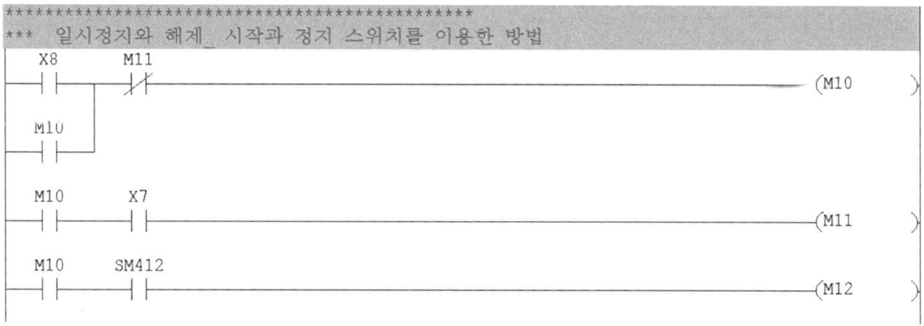

정지 스위치 X8을 사용하여 자기유지회로 출력 M10을 ON 하고 일시 정지 해제는 시작 스위치를 사용하려면 "정지 중인 상태에서 시작 스위치를 누른다."라는 의미를 만들어 주어야 한다. M10은 "일시 정지 중" 의 의미이고 이 상태에서 시작 스위치를 누른다는 개념으로 두 신호를 AND 논리로 만들어 주도록 한다.

5.1.7 비상 정지에 의해 설비의 정지

비상 정지는 설비의 동작을 완전히 정지시키는 개념이다. 물론 장비에 따라서 일시 정지 개념을 부분적으로 사용할 수도 있다. [디스플레이 장비의 경우 대형 글라스(Glass)를 진공으로 흡착하여 이동시키는 공정에서 비상 정지란 진행되는 과정을 일시적으로 정지시키는 조치를 의미한다. 만약 다른 공정처럼 모든 신호를 OFF 시킨다면 진공 흡착되어 있는 글라스가 떨어져 깨져버리는 상황이 발생될 것이다.]

시퀀스 동작에서 사용하는 자기유지 출력에 해당하는 비트 신호를 모두 OFF 시키는 방법으로는 M0부터 M8까지 연속된 비트 신호를 사용하고 있으므로 K3M0과 같이 표시할 수 있고 MOV 명령을 사용하면 모든 비트 신호를 OFF 할 수 있다. 또는 PLC 명령어 중 BKRST라는 명령어를 이용하여 사용한 비트 신호의 수량에 맞게 신호를 OFF 할 수 있다.

K3M0을 MOV 명령을 사용하여 리셋하는 경우 프로그램에서 사용하지 않은 M9부터 M11까지도 리셋이 되므로 다른 프로그램 부분에서 이 영역을 사용하지 않도록 주의해야 한다.

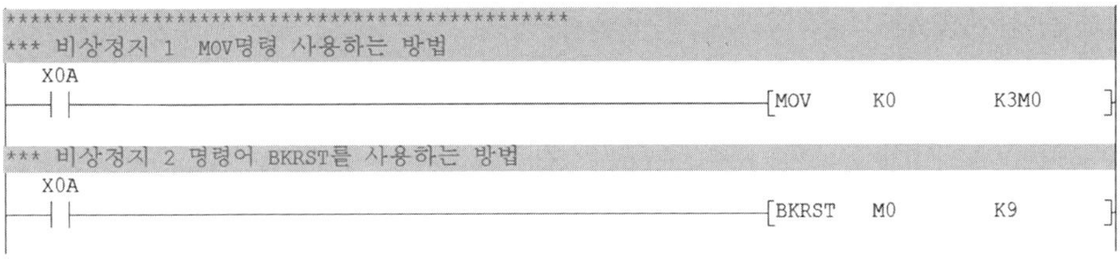

MOV 명령어를 사용하는 방법과 명령어 BKRST를 사용하는 방법 두 가지를 소개하고 있다. 두 가지 방법 중 필요에 따라 선택하여 사용하면 좋을 듯하다.

5.1.8 원점 복귀 기능

설비 동작 중이나 비상 정지 스위치를 눌러 설비가 정지된 경우 정지의 원인을 파악한 뒤 그에 맞는 조치를 취한다. 이후 처음부터 다시 설비를 기동하기 위해서는 설비의 상태는 초기 위치에 있어야만 한다. 설비의 모든 부분을 초기 위치로 돌려놓기 위해서 역시 이에 맞는 동작을 할 수 있는 프로그램이 추가적으로 필요하다.

원점 복귀의 동작도 일련의 순서를 정해 놓고 실행하여야 한다. 동작 순서에 따라 설비의 부분이 간섭 현상이 발생하여 설비가 망가지거나 오동작을 할 수 있다. 따라서 설비 동작을 잘 파악한 후에 원점 복귀 순서를 정하도록 한다.

실습에서는 순차적인 원점 복귀 방법과 Step 기능을 활용한 한 단계씩 원점 복귀가 되는 방법을 소개하도록 한다.

(1) 원점 복귀 순서

Gripper 실린더가 Work를 잡고 있는 상태에서 움직이는 것보다는 놓고 원점 복귀를 하는 것이 좋을 것이다. 그리고 Up/Down 실린더는 상승한 위치(후진)에서 Transfer 실린더가 후진하도록 동작 순서를 정한다.

C-, A-, B-

Gripper 실린더(C)의 Work 놓기(Open)
→ Up/Down 실린더(A)의 상승
→ Transfer 실린더(B)의 후진

(2) 실린더의 전진 상태 신호의 제거

실린더의 전진 신호가 계속 ON 신호를 만들어 주는 상태에서의 실린더의 후진은 동작할 수 없다. 따라서 실린더 전진에 해당하는 신호들(Up/Down 실린더의 하강, Gripper 실린더의 Close, Transfer 실린더의 전진)의 자기유지회로를 먼저 해제한 뒤에 원점 복귀 동작이 이루어지도록 한다.

(3) 실린더가 후진 상태인 경우의 신호 처리

원점 복귀 동작 순서를 위와 같이 정해 놓은 상태에서 순차적으로 후진 위치로 이동하는 프로그램이 진행되어야 한다. 하지만 모든 실린더가 전진 상태에서 원점 복귀 동작이 실행되는 것이 아니라 일부 실린더는 후진되어 있는 상태에서 실행될 수 있다. 이러한 경우에는 시간적인 딜레이를 주어 프로그램의 단계별 진행이 Skip되는 현상을 방지하도록 한다.

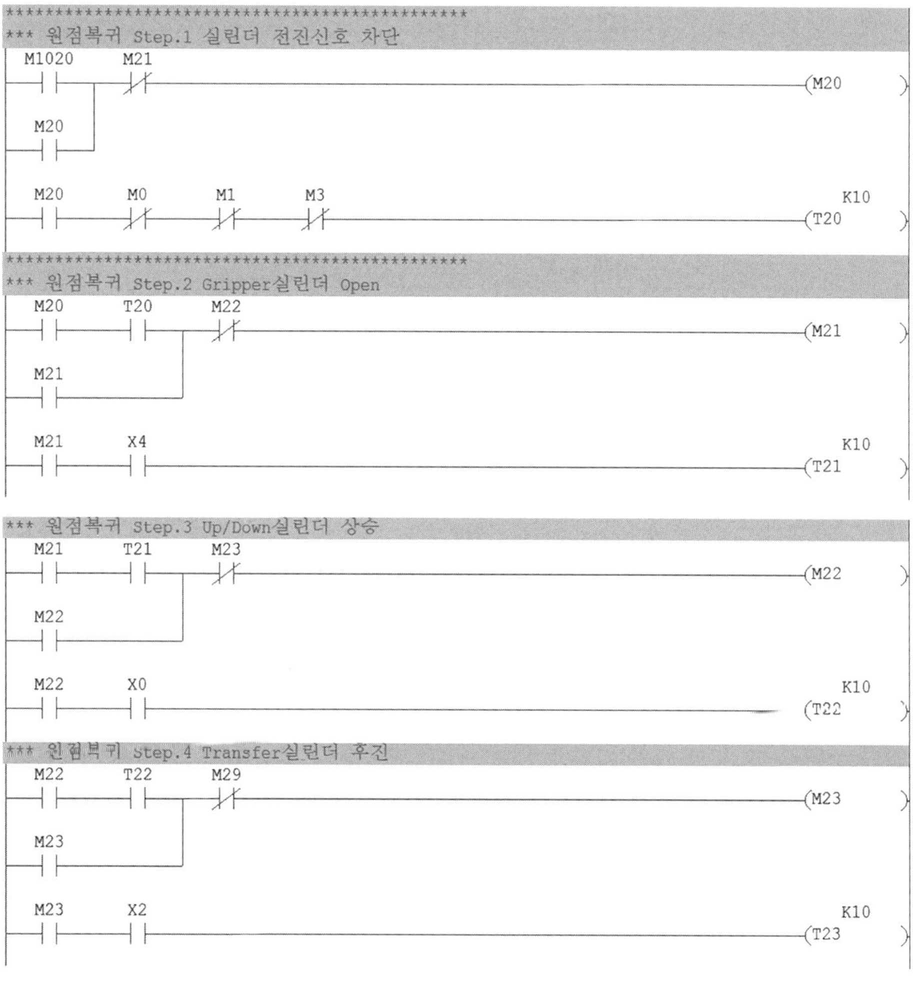

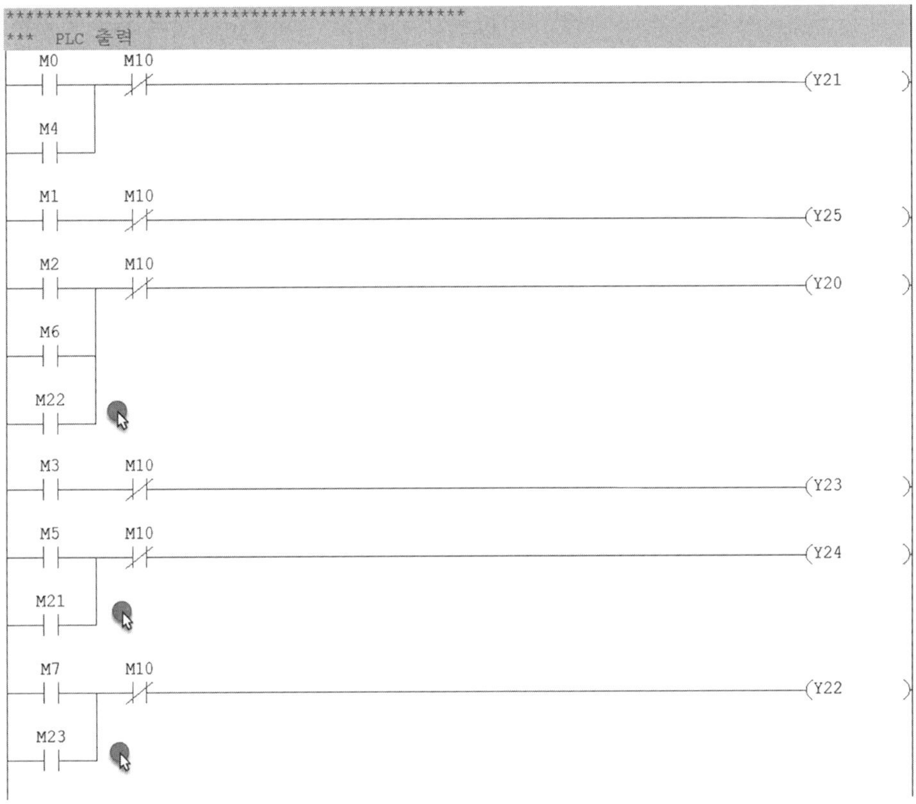

원점 복귀 기능에서 사용하는 PLC 출력은 Y20(Up/Down 실린더 하강), Y22(Transfer 실린더 후진), Y24(Gripper 실린더 Open)이다.

M1020은 원점 복귀 지령 스위치이다. 이 스위치를 누르는 초기 조건은 무엇인지 확정 지을 수 없다. 세 개의 실린더의 상태가 어떤 실린더가 전진되어 있는 상태인지 모르기 때문이다. 이 때문에 스위치를 누르는 조건은 따로 없다.

프로그램의 진행 중에 에러가 발생되어 동작이 정지한 경우를 가정하면 다음 단계의 동작이 이루어지지 않는 상태이므로 스위치를 누르면 전진 상태를 유지하는 자기유지회로를 해제하도록 하는 것이 첫 번째 해야 할 과정이다.

① 원점 복귀 Step 1. 실린더 전진 신호 차단

기존 프로그램을 보면 M0, M1, M3이 실린더 A, B, C의 전진(하강, Close) 동작을 하는 코일 출력이다. 이 자기유지회로를 다음과 같이 해제하도록 한다.

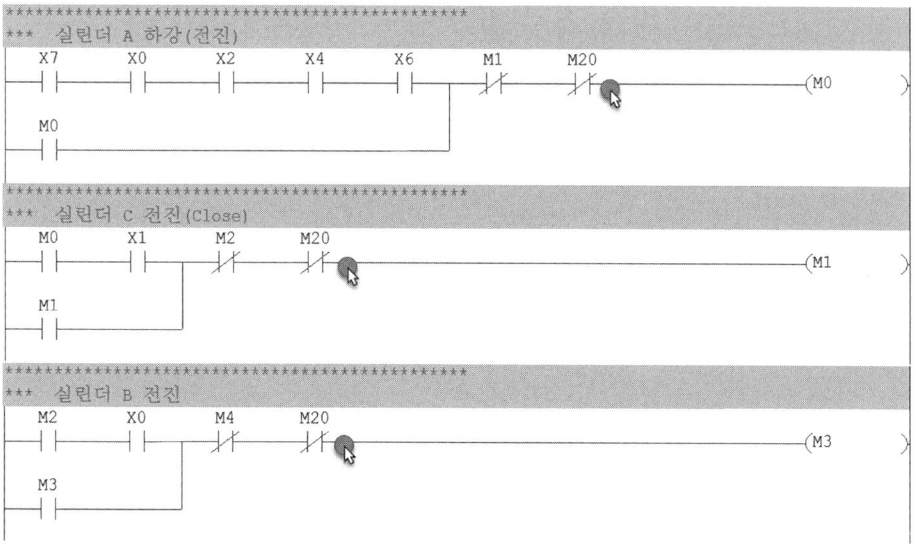

자기유지회로를 해제하였으므로 M0, M1, M3의 코일 출력은 OFF 상태가 되므로 이 시점부터 타이머 T20이 1초간 동작하게 된다. 타이머를 사용하는 이유는 세 개의 실린더 중 어느 하나 이상이 후진된 상태이면 실린더의 오토스위치가 ON 된 상태이고 이러한 조건에서 순차적인 자기유지 동작이 경우에 따라서는 오류를 일으키는 것을 방지하는 목적이다.

그리고 원점 복귀 동작은 빠른 시간 안에 실행되어야 할 이유가 없다. 동작이 이루어지는 것이 순차적으로 한 단계씩 이루어지는가를 확인할 시간적인 여유도 있어야 하는 과정이기도 하다.

② 원점 복귀 Step 2. Gripper 실린더 Open

Step.1의 동작이 완료되어 모든 실린더의 전진 코일이 OFF 되면 그때부터 타이머가 동작하고 타임업되면 실행된다. Gripper 실린더의 Open 신호 M21에 의해 Y

Open 완료되면 실린더 오토스위치 X4가 ON 되면 타이머 T21이 동작하게 된다.

③ 원점 복귀 Step 3. Up/Down 실린더 상승

Step.2의 동작이 완료되어 Gripper 실린더가 Open되면 타이머 T21에 설정한 시간 1.0초가 경과되고, 이 시점에 Up/Down 실린더가 상승하게 된다.

④ 원점 복귀 Step 4. Transfer 실린더 후진

Step.3의 동작이 완료되어 Up/Down 실린더가 상승하면 타이머 T22에 설정한 시간 1.0초가 경과되고 이 시점에 Transfer 실린더가 후진하게 된다.

⑤ 원점 복귀 완료

Step.4의 동작이 완료되면 원점 복귀 동작 완료를 알려줄 수 있는 램프를 M28 코일 출력으로 표시할 수 있다. 램프가 ON 되어 있는 시간은 T29의 설정값으로 조정한다. 항상 어떠한 동작을 시작하였으면 완료 상태를 알려줄 수 있는 기능을 추가하도록 한다.

5.1.9 Step 기능을 활용한 원점 복귀

Step 기능을 활용한 한 단계씩 원점 복귀가 되는 방법에 대한 설명이다. 원점 복귀 동작이 스위치를 누르면 순차적으로 동작하는 것도 좋은 기능이지만 작업자가 동작을 하나씩 확인해 가면서 원점 복귀 동작을 실행하는 것도 나쁘지 않은 방법이기도 하다.

실린더와 같은 액추에이터가 동작하는 중에 다른 기구물과의 간섭 현상이 없지는, 또는 동작 경로상에 이물질이 놓여져 있어 이에 따른 충돌 현상이 발생되지 않는지, 또는 액추에이터가 손상되어 동작하지 않는 등의 설비에서 발생할 수 있는 현상을 직접 확인하면서 조작하는 것이 목적이다.

원점 복귀를 실행하는 동작 모드가 두 가지가 되었다. 하나는 일련의 동작을 순서대로 진행하는 모드(여기에서는 연속 모드라 하겠다)와 한 단계씩 진행하는 모드(스텝 모드)가 되겠다. 동작 모드를 설정하기 위해서 셀렉터 스위치가 필요할 것이다. 그리고 스텝모드에서 동작하는 "스텝 진행"이라는 스위치도 필요할 것이다.

터치 패널에 셀렉터 스위치를 하나와 모멘터리 스위치를 생성하도록 하자.

사이클 모드 : M1030이 OFF 되면 선택

스텝 모드 : M1030이 ON 되면 선택, 스텝 모드에서 스텝 실행 스위치(M1032)가 동작하도록 설정

사이클 모드에서 사이클 운전용 스위치(M1020)을 터치 패널에 생성한다.

프로그램의 수정은 다음과 같은 형태로 하면 된다.

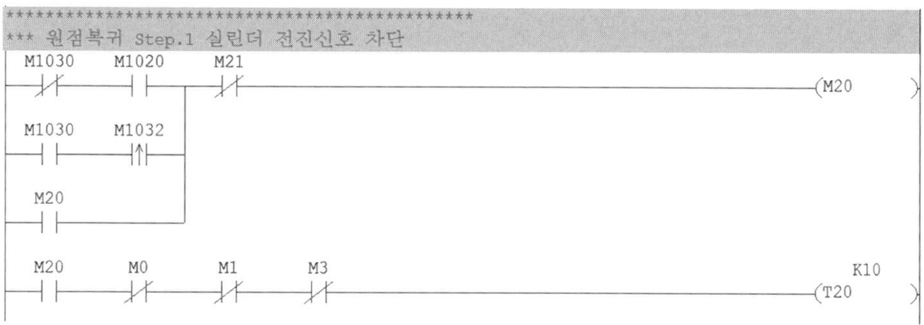

프로그램의 시작 부분을 보면 M1030 동작 모드 스위치가 OFF 상태일 때와 ON 상태일 때 두 가지로 자기유지회로가 동작하도록 되어 있다.

M1030이 b접점일 때는 앞에서 설명한 원점 복귀 동작이 실행되고 a접점으로 시작하는 부분이 스텝 모드에서 실행되는 부분이다. 스텝 모드 상태에서 "스텝 진행" 스위치 M1032가 눌려지면 M20코일 자기유지가 된다. 이때 주의할 것은 M1032 스텝 진행 스위치의 눌려지는 시간이 아주 짧아야 된다는 것이다. 길게 되면 다음 스텝의 동작이 실행된다. 때문에 상승 엣지 신호를 사용하여 프로그램되어야 한다.

동일한 방법으로 원점 복귀 Step 2, 3, 4의 프로그램도 다음과 같이 수정하도록 한다.

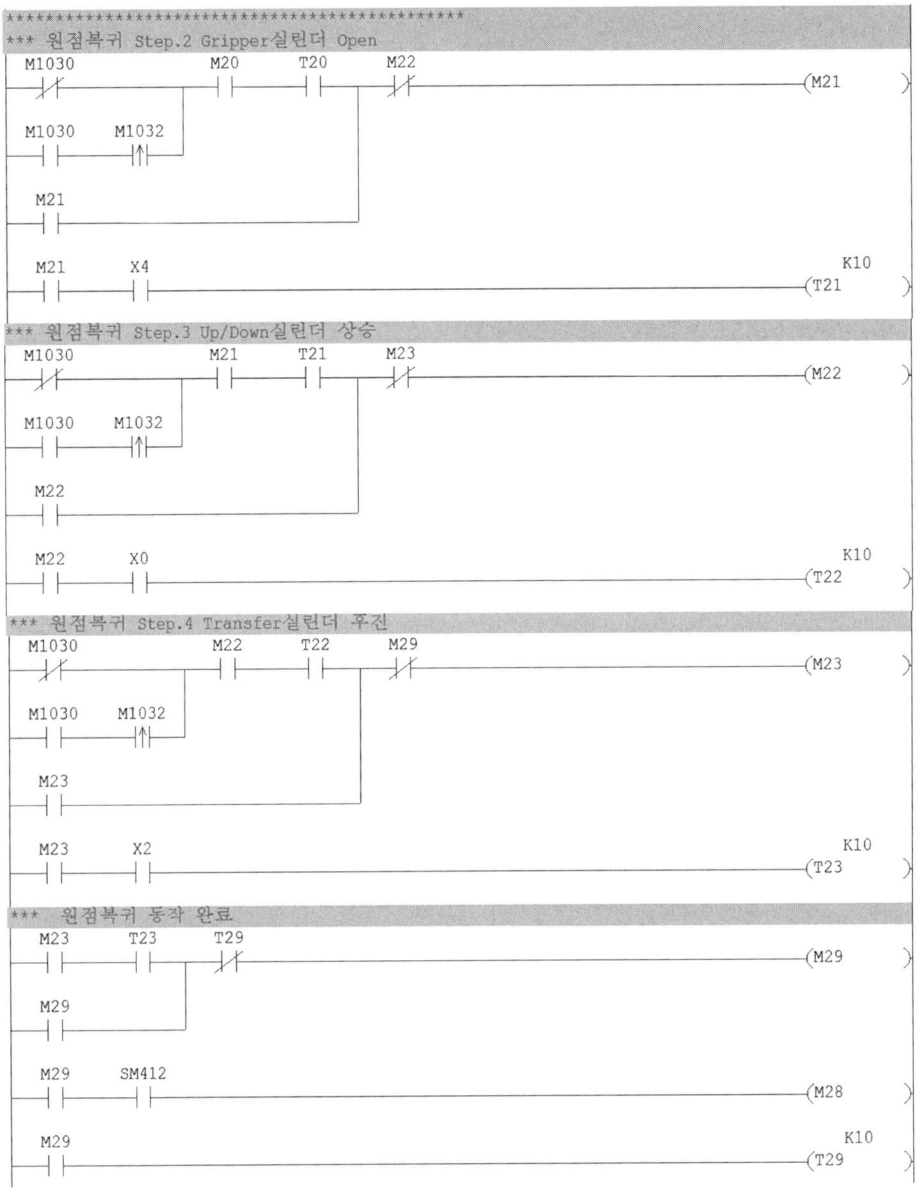

원점 복귀 동작 완료 부분은 수정하지 않는다. 동작 완료 신호이므로 스텝 모드나 연속 모드나 모두 동일한 동작을 한다.

위와 같이 프로그램을 수정하면 원점 복귀 동작을 두 가지 모드로 실행해 볼 수 있다.

5.1.10 연속 동작

Work가 계속 공급되는 구조에서 동작하는 것을 생각해 보자. Work가 컨베이어나 볼피더(Bowl Feeder)와 같은 장치에 의해서 계속 공급되었을 때 동작하는 프로그램을 작성해 보도록 한다.

Work의 존재 유무를 확인할 수 있는 센서는 X6으로 설치가 되어 있다.

[그림 5-7] 컨베이어(Conveyor)

Conveyor는 부품(제품)을 다양한 방법으로 이송시키는 일반적인 이송 장치이다. 양 끝단에 Loader 또는 Un_Loader를 배치해 사용한다.

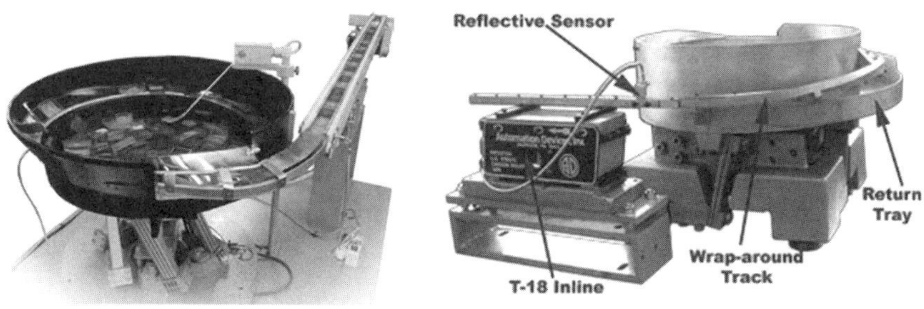

[그림 5-8] 볼피더(Bowl Feeder)

Bowl Feeder는 부품을 일정한 형태로 정렬하여 공급하는 공급 장치이다.

터치 패널 구성은 그림과 같이 "사이클 운전 모드"와 "연속 운전 모드"를 선택할 수 있는 셀렉터 스위치를 하나 생성하도록 한다. 사용한 디바이스는 M1040이다.

M1040 : ON 연속 운전 모드

M1040 : OFF 사이클 운전 모드

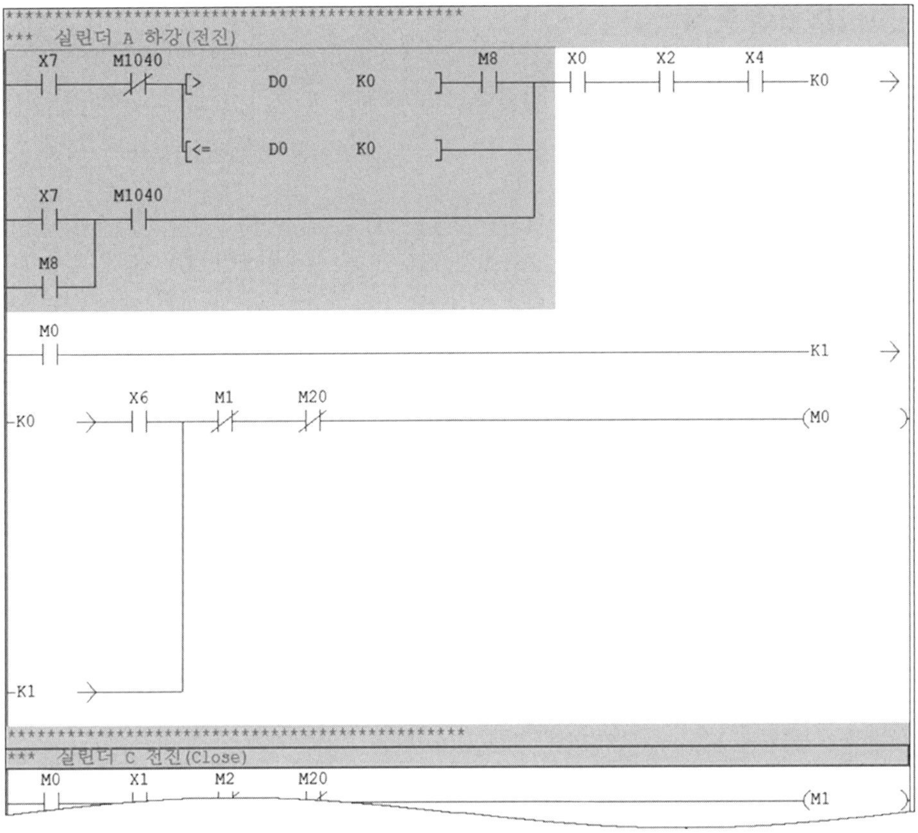

수정할 프로그램 부분은 첫 번째 시작하는 부분과 마지막 동작 완료에 해당하는 부분이다. 먼저 X7 시작 스위치를 입력받는 부분은 최초 1회만 실행이 되도록 한다. 그래서 조건을 새로이 추가하였다.

사이클 운전 모드(M1040이 OFF 상태)에서는 실행한 횟수가 0일 때와 1 이상일 때로 구분해서 사용할 필요가 있다. 1회 이상일 경우 동작이 실행되는 동안에 새로운 시작 신호가 입력되는 것을 방지하기 위해 M8 동작 완료 신호가 ON 되어 있는 동안으로 제한을 하였다. 이 동작 완료 신호 M8은 새로운 사이클의 첫 번째 동작인 M1에 의해 자기 유지가 해제되도록 한다.

연속 운전을 하기 위해서 운전 모드 선택이 M1040이 ON 되어야 하고 이때 시작 스위치 X7에 의해 첫 번째 사이클 동작이 실행된다. 그리고 두 번째 사이클부터는 동작 완료 신호 M8의 ON 상태와 Work의 유무 신호인 X6에 의해서 동작이 된다.

여기에서 생각해 볼만한 것은 동작 완료 신호 M8이 ON 된 시점에서 Work가 아직 공급이 되지 않아 X6 센서 신호가 OFF 상태일 때와 동작 중일 때 Work 감지 센서가 ON 상태로 되었을 때이다. 첫 번째 경우 새로운 Work가 공급되면 첫 번째 스텝의 동작이 실행되며, 두 번째 경우 M8 동작 완료 신호는 첫 번째 스텝의 동작이 완료되면 자기유지가 차단되어 새로운 시작은 이루어지지 않는다.

다음과 같이 마지막 동작 완료 자기유지신호가 언제 해제가 되어야 하는지 타이밍을 잘 파악하도록 한다.

동작 횟수를 증가시키는 동작은 1사이클 엔드 신호인 M8 신호가 ON 될 때마다 D0에 값이 1씩 증가되도록 INCP 명령을 사용하였다. INC는 1씩 증가하라는 의미의 명령이다. 이 명령을 실행하기 위해서 사용한 것이 M8이며 이 신호가 OFF 되는 시점은 새로운 사이클 동작이 시작될 때이므로 상당히 긴 신호가 된다.

따라서 명령을 펄스화시켜 1씩 증가하는 조치가 필요하다. 동작 완료 신호의 자기 유지 해제 타이밍은 첫 번째 스텝의 동작 M0이 실행되었을 때이다.

이 프로그램의 중요한 키포인트(Key Point)는 연속 운전의 새로운 시작하기 위해서 시작 스위치와 병렬(OR회로)로 동작의 완료 신호 M8(1사이클 엔드 신호)를 사용한 것이다.

5.1.11 알람 발생 시 처리

알람 발생 조건을 프로그램으로 구현해 본다. 실습에서는 실린더만 사용하였으므로 실린더의 전진 또는 후진에 해당하는 출력이 발생하면 실행 여부를 실린더의 오토스위치가 ON 되는 시간을 타이머로 측정해서 에러 발생 여부를 표시하면 된다. 실린더 이외의 모터 등은 컨트롤러(또는 인버터) 등에서 알람 관련된 신호를 발생해 주기 때문에

이 신호를 적절하게 사용하면 된다. 동작 실행에 관련된 센서를 이용하면 알람 발생 프로그램을 작성할 수 있다.

여기에서는 실린더 A의 전진과 후진에 관련된 알람만 작성하는 예를 보이겠다. 실린더 B, 실린더 C의 알람도 동일한 구조로 작성하면 별다른 어려움은 없을 것이다.

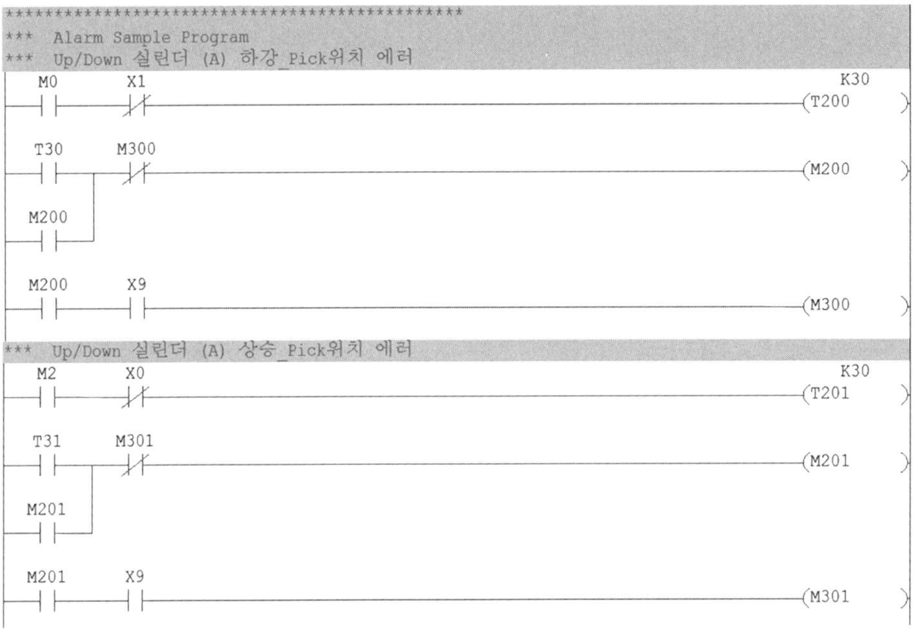

Up/Down 실린더의 동작은 Pick 위치와 Place 위치에서 각각 한 번씩 실행이 된다. 여기에서 보이는 예는 Pick 위치에서의 발생되는 알람에 대한 것이다.

M0 코일 출력에 의해 실린더 A는 하강을 하게 된다. 즉 PLC 출력 모듈에 연결된 솔레노이드 밸드가 전기적인 신호를 받아 동작을 하게 된다. 실린더는 움직이고 실린더에 부착된 오토스위치는 실린더의 전진 상태를 알려준다. 하지만 실린더의 동작 이상(실린더 자체적으로 망가진 상태 또는 솔렌노이드 밸드의 오동작, 오토스위치의 작동불능 등)이 발생되면 오토스위치 X1은 신호를 발생시키지 못하고 계속 OFF 상태를 유지하게 된다. 이러한 상태에서는 타이머 T200이 타임 업되어 M200이 자기유지되게 된다. M200은 실린더 A의 알람이 발생되었다는 의미가 된다.

알람 원인을 파악하고 리셋 스위치 X9에 의해 해당 알람 발생 신호 M200만 자기유지를 해제할 수 있다. 알람 리셋을 위한 리셋 스위치 X9는 한 개만 있다. 따라서 해당 알람만 리셋이 되게 하려면 알람 발생 신호와 AND 조건으로 사용하여 알람 신호를 자기유지해제가 되도록 사용해야 한다.

Up/Down 실린더의 상승 동작에서의 알람 발생 처리 프로그램도 동일한 구조로 프로그램하면 된다. (하강 동작과 동일한 내용이므로 설명은 독자분들의 영역으로 남겨두도록 하겠다.)

알람이 발생되면 설비의 동작이 더 이상 진행이 되면 안 된다. 다음과 같이 프로그램하여 설비의 동작을 중지시킬 수 있도록 하자.

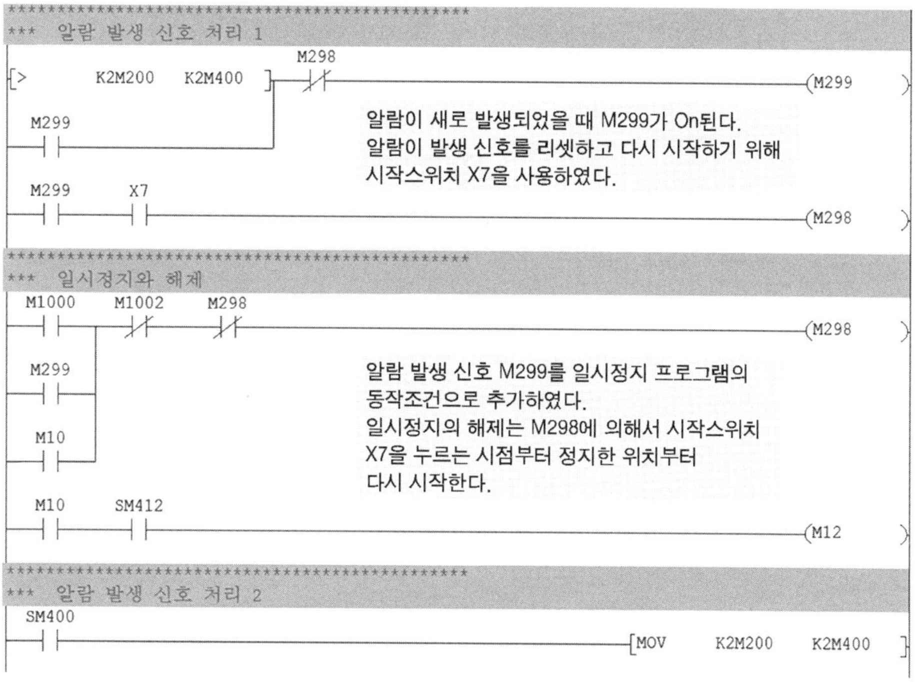

하단의 M200부터 8개의 비트 신호(각 실린더의 알람)을 M400부터 8개 영역으로 이동하였다. 하지만 이후 새로운 스캔에서 또 다른 알람이 발생된다면 K2M200과 K2M400은 다른 값이 저장된다. 이는 새로운 알람이 발생되었다는 의미이다. 이 신호를 이용하여 일시 정지 프로그램의 새로운 기동 신호로 사용하였다.

PLC 스캔 시점에 따른 데이터 값의 변화를 이용하여 추가 발생 여부에 대한 기능을 이용한 것이다. 알람이 발생되었다는 M299 신호와 시작 스위치 X7을 AND 처리하여 해당 알람에 대한 리셋 조치 후 정지한 위치부터 시작하기 위해 사용할 수 있다. 일시 정지 프로그램의 자기유지를 해제하는 M298 신호가 이 용도로 사용한 것이다.

6.2 Pick & Place 실습 2

이제 또 다른 Pick & Place 장비를 추가하도록 하겠다. Pick & Place No.1에서 공급한 Work를 Pick & Place No.2에서 다른 컨베이어로 옮겨놓는 콘셉트의 구성이다.

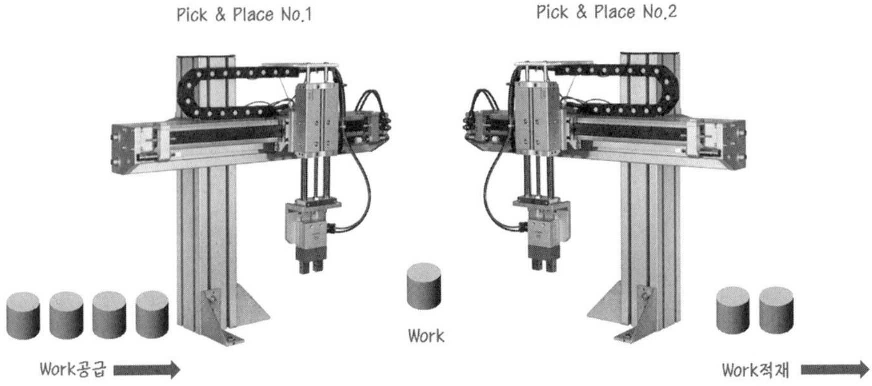

[그림 5-9] Pick & Place 실습 2 구성

각 Pick & Place를 기동하는데 사용하는 PLC는 다른 것으로 해보자. Pick & Place No.1을 기동하는 PLC는 편의상 PLC No.1로 Pick & Place No.2를 기동하는 PLC는 편의상 PLC No.2로 명칭을 주도록 하겠다.

PLC No.1의 프로그램은 앞에 설명한 자기유지 방식으로 하고 PLC No.2의 프로그램은 BSFL 명령을 사용하여 작성해 보도록 하자. 사용하는 PLC 입력 신호와 출력 신호는 동일한 것으로 하자.

기본적인 동작은 Pick & Place No.1과 같으므로 프로그램은 다음과 같다.

6.2.1 BSFL 명령을 사용한 기본 프로그램

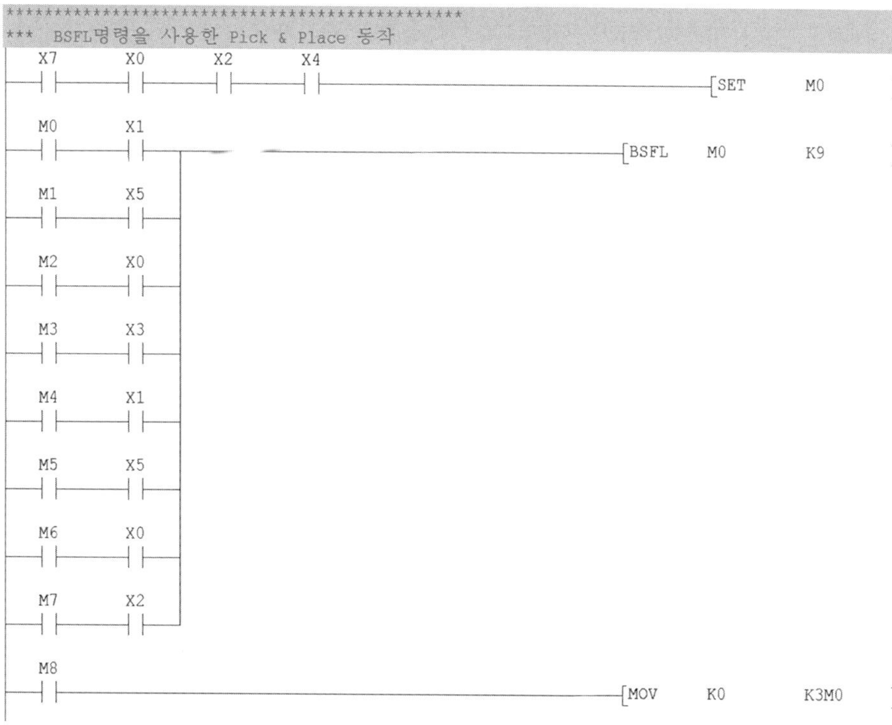

시작 스위치 X7을 눌러 동작을 시작하기 위한 초기 실린더 조건은 모두 후진 상태이다. 후진 상태의 실린더 오토 스위치는 X0, X2, X4이다. 이 조건이 모두 ON 된 상태에서 M0가 Set되어 정해진 순서의 첫 번째 동작인 Up/Down 실린더의 하강 동작을 하면 된다. 연결되는 PLC 출력 모듈의 어드레스는 Y21이다. 다음 스텝부터는 BSFL 명령에 의해 M1부터 M8까지 한 비트씩 이동하게 된다.

M0에 의해 Up/Down 실린더의 하강 동작이 이루어지고 그 결과 실린더 오토스위치 X1이 ON 상태가 된다. 두 개의 조건이 ON 상태이므로 BSFL 명령은 한 번 실행되고 M0 신호는 OFF 상태가 되고 다음 번호의 M1이 ON 상태가 된다. 이 M1 신호에 의해 두 번째 동작인 Gripper 실린더의 Close 동작이 이루어지게 된다. 이후에도 동일한 원리로 동작하게 프로그램을 작성한다.

ON 되는 내부 릴레이와 동작과의 관계를 정리해 보면 다음과 같다.

내부릴레이	프로그램상의 의미	연결할 PLC출력	참고
M0	Up/Down 실린더 하강 (전진)_Pick 위치	Y21	2중 코일에러 주의
M1	Gripper 실린더 잡기 (Close)_Pick 위치	Y25	
M2	Up/Down 실린더 상승 (후진)_Pick 위치	Y20	2중 코일에러 주의
M3	Transfer 실린더 전진	Y23	
M4	Up/Down 실린더 하강 (전진)_Place 위치	Y21	2중 코일에러 주의
M5	Grippe r실린더 놓기 (Open)_Place 위치	Y24	
M6	Up/Down 실린더 상승 (후진)_Place 위치	Y20	2중 코일에러 주의
M7	Transfer 실린더 후진	Y22	
M8	작업 완료 (1 Cycle End)	-	
M9			

[표 5-4] Pick & Place 실습 2 PLC 입, 출력 신호

사용한 내부 릴레이와 연결해야 할 PLC 출력이다.

Up/Down 실린더의 동작은 Pick 위치와 Place 위치 두 곳에서 이루어지므로 PLC 출력과 연결할 때 이중 출력 에러가 발생하지 않도록 주의해서 프로그램을 작성한다.

사용한 내부 릴레이와 연결해야 할 PLC 출력이다.

Up/Down 실린더의 동작은 Pick 위치와 Place 위치 두 곳에서 이루어지므로 PLC 출

력과 연결할 때 이중 출력 에러가 발생하지 않도록 주의해서 프로그램을 작성한다. 기본적인 형태의 프로그램이 완성되었다.

6.2.2 일시 정지 기능

BSFL 명령을 사용한 프로그램에서의 일시 정지 기능은 어떻게 프로그램하면 되는가? 자기유지회로를 이용할 때와 방법은 동일하다. 일시 정지 스위치가 눌러진 시점에 출력 신호를 차단하는 방식을 사용하면 된다.

일시 정지 시작용 스위치 M1000과 해제용 스위치 M1002를 터치 패널에 배치한다. 일시 정지 시작용 스위치가 동작하면 자기유지되어 M10 코일 출력이 만들어 진다. 이 신호를 PLC 출력의 앞단에 b접점 형태로 추가한다. PLC 출력은 M0부터 실린더의 동작에 해당하는 출력이므로 이 신호가 ON 상태가 되더라도 중간에 M10에 의해 최종적으로 전달이 되지 않으므로 실제적인 실린더의 동작은 이루어지지 않는다. 해제용 스위치를 누르면 자기유지회로는 해제가 되고 정지 상태 이후의 실린더 동작이 실행된다.

M10과 SM412(1초 클락 펄스)를 같이 사용하여 M12 신호를 만들어 주었다. 이 신호는 일시 정지 중이라는 의미로 터치 패널에 램프를 추가하여 설비 상태를 알려 주는 기능으로 사용할 수 있다.

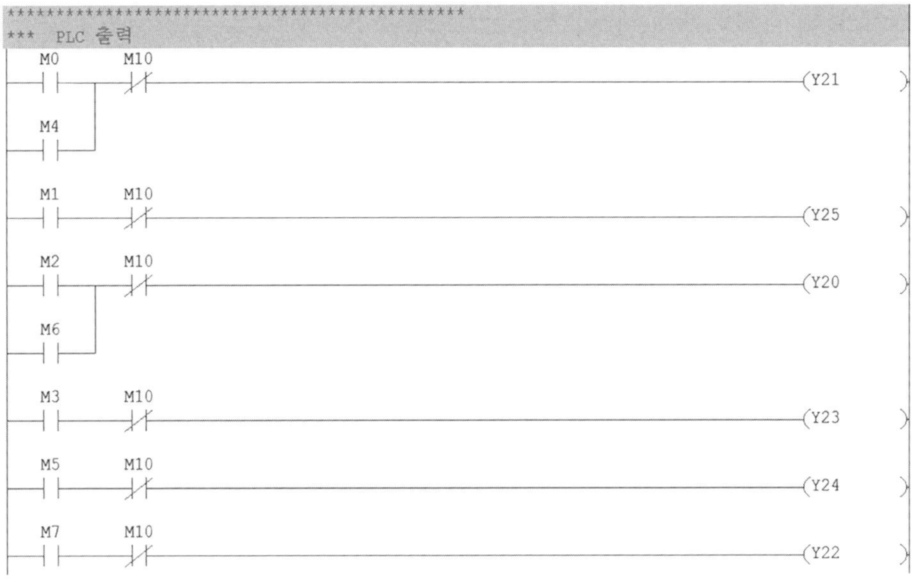

실린더의 동작을 만들어 주는 PLC 출력단 앞에 일시 정지에 해당하는 M10을 b접점 형태로 추가한다. 실린더뿐만 아니라 ON/OFF 신호에 의해 동작하는 Motor 등도 같은 동작을 만들 수 있다.

6.2.3 비상 정지에 의한 설비의 정지

비상 정지는 설비의 동작을 완전히 정지시키는 개념이다. 시퀀스 동작에서 사용하는 자기유지 출력에 해당하는 비트 신호를 모두 OFF 시키는 방법으로는 M0부터 M8까지 연속된 비트 신호를 사용하고 있으므로 K3M0과 같이 표시할 수 있고 MOV 명령을 사용하면 모든 비트 신호를 OFF 할 수 있다. 또는 PLC 명령어 중 BKRST라는 명령어를 이용하여 사용한 비트 신호의 수량에 맞게 신호를 OFF 할 수 있다.

K3M0을 MOV 명령을 사용하여 리셋하는 경우 프로그램에서 사용하지 않은 M9부터 M11까지도 리셋이 되므로 다른 프로그램 부분에서 이 영역을 사용하지 않도록 주의해야 한다.

MOV 명령어를 사용하는 경우 동작 완료 신호 M8이 K3M0를 모두 리셋하는 동작이 되고 있으므로 이 신호에 OR회로를 구성하면 쉽게 동작을 정지시킬 수 있다. 명령어 BKRST를 사용하는 경우 명령어 문법에 맞게 디바이스를 설정하도록 한다. M0부터 시작해서 총 9개의 비트를 리셋한다는 의미이다.

MOV 명령어를 사용하는 방법과 명령어 BKRST를 사용하는 방법 두 가지를 소개하고 있다. 두 가지 방법 중 필요에 따라 선택하여 사용하면 좋을 듯하다.

6.2.4 원점 복귀 기능

설비 동작 중이나 비상 정지 스위치를 눌러 설비가 정지된 경우 정지의 원인을 파악한 뒤 그에 맞는 조치를 취한다. 이후 처음부터 다시 설비를 기동하기 위해서는 설비의 상태는 초기 위치에 있어야만 한다. 설비의 모든 부분을 초기 위치로 돌려놓기 위해서 역시 이에 맞는 동작을 할 수 있는 프로그램이 추가적으로 필요하다.

동작 순서에 따라 설비의 부분이 간섭 현상이 발생하여 설비가 망가지거나 오동작을 할 수 있다. 따라서 설비 동작을 잘 파악한 후에 원점 복귀 순서를 정하도록 한다.

실습에서는 순차적인 원점 복귀 방법과 Step 기능을 활용한 한 단계씩 원점 복귀가 되는 방법을 소개하도록 한다.

(1) 원점 복귀 순서

C-, A-, B-

Gripper 실린더(C)의 Work 놓기(Open)
→ Up/Down 실린더(A)의 상승
→ Transfer 실린더(B)의 후진

Gripper 실린더가 Work를 잡고 있는 상태에서 움직이는 것보다는 놓고 원점 복귀를 하는 것이 좋을 것이다. 그리고 Up/Down 실린더는 상승한 위치(후진)에서 Transfer 실린더가 후진하도록 동작 순서를 정한다.

(2) 실린더의 전진 상태 신호의 제거

실린더의 전진 신호가 계속 ON 신호를 만들어 주는 상태에서의 실린더의 후진은 동작할 수 없다. 따라서 실린더 전진에 해당하는 신호들(Up/Down 실린더의 하강, Gripper 실린더의 Close, Transfer 실린더의 전진)의 자기유지회로를 먼저 해제한 뒤에 원점 복귀 동작이 이루어지도록 한다.

(3) 실린더가 후진 상태인 경우의 신호 처리

원점 복귀 동작 순서를 위와 같이 정해 놓은 상태에서 순차적으로 후진 위치로 이동하는 프로그램이 진행되어야 한다. 하지만 모든 실린더가 전진 상태에서 원점 복귀 동작이 실행되는 것이 아니라 일부 실린더는 후진되어 있는 상태에서 실행될 수 있다. 이러한 경우에는 시간적인 딜레이를 주어 프로그램의 단계별 진행이 Skip되는 현상을 방지하도록 한다.

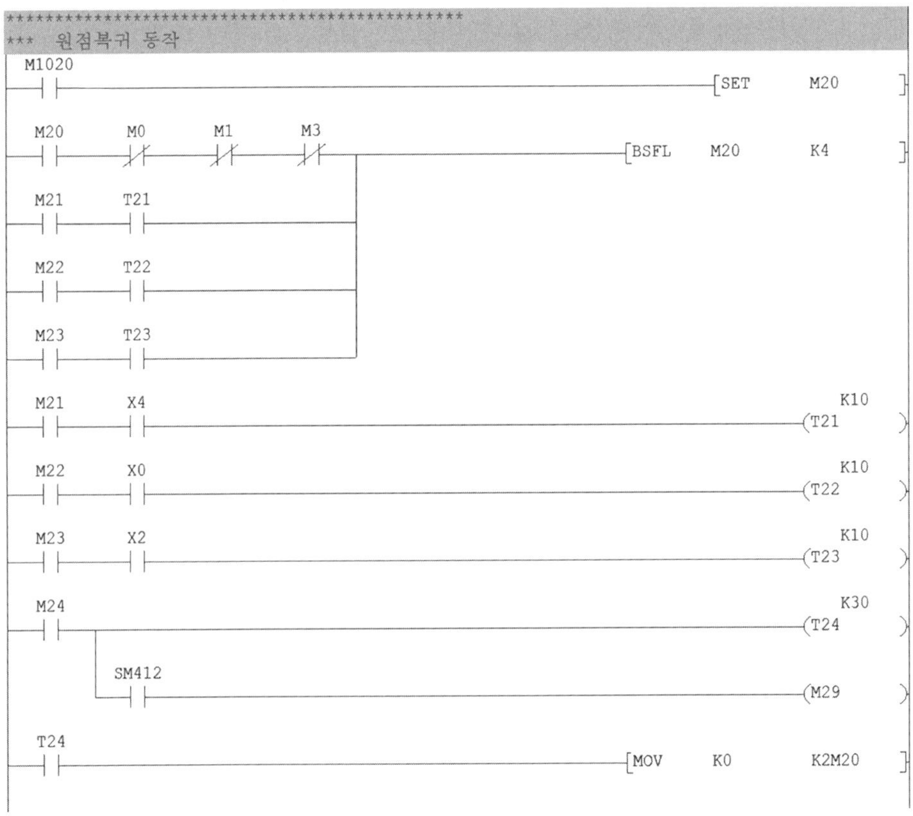

① 원점 복귀 동작 Step.1 실린더 전진 신호 OFF 하기 (M20)

원점 복귀 동작의 초기 조건은 알 수 없으므로 원점 복귀 스위치(M1020)가 눌려지면 M20이 SET되고 이 신호를 사용해서 첫 번째 동작인 실린더의 전진 신호를 모두 OFF시키도록 한다.

실린더의 전진 신호를 모두 OFF 시키는 방법은 비상 정지 프로그램을 동작시키는 것과 동일하게 생각하면 된다. 실행되는 코일 접점을 모두 OFF 할 수 있도록 한다.

② 원점 복귀 동작 Step.2 Gripper 실린더 Open (M21)

Gripper 실린더 Open 동작을 위해 M21이 ON 되면 출력 Y24와 연결하도록 한다. 이에 대한 실린더 오토 스위치 X4는 ON 된다. 곧 바로 다음 스텝 동작을 하면 다음 스텝의 실린더가 후진 상태에 있었다면 BSFL 명령은 한 비트씩 이동해야 하는 동작을 충실히 실행하지 못할 수 있다. 따라서 시간적인 딜레이를 두고 실행하도록 타이머를 사용한다. 사용한 타이머는 T21이고 설정 시간은 1.0초이다. 이 시간 동안 Step.2 동작이 유지된다.

③ 원점 복귀 동작 Step.3 Up/Down 실린더 상승 (M22)

Up/Down 실린더가 상승할 수 있도록 출력 Y20과 연결하도록 한다. 이 동작이 이루어지면 이에 대한 실린더 오토스위치 X0는 ON 된다. 이 두 개의 신호가 ON 되는 시점부터 타이머를 사용하여 설정된 딜레이 시간이 경과된 후 다음 Step.4 동작이 이루어지도록 BSFL 명령을 실행하도록 한다.

④ 원점 복귀 동작 Step.4 Transfer 실린더 후진 (M23)

Transfer 실린더 후진할 수 있도록 출력 Y22와 연결한다. 실린더 오토 스위치 X2가 ON 되면 타이머의 딜레이 시간이 경과된 후 모든 원점 복귀 동작이 완료되었다는 신호 M24가 3.0초 동안 ON 된다. 1초 클락 펄스 신호인 M29는 램프와 연결하여 3초 동안 점멸하도록 하고 이 램프는 원점 복귀가 완료되었음을 의미한다. 이후 타이머 T24의 타임 업 신호로 원점 복귀에 사용했던 M20부터 M24까지의 5개 신호를 모두 OFF 시키도록 한다.

(4) PLC 출력 프로그램

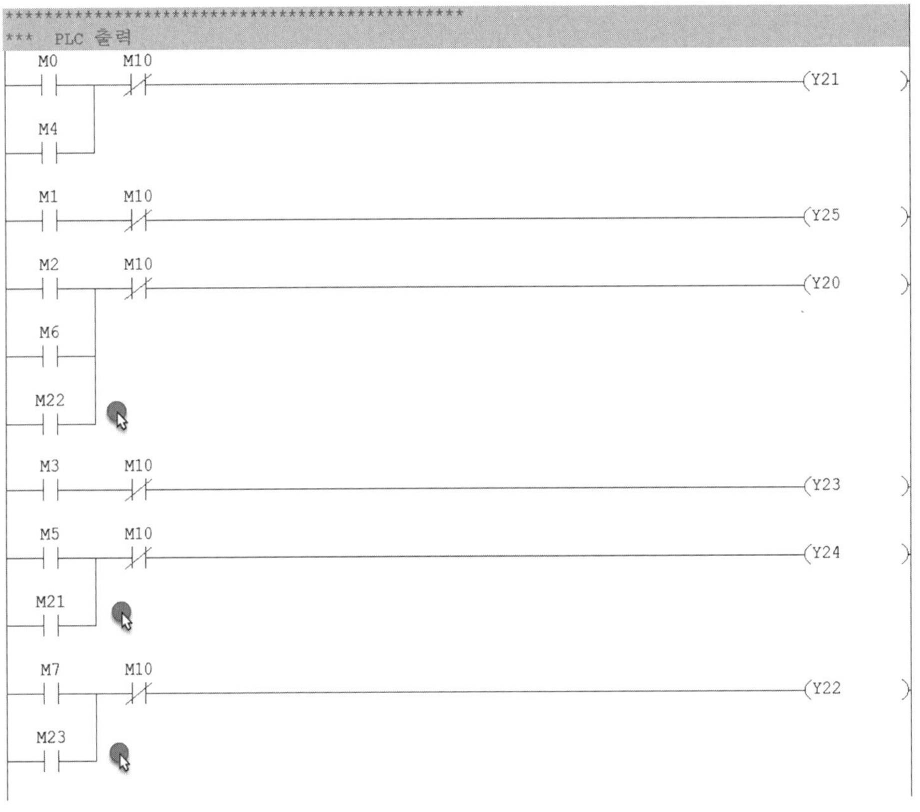

원점 복귀 기능에서 사용하는 PLC 출력은 Y20(Up/Down 실린더 하강), Y22 (Transfer 실린더 후진), Y24(Gripper 실린더 Open)이다.

6.2.5 스텝 모드에서의 원점 복귀 동작

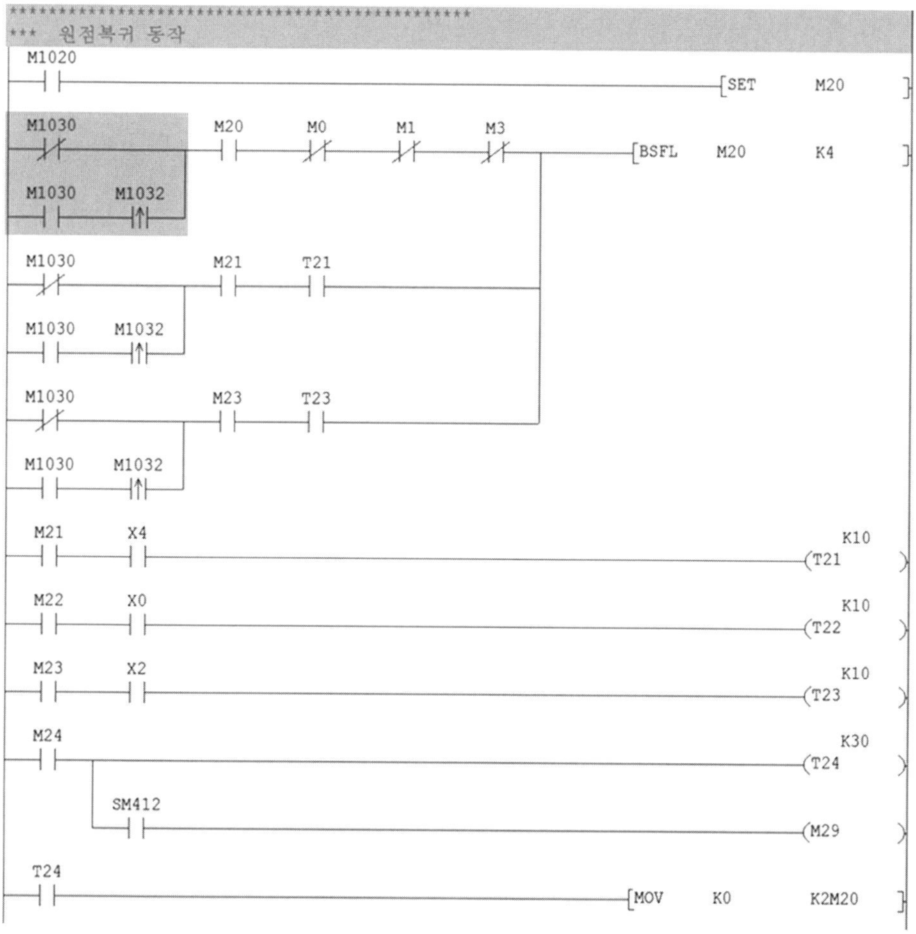

접점 M1030은 사이클 모드와 스텝 모드를 선택하는 셀렉터 스위치이다. M1030이 사이클 모드로 선택되어 지면 ON 상태가 되어 “스텝 진행” 스위치 M1032이 ON 될 때마다 한 개 스텝씩 원점 복귀를 실행하게 된다. “스텝 진행” 스위치는 상승 엣지 신호를 사용하여 스텝이 하나씩 실행되도록 한다.

원점 복귀에 해당하는 출력 코일은 M21부터 M23까지 3개이다. M20 출력 코일은 실린더 전진 신호를 OFF 하는 역할이므로 스텝 동작에는 포함을 시키지 않았다.

6.2.6 연속 동작

BSFL 명령을 사용하였을 경우의 연속 운전 동작에 대해 알아보도록 하자.

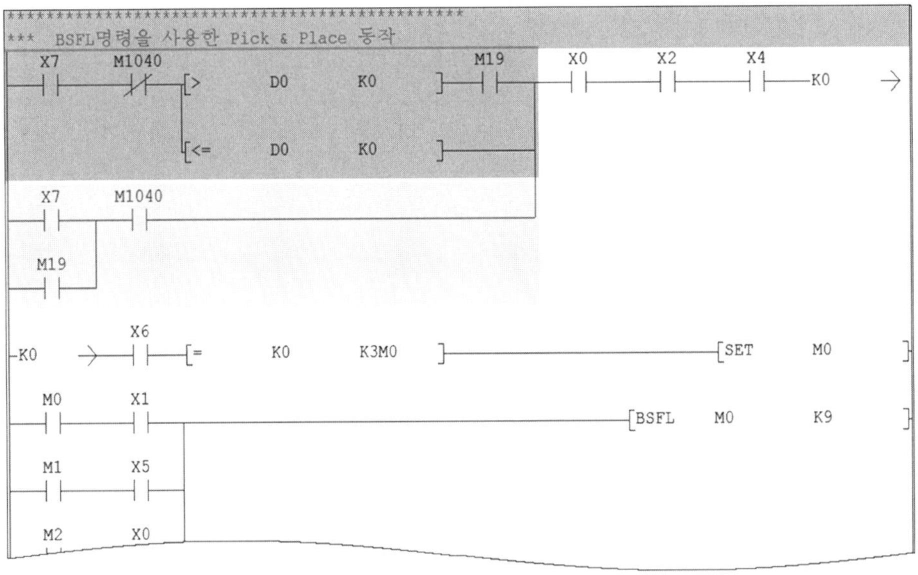

추가하는 프로그램의 내용은 자기유지회로를 이용한 Pick & Place No.1의 내용과 유사하다. 연속 운전 모드의 두 번째 시작 스위치 기능은 M19으로 한다. M19는 사이클 엔드 신호 M8의 자기유지 코일 출력 신호이다. D0에 저장되어 있는 값은 실행한 횟수이며 사이클 모드에서 동작 중 새로운 입력이 ON 되는 경우 M0 신호가 다시 SET되는 오류를 막기 위한 조건이다.

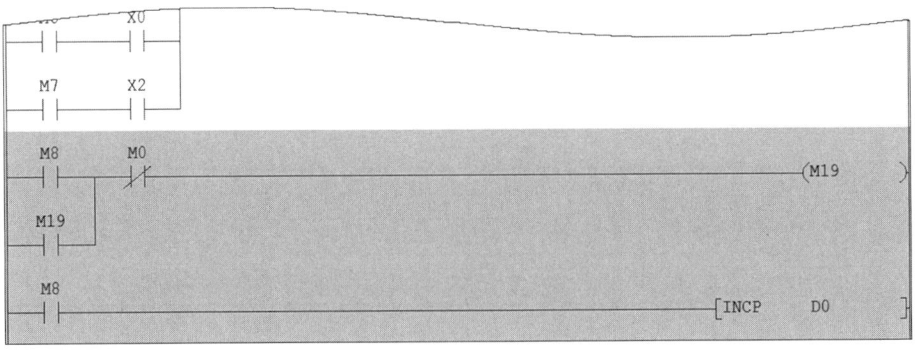

사이클 엔드 신호인 M8은 곧바로 사라지는 신호이다. (M8 조건에 의해 MOV K0 K3M0가 실행된다) 이 신호를 다시 연속 모드에서 새로운 시작 신호로 사용하려면 출력

이 유지되어야 하므로 M19 코일 출력으로 신호를 계속 ON 시키도록 한다. 이 신호의 자기유지 해제 시점은 새로운 사이클의 첫 번째 동작이 이루어질 때이다. 이 시점이 M0가 ON 되므로 이 신호를 사용하여 자기유지회로를 해제한다.

M8신호의 또 다른 용도는 실행 횟수를 카운트하는 것이다. INCP 명령으로 1씩 증가하도록 한다.

6.2.7 알람 발생 시 처리

알람 발생 시 처리 프로그램은 Pick & Place No.1의 내용과 동일하다. 따라서 독자 여러분들이 이 부분에 대한 프로그램을 완성할 것이라 믿고 생략하도록 한다.

알람이 발생되면 동작 중인 프로그램은 정지를 시켜야 한다는 것을 잊지 말고 이 기능은 일시 정지 기능에 알람 토탈_Alarm Total(Pick & Place No.1에서 사용한 코일 출력 M299에 해당한다.)이라는 신호를 만들어 추가하도록 하면 그렇게 어렵지만은 않을 것이다. 알람의 리셋 신호는 발생된 알람 접점과 리셋 스위치를 AND 처리하여 발생된 알람에 대해서만 리셋이 되도록 하는 것에 주의하도록 하자.

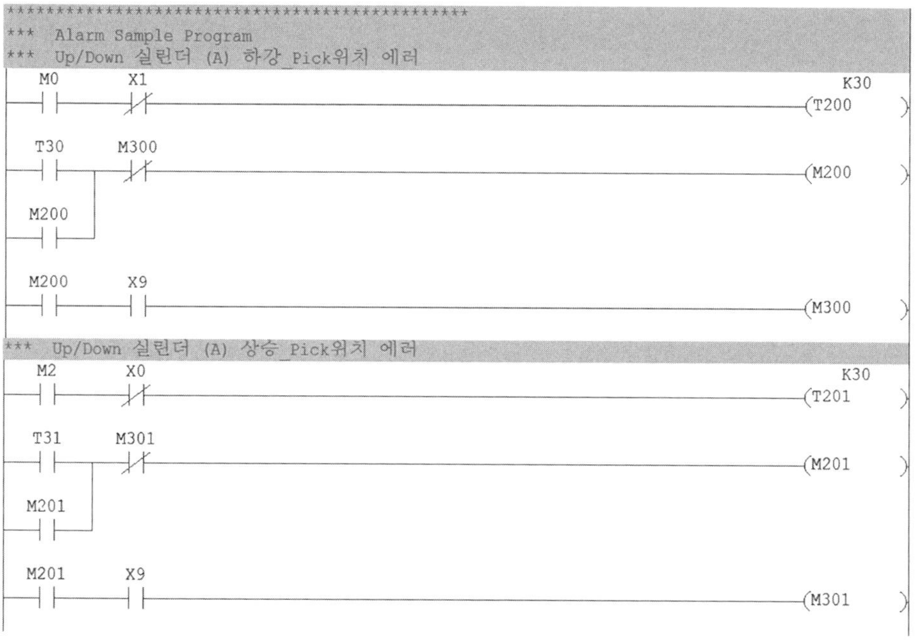

알람 발생 감지용 프로그램의 일부이다. 다른 실린더에도 동일한 구조의 프로그램을 작성하도록 한다.

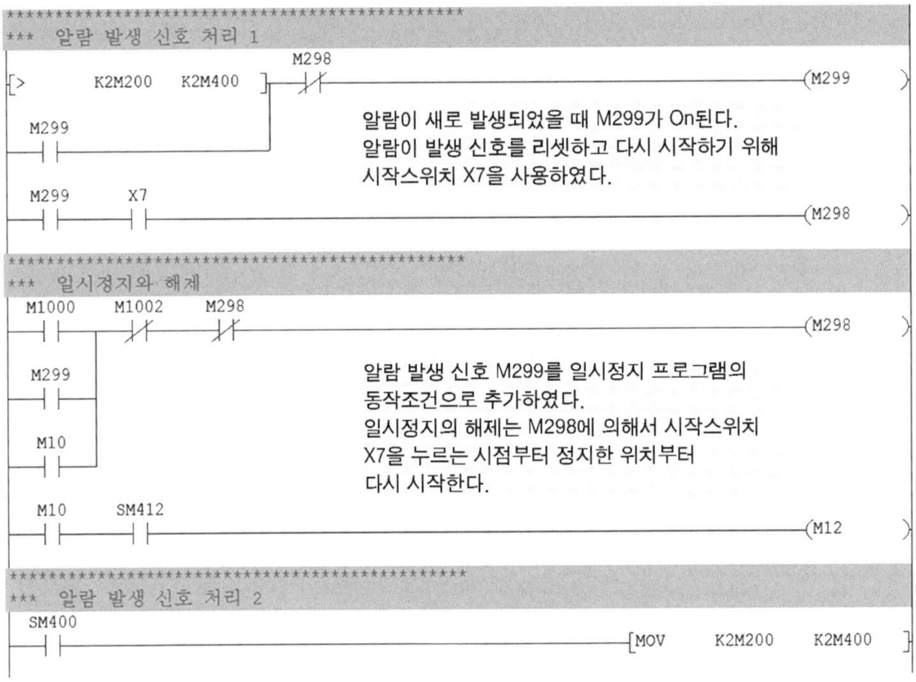

알람 발생 시 일시 정지 프로그램과 연동할 수 있도록 한다. M299 코일 출력은 알람이 발생이 되면 무조건 ON 되는 접점 신호이다. 보통 "알람 토탈_Alarm total"이라고 코멘트에 표기한다. 새로운 알람이 발생했는 여부를 알 수 있는 "알람 발생 신호처리" 부분도 잘 파악해 두기 바란다.

6.2.8 Pick & Place 연동 운전

연동 운전이란 두 개의 PLC의 입력과 출력신호를 연결하여 하나의 PLC에서 제어하듯이 동작시키는 것을 의미한다. 통신을 할 수 있는 인텔리전트 모듈이 없는 상태에서 접점 신호를 주고받아 동작시키면 두 개의 PLC 간의 연동 운전이 가능하리라 생각한다.

다음과 같은 개념으로 새로운 실습을 해보려 한다.

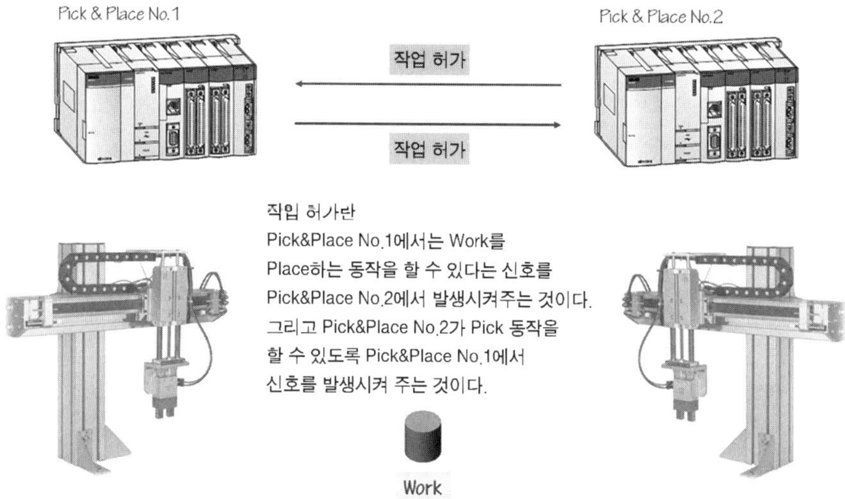

Pick & Place No.1을 제어하는 PLC1과 Pick & Place No.2을 제어하는 PLC.2는 신호를 주고받을 수 있는 통신 장치가 서로 연결되어 있지 않은 상태이다. 이 상태에서 두 Pick & Place 동작을 실행시키면 어느 순간에서는 Work를 놓으려 하고, 또 다른 한 대는 Work를 잡기 위해서 접근하려 할 것이다. 즉 충돌이 발생하여 기기의 파손이 발생된다. 이러한 사고를 방지하기 위해서 두 PLC를 연결하여 신호를 주고받으면서 동작이 진행되어야 한다. 여기에서 신호를 주고받는다는 것을 "인터페이스_Interface" 한다고 말한다.

※ 인터페이스란?

일반적으로 인터페이스의 사전적 의미는 다음과 같다.

'하나의 시스템을 구성하는 2개의 구성 요소(하드웨어, 소프트웨어) 또는 2개의 시스템이 상호작용할 수 있도록 접속되는 경계(boundary), 또는 이 경계에서 상호 접속하기 위한 하드웨어, 소프트웨어, 조건, 규약 등의 포괄적인 개념'

결국, 무언가를 사용하기 위해 이용되는 요소들, 즉 조작 도구(하드웨어)와 조작 방법 및 형태(소프트웨어)가 여기에 속한다고 볼 수 있다.

※ 작업 허가란?

Pick & Place No.1에서는 Work를 Place하는 동작을 할 수 있다는 신호를 Pick & Place No.2에서 발생시켜 주는 것이다. 즉 PLC2에서 Pick & Place No.2의 작업 위치가

Place하는 위치에 있기 때문에 Pick&Place No.1의 동작이 Place할 수 있다는 것이다. 그리고 Pick&Place No.2가 Pick 동작을 할 수 있도록 Pick&Place No.1에서 신호를 발생시켜 주는 것이다. Pick&Place No.1는 Conveyor 등에서 공급되는 Work를 Pick 동작을 하고 있는 상태에서 발생시켜 주면 된다.

정리하면 Pick&Place No.1의 위치가 Pick&Place No.2가 작업하는데 충돌의 위험성이 없는 상태에 있으면 Pick&Place No.1에서 Pick&Place No.2로 작업 허가 신호를 발생시켜 주면 되고 반대로 Pick&Place No.2의 위치가 Pick&Place No.1이 작업하는데 충돌의 위험성이 없는 위치에 있으면 Pick&Place No.1의 작업 허가 신호를 발생시켜 주면 된다. 인터페이스 방법은 다음과 같이 릴레이를 사용하면 되겠다.

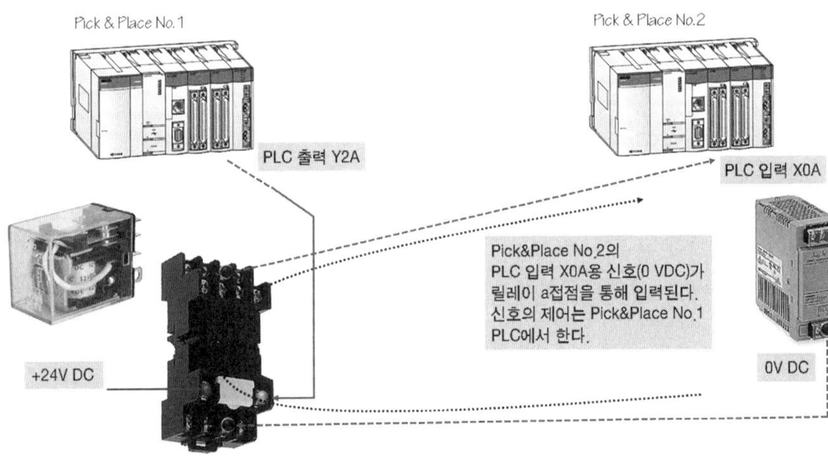

위의 그림은 PLC 1에서 작업 허가를 발생시키는 것을 표현한 것이다.

PLC 출력은 0V 신호이다. 이 신호를 릴레이의 13번 핀에 연결한다. (릴레이 13번 핀은 전자석을 동작시키는데 필요한 직류전원의 (-)를 연결하는 접속 단자에 해당한다.)

그리고 릴레이 14번 핀은 (+)전원을 계속 공급하면 PLC 출력 접점 신호에 의해 릴레이가 동작하게 된다. 릴레이의 a접점을 통해서는 PLC 2의 입력 모듈에 신호가 입력되도록 PLC 2에서 사용하는 DC 전원 중 (-)전원이 흐를 수 있도록 배선한다.

PLC 2의 입력 신호는 (-)에 해당하는 신호이다. 즉 파워 서플라이의 0 VDC 전원을 연결하면 된다. PLC 입력 모듈의 Com은 (+) 24V DC 전원을 사용하고 있다는 것을 기억하고 있으면 이해할 수 있을 것이다.

릴레이의 사용법에 대한 이야기가 필요할 것 같아 간단하게 설명하기로 한다.

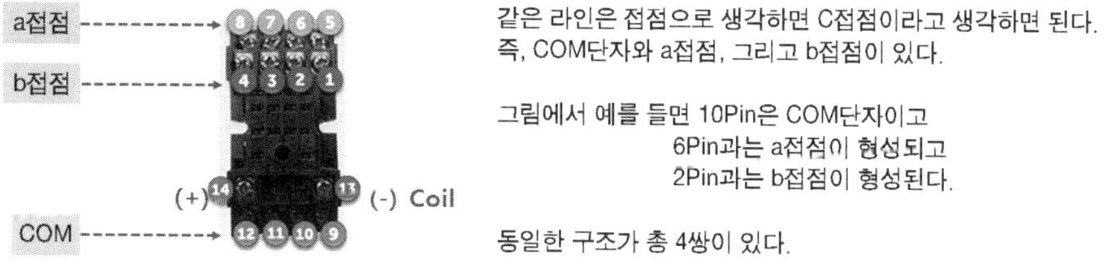

일반적으로 사용하는 14Pin 릴레이 소켓 그림이다. 13번 Pin과 14번 Pin은 릴레이의 전자석을 만들어 주는 코일의 전원 연결 단자이다. 그림과 같이 13번 Pin에 0 VDC 전원을, 14번 Pin에는 (+)24 VDC의 전원을 공급하면 코일에 전기가 공급되면서 전자석 작용에 의해 4쌍의 C접점이 동작하게 된다.

PLC 출력 신호 Y00으로 릴레이를 동작시키기 위해서는 Y00 출력이 전기적으로 0V임을 알아야 한다. 이 Y00 출력은 코일을 동작하기 위해 사용해야 하므로 13번 Pin에 접속하고, 14번 Pin에는 (+)24 VDC의 전원을 공급할 수 있도록 배선이 되어야 한다.

필요한 인터페이스 신호를 생각해 보면 다음과 같다.

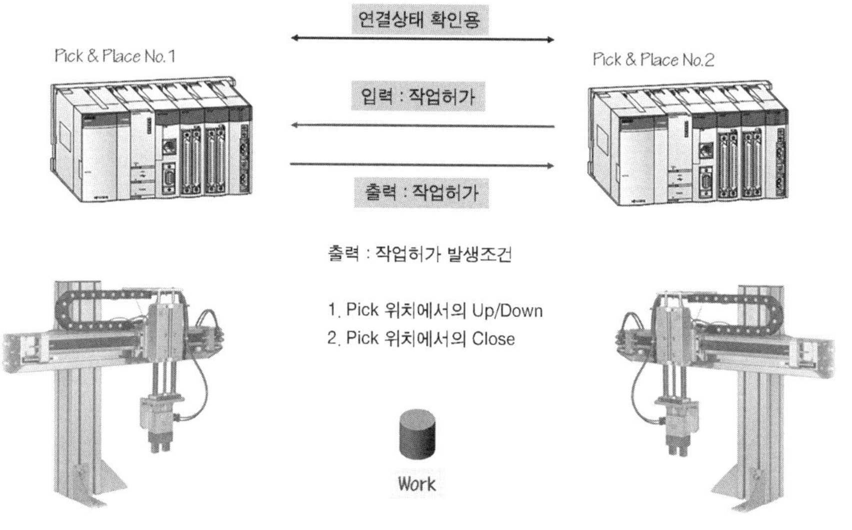

PLC 1만 생각해 보면 Pick & Place No.2가 Pick 동작을 할 수 있도록 서로 충돌이 발생하지 않는 위치인 Work가 공급되는 Pick 위치에서 Up/Down 동작을 하거나 Gripper 실린더의 잡기 동작(Close)이 이루어지는 스텝인 경우에 '작업 허가' 신호를 발생할 수

있다. 이와 반대 위치에 있는 경우가 '작업 금지'상태이다.

그리고 Pick & Place No.1이 '작업 금지'신호를 발생시켜주면 이를 받을 수 있는 입력 접점도 필요하며, 두 대의 PLC가 서로 연결이 되어 정상적인 신호를 주고 받는 상태를 알려 주는 연결 상태 확인용 신호도 있으면 좋을 것 같다.

PLC 1을 기준으로 한 신호를 다음과 같이 표로 정리해 보았다.

PLC 1	신호명		신호명	PLC 2
Y2A	작업 금지 송신	→	작업 금지 수신	X0A
X0A	작업 금지 수신	←	작업 금지 송신	Y2A
Y2B	PLC 1 CPU 정상 송신	→	PLC 1 CPU 정상 수신	X0B
X0B	PLC 2 CPU 정상 수신	←	PLC 2 CPU 정상 송신	Y2B

각 PLC당 릴레이 2개를 준비하면 된다. 작업 허가 신호는 다음과 같은 스텝에 있는 경우에 발생하도록 하면 되겠다. Pick & Place No.1의 동작 시퀀스(Sequence)는 다음과 같다.

Sequence Step	작업 내용	작업허가 신호 발생 여부	내부릴레이
1	Up/Down 실린더 Down_Pick 위치	O.K	M0
2	Gripper 실린더 Close_Pick 위치	O.K	M1
3	Up/Down 실린더 Up_Pick 위치	O.K	M2
4	Transfer 실린더 Forward	작업 금지	M3
5	Up/Down 실린더 Down_Place 위치	작업 금지	M4
6	Gripper 실린더 Open_Place 위치	작업 금지	M5
7	Up/Down 실린더 Up_Place 위치	작업 금지	M6
8	Transfer 실린더 Backward	O.K	M7
9	동작완료	O.K	M8

[표 5-5] 작업허가 신호

표에서 같이 작업 허가 신호의 발생 시점에 대한 Pick&Place No.1의 시퀀스는 M0, M1, M2, M7, M8이 된다. 이 신호가 ON 되어 있는 상태에선 Pick&Place No.2의 Pick 작업이 가능하다. 이외의 동작이 진행되는 동안은 Pick&Place No.2는 작업이 불허된다.

작업이 불허된다는 의미는 Pick & Place No.2가 일시 정지 상태로 유지하게 하고 작업허가 상태인 경우에는 일시 정지를 해제하면 간단하게 문제를 해결할 수 있을 것이다. 프로그램적으로 구현해 보면 다음과 같다.

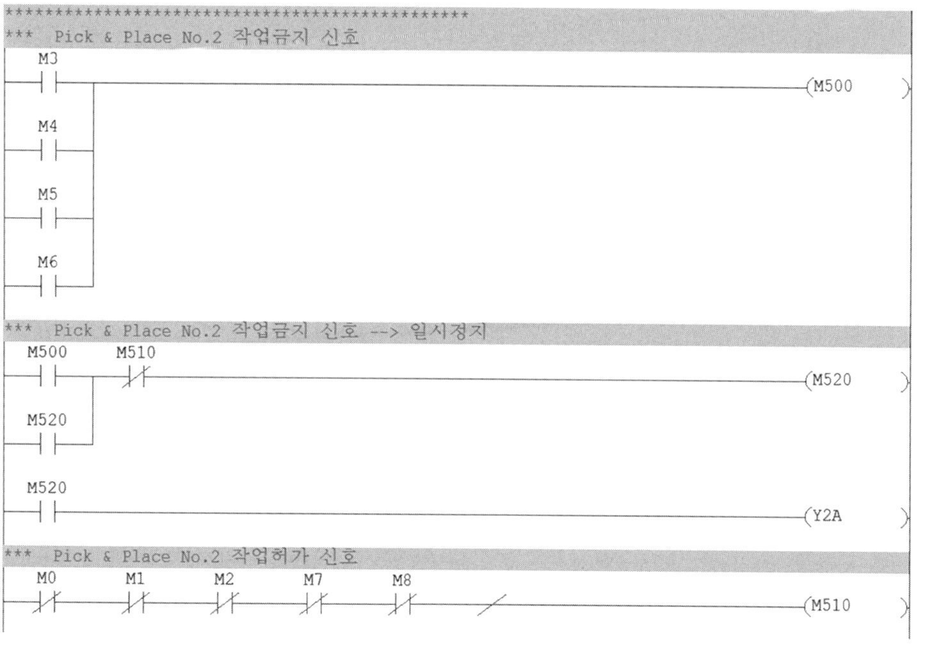

작업 금지에 해당하는 동작은 M3, M4, M5, M6이 ON 되어 있는 동안이다. 이 신호들에 의해 M510을 자기유지하였다. 이 신호는 Pick & Place No.2의 일시 정지 기능의 또 다른 입력 조건으로 사용하게 된다. Y2A PLC 출력은 릴레이를 동작시켜 PLC 2의 PLC 입력 X0A(작업 허가 수진)을 ON 하게 된다. 작업 금지 조건은 작업 허가에 해당하는 동작이 이루어질 때 사용하면 된다. M0, M1, M2, M7, M8이 ON 되어 있는 동안에는 자기유지 출력 M520이 해제된다.

여기에서 PLC가 정상 상태에 해당하는 신호(Y2B)는 어떻게 발생을 시키고 어디에 추가하면 좋을지 생각해 보자. 우선 PLC 명령어 Manual을 찾아보면 부록편에 SM, SD에 해당하는 내용을 정리해 놓은 부분을 찾아야 한다. CPU가 정상적으로 RUN 상태인 Error가 발생되어 STOP 상태인지 정보를 알려 주는 특수 레지스터가 있다는 것을 추측해 볼 수 있다.

다음은 SD203 CPU의 동작 상태를 표시해주는 특수 레지스터이다.

번호	명칭	내용	내용 상세	세트측 (세트 시기)	대응 ACPU D9□□□	대응 CPU
SD203	CPU 동작 상태	CPU 동작 상태	CPU 모듈의 동작 상태가 다음의 비트 패턴으로 저장된다. b15 ~ b12 b11 ~ b8 b7 ~ b4 b3 ~ b0 ②(b7~b4) ①(b3~b0) ①:CPU 동작 상태 0 : RUN / 2 : STOP / 3 : PAUSE ②:STOP/PAUSE 요인 *1 0 : 스위치 / 1 : 리모트 접점 / 2 : 프로그래밍 툴/시리얼 커뮤니케이션 등에서의 리모트 조작 / 3 : 프로그램 내의 명령 / 4 : 에러 * 1 빠른 것 우선(다만 유니버설 모델 QCPU, LCPU 에서는 동작 상태를 변경한 최신의 요인을 저장 합니다.)	S (매회 END)	D9015 변형	QCPU LCPU
			SD201 ①~⑧에 나타내는 LED 상태의 LED 표시색이 저장			

내용을 확인해 보면 SD203에 저장되어 있는 값이 "0"이면 CPU는 RUN 상태라는 것을 알 수 있다.

이러한 내용을 찾지 않아도 SM400을 생각해 보면 쉽게 해결할 수도 있는 문제이다 CPU가 RUN 상태에서만 SM400(항상 ON) 접점이 동작한다는 사실을 알고 있다면 굳이 SD203을 찾지 않아도 된다. 여기에서는 SD203을 사용하기로 하겠다.

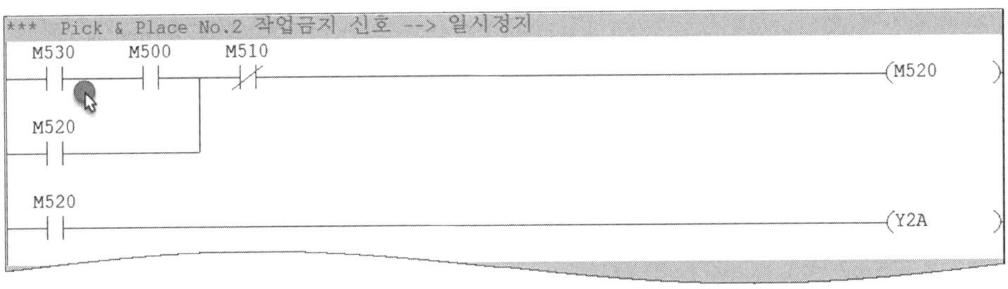

M530은 PLC 1의 CPU가 정상적으로 동작 중인 상태를 의미한다. 상대 PLC에 PLC 1의 CPU가 정상이라는 것을 출력하기 위해 PLC 출력 Y2B를 연결한다. M530은 또한 작업금지 신호를 연결할 때도 조건으로 사용할 수 있다.

다음은 Pick & Place No.2의 PLC 2에서 작성해야 할 프로그램이다.

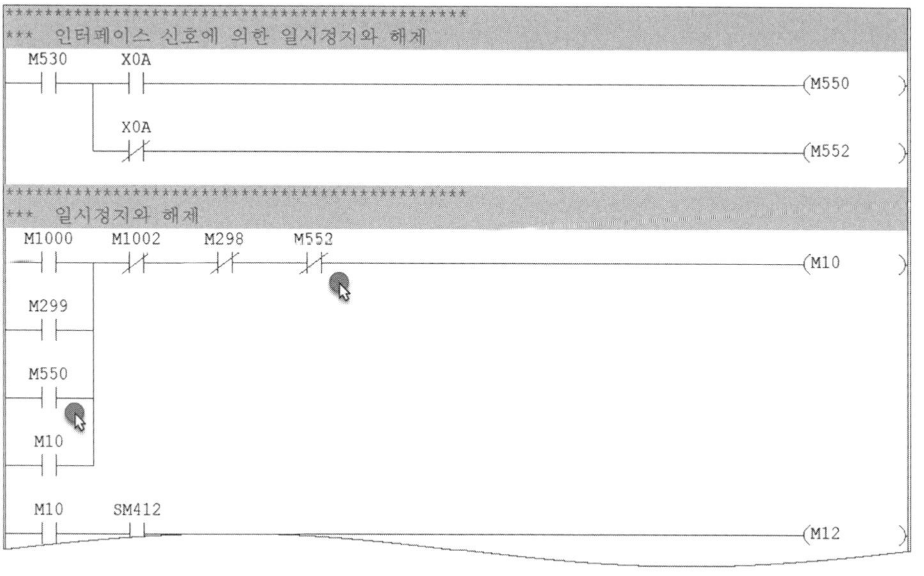

일시 정지 프로그램에서 정지 입력을 하나 추가하면 된다.

M550은 인터페이스에 의해 PLC 1에서 작업 금지에 해당하는 출력 Y2A에 의해 릴레이가 동작하여 입력된 신호 X0A에 ON 되어 만들어진 것이다. 이 신호는 일시 정지 프로그램의 입력으로 사용이 되며 일시 정지 해제, 즉 작업 허가에 해당하는 신호는 XA신호가 OFF 될 때이다. 프로그램에서는 PLC 2의 CPU가 정상 상태일 때의 의미로 M530을 추가하였다.

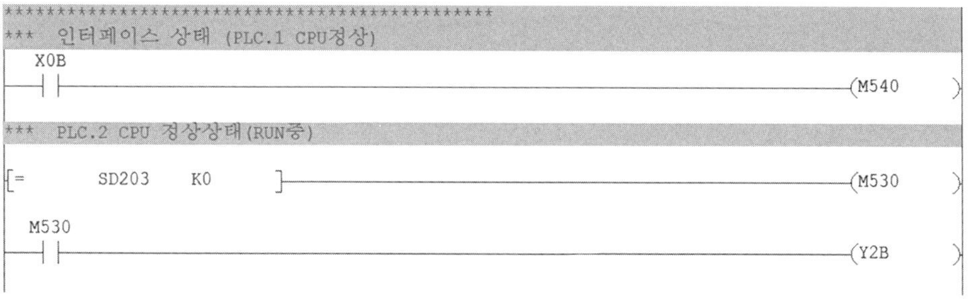

앞에서 설명한 인터페이스에 관련된 내용의 프로그램을 다시 정리해 보면 다음과 같다.

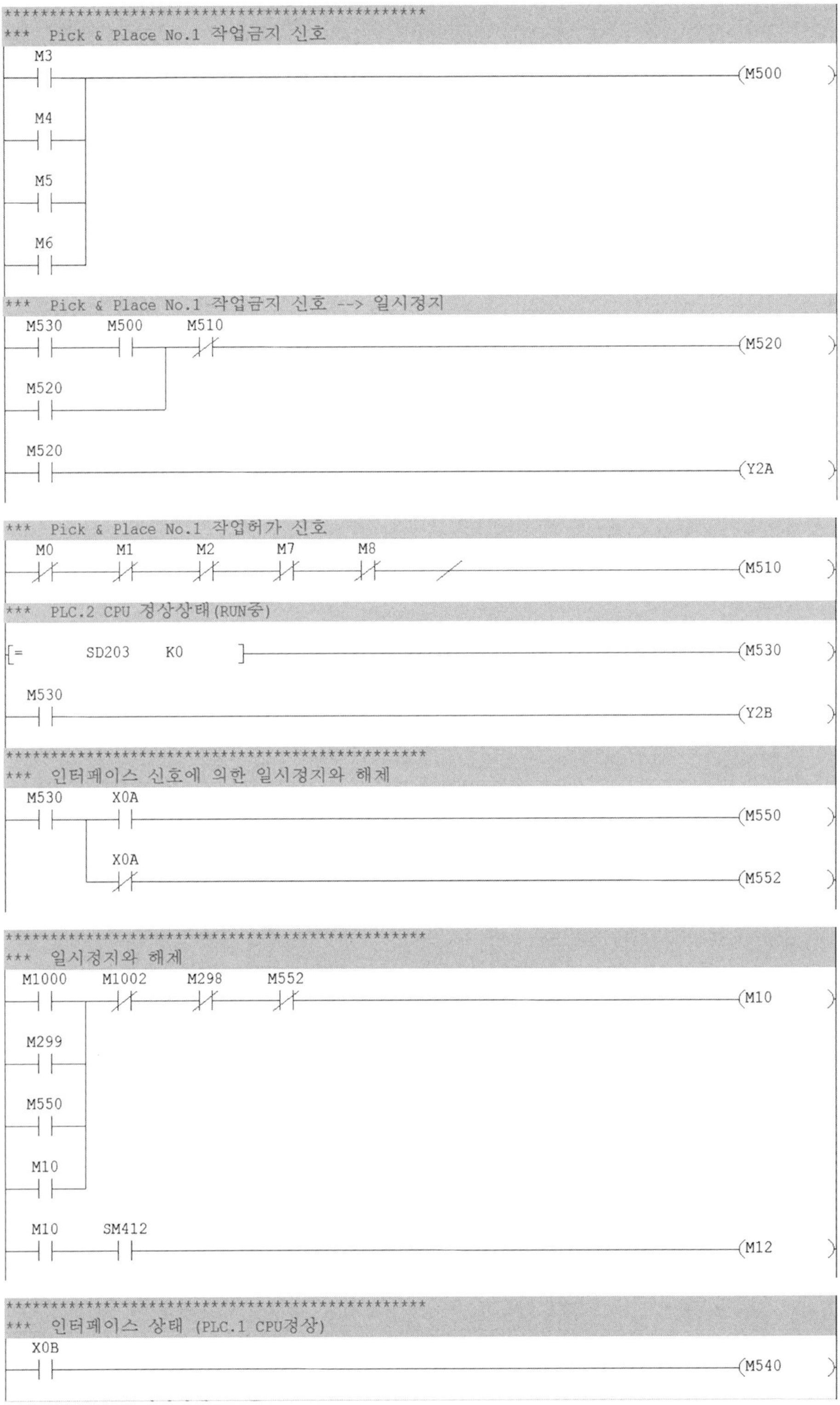
****
*** Pick & Place No.1 작업금지 신호
M3
M4
M5
M6
M500
*** Pick & Place No.1 작업금지 신호 --> 일시정지
M530
M500
M510
M520
M520
M520
Y2A
*** Pick & Place No.1 작업허가 신호
M0
M1
M2
M7
M8
M510
*** PLC.2 CPU 정상상태(RUN중)
[= SD203 K0]
M530
M530
Y2B
****
*** 인터페이스 신호에 의한 일시정지와 해제
M530
X0A
M550
X0A
M552
****
*** 일시정지와 해제
M1000
M1002
M298
M552
M10
M299
M550
M10
M10
SM412
M12
****
*** 인터페이스 상태 (PLC.1 CPU정상)
X0B
M540

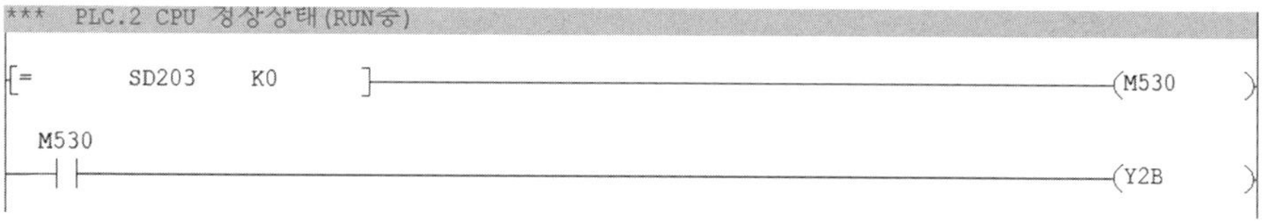

이상과 같이 PLC 2에서 작성해야 할 프로그램을 다시 정리해 보았다. PLC 1에서 작성할 프로그램도 PLC 2와 동일한 구조이므로 PLC 1에 해당하는 프로그램은 생략하도록 한다.

06

MELSEC PLC Program

프로젝트 보안 설정

CHAPTER 06

MELSEC PLC Program Foundation & Application

프로젝트 보안 설정

6.1 프로젝트 보안 설정

프로젝트에 보안을 설정하여 프로젝트나 프로젝트의 데이터를 보호하는 방법에 대한 설명이다. 보안을 설정하면 프로젝트에 대한 액세스를 제한할 수 있다. 또한, 사용자가 제작한 프로그램 부품이나 디바이스 코멘트, 파라미터 등의 데이터를 잘못하여 편집하거나 참조할 필요가 없는 사용자에게 공개하는 것을 방지할 수 있다.

액세스 레벨과 액세스 제한

사용자마다 액세스 레벨을 설정하여 각 데이터에 대한 액세스를 제한할 수 있다. 액세스 레벨이란 프로젝트에 로그인하는 사용자에게 부여할 수 있는 조작 권한이다. 액세스 레벨에는 아래의 5 단계의 액세스 레벨이 있으며, 하위의 액세스 레벨로 편집 가능한 데이터는 상위의 액세스 레벨에서도 편집이 가능하다.

액셀 레벨		조작 권한
높다	Administrators	〈관리자 레벨〉모든 조작을 실행한다.
	Developers(Level3)	〈개발자 레벨〉 보안 설정, 데이터에의 액세스, 조작 일부가 제한된다.
	Developers(Level2)	
	Developers(Level1)	
낮다	Users	〈작업자 레벨〉 프로젝트 데이터는 열람만 가능하다. PLC CPU에서 읽을 수 없다.

예를 들면 Developers(Level2)의 액세스 제한이 설정되어 있는 데이터에 대해서는 Developers(Level2) 이상의 액세스 레벨[관리자, Developers(Level3), Developers (Level2)]로 로그인한 사용자가 편집 가능하다.

6.1.1 프로젝트에 보안 설정/해제

열려 있는 프로젝트에 새로 보안을 설정하거나 보안을 해제한다.

(1) 프로젝트에 보안 설정

프로젝트에 보안을 설정한다. 설정하면, 다음 프로젝트를 열었을 때 사용자 인증이 필요하다.

① [Project] - [Security] - [User Management] 메뉴를 클릭한다.

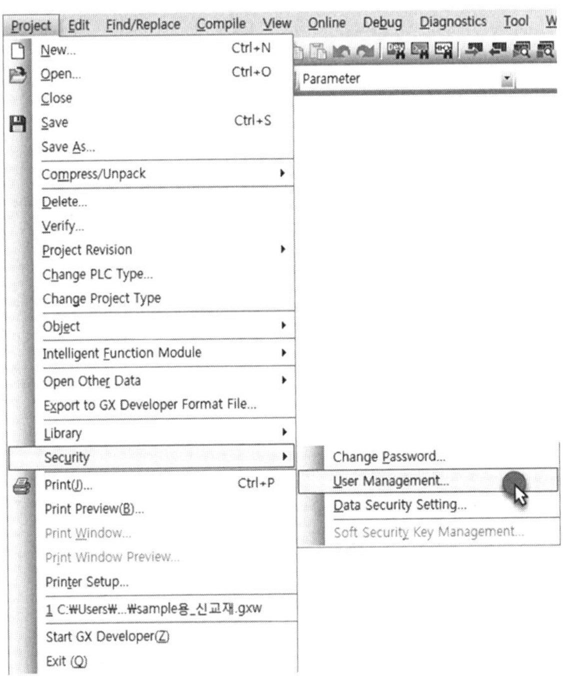

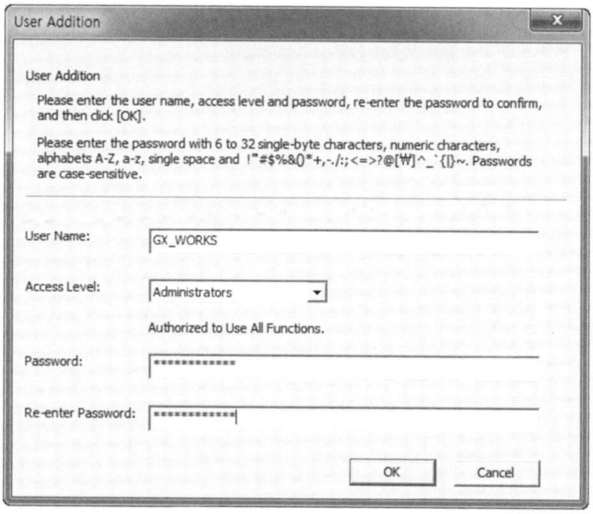

② 사용자 추가 대화상자가 표시되면 각 항목을 아래와 같이 입력한다.

User Name : GX_WORKS

PassWord : PASSWORDTEST

Re-enter Password : PASSWORDTEST

※ 사용자명, 패스워드를 잊은 경우, 프로젝트에 액세스할 수 없게 되므로, 상기 이외의 사용자명 · 패스워드는 절대로 입력하지 않는다.

③ 입력 후 OK 버튼을 클릭한다. 프로젝트에 보안이 설정된다.

(2) 프로젝트 보안 해제

모든 사용자를 삭제하면 보안 프로젝트를 해제하여 보안이 없는 프로젝트로 복귀한다.

6.1.2 사용자 관리(추가 · 삭제 · 변경)

사용자 관리에서는 보안 프로젝트의 사용자 등록 상태를 관리하거나 사용자를 추가 · 삭제 · 변경한다. 사용자 관리는 관리자 또는 Developers로 로그인되어 있는 경우에만 조작할 수 있다.

① [Project] - [Security] - [User Management] 메뉴를 클릭한다.

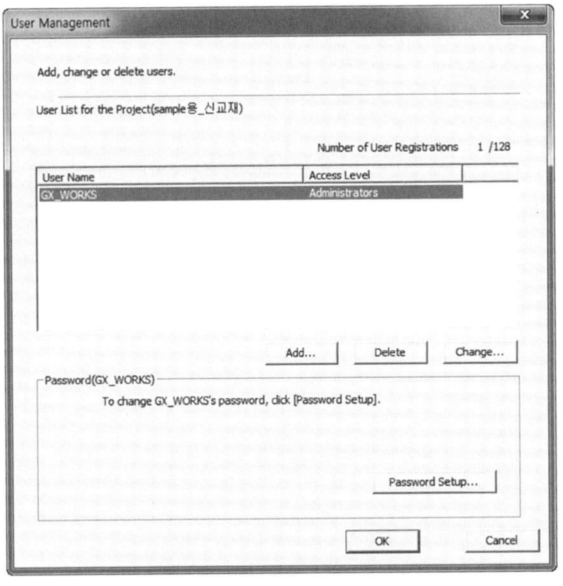

② 사용자 관리 대화상자가 표시된다.

(1) 사용자 추가

보안 프로젝트의 사용자를 추가한다.

로그인되어 있는 사용자보다 상위 액세스 레벨의 사용자는 추가할 수 없다.

① 사용자 관리 대화상자에서 Add 버튼을 클릭한다.

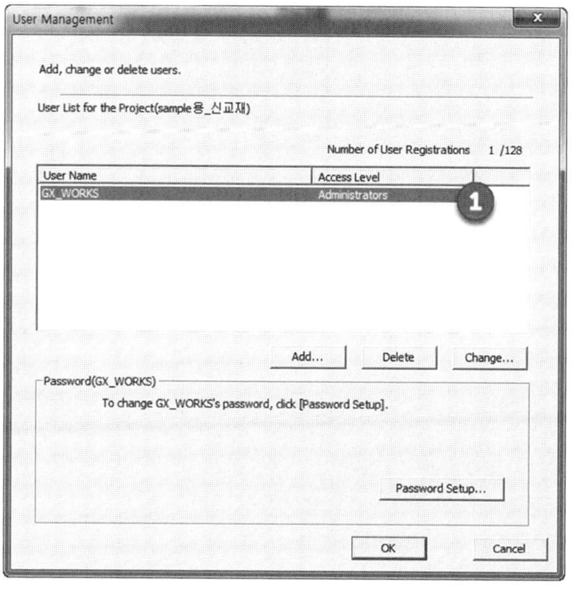

② 사용자 추가 대화상자가 표시되면 각 항목을 아래와 같이 입력 · 설정한다.

User Name : Developers

Access Level : Developers(Level3)

Password : Developers

Re-enter Password : Developers

③ 입력 후 OK 버튼을 클릭한다.

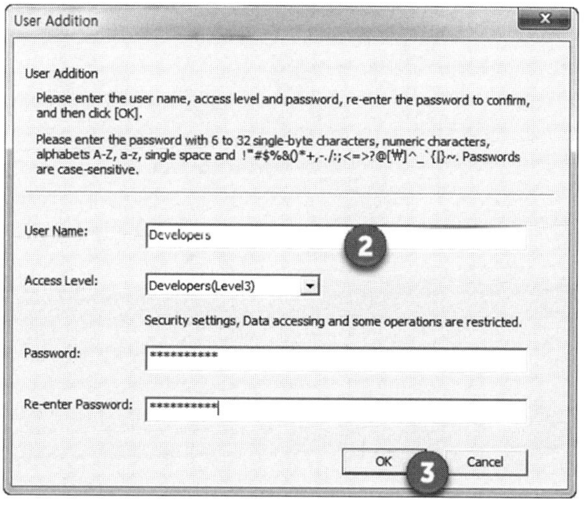

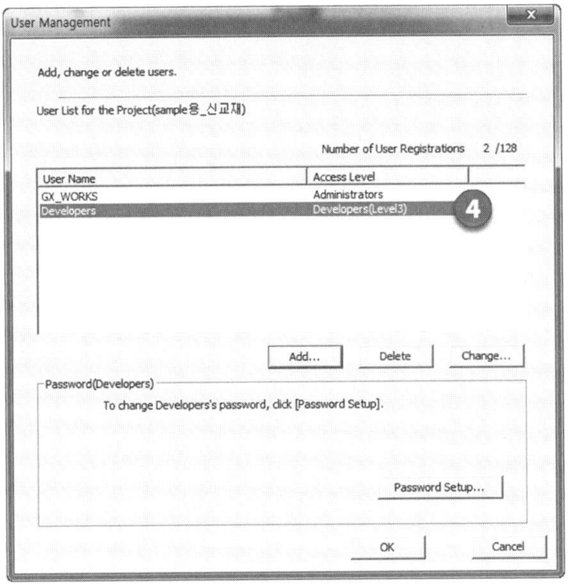

④ 사용자[Developers(Level3)]가 추가된다.

(2) 사용자 정보 변경

여기에서는 이전 페이지에서 추가한 사용자의 액세스 레벨을 "Developers(Level3)"에서 "Users"로 변경한다. 로그인되어 있는 사용자 및 로그인되어 있는 사용자보다 상위 액세스 레벨의 사용자의 정보는 변경할 수 없다.

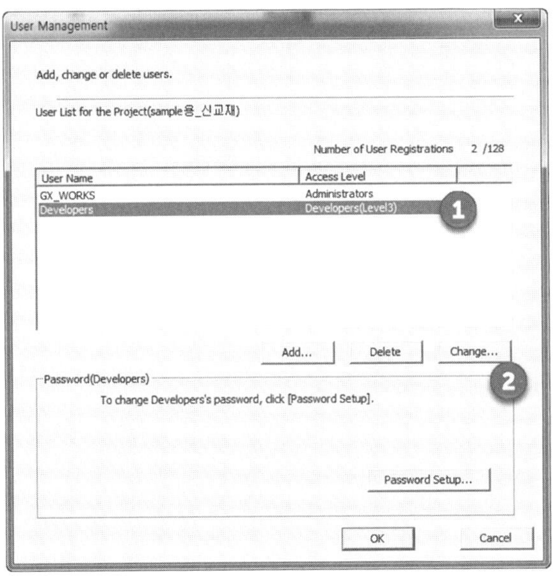

① 사용자명 "Developers"를 선택한다.

② Change 버튼을 클릭한다.

③ 사용자 정보 변경 대화상자가 표시되면 액세스 레벨의 리스트 상자에서 "Users"를 선택한다.

④ 입력 후 OK 버튼을 클릭한다.

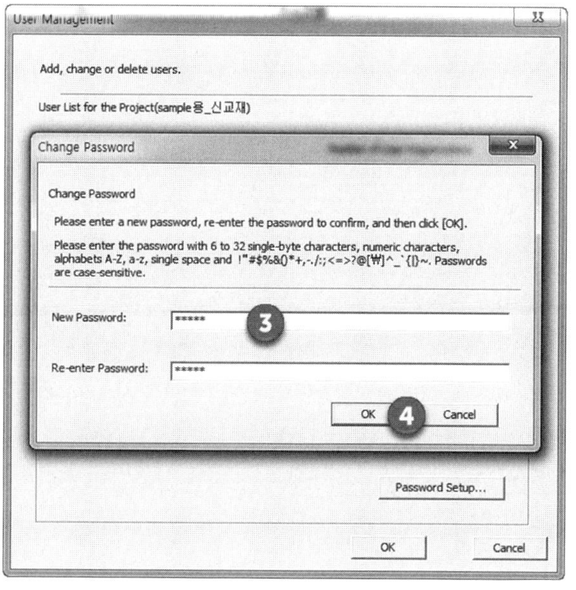

⑤ 사용자 "Developers"의 액세스 레벨이 변경된다.

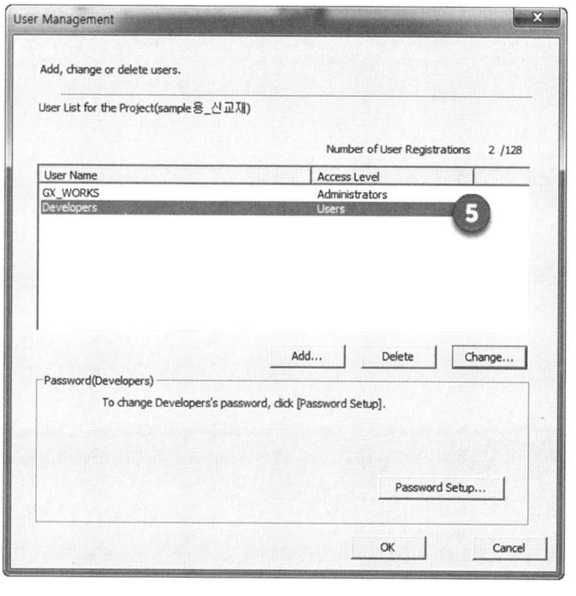

(3) 패스워드 변경

사용자 관리 화면의 일람에 선택되어 있는 사용자의 패스워드를 변경한다.

로그인되어 있는 사용자 및 로그인되어 있는 사용자보다 상위 액세스 레벨 사용자의 패스워드는 변경할 수 없다. 로그인되어 있는 사용자의 패스워드를 변경하는 경우, [Project] - [Security] - [Change Password]를 실행한다.

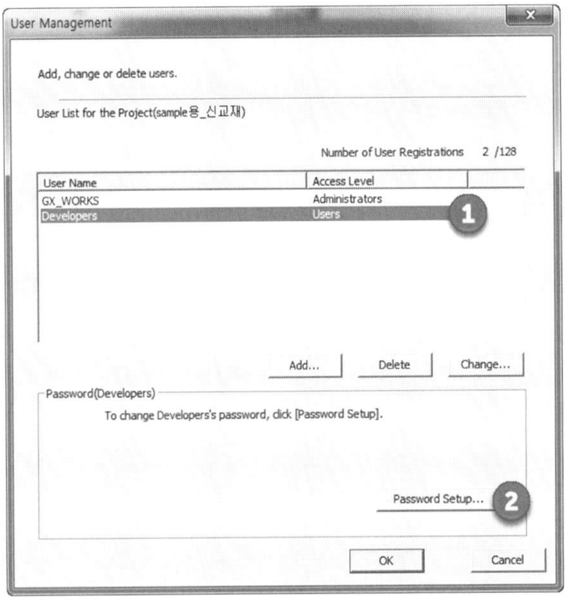

① 사용자명 "Developers"를 선택한다.

② Password Setup 버튼을 클릭한다.

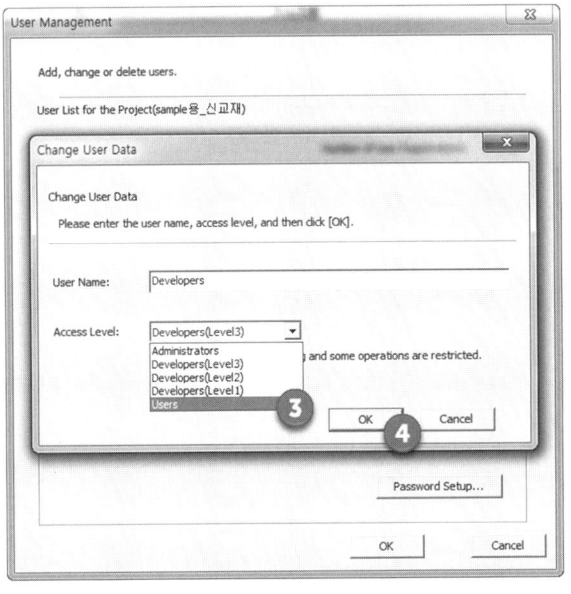

③ 패스워드의 변경 대화상자가 표시되면 아래와 같이 입력한다.

New Password : Users 1

Re-enter Password : Users 1

※ Password는 6글자 이상을 입력한다.

④ 입력 후 OK 버튼을 클릭한다. 사용자 "Developers"의 패스워드가 변경된다.

(4) 사용자 삭제

사용자 관리 대화상자의 Delete 버튼에 선택되어 있는 사용자를 삭제한다. 현재 로그인되어 있는 사용자는 삭제할 수 없다. 다만 사용자가 관리자만 등록되어 있고 그 밖에 삭제하는 사용자가 없는 경우, 로그인되어 있는 사용자도 삭제할 수 있다. 모든 사용자를 삭제하면 보안은 해제된다.

6.1.3 프로젝트에 로그인

보안이 설정되어 있는 프로젝트의 경우, 프로젝트를 열 때 사용자 인증이 필요하다.

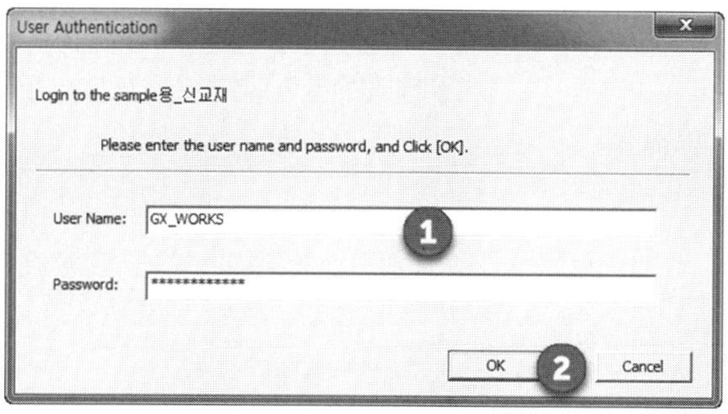

① 보안이 설정되어 있는 프로젝트를 열었을 경우 사용자 인증 화면이 표시되면, 액세스하는 사용자명과 패스워드를 입력하고 나서 ② OK 버튼을 클릭한다.

여기에서는 설정한 아래의 사용자명 · 패스워드를 입력한다.

Users Name : GX_WORKS

Password : PASSWORDTEST

③ 프로젝트가 표시된다.

6.2 액세스 레벨별 액세스 제한 변경

각 데이터 표시 · 저장의 허가 · 금지를 액세스 레벨마다 설정한다. 로그인되어 있는 사용자보다 상위 액세스 레벨의 액세스 권한은 변경할 수 없다. 또한, 현재 로그인되어 있는 사용자의 액세스 레벨이 사용자인 경우에는 액세스 권한을 변경할 수 없다.

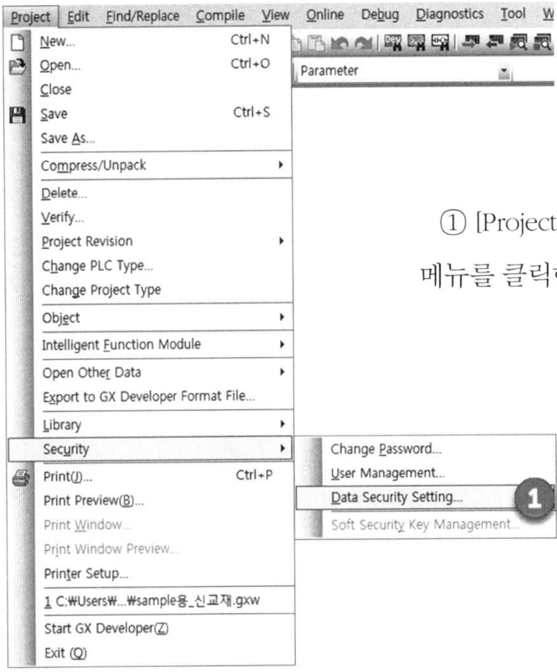

① [Project] - [Security] - [Data Security Setting] 메뉴를 클릭한다.

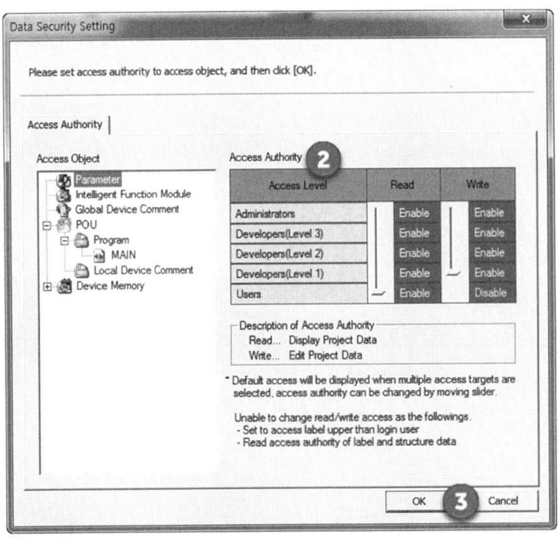

액세스 제어 설정 대화상자가 표시된다. ("Access Object"에서 액세스 권한을 변경하는 항목을 선택한다. 설치된 버전에 따라 다르다.)

② "Access Authority"에서 슬라이더를 상하로 이동하여 액세스 레벨에 대한 읽기 · 쓰기의 허가 · 금지를 설정한다.

③ OK 버튼을 클릭한다.

6.3 리모트 패스워드 설정

Q 시리즈 대응 E71, C24, Ethernet 포트 내장 QCPU 또는 LCPU 경유로 원격지의 사용자가 QCPU(Q 모드) · LCPU에 대한 부정한 액세스를 방지하기 위한 패스워드 설정 방법에 대한 설명이다.

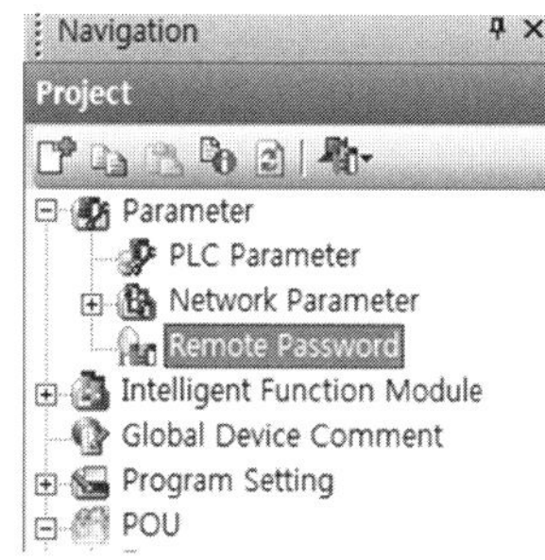

Navigation 창에서 "Parameter" → "Remote Password"를 클릭한다.

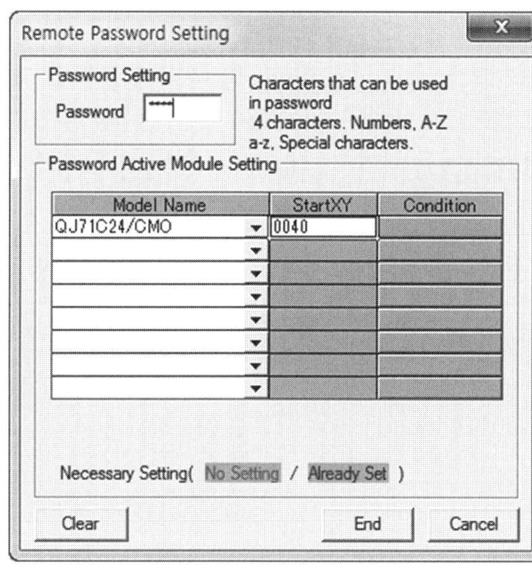

Password : 패스워드 설정

Password Active Module Setting :

Model Name : 경유하는 CPU 또는 모듈의 형명을 설정

Start XY : 선두 I/O No. 설정

Condition : QJ71E71, QnUDE(H) CPU 또는 LCPU를 선택한 경우, 상세를 설정, 사용자용 커넥션 No. 유효 설정(커넥션 No.1 ~ 16에 대해서 리모트 패스워드의 사용 여부 설정), 시스템용 커넥션 유효 설정(시스템용 커넥션에 대해서 리모트 패스워드의 사용 여부 설정)

설정이 완료되었으면 "END" 버튼을 클릭한다.

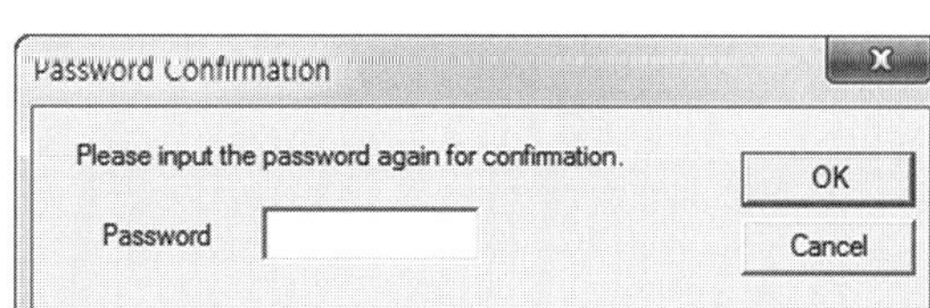

등록한 패스워드에 대한 설정확인 화면이 표시되면 등록한 패스워드를 입력한다.

※ 패스워드의 입력 문자 : 패스워드는 ASCII 코드의 20 ~ 7E에 대응하는 영문자, 숫자 및 기호를 사용하여 4문자로 입력한다.

07

MELSEC PLC Program

실전 연습문제

CHAPTER 07

MELSEC PLC Program Foundation & Application

실전 연습문제

연습문제 1. 선입선출

선입선출 명령어 [FIFW], [FIFR] 명령어를 사용하여 먼저 입력된 정보순으로 데이터를 저장하고 저장된 순서대로 읽어 내는 프로그램을 작성할 수 있다.

[동작 설명]

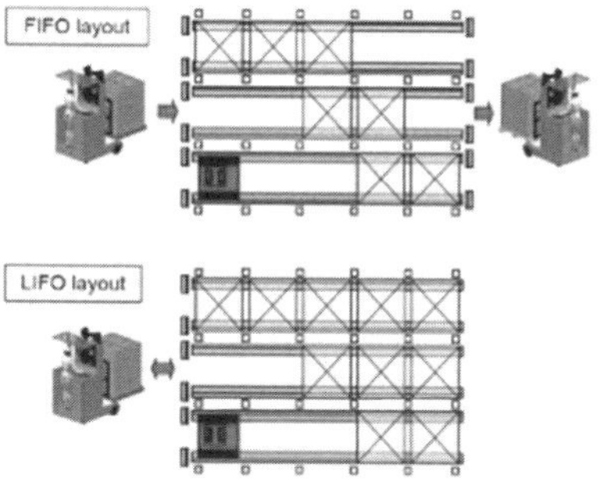

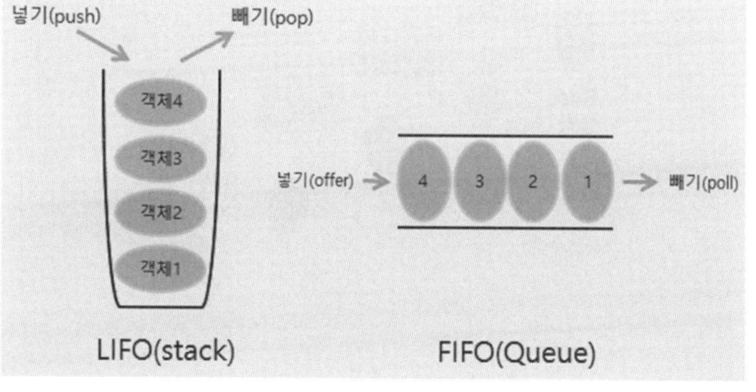

스위치 입력 신호에 따라 데이터 레지스터에 1, 2, 3, 4, 5를 저장하게 한다. 입력되는 스위치의 순서는 무작위로 한다. (switch 1 ~ 5 무작위로 입력) 출력 스위치를 누르면 입력된 순으로 매칭된 Lamp를 순서대로 출력 한다. Lamp는 설정된 시간만큼 ON 된 후 OFF 한다.(스위치의 입력 순서가 1, 3, 4, 2, 5일 경우 Lamp No.1 ON → OFF, Lamp No.3 ON → OFF, Lamp No.4 ON → OFF, Lamp No.2 ON → OFF, Lamp No.5 ON → OFF 순으로 동작한다.) 이전 Lamp가 완전히 OFF 된 후 다음 Lamp가 ON 되도록 한다.

만약 1, 1, 1, 1, 1 또는 1, 2, 2, 3, 5, 4와 같은 반복되는 입력이 있을 경우 정상적으로 ON, OFF 되어야 한다.

PLC 입력	설명	PLC 입력	설명
X00	데이터 출력지령 스위치	Y20	-
X01	1 입력용 스위치	Y21	스위치 입력1의 출력 램프
X02	2 입력용 스위치	Y22	스위치 입력2의 출력 램프
X03	3 입력용 스위치	Y23	스위치 입력3의 출력 램프
X04	4 입력용 스위치	Y24	스위치 입력4의 출력 램프
X05	5 입력용 스위치	Y25	스위치 입력5의 출력 램프
X06	-	Y26	-

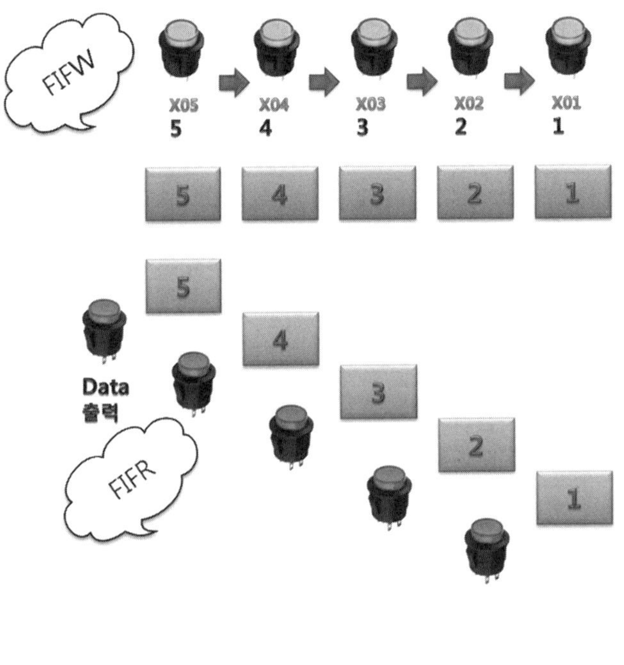

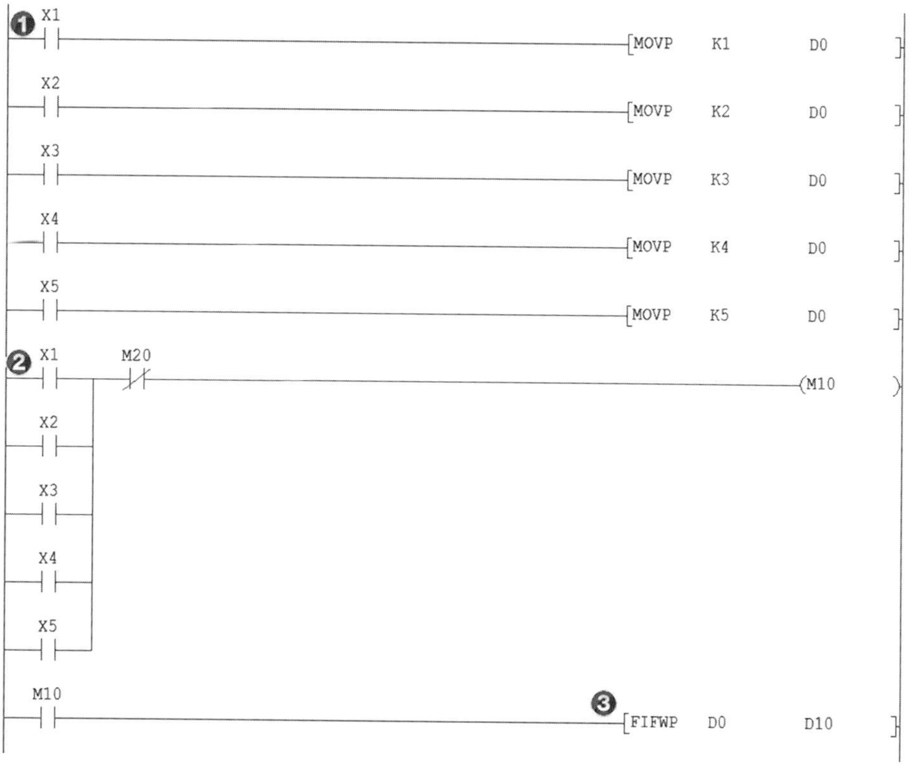

① X01부터 X05까지의 다섯 개의 스위치를 눌러 각 스위치마다 정해진 숫자를 데이터레지스터 D0에 저장한다. ② 스위치를 누를 때마다 코일 출력 M10이 ON 상태가 된다. 다음과 같이 변형하여 프로그램 할 수 있다.

논리 부분의 드모르강의 법칙을 설명하면서 다루어 보았던 내용이다. 프로그램을 모니터에서 상하로 길게 표시되어 있으면 한 번에 보고 이해하기 불편하기 때문에 조금 변형하여 사용해 보는 것도 좋은 습관이 된다.

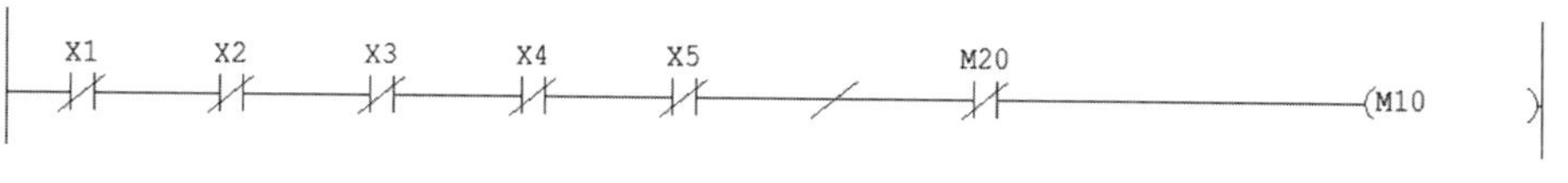

③의 FIFW 명령이 실행되어 D10에는 저장되는 데이터의 수량이 저장되고 D11부터 입력한 숫자가 다음 그림처럼 저장된다. 스위치 X05를 첫 번째 입력으로 하여 X04 → X03 → X02 → X01 순서로 하였다. 입력되는 숫자는 5 → 4 → 3 → 2 → 1 순으로 저장된다.

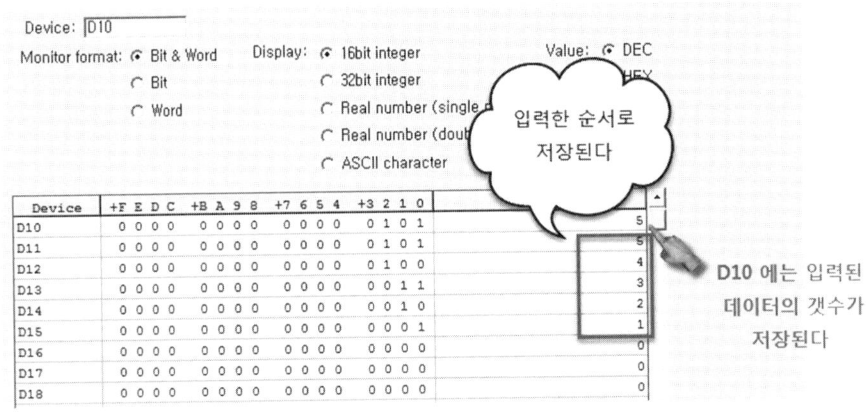

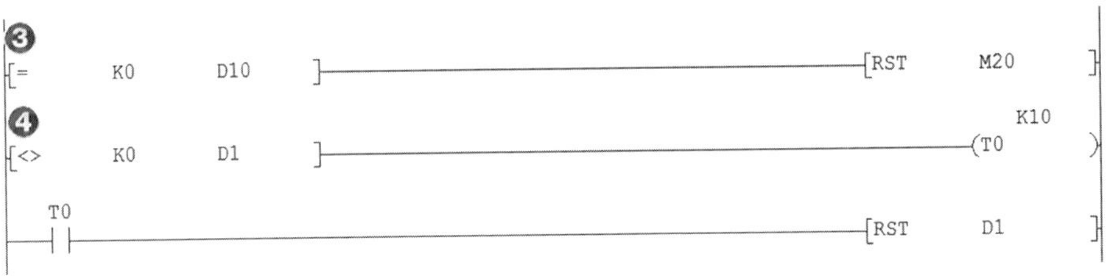

③ 선입선출(FIFW) 쓰기 명령에서 데이터의 입력 수량이 저장되어 있는 D10에 값이 0으로 되어 있다는 것은 저장된 데이터가 존재하지 않는다는 의미이므로 아래 데이터 읽기 명령 출력 코일 M20을 OFF 시킨다.

④ 선입선출(FIFR) 읽기 명령에서 입력 데이터를 초기화하기 위한 프로그램이다. 프로그램 조건에서 1초 간격으로 데이터를 읽어 와서 램프를 점등시키도록 해야 하므로 타이머를 사용하여 1초마다 D1의 데이터를 지워 주도록 하였다. 이 부분을 타이머 대신 스위치 입력을 이용하여 원하는 시점에 데이터를 읽어 올 수 있도록 수정할 수도 있다. 프로그램 수정은 독자 여러분들에게 과제로 남겨 놓도록 하겠다.

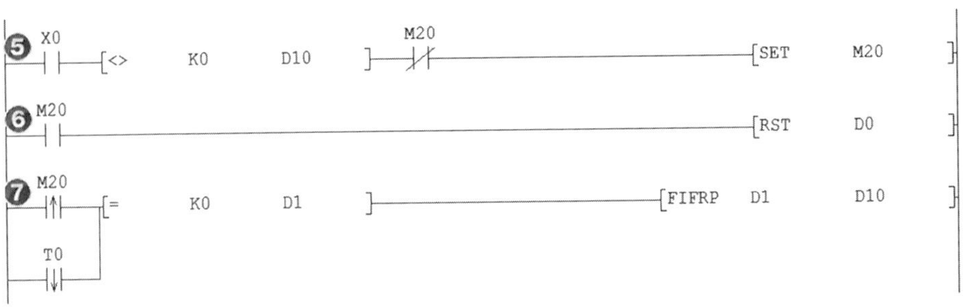

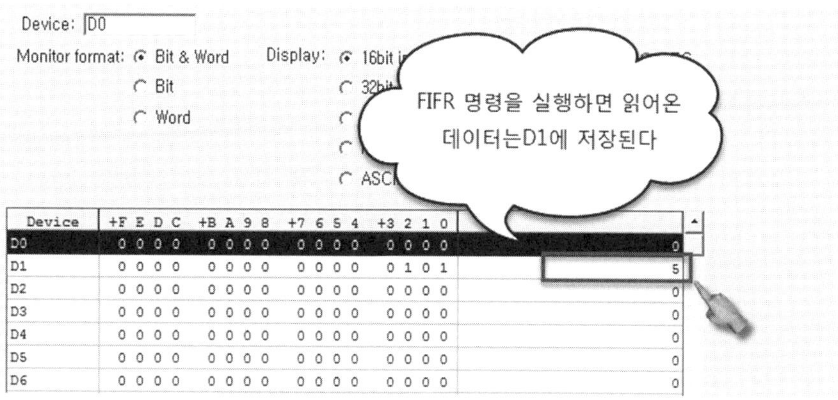

⑤ X00은 Y21부터 25까지 스위치의 번호와 매칭된 램프의 출력을 발생시키는 스위치이다. 스위치를 누른 순서대로 램프가 ON 되어야 하므로 ⑧과 같이 데이터 테이블에서 읽어 오는 순서대로 D1에 저장된 값에 해당하는 램프를 연결하였다. 예를 들어 읽어 온 데이터가 2라면 이것은 스위치 X02을 눌러서 데이터 테이블에 입력한 데이터라는 의미이고, 스위치를 누른 순서는 선입선출 명령어에 의해서 동작을 하게 된다.

⑥ 데이터를 읽어 오는 동작 중에는 새로이 데이터가 입력되지 않도록 D0에 0을 써넣은 프로그램이다. RST 명령의 대상이 Word형 디바이스이므로 RST 명령은 대상 디바이스를 계속 0으로 만드는 동작을 한다.

⑦ 데이터 읽기 스위치 X00가 ON 되면 코일 출력 M20이 SET되고 이때 최초 FIFR 명령이 실행된다. 그리고 이후 FIFR 명령 실행은 ③에서 사용한 타이머에 의해 입력이 만들어지게 된다. 타이머 T0의 접점을 OR 형태로 사용하였다.

연습문제 2. FIFW 명령을 사용한 입력 순서대로 출력하기

선입선출 명령어 FIFW 명령어를 사용하여 먼저 입력된 정보순으로 데이터를 저장하고 저장된 순서대로 출력하는 프로그램을 작성할 수 있다.

[동작 설명]

토글 스위치를 순서대로 ON 시키고 "SAVE" 버튼을 눌러 스위치의 ON 된 순서를 저장한다. "START" 스위치를 누르면 토글 스위치를 조작한 순서대로 Motor 1 ~ 5까지의 램프가 점등된다. 토글 스위치를 조작하여 ON 하는 순서는 Motor를 조작하는 순서라고 생각하면 된다. 토글 스위치(SW01)은 Motor 1과 연결되고 순서대로 토글 스위치(SW05)는 Motor 5와 매칭되어 있다.

토글 스위치의 조작 순서를 변경하려면 "CLEAR" 스위치를 누르면 된다.

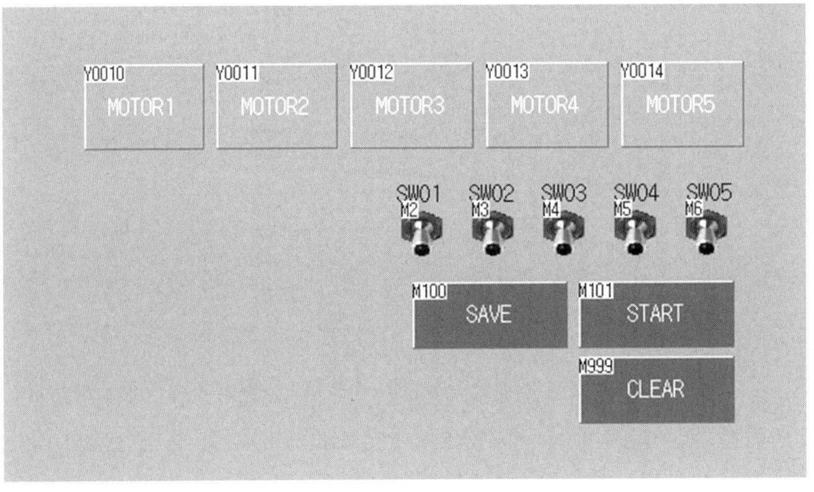

① 터치 패널의 구성

Y10부터 Y14까지는 비트 램프로 작성한다. 토글 스위치는 "Alternate" 타입의 스위치를 사용하며 하단의 "SAVE", "START", " CLEAR" 스위치는 "Bit Momentary" 타입의 스위치이다. 토글 스위치의 설정은 Lamp에 스위치와 동일한 디바이스 명을 입력하여 스위치의 조작 상태(ON/OFF)를 표시한다. 이 예제는 Naver의 '하늘가득 비'님의 프로그램 예를 가져와 표시한 것임을 알려드립니다(http://blog.naver.com/tata***). 프로그램 중 토글 스위치의 디바이스 X2부터 X6까지를 M2에서 M6으로 변경하여 표시합니다.

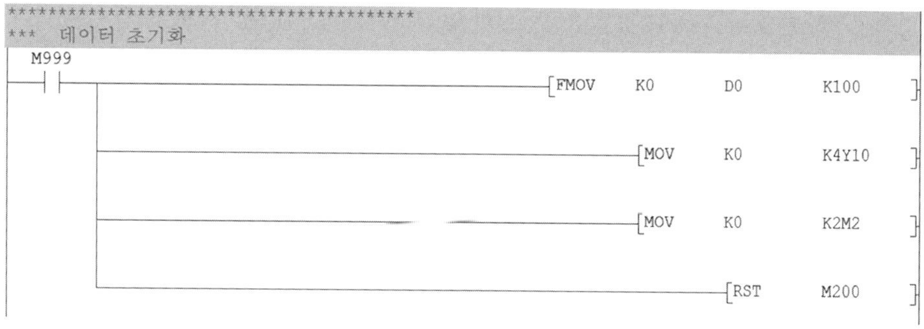

프로그램에서 사용하는 디바이스를 모두 초기화하는 부분이다. "CLEAR" 버튼을 클릭하면 표시 램프 Y10부터 Y14까지 모두 OFF 한다(여기에서 K4Y10을 지정한 것은 조작하는 스위치를 추가하는 것을 염두에 두고 설정한 것으로 생각하자).

순서를 지정하기 위한 토글 스위치는 M2부터 사용하였다. 역시 설정된 상태를 OFF 하기 위해 전송 명령 MOV를 사용하였다. M200은 실행 부분의 프로그램에서 데이터 설정을 종료하였다는 의미로 사용한 것이다. 이 설정은 SET 명령을 사용하였으므로 역시 RST할 필요가 있으므로 초기화 프로그램에 추가된 것이다.

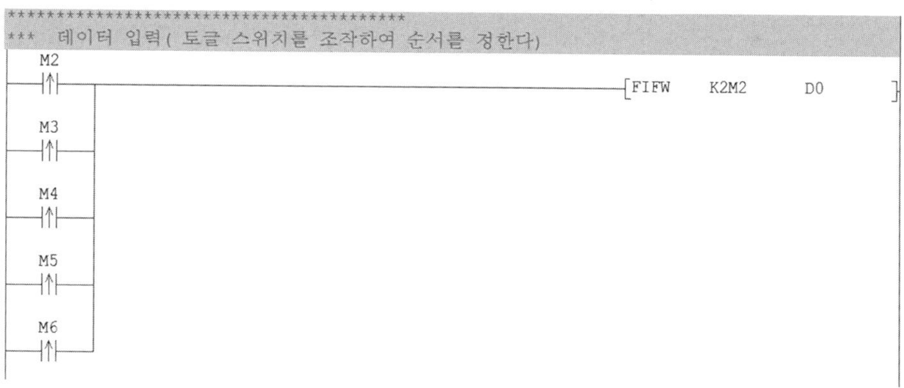

토글 스위치를 ON 하여 동작 순서를 정한다. 임의의 순서대로 토글 스위치를 조작하면 D1부터 조작한 순서대로 데이터가 순서대로 저장된다. 즉 D0에 저장되는 값은 입력된 데이터의 수량이다.

D1은 토글 스위치를 첫 번째로 조작한 데이터 값이다. 스위치는 M2부터 M6까지 총 5개를 사용했다. 즉 K2M2로 표시하였으므로 첫 번째 토글 스위치(M2)를 ON 하면 D1에는 첫 번째 비트가 ON 되었으므로(2^0 자리이다) 1이 입력된다. 두 번째 토글 스위치

(M3)를 On하면 $2^1 = 2$ 가 저장된다. 동일한 원리로 D5까지 다섯 개의 스위치를 조작한 순서대로 스위치 비트에 해당하는 값이 저장된다.

아래는 M2부터 M6까지 차례로 스위치를 조작한 결과를 모니터한 결과이다.

Watch 1(Monitor Executing)

Device/Label	Current Value	Data Type	Class	Device	Comment
K2M2	0	Word[Signed]		K2M2	
D0	5	Word[Signed]		D0	
D1	1	Word[Signed]		D1	
D2	2	Word[Signed]		D2	
D3	4	Word[Signed]		D3	
D4	8	Word[Signed]		D4	
D5	16	Word[Signed]		D5	

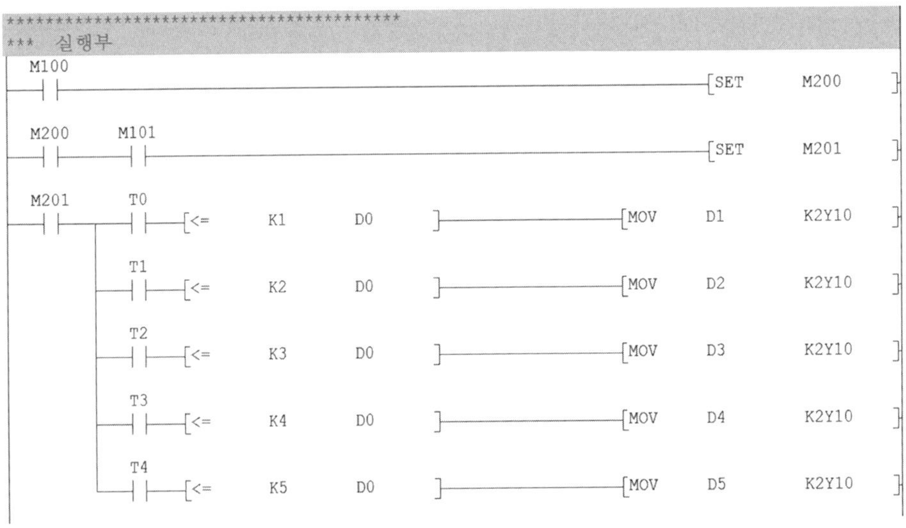

M100은 터치 패널에서 사용한 "SAVE" 스위치이다. 토글 스위치를 순서대로 ON 하여 동작 순서를 지정하고 이 버튼을 누르면 데이터 설정이 완료되었다는 의미가 된다.

M101은 "START" 스위치이다. 순서를 설정하고 그 순서대로 Motor가 동작하도록 기동 신호를 만들어 준다. 각 스텝마다 사용한 타이머(T0부터 T4까지)는 각 모터의(여기에서는 램프) 동작이 완료되었다는 의미로 사용한 동작 완료 신호이다.

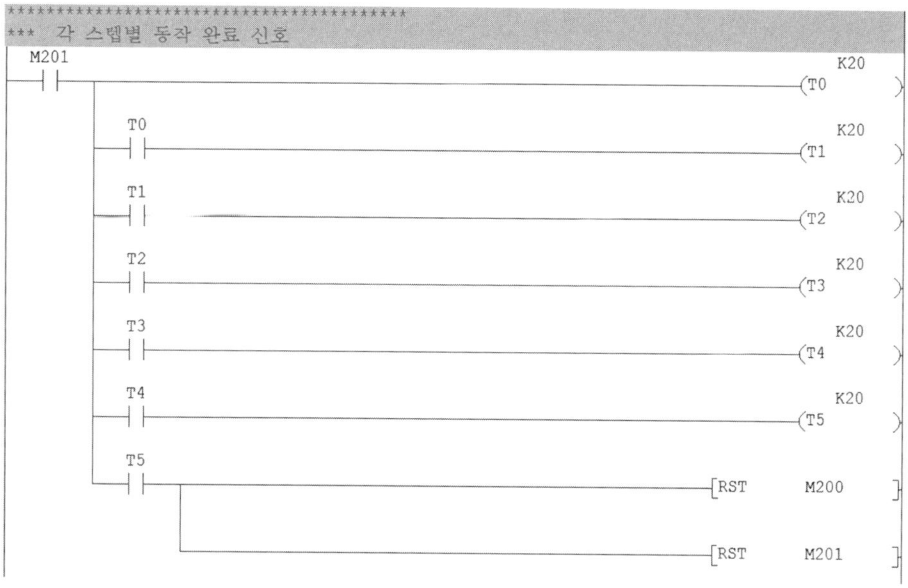

각 모터(램프)의 동작이 완료되는 시점을 타이머로 사용하였다. 실제로 타이머 대신에 출력 Y10부터 램프가 아닌 모터나 다른 액추에이터를 연결하였다고 하면 그 액추에이터의 동작이 완료된 신호를 사용한다.

마지막 동작이 완료되어 T5가 타임 업되면 M200과 M201의 신호를 리셋한다.

연습문제 3. PLC에 내장되어 있는 시계 데이터 조작하기

PLC에 내장되어 있는 시계 데이터를 표시하고 시계 데이터를 수정할 수 있는 프로그램을 작성할 수 있다.

[동작 설명]

PLC 명령어 Manual을 보면 PLC에 내장되어 있는 시계에 관련된 데이터를 보관하고 있다. 즉 현재의 년, 월, 일, 시, 분, 초, 그리고 요일에 관한 정보를 저장하고 있으므로 이 데이터를 읽어올 수 있는 명령어 "시계 데이터 읽기(DATERD(P))"가 있다. 매뉴얼의 해당 내용을 살펴보면 다음과 같다.

시계 데이터 읽기(DATERD(P))

Basic | High performance | Process | Redundant | Universal | LCPU

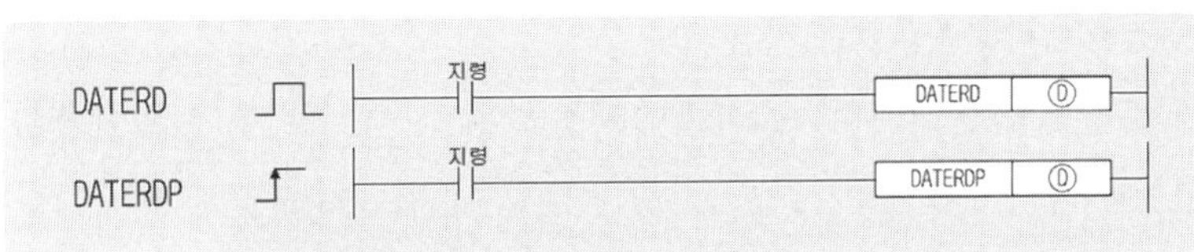

Ⓓ : 읽은 시계 데이터가 저장되는 디바이스의 선두 번호(BIN16비트)

<table>
<tr><th rowspan="2">설정 데이터</th><th colspan="2">내부 디바이스</th><th rowspan="2">R, ZR</th><th colspan="2">J□₩□</th><th rowspan="2">U□₩G□</th><th rowspan="2">Zn</th><th rowspan="2">상수</th><th rowspan="2">기타</th></tr>
<tr><th>비트</th><th>워드</th><th>비트</th><th>워드</th></tr>
<tr><td>Ⓓ</td><td>–</td><td colspan="2">○</td><td colspan="6">–</td></tr>
</table>

사용법에 대한 설명은 다음과 같이 되어 있다.

① CPU 모듈의 시계 소자에서 '년, 월, 일, 시, 분, 초, 요일'을 읽고, D로 지정된 디바이스 이후에 BIN값으로 저장한다.

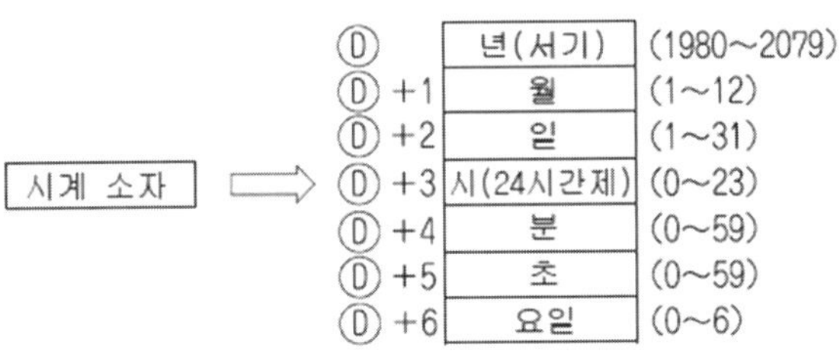

② D의 '년'은 서기 4자리를 저장한다.

③ D+6의 '요일'은 '일~토'를 '0~6'으로 저장한다.

요일	일	월	화	수	목	금	토
저장 데이터	0	1	2	3	4	5	6

④ 윤년은 자동으로 보정된다.

문제) 이 명령을 사용하여 센서가 ON 될 때마다 그 시간 데이터를 PLC 메모리 D0부터 저장한다. 시계 데이터는 총 7개 워드로 구성되어 있으므로 첫 번째 센서가 ON 되는 시점은 D0부터 두 번째 센서가 ON 되는 시점은 D10부터 등과 같이 디바이스 번호는 10씩 증가하는 것으로 한다.

문제를 해결하기 위해 알아야 할 사항은 ① 시계 데이터 읽기 명령어의 사용 방법과 ② 센서가 ON 될 때마다 시계 데이터가 저장되는 데이터 레지스터 D의 번호가 10씩 증가한다는 점이다. ①번 항목은 단순하게 명령어의 입력 조건에 센서만 연결하면 될 것이다. ②번 항목은 인덱스 레지스터(Z)의 사용법을 먼저 이해하고 있어야 한다.

인덱스 레지스터(Z)는 일반적인 워드형 디바이스의 일종이다. PLC 파라미터의 Device Tab을 열어보면 인덱스 레지스터(Z)의 존재를 확인할 수 있다.

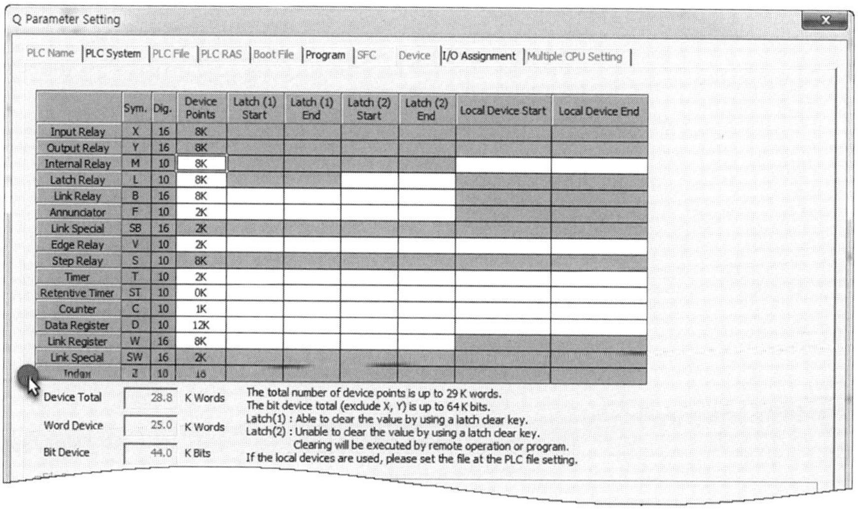

인덱스 레지스터 Z는 10진수 형태로 번호를 붙여 사용하고 사용할 수 있는 수량은 16개로 한정되어 있다. (※ CPU의 종류에 따라 사용 수량은 변동이 있다.)

① 인덱스 수식의 개요

인덱스 수식은 인덱스 레지스터를 사용한 간접 설정이다. 시퀀스 프로그램으로 인덱스 수식을 사용하면, 사용하는 디바이스는 **(직접 지정하고 있는 디바이스 번호)**+**(인덱스 레지스터의 내용)**이 된다.

예를 들어 D2Z2를 지정하고 있을 때 Z2의 내용이 3인 경우, D(2 + 3) = D5가 대상이 된다. 각 인덱스 레지스터에는 -32,768 ~ 32,767을 설정할 수 있다.

- **인덱스 수식 가능 디바이스**

인덱스 수식은 아래의 제약을 제외하고 접점, 코일, 기본 명령, 응용 명령에서 사용하는 디바이스에 사용할 수 있다.

- **인덱스 수식이 불가능한 디바이스**

- E : 부동 소수점 데이터
- Word.Bit : 워드 디바이스의 비트 지정
- P : 라벨로의 포인터
- Z : 인덱스 레지스터
- $: 문자열 데이터
- FX, FY, FD : 펑션 디바이스
- Z : 라벨로의 인터럽트 포인터
- S : 스텝 릴레이

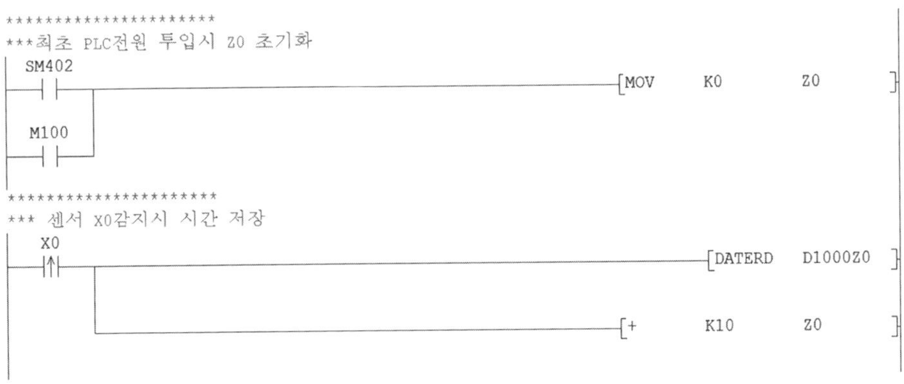

프로그램을 작성해 보면 위와 같다. 최초 PLC에 전원이 투입되면 자동적으로 인덱스 레지스터 Z0를 초기화할 수 있도록 하였다. SM402와 OR로 M100을 사용한 것은 터치 패널에서도 인덱스 레지스터를 초기화할 수 있도록 스위치를 하나 사용한 것으로 생각하면 된다.

센서 X0가 ON 될 때마다 PLC 시계 데이터 읽기용 명령어를 실행한다. 이때 명령어를 실행하는 것은 한 번만 실행이 되어야 하기 때문에 센서 X0에 상승 엣지 신호를 사용하였다. 명령어를 실행한 뒤 저장되는 영역이 10씩 증가되어야 하므로 인덱스 레지스터 Z0를 시계 데이터 저장 영역인 D1000에 수식 처리하였다. 명령어 실행 뒤 인덱스 레지스터 Z0에 10을 증가시켜 주어 다음 센서가 ON 될 때 저장되는 영역의 시작 어드레스가 D1010이 되도록 하여 주면 된다.

프로그램을 실행한 뒤 디바이스를 모니터해 보면 정해진 어드레스 D1000부터 년, 월, 일, 시, 분, 초, 요일이 저장되어 있음을 확인할 수 있다.

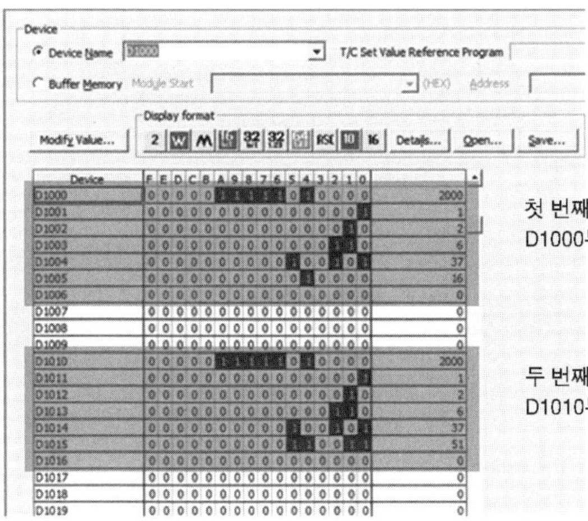

첫 번째 센서 X0가 On되었을 때의 시계 데이터 D1000부터 년, 월, 일, 시, 분, 초, 요일이 저장된다.

두 번째 센서 X0가 On되었을 때의 시계 데이터 D1010부터 년, 월, 일, 시, 분, 초, 요일이 저장된다.

저장되는 시계 데이터가 정확하지 않다면 PLC의 시계를 조정해 보자.

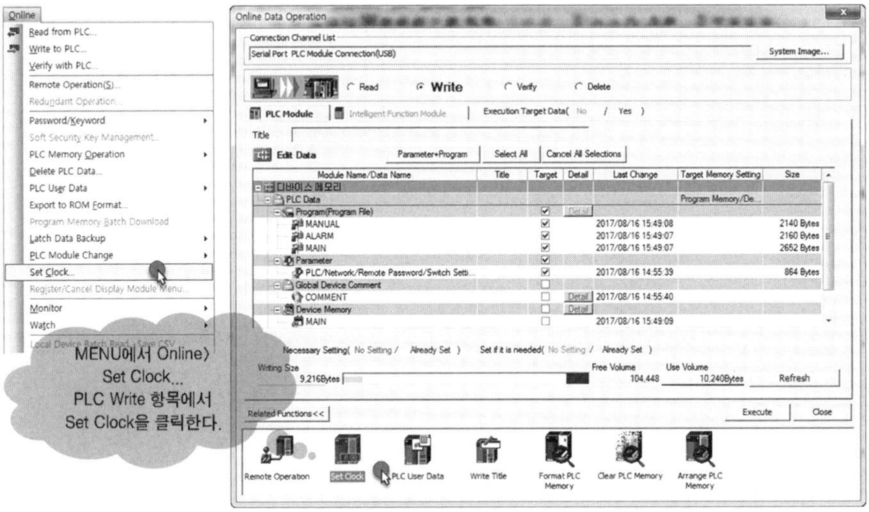

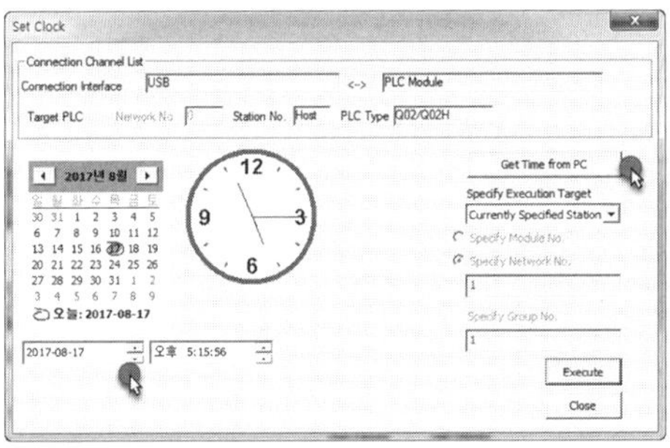

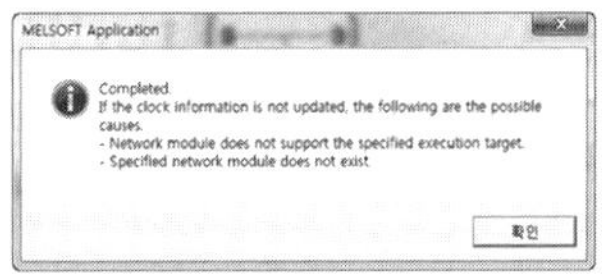

좌측의 달력 하단부의 날짜, 시간 설정에서 시간을 조정하거나 우측의 'Get Time from PC' 버튼을 클릭하여 시간을 설정할 수 있다.

'Get Time from PC' 기능을 사용하기 전에 PC의 시계 데이터가 정확한지 확인하고 실행하도록 하자. 시간이 설정되었으면 수정된 데이터를 다시 한번 PLC CPU에 써넣도록 한다.

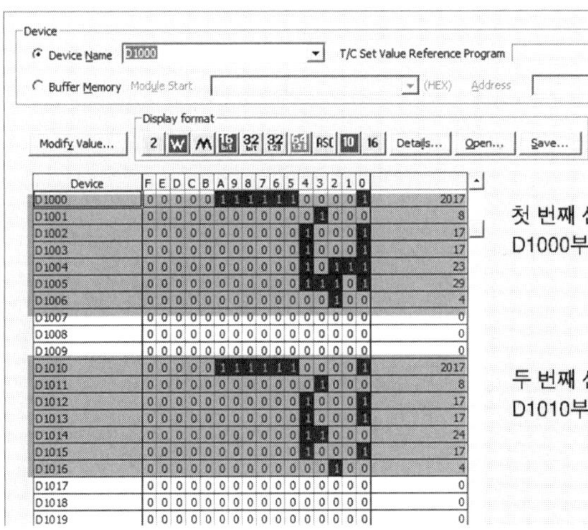

첫 번째 센서 X0가 On되었을 때의 시계 데이터 D1000부터 년, 월, 일, 시, 분, 초, 요일이 저장된다.

두 번째 센서 X0가 On되었을 때의 시계 데이터 D1010부터 년, 월, 일, 시, 분, 초, 요일이 저장된다.

PLC의 시계를 설정하는 방법은 특수 레제스터 SD 영역에 직접 시계 데이터를 입력하는 방법이 있다. 이와 관련된 특수 레제스터 SD 영역은 다음과 같다.

- SD210: 서기(하위 2자리), 월
- SD211: 일, 시
- SD212: 분, 초
- SD213: 서기(상위 2자리), 요일(하위 4Bit)

번호	명칭	내용	내용 상세	세트측 (세트 시기)	대응 ACPU D9□□□	대응 CPU
SD210	시계 데이터	시계 데이터 (서기, 월)	아래의 년(서기, 하위 2자리), 월이 **BCD** 코드로 저장된다. b15 ~ b12 b11 ~ b8 b7 ~ b4 b3 ~ b0 예) 1993년, 7월 9307H 년 월	S(요구 시)/U	D9025	QCPU LCPU
SD211	시계 데이터	시계 데이터 (일, 시)	아래의 일, 시가 **BCD** 코드로 저장된다. b15 ~ b12 b11 ~ b8 b7 ~ b4 b3 ~ b0 예)31일, 10시 3110H 일 시		D9026	
SD212	시계 데이터	시계 데이터 (분, 초)	아래의 분, 초가 **BCD** 코드로 저장된다. b15 ~ b12 b11 ~ b8 b7 ~ b4 b3 ~ b0 예)35분, 48초 3548H 분 초		D9027	
SD213	시계 데이터	시계 데이터 (서기 상위, 요일)	아래의 년(서기, 상위 2자리)과 요일이 **BCD** 코드로 저장된다. b15 ~ b12 b11 ~ b8 b7 ~ b4 b3 ~ b0 예) 1993년, 금요일 1905H 서기 상위 (19 또는 20) 요일: 0 일, 1 월, 2 화, 3 수, 4 목, 5 금, 6 토		D9028	

SD 영역에 시계 데이터를 써넣는다고 해서 시계에 표시되는 것은 아니다. 다음과 같이 특수 릴레이 SM210(시계 데이터 SET 요구)를 ON 해 주어야 SD210부터 SD213에 저장된 시계 데이터가 CPU 모듈에 적용된다.

번호	명칭	내용	내용 상세	세트측 (세트 시기)	대응 ACPU M9□□□	대응 CPU
SM210	시계 데이터 세트 요구	**OFF** : 무처리 **ON** : 세트 요구 있음	본 릴레이가 **OFF → ON**으로 변경된 스캔의 **END** 명령 실행 후에 **SD210 ~ SD213**에 저장되어 있는 시계 데이터를 **CPU** 모듈에 쓴다.	U	M9025	QCPU LCPU
SM211	시계 데이터 에러	**OFF** : 에러 없음 **ON** : 에러 있음	시계 데이터(**SD210 ~ SD213**)의 값에 에러가 있으면 **ON**, 에러가 없으면 **OFF** 된다.	S (요구 시)	M9026	
SM213	시계 데이터 읽기 요구	**OFF** : 무처리 **ON** : 읽기 요구	본 릴레이가 **ON** 되어 있을 때 시계의 데이터를 **BCD**값으로 **SD210 ~ SD213**에서 읽는다.	U	M9028	

SM210 이외에도 SM211은 시계 데이터 SD210~213까지 값에 에러가 있음을 알려주며, SM213은 시계 데이터 SD210~213에 저장된 데이터를 읽어올 때 사용할 수 있다.

SD210과 SD213을 보면 서기(년도) 설정 데이터가 상위 2자리와 하위 2자리가 나누어 설정됨을 알 수 있다. 설정하기에 불편하므로 프로그램을 몇 줄 추가해야 입력할 때 편리할 것이다. 그리고 모두 BCD 코드로 저장이 된다는 사항이 표기되어 있지만 터치 패널을 입력할 때 입력 옵션을 BCD로 지정하면 어려움은 없다. (※ BCD에 대한 이해가 필요한 독자는 'PLC에서 사용하는 숫자 데이터' Chapter를 참조해 주기 바란다.)

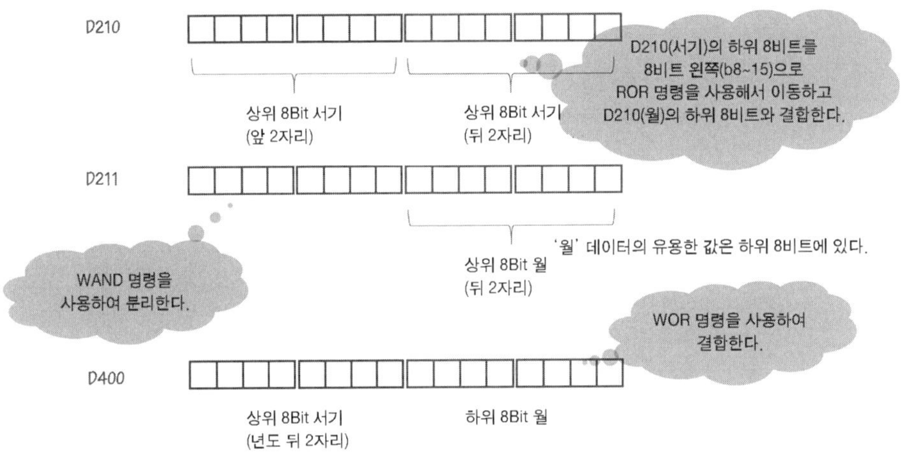

서기(년도)에 대한 정보가 SD210과 SD213에 나누어 저장되므로 터치 패널에서 년도 데이터를 입력한 것을 상위 8비트와 하위 8비트로 분리한 뒤 SD210은 월 데이터와 결합하고 SD213은 요일 데이터와 결합하여 저장되도록 한다.

한 개 워드에서의 데이터를 이동하기 위해서 필요한 명령어가 있는지 확인해 볼 필요가 있다. 상위 8비트와 하위 8비트를 서로 교환할 수 있는 명령어가 제공되면 간단하게 해결될 것이지만, 이와 같은 명령어가 없으므로 한 개 워드에서 데이터를 왼쪽이나 오른쪽으로 8개 비트만큼 이동할 수 있는 명령어를 찾아보았다. 다음과 같이 회전명령을 사용하면 8비트만큼 데이터를 회전하면 원하는 데이터를 얻을 수 있다.

16비트 데이터의 왼쪽 로테이션(ROL(P), RCL(P))

Basic | High performance | Process | Redundant | Universal | LCPU

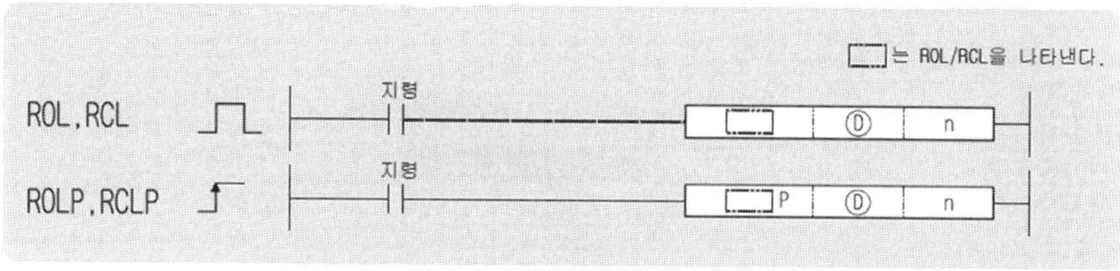

Ⓓ : 로테이션 하는 디바이스의 선두 번호(BIN16비트)
n : 로테이션 하는 횟수(0 ~ 15)(BIN16비트)

설정 데이터	내부 디바이스 비트	내부 디바이스 워드	R, ZR	J□\W□ 비트	J□\W□ 워드	U□\G□	Zn	상수 K,H	기타
Ⓓ	○							—	—
n	○							○	—

명령어의 실행 내용은 D로 지정된 디바이스의 16비트 데이터를 캐리 플래그를 포함하지 않고 n 비트 왼쪽으로 회전(이동)한다. 실제 사용할 예제는 다음과 같다.

실행 전 D322의 내용은 다음과 같다.

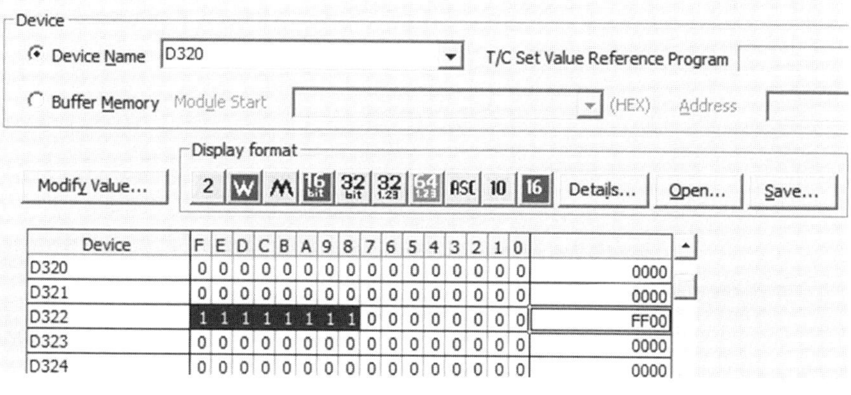

명령어 ROL을 실행한 결과는 다음과 같다.

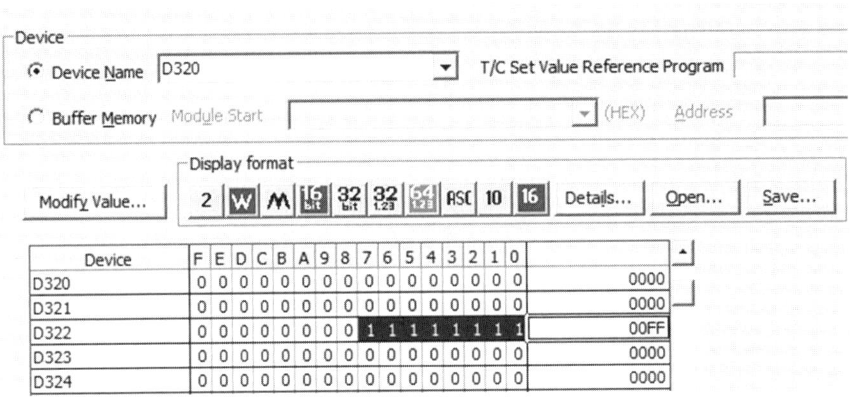

상위 8비트에 저장되어 있는 (1111 1111(Bin))의 데이터가 명령어(ROL)를 실행하면 하위 8비트로 자리가 이동되었음을 알 수 있다. 명령어 실행 시 주의할 점은

① 하위 8비트에 있는 데이터는 모두 0으로 만든다. (회전 명령이므로 하위 8비트의 데이터는 상위 8비트 자리로 이동된다.)

② ROL 명령은 한 번만 실행이 되도록 명령어를 펄스화시키거나 명령 실행 조건에 엣지 신호로 사용한다. (상승 엣지 또는 하강 엣지)

16비트 데이터의 왼쪽 로테이션(ROL(P), RCL(P))

Basic | High performance | Process | Redundant | Universal | LCPU

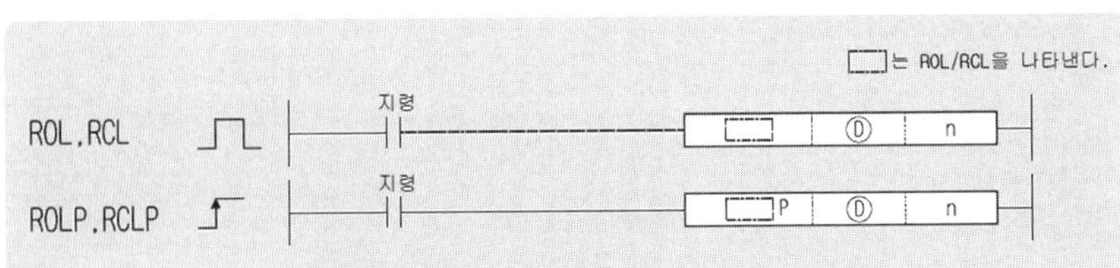

Ⓓ : 로테이션 하는 디바이스의 선두 번호(BIN16비트)
n : 로테이션 하는 횟수(0 ~ 15)(BIN16비트)

설정 데이터	내부 디바이스 비트	내부 디바이스 워드	R, ZR	J□\W□ 비트	J□\W□ 워드	U□\G□	Zn	상수 K,H	기타
Ⓓ	○							—	—
n	○							○	—

명령어의 실행 내용은 D로 지정된 디바이스의 16비트 데이터를 캐리 플래그를 포함하지 않고 n 비트 오른쪽으로 회전(이동)한다. 실행 전 D322의 내용은 다음과 같다.

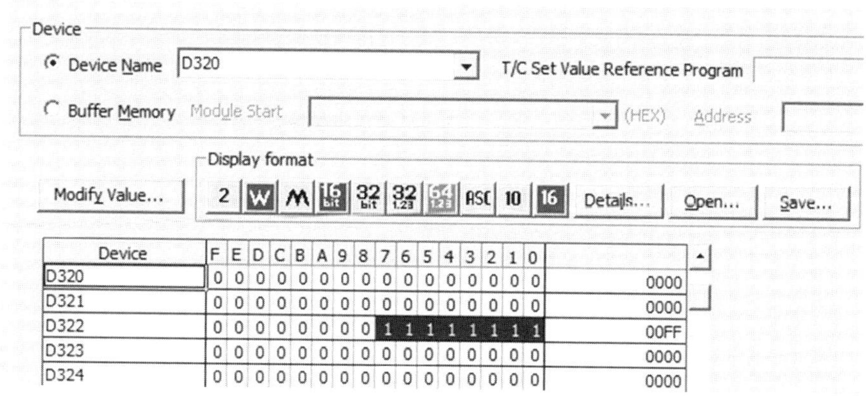

명령어 ROR을 실행한 결과는 다음과 같다.

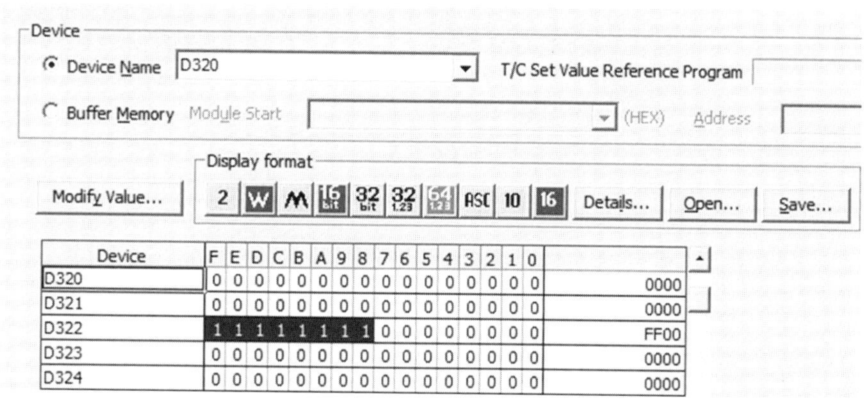

하위 8비트에 저장되어 있는 [0000 0000 1111 1111(Bin)]의 데이터가 명령어(ROR)를 실행하면 상위 8비트로 자리가 이동되었음을 알 수 있다. 명령어 실행 시 주의할 점은

① 상위 8비트에 있는 데이터는 모두 0으로 만든다. (회전 명령이므로 상위 8비트의 데이터는 하위 8비트 자리로 이동된다.)

② ROR 명령은 한 번만 실행이 되도록 명령어를 펄스화시키거나 명령 실행 조건에 엣지 신호로 사용한다. (상승 엣지 또는 하강 엣지)

이제 연도와 월을 터치 패널에서 입력할 때 사용한 디바이스는 D210과 D211이다. 이 데이터를 상위와 하위 8비트로 분리하도록 한다. 이때 사용할 명령은 각 비트를 AND 논리로 처리할 수 있는 WAND 명령이다. 앞에 W의 의미는 16개의 비트를 처리한다는(즉 워드) 뜻이다.

16비트/32비트 데이터 논리적(WAND(P), DAND(P))

Basic | High performance | Process | Redundant | Universal | LCPU

[1] 설정 데이터가 2개일 때(Ⓓ∧Ⓢ→Ⓓ, (Ⓓ+1, Ⓓ) ∧ (Ⓢ+1, Ⓢ) → (Ⓓ+1, Ⓓ))

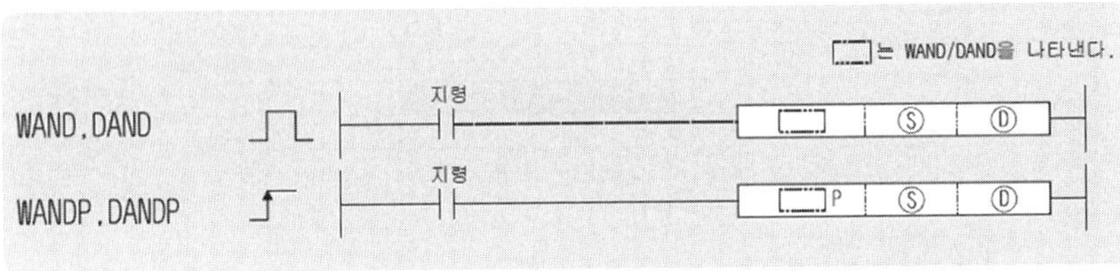

Ⓢ : 논리적을 실행할 데이터 또는 데이터가 저장되어 있는 디바이스의 선두 번호(BIN16/32비트)

Ⓓ : 논리적의 결과를 저장하는 디바이스의 선두 번호(BIN16/32비트)

설정 데이터	내부 디바이스		R ZR	J□\W□		U□\G□	Zn	상수 K,H	기타
	비트	워드		비트	워드				
Ⓢ	○							○	–
Ⓓ	○							–	–

D로 지정된 디바이스의 16비트 데이터와 S로 지정된 디바이스의 16비트 데이터를 비트마다 논리적을 실행하여, 결과를 D로 지정된 디바이스에 저장한다. 설명에서 "논리적"은 AND 처리를 한다는 말이다.

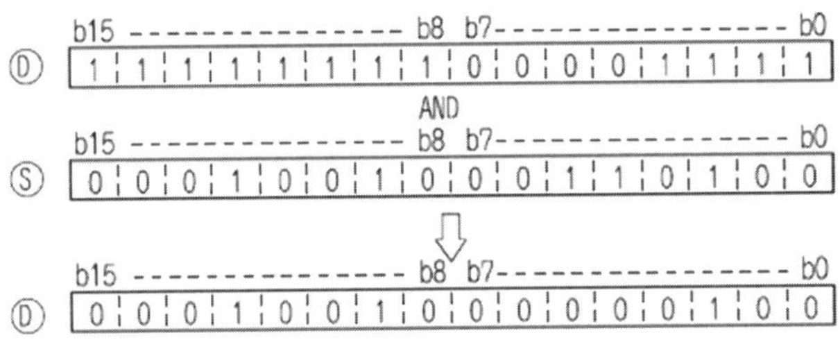

16비트/32비트 데이터 논리합(WOR(P), DOR(P))

Basic | High performance | Process | Redundant | Universal | LCPU

1 설정 데이터가 2개일 때 (Ⓓ∨Ⓢ→Ⓓ (Ⓓ+1, Ⓓ) ∨ (Ⓢ+1, Ⓢ) → (Ⓓ+1, Ⓓ))

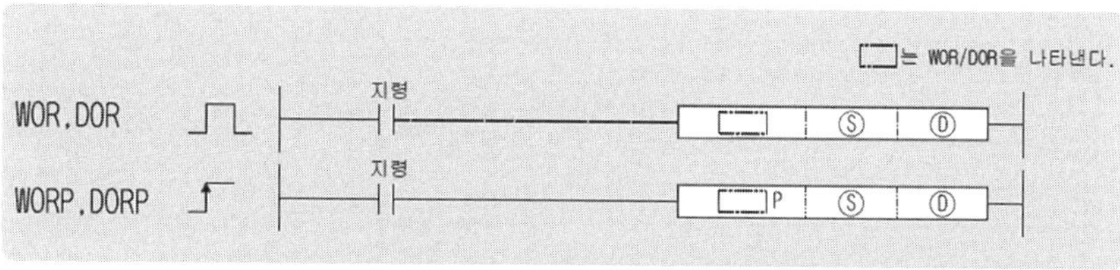

Ⓢ : 논리합을 실행할 데이터 또는 데이터가 저장되어 있는 디바이스의 선두 번호(BIN16/32비트)

Ⓓ : 논리합의 결과를 저장하는 디바이스의 선두 번호(BIN16/32비트)

설정 데이터	내부 디바이스 비트	내부 디바이스 워드	R, ZR	J□\W□ 비트	J□\W□ 워드	U□\G□	Zn	상수 K,H	기타
Ⓢ	○							○	–
Ⓓ	○							–	–

D로 지정된 디바이스의 16비트 데이터와 S로 지정된 디바이스의 16비트 데이터를 비트마다 논리합을 실행하여, 결과를 D로 지정된 디바이스에 저장한다. 설명에서 "논리합"은 OR 처리를 한다는 말이다.

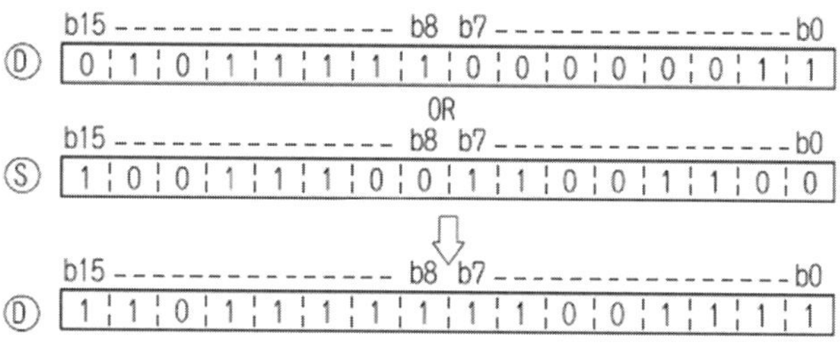

WAND, WOR 명령과 ROR, ROL 명령을 사용하여 데이터의 분리와 결합에 대한 프로그램을 예를 들어 설명하면 다음과 같다.

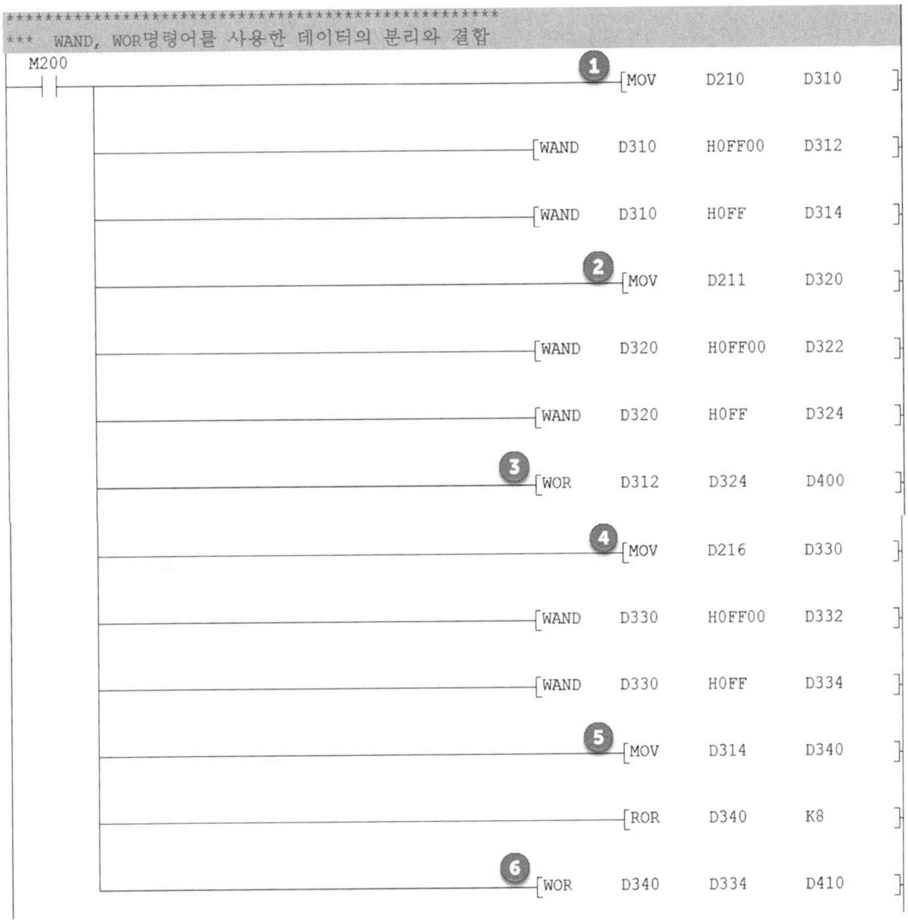

① 터치 패널에서 입력한 '년도' 데이터의 상위 8비트(앞 2자리)를 분리해야 하기 때문에 임시로 D310에 저장하였다. D310에 저장된 데이터의 상위 8비트만 얻기 위해서 16진수 FF00(Hex)을 WAND 처리하였다. AND 논리는 어느 한 쪽이 0이면 결과는 0이 됨을 기억하면 쉽게 FF, 즉 [1111 1111(Bin)]을 AND 처리하면 그 자리와 연산 대상은 그대로 결과에 옮겨진다는 것을 알 수 있다. 상위 8비트 데이터는 WAND 명령어 처리 후 D312에 저장되고 하위 8비트는 모두 0으로 된다.

② 터치 패널에서 입력한 '월' 데이터의 상위 8비트(앞 2자리)를 분리해야 하기 때문에 임시로 D320에 저장하였다. 데이터를 분리하는 과정은 ①과 동일하므로 설명은 생략한다. 월 데이터의 크기가 하위 8비트에 충분히 저장되므로 별도의 데이터 분리는 필요가 없지만 년도와 동일한 처리를 한다는 의미에서 동일한 구조의 프로그램을 작성하였다.

③ ①에서 저장한 '년도' 데이터의 상위 2자리(D312에 저장)와 ②에서 처리한 '월' 데이터의 하위 2자리를 WOR 명령을 사용하여 결합한다. 이 결합된 데이터는 SD210에 전송하면 된다.

④ '요일' 데이터를 처리하기 위한 부분이다. 요일 데이터의 크기가 하위 8비트에 충분히 저장되므로 별도의 데이터 분리는 필요가 없지만 년도와 동일한 처리를 한다는 의미에서 동일한 구조의 프로그램을 작성하였다.

⑤ D340에 저장되는 데이터는 요일이다. 즉 D216에 저장되는 값이 0 : 일요일, 1 : 월요일, … 6 : 토요일에 해당된다. 데이터의 크기가 하위 8비트에 충분히 저장되므로 별도의 데이터 분리는 필요가 없지만 년도와 동일한 처리를 한다는 의미에서 동일한 구조의 프로그램을 작성하였다.

ROR 명령을 사용하여 ①에서 분리한 '년도' 데이터의 하위 8비트에 해당하는 '년도' 아래 두 자리의 값을 상위 8비트 자리로 이동시켰다. '년도' 데이터의 하위 2자리를 ROR 명령으로 상위 8비트 자리로 이동하고 요일 데이터의 하위 8비트와 결합한다.

⑥ 마지막 줄의 WOR 명령은 하위 8비트에 분리해 놓은 년도 데이터와 요일 데이터를 결합하기 위한 프로그램 부분이다. 저장된 D410은 SD213에 전송하도록 한다.

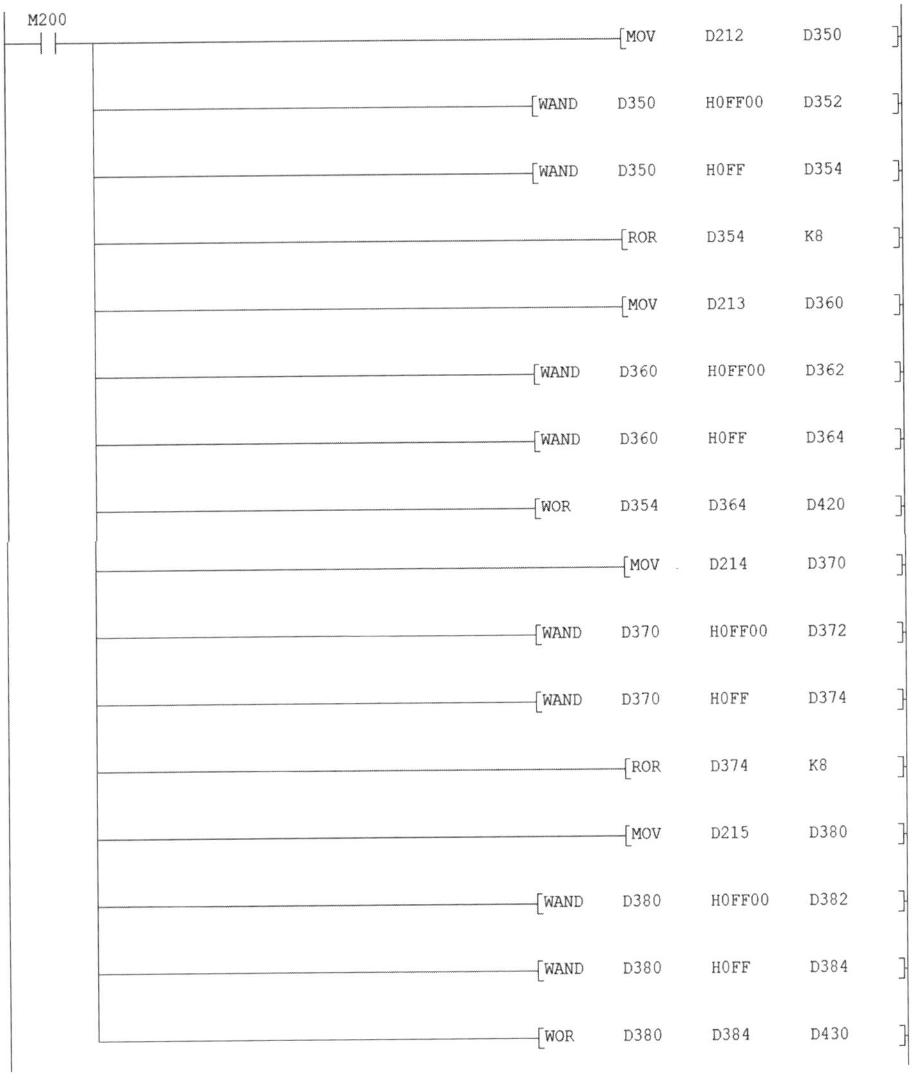

D212 '시간' 데이터와 D213 '분' 데이터의 분리와 결합은 앞의 과정과 동일하다. 분리된 데이터는 WOR 명령을 사용하여 최종적으로 D420에 저장된다. 이 데이터는 SD211에 저장하면 된다.

D214 '분' 데이터와 D215 '초'를 8비트씩 분리하여 상위 8비트는 '분'이 되어야 하므로 ROR 명령을 사용하여 상위 8비트 자리로 이동한다. WOR 명령을 사용하면 두 개의 데이터를 하나의 워드에 보관할 수 있다. D430에 저장된 데이터는 SD212에 전송하도록 한다.

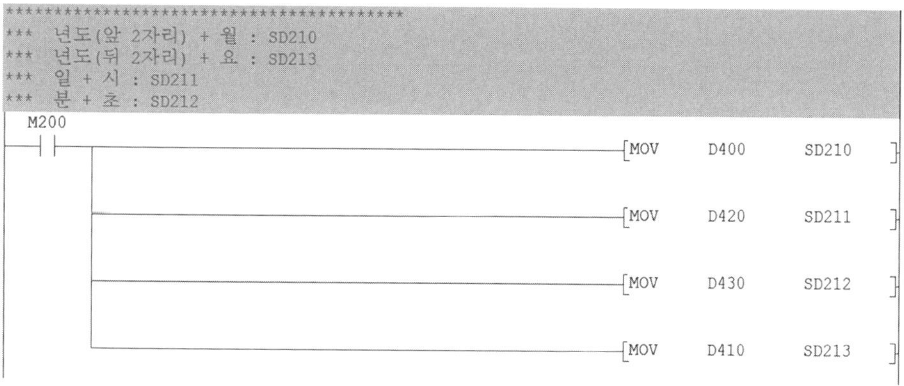

설정된 년, 월, 일, 시, 분, 초, 요일의 데이터를 적용하여 활성화하기 위해서 SM210을 ON 해줘야 한다. 프로그램의 마지막 부분에 위치할 수 있도록 한다. 데이터 설정부터 활성화까지는 하나의 스위치 M200을 사용하므로 활성화 SM210이 마지막에 위치하는 이유이다.

그리고 터치 패널에 생성할 스위치와 숫자 입력 기능은 다음과 같다.

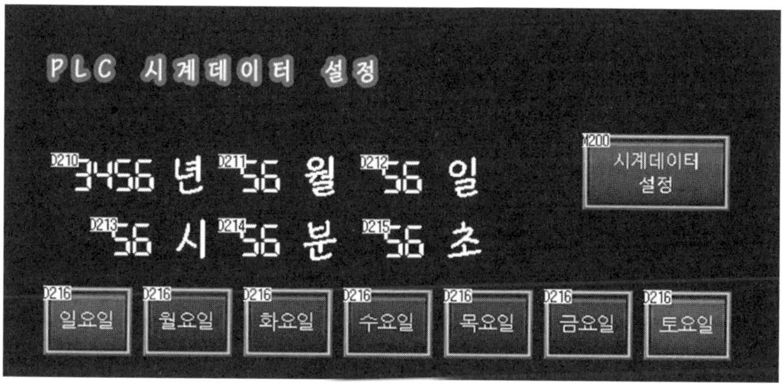

년도, 월, 일, 시, 분, 초 그리고 요일을 입력하여 시계 데이터를 설정할 수 있도록 터치 패널에 스위치와 숫자 입력기 등을 생성하도록 한다. 특이한 것은 요일을 정하는 스위치이다. 스위치 중에서 워드 스위치를 사용하면 지정된 워드 영역에 스위치에서 설정한 값(숫자)를 입력할 수 있다.

설정하는 방법은 다음과 같다.

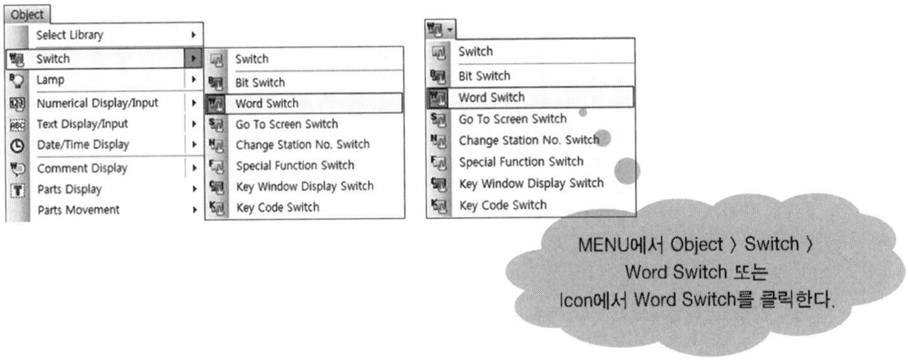

MENU에서 Object〉Switch〉Word Switch 또는 Icon에서 Word Switch를 클릭한다.

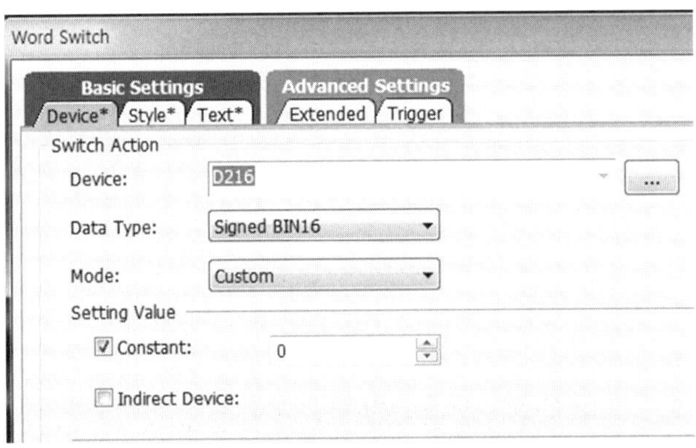

Device Tab에서 Device에 요일을 설정하는 디바이스 D216을 설정한다. 하단의 Setting Value는 이 스위치를 누르면 Device에 설정한 D216에 들어갈 숫자이다. 이 기능은 PLC의 MOV 명령을 실행한 것과 동일한 결과를 얻을 수 있다.

요일을 지정하기 위해서 총 7개의 워드 스위치가 필요하다. 스위치의 Device 항목은 동일하지만 스위치를 눌렀을 때 설정되는 값은 0: 일요일, 1: 월요일, … 6: 토요일이 된다.

연습문제 4. 포장라인 제어하기

센서와 연동하여 컨베이어를 제어할 수 있는 프로그램을 작성할 수 있다.

[동작 설명]

Start 푸시 버튼 PB1이 눌러지면 Box 컨베이어는 가동을 시작한다. 박스가 센서에 의해 감지되면 Box 컨베이어는 정지하고 Apple 컨베이어가 가동되다. Part 센서는 10개의 Apple을 카운트하는 데 사용한다. 카운트가 10개가 되면 Apple 컨베이어는 정지하고 다시 Box 컨베이어는 가동을 시작한다. 카운터는 리셋되고 이 동작이 계속 반복된다.

이 동작은 Stop 푸시 버튼(PB2)에 의해 정지하게 된다.

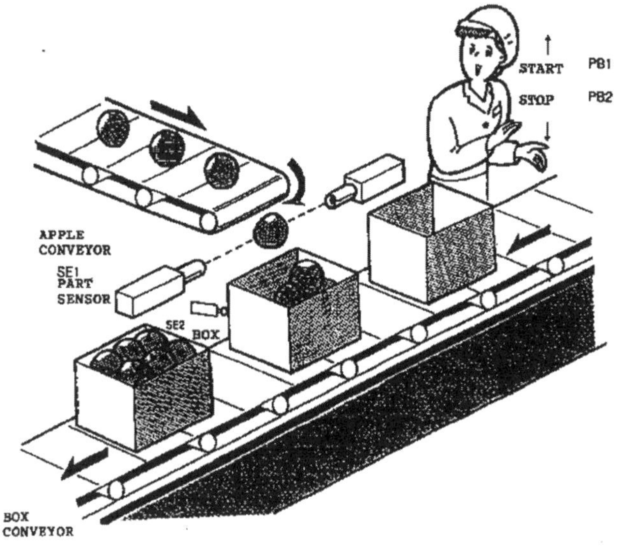

프로그램 작성을 위한 PLC 입력과 출력 신호를 정리하면 다음과 같다.

PLC 입력	내용
X00	시작 푸시 버튼 스위치(PB1)
X01	정지 푸시 버튼 스위치(PB2)
X02	Part 감지 센서 (SE1)
X03	Box 감지 센서 (SE2)
X04	

PLC 입력	내용
Y20	Apple Conveyor 모터
Y21	Box Conveyor 모터
Y22	
Y23	
Y24	

동작을 타임 차트로 표시하면 각 신호별 관계를 파악할 수 있다.

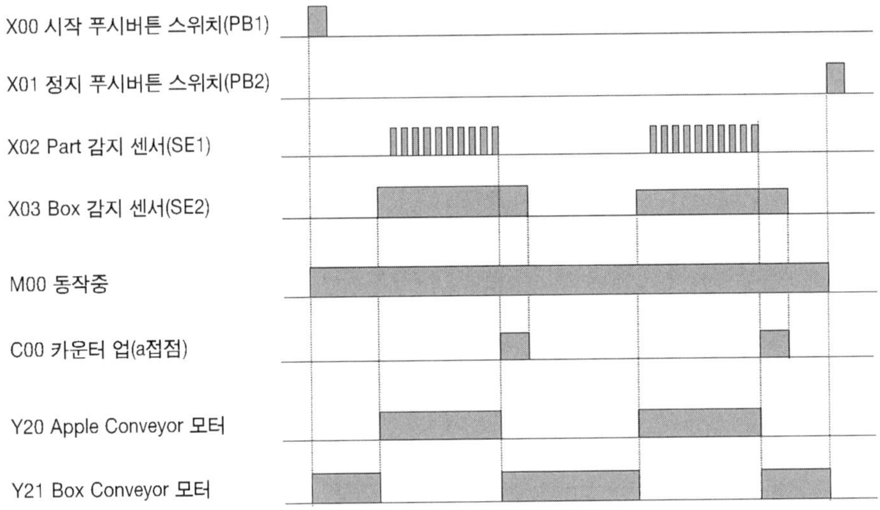

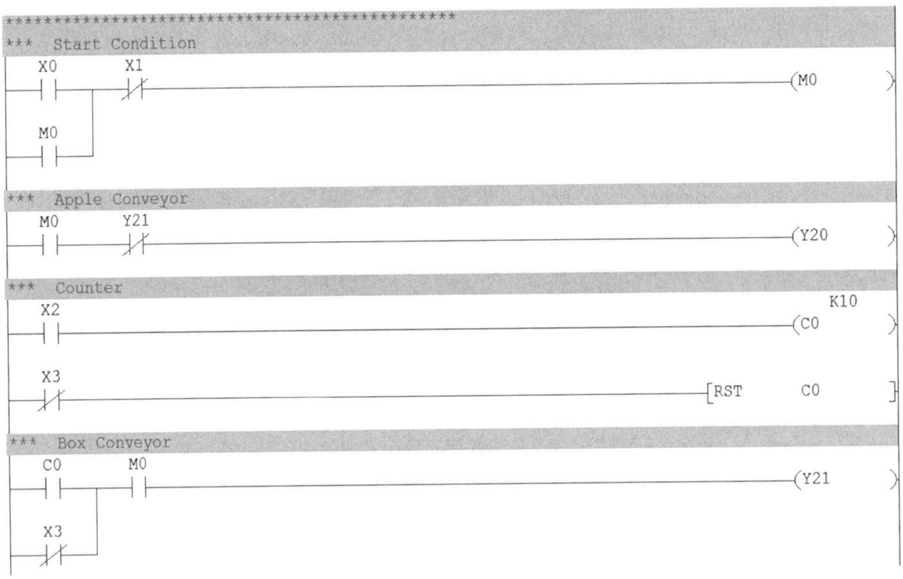

연습문제 5. Drilling Machine Control

Drilling Machine의 동작을 Manual 동작과 Auto Cycle 모드로 나누어 제어할 수 있는 프로그램을 작성할 수 있다.

[동작 설명]

① Manual 동작

- Forward Switch_SW1이 ON 되면 모터는 정회전(Forward)을 한다. 동작은 Stop Switch_SW2에 의해 정지할 수 있다. Drill이 정회전 엔드_LS2를 감지하면 모터는 즉각 정지한다.
- Reverse Switch_SW3이 ON 되면 모터는 역회전(Reverse)을 한다. 동작은 Stop Switch_SW2에 의해 정지할 수 있다. Drill이 역회전 엔드_LS1를 감지하면 모터는 즉각 정지한다.

② Auto-Cycle

Auto Start_PBS과 LS1이 ON 되면 모터는 정회전 엔드_LS2가 감지될 때까지 정회전을 한다. 이때부터 타이머는 동작하기 시작한다. 타이머가 2초가 되면 모터는 역회전을 한다. 역회전 엔드_LS1 위치에 도달하면 사이클 동작이 완료되고 다시 새로운 사이클이 반복된다.

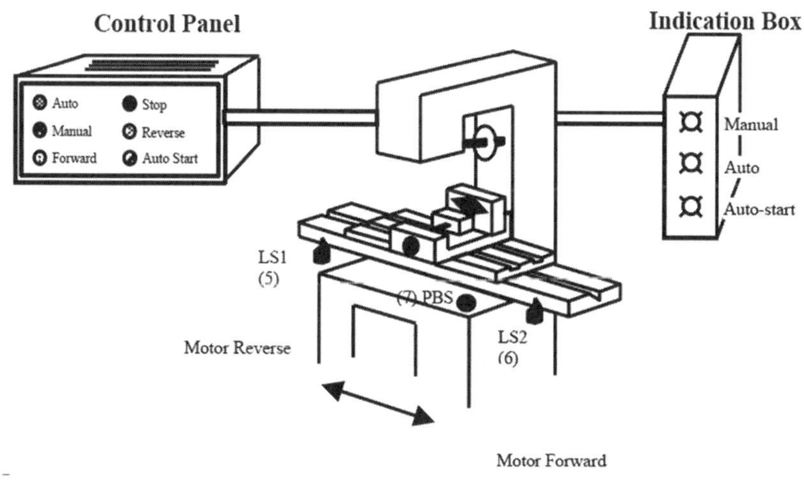

프로그램 작성을 위한 PLC 입력과 출력 신호를 정리하면 다음과 같다.

PLC 입력	내용	PLC 입력	내용
X00	Auto Switch	Y20	Auto Mode Lamp
X01	Manual	Y21	Manual Mode Lamp
X02	Forward Switch (SW1)	Y22	Motor Forward
X03	Stop Switch (SW2)	Y23	Motor Reverse
X04	Reverse Switch (SW3)	Y24	Auto Start Lamp
X05	Limit Switch (LS1)		
X06	Limit Switch (LS2)		
X07	Auto Start (PBS)		

프로그램을 작성하면 다음과 같다.

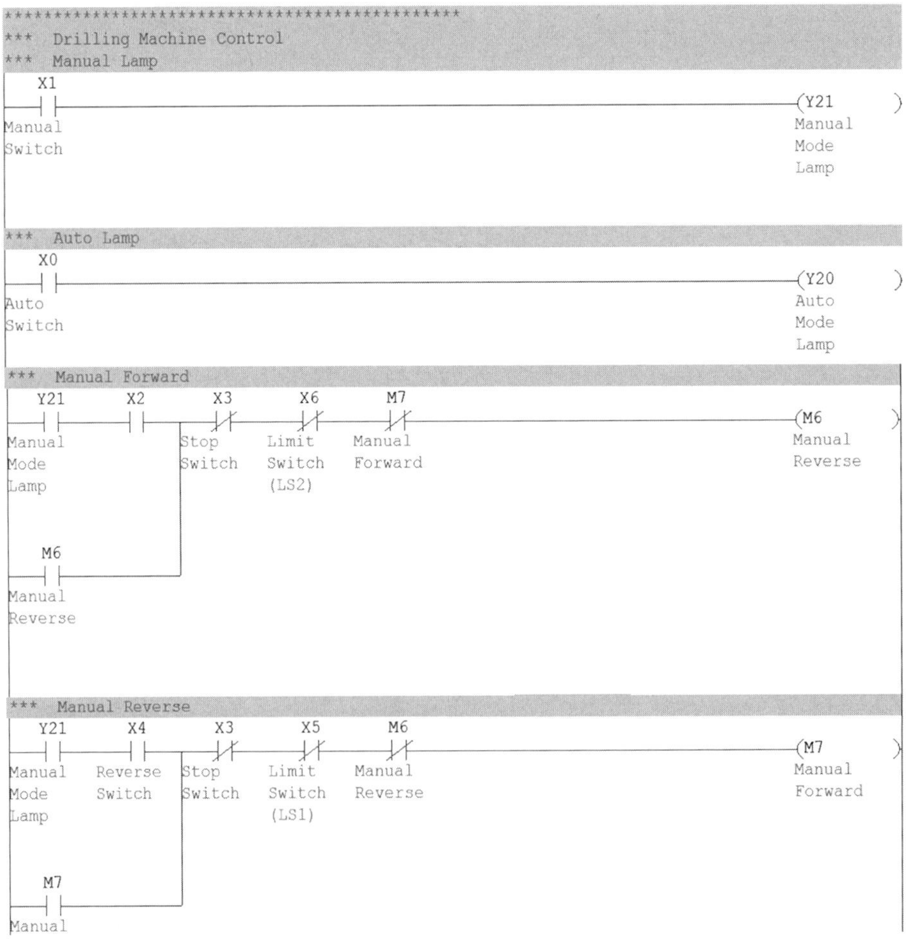

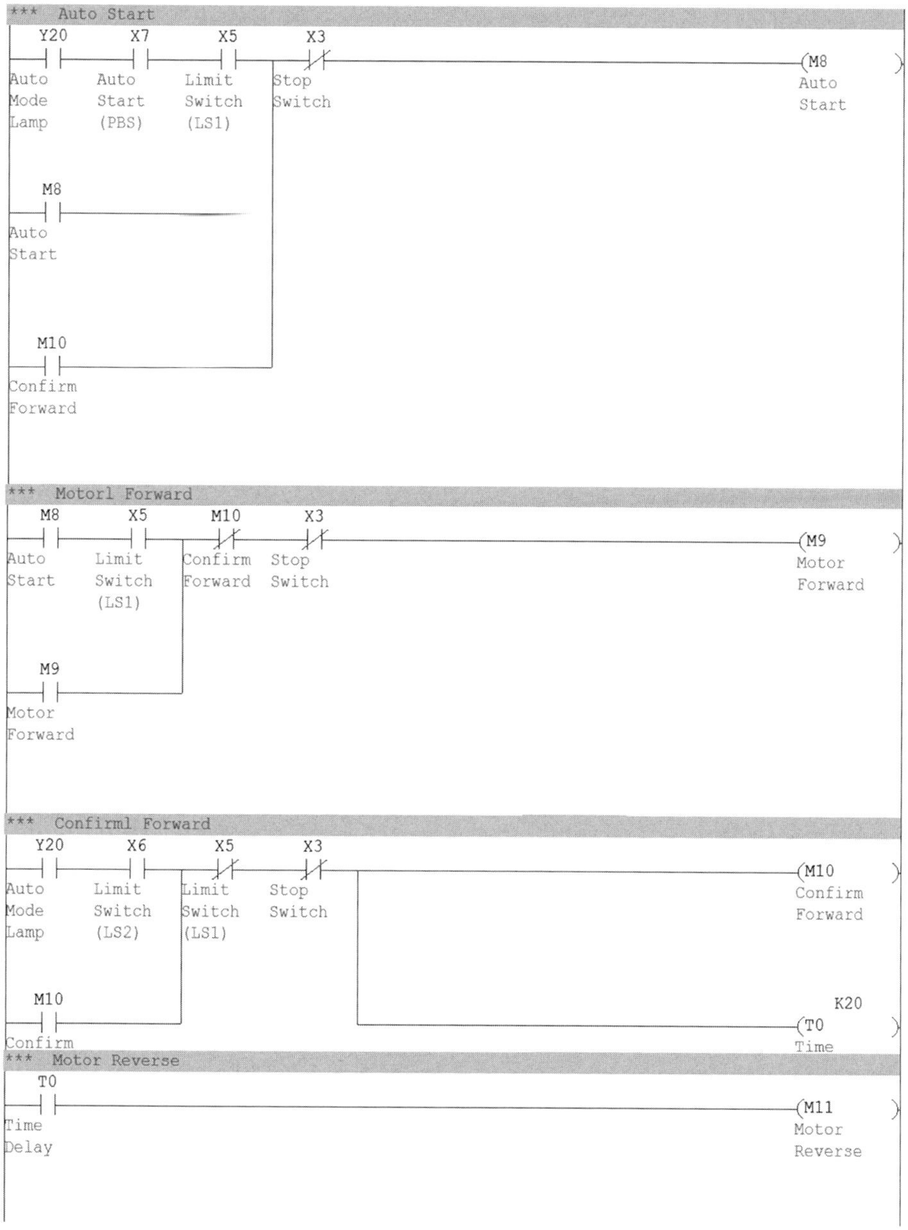
*** Auto Start
Y20
X7
X5
X3
M8
Auto Mode Lamp
Auto Start (PBS)
Limit Switch (LS1)
Stop Switch
Auto Start
M8
Auto Start
M10
Confirm Forward
*** Motor1 Forward
M8
X5
M10
X3
M9
Auto Start
Limit Switch (LS1)
Confirm Forward
Stop Switch
Motor Forward
M9
Motor Forward
*** Confirm1 Forward
Y20
X6
X5
X3
M10
Auto Mode Lamp
Limit Switch (LS2)
Limit Switch (LS1)
Stop Switch
Confirm Forward
M10
Confirm
K20
T0
Time
*** Motor Reverse
T0
Time Delay
M11
Motor Reverse

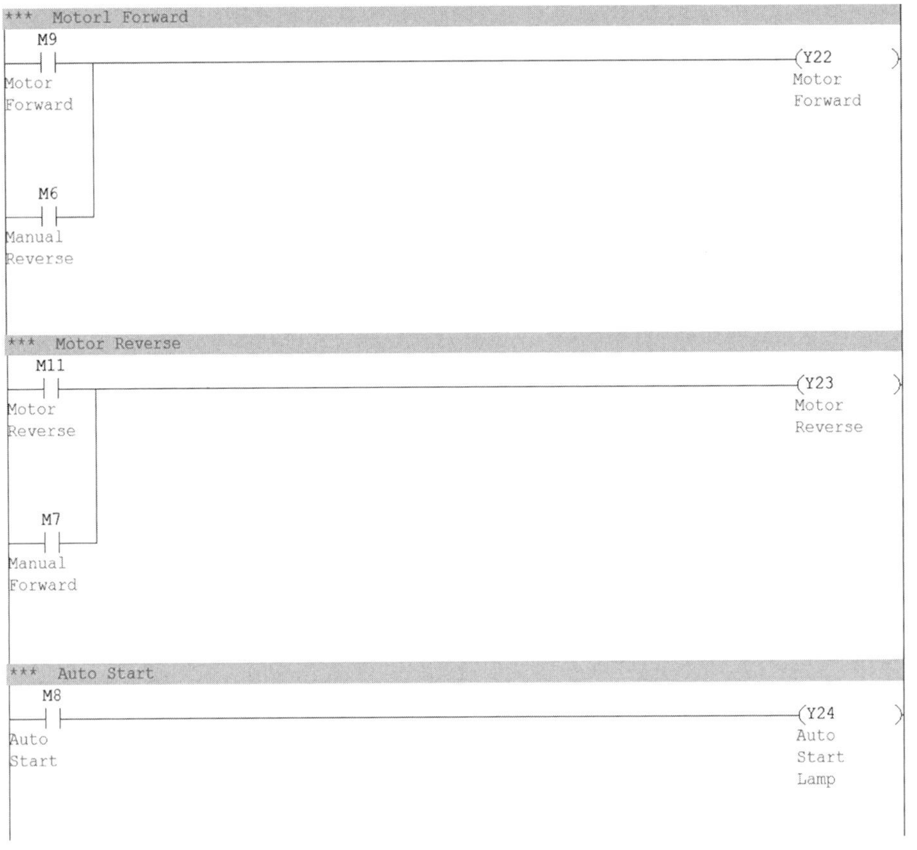
*** Motor1 Forward
M9
Motor
Forward
Y22
Motor
Forward
M6
Manual
Reverse
*** Motor Reverse
M11
Motor
Reverse
Y23
Motor
Reverse
M7
Manual
Forward
*** Auto Start
M8
Auto
Start
Y24
Auto
Start
Lamp

연습문제 6. 간단한 대차(Motor Car) 시퀀스 컨트롤

스위치와 리미트 스위치를 활용하여 대차(Motor Car)의 좌우 이동을 제어할 수 있는 프로그램을 작성할 수 있다.

[동작 설명]

Start 버튼이 눌러지면 대차(M)은 왼쪽에서 오른쪽으로 이동한다. LS2가 ON 되면 모터는 정지하고 5초간 딜레이 시간이 지나면 Home 방향으로 돌아온다. LS1(Home)이 ON 되면 대차는 정지하고 완료 신호가 발생된다.

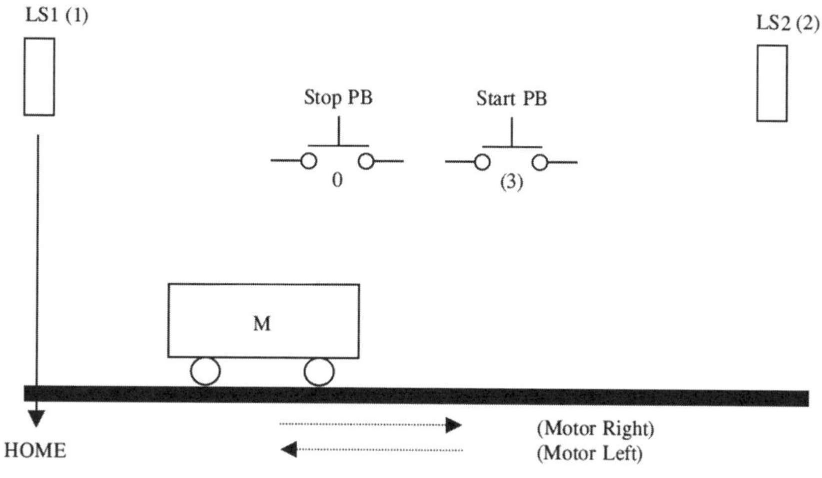

프로그램 작성을 위한 PLC 입력과 출력 신호를 정리하면 다음과 같다.

PLC 입력	내용
X00	Stop PB
X01	LS1 (Home)
X02	LS2
X03	Start PB
X04	

PLC 입력	내용
Y20	Motor(Right)
Y21	Motor(Left)
Y22	
Y23	
Y24	

프로그램을 작성하면 다음과 같다.

연습문제 7. 창고문 자동 컨트롤

창고문(Shutter)을 차량을 감지할 수 있는 센서 신호에 의해 제어할 수 있는 프로그램을 작성할 수 있다.

[동작 설명]

초음파 센서에 의해 자동차의 접근을 감지하게 된다. 투수광형 센서는 자동차의 통과 여부를 알려준다. 이러한 센서 신호를 사용하여 창고문의 열고 닫는 모터의 동작을 제어한다.

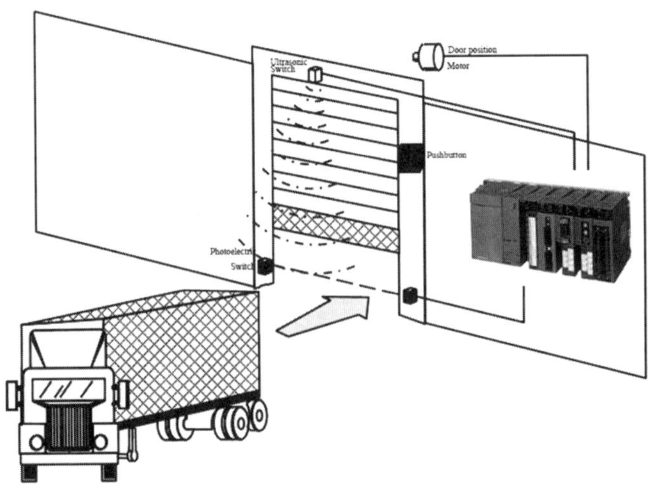

프로그램 작성을 위한 PLC 입력과 출력 신호를 정리하면 다음과 같다.

PLC 입력	내용
X00	초음파 센서
X01	투수광형 광센서
X02	Door 상한 감지 Limit
X03	Door 하한 감지 Limit
X04	

PLC 입력	내용
Y20	Motor 정회전(Door 상승)
Y21	Motor 역회전(Door 하강)
Y22	
Y23	
Y24	

프로그램을 작성하면 다음과 같다.

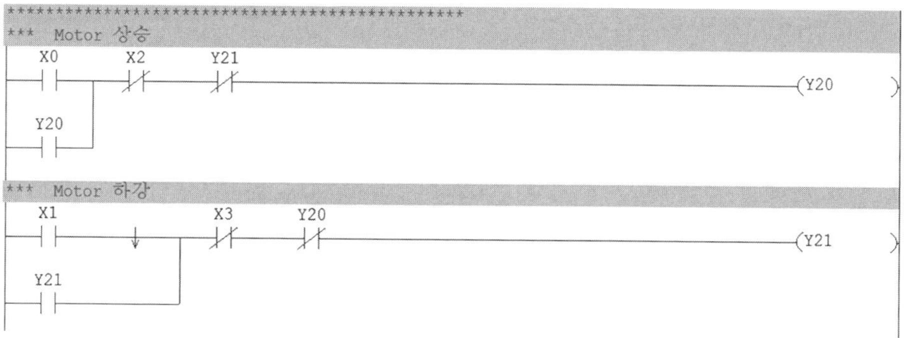

Motor 하강의 X1 투수광 센서가 ON에서 OFF 상태로 변경될 때의 신호(차량이 센서를 통과했다는 의미로 사용되었다.)를 의미하므로 접점의 하강 엣지 신호를 사용해도 동일한 결과를 얻을 수 있다.

연습문제 8. Tank의 Filling/Draining 제어

Tank의 수위를 감지할 수 있는 센서 신호에 의해 밸브 조작과 펌프의 동작을 연동하여 제어할 수 있는 프로그램을 작성할 수 있다.

[동작 설명]

① PB1이 눌러지면 MV1은 열리고 Tank에 물이 채워지기 시작한다. 동시에 Stirring 모터가 작동을 시작한다.

② 물이 Tank의 TLB2 레벨에 다다르면 MV1은 닫히고 Stirring 모터는 정지하게 된다.

③ 다음, MV2가 열리고 물이 배수되기 시작한다. 물이 Tank의 TLB2 레벨 이하로 떨어지면 MV2는 닫힌다.

④ 위와 같은 사이클 동작이 4회 반복되면 작동 종료에 해당하는 END 램프가 점등된다. 그리고 Tank의 Filling/Draining 동작은 PB1이 다시 눌러지더라도 재동작하지 않는다.

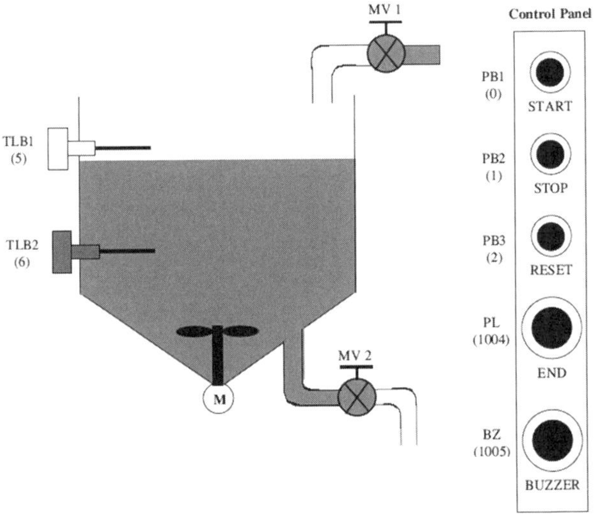

프로그램 작성을 위한 PLC 입력과 출력 신호를 정리하면 다음과 같다.

PLC 입력	내용
X00	Start Button (PB1)
X01	Stop Button (PB2)
X02	Reset Button (PB3)
X03	Upper Level Switch (TLB1)
X04	Lower Level Switch (TLB1)

PLC 입력	내용
Y20	Water Supply Valve(MV1)
Y21	Drain Valve(MV2)
Y22	Stirring Motor (M)
Y23	작업 종료 알림 램프
Y24	Buzzer

프로그램을 작성하면 다음과 같다.

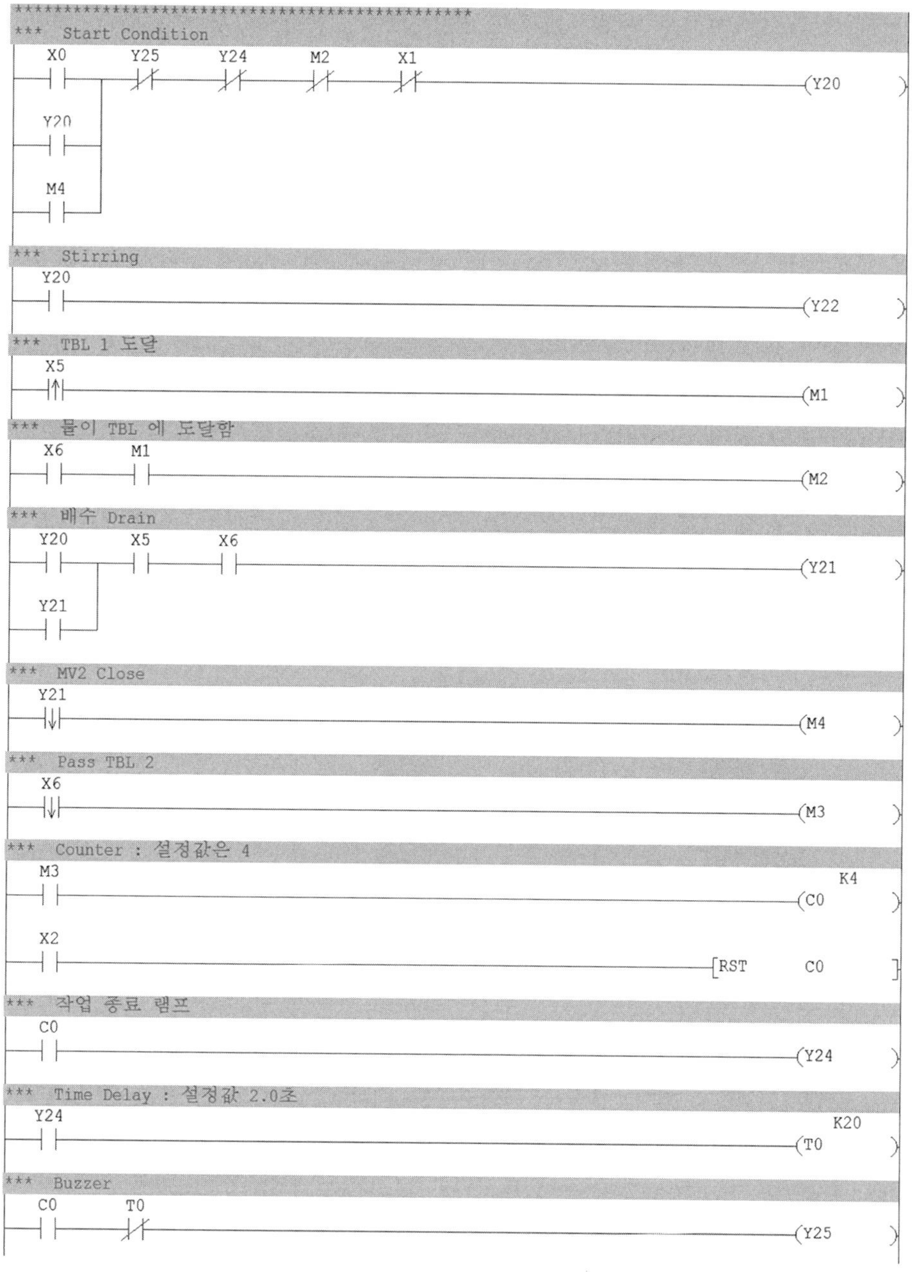

연습문제 9. 비밀번호 입력

사칙연산과 인덱스 레지스터를 이용하여 입력되는 숫자를 순서대로 저장하고 이를 비교연산을하여 동일 여부를 알려주는 프로그램을 작성할 수 있다.

[동작 설명]

PLC의 입력과 연결이 되어 있는 푸시 버튼(PB) 9개를 사용하여 비밀번호를 입력한다. 각 푸시 버튼(PB)에는 1~9까지의 고유의 번호가 있다. 0은 프로그램을 간편하게 하기 위해 여기에서는 제외하도록 하겠다.

이미 정해 놓은 4자리 숫자의 비밀번호를 차례로 입력한다. 무작위로 스위치를 누를 수 있으니 원래의 숫자 배열과 일치하지 않을 경우 틀린 번호가 3회 이상 입력되었을 경우에는(4자리 숫자만) 버튼 입력이 안되도록 한다.

ex) 비번이 "1285"였고 비번을 모르는 사람이 "5761"을 누른다고 가정하면 세 번째 6을 누르는 순간 더 이상 입력이 불가하다.

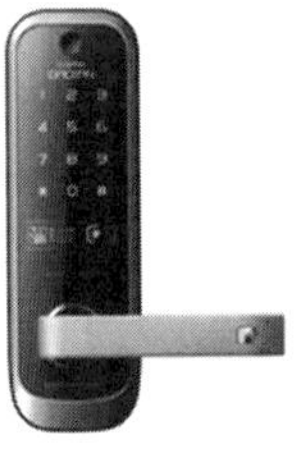

PLC 입력	설명
X00	-
X01	1 입력용 스위치
X02	2 입력용 스위치
X03	3 입력용 스위치
X04	4 입력용 스위치
X05	5 입력용 스위치
X06	6 입력용 스위치
X07	7 입력용 스위치
X08	8 입력용 스위치
X09	9 입력용 스위치
X0A	데이터 클리어 스위치
X0B	-

PLC 입력	설명
Y20	-
Y21	-
Y22	-
Y23	-
Y24	-
Y25	-
Y26	-
Y27	-
Y28	-
Y29	-
Y2A	-
Y2B	-

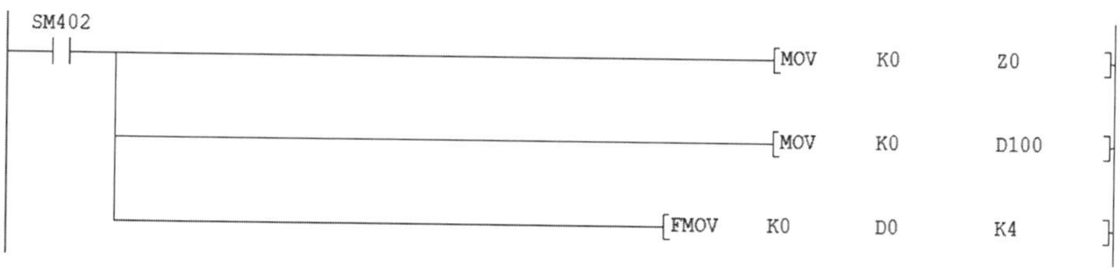

PLC Run 후 1Scan만 ON 되는 SM402를 사용하여 프로그램에서 사용할 디바이스를 초기화하였다. 인덱스 레지스터 Z0는 숫자 입력 횟수를 카운트하는 데 사용하고 데이터 레지스터 D100은 숫자 입력 시 각 자리수의 입력 오류 횟수를 카운트하는 데 사용한다. 그리고 D0~D3까지에는 비밀번호의 각 자리의 숫자 정보를 저장하는데 사용한다.

비밀번호로 사용할 숫자를 D10부터 D13까지 미리 등록하였다. '3219'가 등록한 비밀번호이다. 비밀번호를 자주 변경하여 사용하려면 직접 입력하는 방법을 사용하지 말고 데이터 레지스터에 입력할 수 있도록 프로그램을 수정하는 것이 필요하다.

PLC 전원 OFF 시 데이터가 사라지는 것을 방지하려면 Latch 영역으로 사용해야 한다. PLC Parameter → Device 에서 수정하여 사용하자.

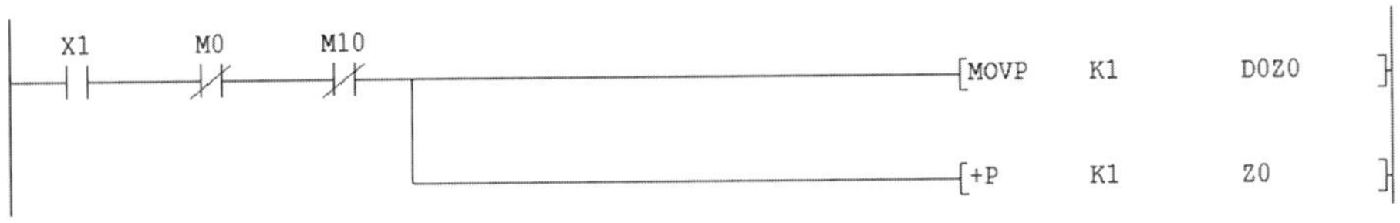

비밀번호를 입력하기 위해서 스위치를 사용하였다. X1 스위치를 누르면 숫자 "1"이 입력되도록 MOV 명령을 사용하였다. 동일한 방법으로 X2부터 x9까지 각각 디바이스 번호와 동일한 숫자가 입력되도록 전송 명령어의 (S) 부분을 변경해서 사용하면 된다.

어느 스위치를 먼저 누를지 모르는 상황이므로 인덱스 레지스터 Z0에 스위치를 누를 때마다 1씩 증가하도록 하고 숫자가 저장되는 D0부터 D4까지의 데이터 레시스터 번호를 간접 지정 방식으로 D0Z0 형식을 사용하였다.

만약 첫 번째 누른 스위치의 경우 Z0에는 "0"이 저장되어 있으므로 D0Z0는 D(0+0)이므로 D0에 1을 저장하고 다음 줄의 Z0에 1을 증가시킨다. 두 번째 스위치를 누르면 D0Z0는 D(0+1)이므로 D1에 누른 스위치에 해당하는 값이 저장된다. 이런 방식으로 스위치를 누른 순서대로 값들을 저장할 수 있게 된다.

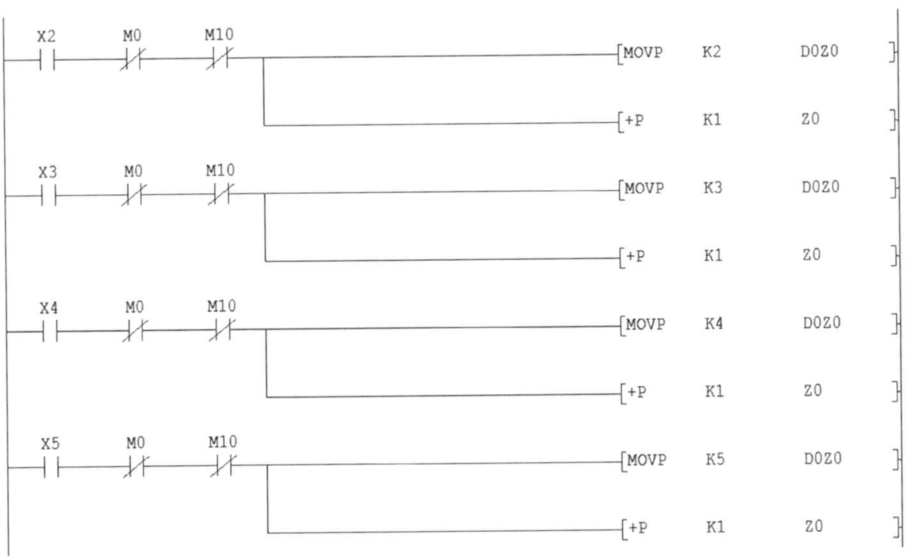

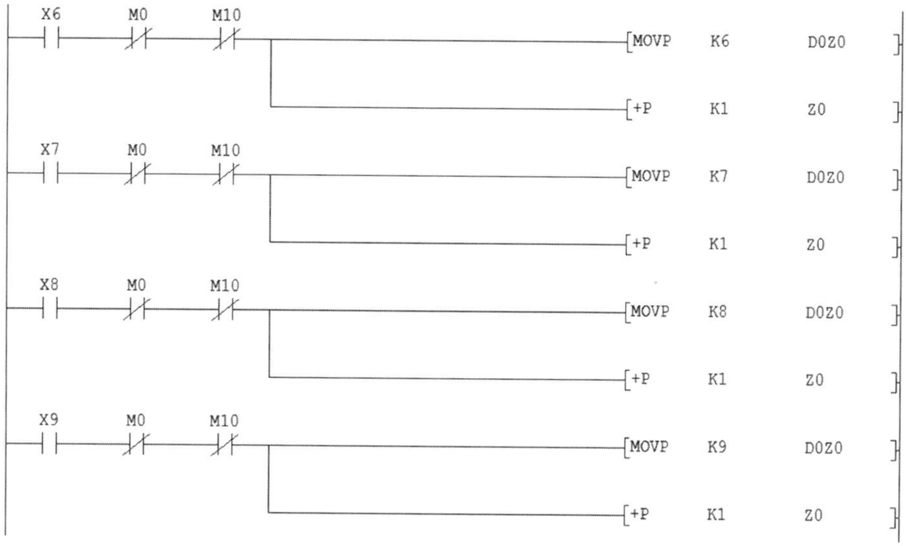

위의 스위치 X1과 동일한 구조의 프로그램이다.

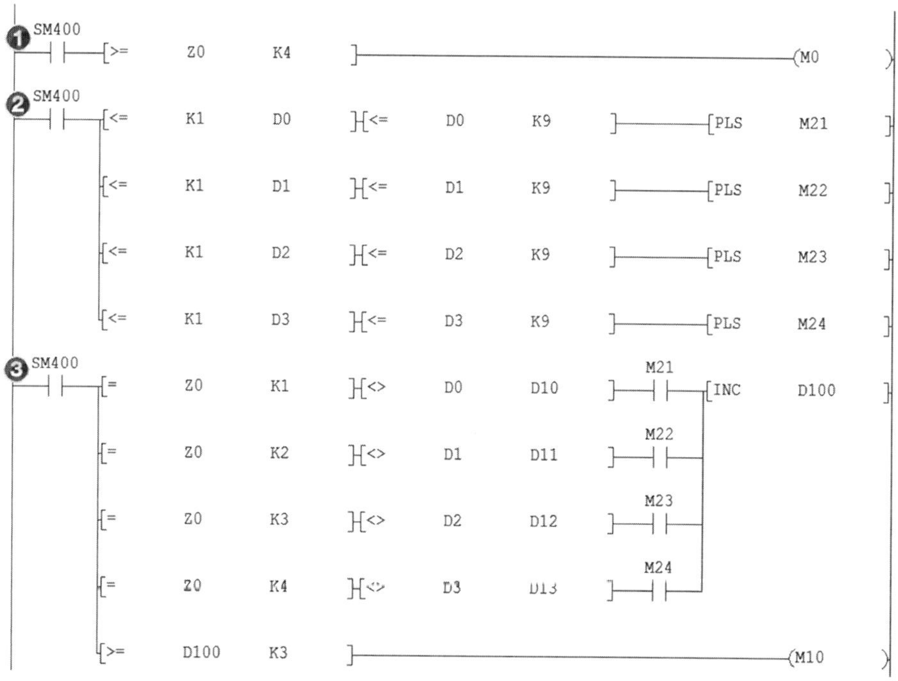

① 스위치를 누르는 횟수를 제한한다. 스위치를 4회 입력하면 더 이상 스위치 입력 동작이 안 되도록 스위치 뒤에 b접점 형태로 M0을 사용하였다.

② 스위치를 눌렀다는 것을 알려주는 신호로 사용하기 위해서 스위치를 눌렀을 때 저장되는 값의 범위를 설정하였다. 비밀번호로 사용하는 스위치에서 “0”에 해당하는 스위치를 사용하지 않은 이유가 스위치를 누르지 않은 상태에서도 “0”이라는 값은 입력할 수 있다. 하지만 물리적인 스위치를 사용할 경우 스위치를 눌렀다는 신호를 만들어 주는 것이 조금은 까다로운 로직이 될 수 있기 때문에 손쉬운 방법을 사용하여 1부터 9까지의 범위의 값이 입력되는 것을 이용하였다. 각 스위치를 눌러 입력되는 값의 범위가 1부터 9까지이면 누르는 순서대로 펄스 출력 신호 M21부터 M24까지 만들어 준다.

③ 스위치를 누르면 인덱스 레지스터 Z0에는 1부터 4까지의 누르는 순서값이 입력되므로 입력된 비밀번호와 조합하여 입력 값이 오류를 발생하는 횟수를 카운트하는 프로그램이다. Z0에 1이 입력되어 있다면 첫 번째 입력된 비밀번호라는 의미이고 그때 입력된 값은 D0에 저장된다. D0에 저장된 값과 미리 등록된 비밀번호 첫 번째 자리와 비교하는 결과 다르면 오류 발생 횟수가 D100에 저장된다.

두 번째부터 네 번째까지 첫 번째 자리 비교하는 것과 동일한 구조이다. 역시 입력한 비밀번호 3회 오류가 발생이 되면 더 이상 스위치 입력이 불가능하도록 M10 코일 출력을 만들어 스위치 입력 조건에 b접점으로 연결하였다.

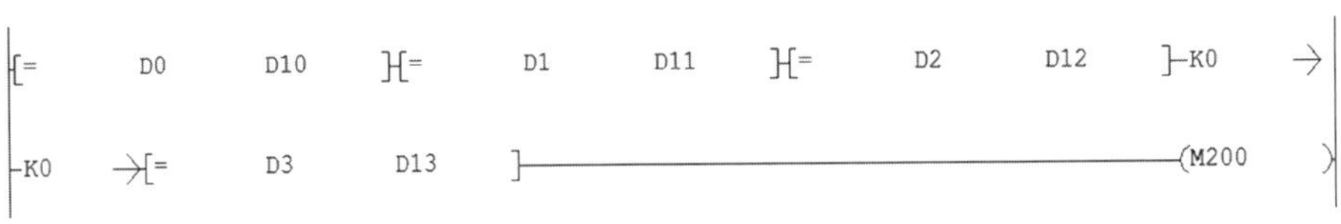

입력한 비밀번호가 등록한 비밀번호와 동일하면 코일 출력 M200을 만들어 준다.

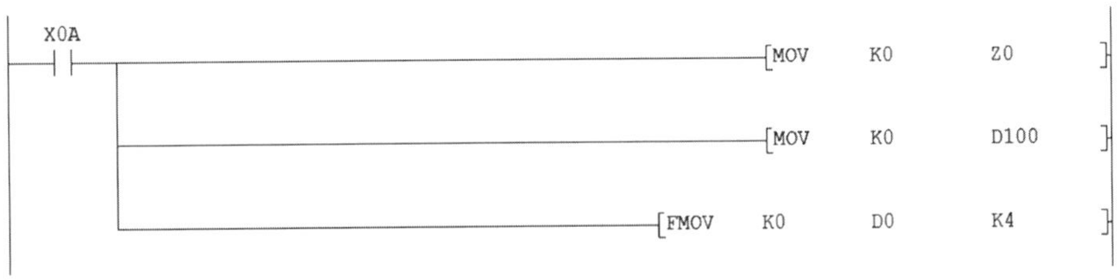

초기화 스위치 X10을 사용하여 데이터 저장을 위한 디바이스를 초기화하는 프로그램이다.

연습문제 10. 최댓값 순으로 데이터 정렬하기

FOR ~ NEXT 명령어와 인덱스 레지스터를 이용하여 입력된 데이터를 크기순으로 Sorting할 수 있다.

[동작 설명]

저장되어 있는 데이터를 크기순으로 Sorting하여 표시한다.

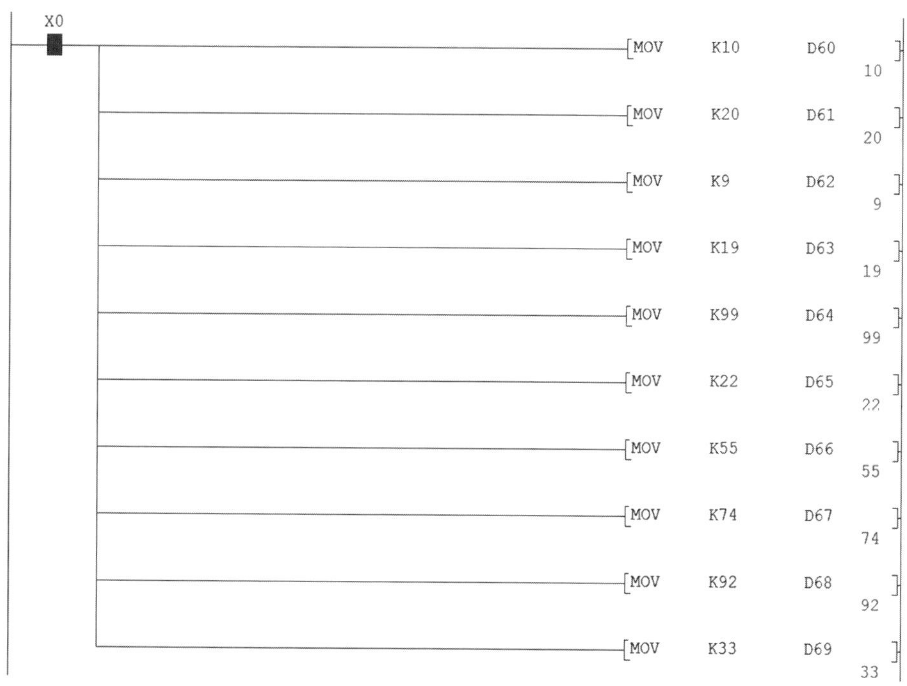

최댓값 순으로 정렬을 하기 위해 D60부터 10개의 데이터를 무작위로 만들어 주었다.

사용할 인덱스 레지스터 Z0, Z1 그리고 D0를 초기화하는 의미로 K0을 넣어 주었다.

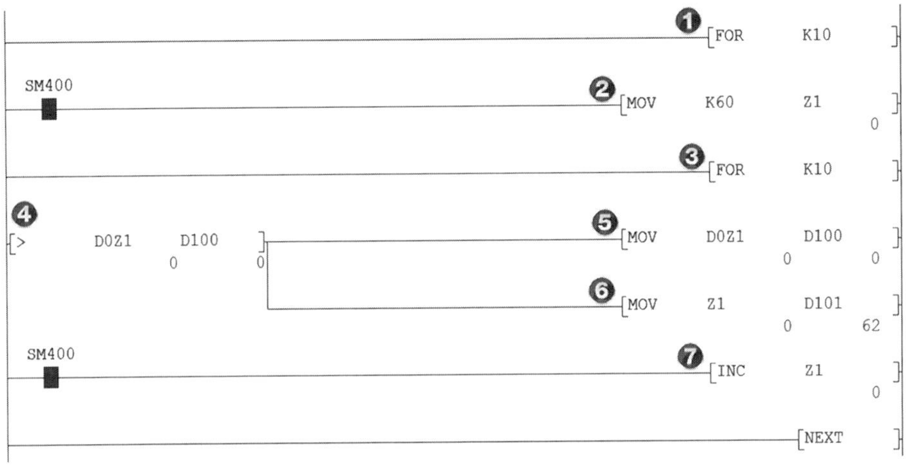

① 프로그램에서 FOR~NEXT 구문은 2번 사용할 것이다. 첫 번째 구문이다. 최댓값 순으로 Sorting한 데이터를 순서대로 저장하는 동작을 한다. FOR 구문 다음의 K10은 데이터 10개를 Sorting할 것을 알려준다. ③의 FOR 구문 다음의 K10도 같은 의미이다. 편의상 외부 FOR 구문과 내부 FOR 구문이라고 지칭하겠다.

② 인덱스 레지스터 Z1에 저장할 값은 Sorting할 데이터가 보관되어 있는 데이터 레지스터 번호를 저장하면 된다. K60을 Z1에 전송하였으므로 데이터는 D60부터 저장되어 있음을 알 수 있다.

③ FOR 구문에서는 10개의 데이터를 크기 순서대로 분류한다. D60부터 10개 데이터들 간의 크기 비교를 하고 최댓값을 골라내는 동작을 한다. ④ D100은 FOR 구문을 시작하기 전에 초기화한 상태라서 0이라는 값이 저장되어 있다. 그리고 ②에서 Z1에 K60을 저장해 두었기 때문에 D0Z1은 D60을 의미한다. D60과 D100을 크기

비교하여 조건이 ON 되면 ⑤에서 D60에 저장되어 있는 값을 D100에 저장해 놓는다. ⑥에는 그때의 인덱스 레지스터 값 Z1을 D101에 저장해 놓는다. ⑦ 인덱스 레지스터 값 Z1에 1을 증가시키고 다시 ③ FOR 구문을 실행한다.

두 번째 FOR 구문이 실행이 된다. 이제 비교할 대상은 D0Z1에서 Z1이 61으로 변경되었으므로 D61이 된다. ④의 D100은 첫 번째 FOR 구문이 실행된 결과 D60에 저장된 값이 저장되어 있으므로 D60과 D61의 크기 비교가 된다. 만약에 D61이 크다면 D100에는 D60에 저장된 값이 아닌 새로이 D61에 저장된 값이 보관된다. 그리고 D60에 저장된 값이 D61보다 크다면 ④ ~ ⑥까지 프로그램은 실행되지 않는다. ⑦ 인덱스 레지스터 값 Z1에 1을 증가시키고 다시 ③ FOR 구문을 실행한다.

위와 같은 동작을 10회 반복하고 FOR 구문을 빠져나오게 된다.

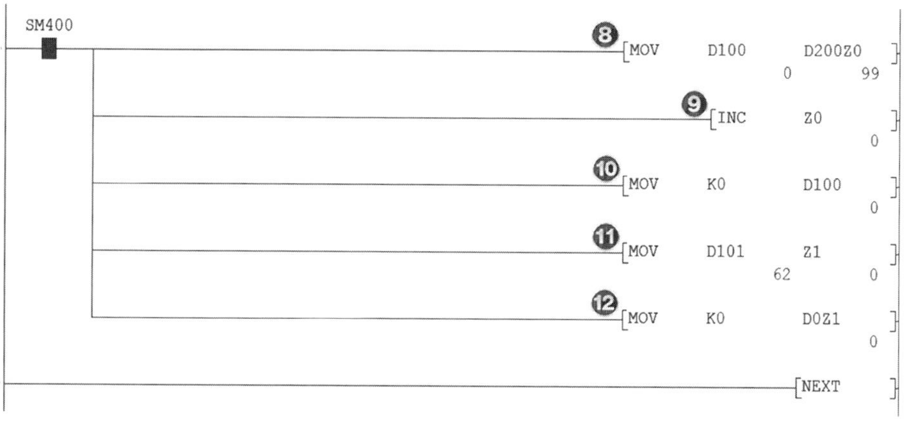

이제 ①의 외부 FOR 구문이 실행된다. 내부 FOR 구문이 실행되어 최댓값이 D100에 저장되었다.

⑧ 내부 FOR 구문에서 Sorting된 최댓값을 새로운 영역에 보관한다. D200Z0로 지정되어 있고 이때 Z0에는 0이 저장된 상태이므로 D200에 저장한다는 의미이다.

⑨ 인덱스 레지스터 Z0에 1을 증가시켰다.

⑩ 내부 FOR 구문에서 최댓값을 보관하는 D100을 초기화시켰다. 외부 FOR 구문이 1회 종료되면 다시 내부 FOR 구문을 실행시켜 다시 9개의 데이터를 새로 비교하여 두 번째로 큰 데이터를 Sorting해야 하므로 새로운 최댓값(두 번째로 큰 데이터)을 저장하기 위해 초기화시킨 것이다.

⑪ ⑥에서 최댓값을 선별할 때 최댓값이 저장되어 있는 데이터 레지스터 D의 번호와 인덱스 레지스터 Z1에 보관되어 있는 값은 동일하다. 최댓값을 보관하고 있는 데이터 레지스터 D의 번호를 D101에 저장한 값을 다시 Z1에 넣어 주었다. 내부 FOR 구문은 지금 실행되지 않는 상태이므로 Z1을 임시적으로 사용했다.

⑫ D0Z1으로 표현된 데이터 레지스터는 최댓값이 저장되어 있는 디바이스이다. 이 값을 이제 0으로 초기화시켰다. 이제 Sorting할 데이터는 10개에서 1개를 0으로 만들어 놓았기 때문에 9개가 남았다. 또한, 외부 FOR 구문도 9번을 더 실행해야 된다.

FOR 구문의 실행 횟수를 생각해 보자. 외부 FOR 구문이 1회 실행될 때 내부 FOR 구문은 10번 실행이 된다. 즉 위의 프로그램을 완벽히 실행이 된 상태에서 살펴보면 외부 FOR 구문은 10회 내부 FOR 구문은 (10회씩 10번)100회가 실행됨을 알 수 있다.

다음은 Sorting된 데이터들을 모니터한 것이다. Sorting된 데이터들이 새로이 보관되는 영역은 위의 프로그램 ⑧에서 D200에 저장하는 것으로 만들어 놓았으므로 D200부터 모니터해야 한다.

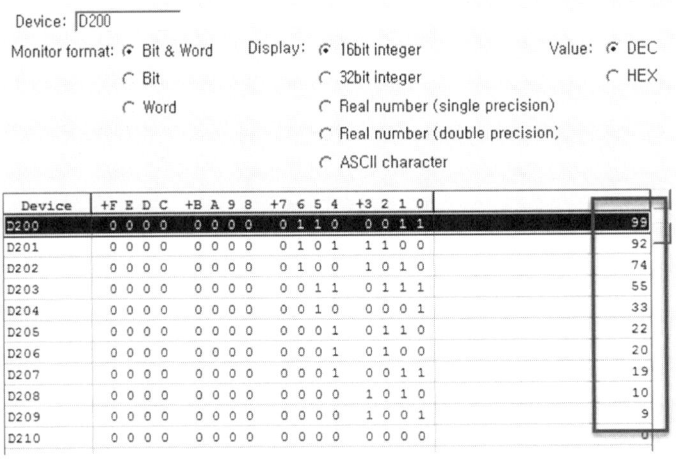
Device: D200
Monitor format: Bit & Word / Bit / Word
Display: 16bit integer / 32bit integer / Real number (single precision) / Real number (double precision) / ASCII character
Value: DEC / HEX

Device	+F E D C	+B A 9 8	+7 6 5 4	+3 2 1 0	
D200	0 0 0 0	0 0 0 0	0 1 1 0	0 0 1 1	99
D201	0 0 0 0	0 0 0 0	0 1 0 1	1 1 0 0	92
D202	0 0 0 0	0 0 0 0	0 1 0 0	1 0 1 0	74
D203	0 0 0 0	0 0 0 0	0 0 1 1	0 1 1 1	55
D204	0 0 0 0	0 0 0 0	0 0 1 0	0 0 0 1	33
D205	0 0 0 0	0 0 0 0	0 0 0 1	0 1 1 0	22
D206	0 0 0 0	0 0 0 0	0 0 0 1	0 1 0 0	20
D207	0 0 0 0	0 0 0 0	0 0 0 1	0 0 1 1	19
D208	0 0 0 0	0 0 0 0	0 0 0 0	1 0 1 0	10
D209	0 0 0 0	0 0 0 0	0 0 0 0	1 0 0 1	9
D210	0 0 0 0	0 0 0 0	0 0 0 0	0 0 0 0	0

Sorting할 데이터들은 D60부터 D69까지 계속 데이터가 써질 수 있도록 프로그램되어야 한다. 다시 이야기해 보면 일정 간격으로 변화되는 값도 거의 실시간으로 Sorting이 가능하다는 뜻이다. Sorting할 데이터의 수량이 많다고 한다면 위 프로그램에서 수정할 데이터는 ①, ③의 FOR문의 반복 횟수 ②의 인덱스 레지스터 Z1에 전송하는 값이 데이터 수량과 동일하게 하면 된다.

[참고 문헌]

- MELSEC-Q/L 프로그래밍 매뉴얼(공통 명령편) / 한국미쓰비시전기오토메이션
- GX Works2 오퍼레이팅 매뉴얼 / 한국미쓰비시전기오토메이션
- GT Designer3 (GOT2000) 화면설계 매뉴얼 / 한국미쓰비시전기오토메이션
- 오토스위치 사용설명서 / (주)세원정밀전자 기술부

Yes! I can do! 멜섹(MELSEC)
PLC 프로그램 기초와 응용

2017년 11월 30일 1판 1쇄 인 쇄
2017년 12월 5일 1판 1쇄 발 행

지 은 이 : 김학철 · 손덕수

펴 낸 이 : 박정태

펴 낸 곳 : **광 문 각**

10881
경기도 파주시 파주출판문화도시 광인사길 161
광문각 B/D 4층
등 록 : 1991. 5. 31 제12-484호
전 화(代) : 031-955-8787
팩 스 : 031-955-3730
E - mail : kwangmk7@hanmail.net
홈페이지 : www.kwangmoonkag.co.kr

ISBN : 978-89-7093-865-3 93560

값 : 25,000원

KSPA 한국과학기술출판협회회원